# Altium Designer (Protel)

**原理图与PCB设计**

**精讲教程**

边立健　李敏涛　胡允达　编著

清华大学出版社

北　京

# 内 容 简 介

本书通过众多实例，由浅入深、从易到难地讲述了 Altium Designer 16.0 的知识精髓，使读者能快速掌握使用该软件进行设计的技巧。

本书按知识结构分为 17 章，主要包括 Altium Designer 16.0 概述、电路原理图设计基础、层次化原理图设计、电路原理图的后续处理、PCB 设计基础、创建元器件库、PCB 设计规则的设置、元器件封装的制作与管理、PCB 元器件库的管理、信号完整性、原理图与 PCB 图的交互验证、PCB 的后续处理、PCB 的高级设计、电路仿真设计等内容，最后通过三个综合实例，详细介绍了使用 Altium Designer 16.0 的设计过程。

本书提供网络下载资源，内容包括书中所有实例的源文件和结果文件，以及实例操作过程的视频文件。

本书入门简单、层次清楚、内容翔实、图文并茂、由浅入深，不仅可用作本科、高职等院校相关专业的教材，而且也适合 Altium Designer 16.0 的初、中级学习者作为自学教材使用。

**图书在版编目(CIP)数据**

Altium Designer(Protel)原理图与 PCB 设计精讲教程/边立健，李敏涛，胡允达编著. —北京：清华大学出版社，2017（2024.7 重印）

ISBN 978-7-302-46210-1

Ⅰ. A⋯ Ⅱ. ①边⋯ ②李⋯ ③胡⋯ Ⅲ. ①印刷电路—计算机辅助设计—应用软件—教材 Ⅳ. TN410.2

中国版本图书馆 CIP 数据核字(2017)第 020026 号

责任编辑：韩宜波　陈冬梅
装帧设计：杨玉兰
责任校对：宋延清
责任印制：丛怀宇

出版发行：清华大学出版社

网　　　址：https://www.tup.com.cn, https://www.wqxuetang.com
地　　　址：北京清华大学学研大厦 A 座　　　邮　编：100084
社 总 机：010-83470000　　　邮　购：010-62786544
投稿与读者服务：010-62776969, c-service@tup.tsinghua.edu.cn
质量反馈：010-62772015, zhiliang@tup.tsinghua.edu.cn
课件下载：https://www.tup.com.cn, 010-62791865

印 装 者：涿州市般润文化传播有限公司
经　销：全国新华书店
开　　本：190mm×260mm　　　印　张：28.25　　字　数：690 千字
版　次：2017 年 3 月第 1 版　　　印　次：2024 年 7 月第 6 次印刷
定　价：66.00 元

产品编号：067330-01

Altium Designer 是原 Protel 软件开发商 Altium 公司推出的一体化的电子产品开发系统，一直以易学易用的特点，深受广大电子产品设计者的喜爱。

Altium Designer 16.0 作为 Altium 公司最新版本的电子设计软件，不仅全面继承了包括 Protel 99SE、Protel DXP 2004 在内的先前版本的功能与优点，而且还增加了大量的新功能与改进功能，如可视化的安全边界、智能化元器件布局系统、更智能的 xSignals 向导、网络颜色同步、3D 模型生成向导等，能够帮助设计者在很短的时间内进一步提升设计效率，制作出更加优良、更加低成本的电子产品。

Altium Designer 16.0 可以轻松地定义材料选择，智能地完成刚柔结合板的布局和布线，在美观的、原生 3D PCB 模式中展现所设计的工程艺术作品。而且通过 Altium Designer 16.0 的集中元器件库管理功能，可以建立一个来源唯一的、可信赖的、共享的元器件库，并可以在所有的项目中立刻使用、管控和复用一切有价值的元器件。

Altium Designer 16.0 的原生 3D 可视化与间距检查功能，能够确保电路板在第一次安装时，即可与外壳完美匹配，不再需要昂贵的设计返工。在 3D 编辑状态下，电路板与外壳的匹配情况可以实时展现，可以在几秒钟内解决电路板与外壳之间的碰撞冲突问题，使用起来十分方便。

Altium Designer 16.0 具有广阔的工程应用范围，可以将使用者的设计与动态、智能的数据管理相连，掌控设计数据和工作流程的效率，发掘专业创建设计内容的潜力，节省创建和管理元器件库的时间。

本书共分为 17 章，各章的内容如下。

第 1 章：Altium Designer 16.0 概述。

第 2 章：电路原理图设计基础。

第 3 章：层次化原理图的设计。

第 4 章：电路原理图的后续处理。

第 5 章：PCB 设计基础。

第 6 章：创建元器件库。

第 7 章：PCB 设计规则的设置。

第 8 章：元器件封装的制作与管理。

第 9 章：PCB 元器件库的管理。

第 10 章：信号完整性。

第 11 章：原理图与 PCB 图的交互验证。

第 12 章：PCB 的后续处理。

第 13 章：PCB 的高级设计。

第 14 章：电路仿真设计。

第 15 章：单片机实验板电路图的设计。

第 16 章：报警器电路的设计。

第 17 章：数码管显示电路的设计。

本书提供网络下载资源，内容包括书中所有实例的源文件和结果文件，以及实例操作过程的视频文件，读者可以通过多媒体形式方便直观地学习本书的内容。

本书内容由浅入深，图文并茂，对关键的界面功能均采取中英文对照方式编排，兼顾了实际需求；每一章的知识点都配有案例讲解，以加深读者对知识点的理解；每章的最后，通常还配有一些实例，帮助读者进一步巩固并综合运用所学知识。

本书可以作为大中专院校汽车电子类、电气类、计算机类、电气自动化类及机电一体化类专业的 EDA 授课教材，也可作为从事电子产品设计的工程技术人员与电子制作爱好者的参考书。

本书由温州职业技术学院的边立健、李敏涛、胡允达老师编著。其中，边立健老师编写了第 1~8 章内容，李敏涛老师编写了第 9~14 章内容，胡允达老师编写了第 15~17 章内容。其他参加编写的人员还有于香芝、杨旺功、江俊浩、王劲、田万勇、赵一飞、韩成斌、周艳山、田君、张博、吴艳臣、徐昱、王永忠、李明玉、武可元、于秀青等。

由于编者水平有限，不足之处在所难免，希望广大读者批评指正。

编者

# 目录

# 目录

# 第1章

# Altium Designer 16.0 概述

　　Altium Designer 是原 Protel 软件开发商 Altium 公司推出的一体化的电子产品开发系统，主要运行在 Windows 操作系统中。这款软件通过把原理图设计、电路仿真、PCB(印制电路板)的绘制编辑、拓扑逻辑自动布线、信号完整性分析和设计输出等技术完美地融合起来，为设计者提供了全新的设计解决方案，使设计者可以轻松地进行设计。学会并且熟练地使用这一软件，必将使电路设计的质量和效率大大提高。

## 1.1　Altium Designer 16.0 简介

　　随着电子制造技术的飞速发展，各种电子器件不断推陈出新，电子器件日益大规模化、高密度化和小型化。电子产品对于速度、容量、体积和重量等技术指标的要求不断提高，传统的手工设计越来越难以适应市场发展的需要。因此，越来越多的设计人员开始使用一些快速、高效的 CAD 设计软件，来辅助进行电路原理图、PCB 图的设计，打印各种报表，控制电路板的生产。电路设计在方法和手段上发生了革命性的变化。

　　为提高设计效率，人们进而提出了电子设计自动化(Electronics Design Automation，EDA)的概念，并开发了相应的 EDA 工具软件。这种工具软件可以根据系统的行为和功能要求，自动地逐层完成电子产品设计的全过程，包括原理图和语言输入、检查错误和仿真验证、PCB 设计、信号分析和规则检查以及生成 CAM 文件等。

　　Altium Designer 16.0 是 Altium 公司于 2016 年初推出的 Protel 系列的最新高端版本，是一个一体化的电子产品开发系统，能实现所有电路板级的设计功能。Altium Designer 16.0 将设计流程、集成化 PCB 设计、可编程器件(如 FPGA)设计和基于处理器设计的嵌入式软件开发功能整合在一起，具备同时进行 PCB 和 FPGA 设计以及嵌入式设计的能力，能实现将设计方案从概念转变为最终成品所需的全部功能。

Altium Designer 16.0 除了全面继承包括 Protel 99SE、Protel DXP 在内的先前一系列版本的功能和优点外，还增加了许多改进，以及很多高端功能。该平台拓宽了板级设计的传统界限，全面集成了 FPGA 设计功能和 SOPC 设计实现功能，从而使工程师能将系统设计中的 FPGA 与 PCB 设计以及嵌入式设计集成在一起。

Altium Designer 16.0 以强大的设计输入功能为特点，在 FPGA 和板级设计中，同时支持原理图输入和 HDL 硬件描述输入模式，同时支持基于 VHDL 的设计仿真、混合信号电路仿真、布局前/后信号的完整性分析。

Altium Designer 16.0 的布局布线采用完全规则驱动模式，并且在 PCB 布线中采用了无网格的 SitusTM 拓扑逻辑自动布线功能，将完整的 CAM 输出功能的编辑结合在一起。

## 1.1.1　Altium Designer 16.0 的特点

作为最佳的电子开发解决方案，Altium Designer 16.0 将电子产品开发的所有技术与功能完美地融合在了一起，其所提供的设计流程效率是传统的点式工具开发技术所无法比拟的。与以前的 Protel 版本相比，Altium Designer 16.0 的主要特点及功能如下。

**1. 设计数据管理和发布设计数据管理系统**

Altium Designer 平台用统一的数据模型来代表所设计的系统，不但可以确保让产品的性能不断增强，满足更新的要求，而且可以提供更高的数据完整性。其结果是，通过实现设计数据管理模式，可以允许对设计界和最终负责构建实际产品的供应链之间的工作环节做出正规的定义。统一的数据模型会将设计数据映射到供应链将实际构建的特定产品条目中。

**2. PCB 3D 视频**

Altium Designer 16.0 提供了生成 PCB 3D 视频文档的功能，提供对于 PCB 板的更为生动和更为有用的文档。所看到的 PCB 3D 视频内容，实际上就是一系列关于 PCB 板三维画面的快照截图，类似于关键帧。对于这一系列按顺序排列的关键帧画面，都可以调整其缩放程度，进行平移或者旋转，调整相互之间的关键帧设置。输出时，画面帧的序列采用强大的多媒体发布器导出为视频格式，为此新增了可配置的输出媒介，以用于生成 PCB 3D 视频。其结果就是，一系列画面帧按顺序被平滑地内插入到关键帧系列中了。

**3. 板级实现导出到 Ansoft HFSS™**

Altium Designer 对于那些需要用到 RF 和几个 GHz 频率数字信号的 PCB 设计，现在可以直接从 PCB 编辑器导出 PCB 文档到一个 Ansoft Neutral 文件格式，这种格式可以被直接导入并使用 Ansys Ansoft HFSS™ 3D Full-wave Electromagnetic Field Simulation 软件进行仿真。Ansoft 与 Altium 合作，提供了 PCB 设计及电磁场分析方面的高质量协作能力。

**4. 统一的光标捕获系统**

Altium Designer 的 PCB 编辑器已经有了很好的栅格定义系统，通过可视栅格、捕获栅格、元件栅格和电气栅格等，都可以帮助我们有效地放置设计对象到 PCB 文档中。

随着 Altium Designer 16.0 的发布，该系统已修正，而且随着统一的光标捕获系统的到来，达到了一个新的水平。

该系统汇集了三个不同的子系统,共同驱动,并实现将光标捕获到最优选的坐标集。

(1) 用户可定义的栅格:直角坐标和极坐标之间可按照喜好选择。

(2) 捕获栅格:它可以自由地放置,并提供随时可见的对于对象排列进行参考的线索。

(3) 增强的对象捕捉点:使得放置对象的时候,能自动定位光标到基于对象热点的位置。

按照我们觉得合适的方式,恰当地使用这些功能的组合,就可以轻松地在 PCB 工作区放置和排列对象了。

### 5. 可编程器件的充分利用

使用高容量可编程器件,可以把更多的设计从硬连接的平台转移到软环境中,从而节省设计时间,简化板卡设计,降低最终的制造成本。Altium Designer 16.0 系统克服了可编程逻辑设计中的障碍,延伸了可编程设计的支持功能,具体表现如下。

(1) 采用基于 FPGA 的预制器件,在原理图编辑器中以块级将它们连接在一起,创建电路设计,快速实现 FPGA 的系统功能。

(2) 提供了大量的预验证 FPGA 器件库,从通用的逻辑功能器件(如计数器、乘法器和各种逻辑门)到完整的 32 位处理器和高级外设,囊括了用户创建设计系统功能所需要的全部器件。

(3) 把可编程器件集成进物理设计中,提供了 PCB 电路板设计与板上的 FPGA 设计项目之间的无缝连接,完全支持 PCB 与 FPGA 项目间的 I/O 同步,当 FPGA 还在开发时,用户就可以使用默认 FPGA 配置开始 PCB 物理设计流程,FPGA 开发过程中更新的引脚和 I/O 分配可以随时转换到 PCB 板卡设计项目中,加速了 FPGA 的应用开发,可实现最优的系统级设计方案。

(4) 使用原理图和 HDL 源文件的组合来输入 FPGA 设计,用户可利用块级设计输入系统结构,同时保留了使用 HDL 定义逻辑块的灵活性。

(5) 增强的 JTAG 器件浏览器可以使用户在调试电路时实时查看 JTAG 器件(如 FPGA)的引脚状态,而不需要从实物上对该器件进行探测;可配置的逻辑分析器则可以用来检测 FPGA 设计内部多重节点的状态。

(6) Altium Designer 16.0 是独立于目标 FPGA 的设计环境,用户拥有使用目标器件的完全自由度,构建系统功能时,可以把设计定位于面向多个 FPGA 器件供应商,如 Actel、Altera、Lattice、Xilinx 等。在设计处理过程中,系统会根据用户所选中的目标器件,自动地在原理图源文件中为各个 FPGA 器件提取合适的模型,而一旦目标器件改变,可以为新的 FPGA 重新处理设计,而无须改变源文件。

(7) 使用基于 FPGA 的虚拟器件来测试由 FPGA 器件所构成的系统的整体功能,可以简化对系统级仿真的依赖,便于用户快速、交互地实现和调试基于 FPGA 的设计。

### 6. PCB 中类的结构

Altium Designer 16.0 在将设计从原理图转移到 PCB 的时候,已经提供了对于高质量及稳定的类(器件类和网络类)创建功能的支持。Altium Designer 16.0 将这种支持提升到一个新的水平,可以在 PCB 文档中,定义生成类的层次结构。从本质上讲,这使得我们可以按照图样层次将元件或网络类组合到从那张图纸生成的一个母类中,而这个母类本身也可以是它上面的一个母类的子类,如此,可一路追溯到我们设计中的顶层图纸。而顶层生成的母类(或叫特级类)从本质上来讲,就是类的结构层次的源头。所有这些生成的母类都被称为结构类。结构类不仅允许在 PCB 领域中对原理图文档结构进行派生和高级导航，而且也可用于逻辑查询，例如，设计规则的范围，或者设置条件进行过滤查找。

### 7. 增强的封装比较和更新

让设计师们成功协作的重要工具，使得设计师们能够图形化地比较他们的工作成果，然后合并，以保留任何他们认为合适的更改。对于库方面的协作，Altium Designer 16.0 已经提供了在某一时间更新 PCB 到库元件最新版本的功能，而且 Altium Designer 16.0 现在包含了一个功能强大、可视化比较的工具，以协助 PCB 设计师完成更新和改变控制流程方面的工作。

### 8. 结构化的设计输入

Altium Designer 16.0 的原理图编辑器能够保证任意复杂度的结构化设计输入，支持分层的设计方法，用户可以方便地把设计分割成功能块，从上至下或者从下至上查看电路。其中，可包含的页面数目没有限制，而且分层的深度也是无限的。而多通道设计的智能处理，则能够帮助用户在项目中高效地构建重复的电路块。

## 1.1.2　Altium Designer 的发展历程

1985 年，澳大利亚的 Altium 公司的前身 Protel 国际有限公司推出了第一个电子线路自动化设计软件——TANGO 软件包，彻底地将电子工程师从艰苦、繁琐的电子线路设计工作中解放出来。随后不久，又推出了 Protel for DOS，这是一款基于 DOS 的 Protel PCB 软件。

1998 年，Protel 公司推出了 Protel 98，它是一款 32 位的 EDA 软件，极大地改进了自动布线技术，使得印制电路板自动布线真正走向了实用。

1999 年推出了 Protel 99。

2000 推出了 Protel 99SE，使得该软件成为集成多种工具软件的桌面级 EDA 软件。

2001 年，Protel Technology 公司改名为 Altium 公司，整合了多家 EDA 软件公司，成为业内的巨无霸。与此同时，推出了 Protel DXP。

2004 年，Altium 公司又推出了 Protel 2004，提供了 PCB 与 FPGA 双向协同设计功能。

2005 年底，Altium 公司推出了 Protel 的新版本——Altium Designer 6.0。

2006 年 5 月，Altium 公司发布了 Altium Designer 6.3。

2008 年 3 月，Altium 公司推出了 Altium Designer 6.9。

2008 年夏季，Altium 公司推出了 Altium Designer Summer 08。

2009 年冬季，Altium 公司推出了 Altium Designer Winter 09。

2011 年 1 月末，Altium 公司发布了 Altium Designer 10.0，提供了将设计数据管理置于设计流程核心地位的全新桌面平台，从新的维度，来支持器件数据的搜寻和管理，以确保输出到制造厂的设计数据具有准确性和可重复性。

2012 年 3 月，Altium 公司宣布推出 Altium Designer 12.0。Altium Designer 12.0 在德国纽伦堡举行的嵌入式系统应用技术论坛上发布，距 AltiumLive 和 Altium Designer 10.0 平台的初次发布为时一年。

2014 年 6 月，智能系统设计自动化、3D PCB 设计解决方案(Altium Designer)和嵌入软件开发(TASKING)的全球领导者 Altium 公司宣布推出其旗舰 PCB 设计软件 Altium Designer 的新版本——Altium Designer 14.3。在此次升级中，Altium 公司对于来自用户群的反馈进行了积极响应，通过新功能和增强性支持，来助力工程师实现设计复用，并提高设计的效率。

2014 年 10 月，Altium 公司宣布推出专业 PCB 和电子系统级设计软件 Altium Designer 15.0，实现了高性能 PCB 设计与快速制造的无缝对接。

2015 年 9 月，Altium 公司在 PCB 设计年会 PCB West 期间发布了旗舰 PCB 设计工具 Altium Designer 的重要更新。PCB West 是在加利福尼亚州圣克拉拉举行的 PCB 年度设计大会。该年度 PCB West 大会的参与者在既定发布日期之前即可了解 Altium Designer 的所有最新特性。通过全新的设计自动化和高效设计工具，这次更新将帮助工程师更快、更准确地完成设计。2016 年初，Altium 公司推出了 Protel 系列的最新高端版本 Altium Designer 16.0。

### 1.1.3　Altium Designer 16.0 的新增技术

Altium Designer 16.0 的新增技术如下。

(1) 提高文档处理工作效率。全部的文档处理流程在 Altium Designer 16.0 统一设计环境中都可以实现。无须离开设计空间，就能轻松地传达设计意图。

(2) 简化并规范我们的文档流程。更改 PCB 电路板时，利用智能连接的设计数据，可避免在导入导出转换文件时浪费时间。

(3) 智能自动化文档处理。使用完全自定义的文件模板，轻松创建制造图纸和装配图纸。

(4) 一次即可成功传达设计意图。使用强大的文档标记工具，可以高效传达设计意图到制造厂商。

(5) 精确的 3D 测量。在原生 3D 环境中精确测量电路板布局，将设计意图清晰地传达至制造厂商。

(6) 支持 xSignals Wizard USB 3.1。使用 USB 3.0 技术将高速设计流程自动化，并生成精确的电路板布局。

(7) 设计环境增强。多种用户界面优化和稳定性的增强，使我们在设计中能够保持高效。

(8) 全新的替代元器件选择系统。此系统可以帮助设计师掌握控制、定义元器件可替换方案的全过程。

(9) 直观的间距指示。帮助设计师在 PCB 板上正确放置各种设计元素，因为可以直观地看到它们之间的距离。

(10) 智能的元器件布局系统。帮助设计师高效地在 PCB 板上实现排列整齐的元器件布局。

## 1.2　Altium Designer 16.0 的安装、激活与升级

Altium Designer 16.0 软件是标准的基于 Windows 的应用程序，它的安装过程比较简单，只须运行软件商提供的光盘中的 setup.exe 应用程序，然后按照提示步骤操作就可以了。

### 1.2.1　Altium Designer 16.0 的系统需求

#### 1. 硬件环境需求

达到最佳性能的推荐系统配置如下。

(1) Windows XP SP2 专业版或以后的版本。

(2) 英特尔酷睿™ 2 双核/四核 2.66GHz 或更快的处理器或同等速度的处理器。

(3) 2GB 的内存。

(4) 10GB 的硬盘空间(系统安装 + 用户文件)。

(5) 双显示器，至少 1680×1050(宽屏)或 1600×1200(4:3)的分辨率。

(6) NVIDIA(英伟达)公司的 GeForce R 80003 系列 256MB(或更高)的显卡或同等级别的显卡。要使用包括三维可视化技术在内的加速图像引擎，显卡须支持 DirectX 9.0c 和 Shader Model 3，建议系统配置独立显卡。

(7) Internet(因特网)连接，以接收更新和获得在线技术支持。

**2．系统最低配置**

(1) 英特尔奔腾™ 1.8GHz 的处理器或同等处理器。

(2) 1GB 的内存。

(3) 3.5GB 的硬盘空间(系统安装 + 用户文件)。

(4) 主显示器的屏幕分辨率至少是 1280×1024(强烈推荐)；次显示器的屏幕分辨率不得低于 1024×768。

(5) 独立的显卡或者同等显卡。

(6) USB 2.0 端口。

## 1.2.2　Altium Designer 16.0 的系统安装

下面介绍 Altium Designer 16.0 的安装、激活以及申请许可的过程。Altium Designer 16.0 可以从软件商提供的光盘安装和从硬盘安装。在这里，我们介绍如何从硬盘安装。

具体安装步骤如下。

**Step 1** 将 Altium Designer 16.0 从安装盘复制到硬盘上，或者直接从 Altium 官网下载。获得 AltiumDesigner16Setup.exe 安装程序，如图 1.1 所示。

图 1.1

**Step 2** 双击 AltiumDesigner16Setup.exe 文件。首先弹出的是欢迎界面，如图 1.2 所示。

**Step 3** 单击 Next(下一步)按钮，将会出现许可协议(License Agreement)界面。选择语言为 Chinese(中文)。需要选择同意安装，即选中 I accept the agreement(我同意)，如图 1.3 所示。

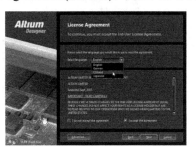

图 1.2　　　　　　　　　　　　　　　　　　　图 1.3

**Step 4** 单击 Next 按钮，进入下一个界面(Select Design Functionality)。这里选择需要安装的插件，选择自己需要的即可，如图 1.4 所示，然后单击 Next 按钮。

**Step 5** 在新出现的界面(Destination Folders)中，需要选择软件的安装目录。安装时有两个路径选择，第一个是安装主程序的；第二个是放置设计样例、元器件库文件、模板文件的。如果你的 C 盘留的空间不够大，建议与主程序安装在一块儿。系统默认的安装路径是 C:\Program Files(86)\Altium\AD16 和 C:\Users\Public\Documents\Altium\AD16，可以通过单击 Browse(浏览)按钮更改安装路径，如图 1.5 所示，单击 Browse 按钮后，将会出现"浏览文件夹"对话框，如图 1.6 所示，选择合适的安装位置。

**Step 6** 单击 Next 按钮，进入下一个界面(Ready to Install)，如图 1.7 所示。

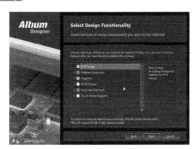
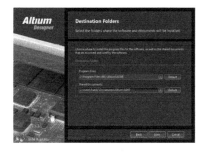

图 1.4　　　　　　　　　　　　　　　　　　　图 1.5

图 1.6　　　　　　　　　　　　　　　　　　　图 1.7

**Step 7** 继续单击 Next 按钮，系统开始复制文件，会有滚动条显示安装进度，如图 1.8 所示。由于系统需要复制大量的文件，所以安装可能会持续几分钟，几分钟后，系统会出现安装完成(Installation Complete)界面。单击 Finish(完成)按钮结束安装，如图 1.9 所示。

图 1.8            图 1.9

## 1.2.3   Altium Designer 16.0 系统的激活

    Altium Designer 16.0 只有在激活后才能使用。安装完成后，会弹出 License Management(许可证管理)界面，显示未注册，如图 1.10 所示，这时选择 Add standalone license file(添加独立许可证文件)选项，弹出"打开"对话框，这时，选择*.alf 注册文件注册即可，如图 1.11 所示。

图 1.10

图 1.11

## 1.2.4　Altium Designer 16.0 的启动

顺利安装 Altium Designer 16.0 后，系统会在 Windows 的"开始"菜单中加入程序项。我们也可以在桌面上建立 Altium Designer 16.0 的快捷方式，如图 1.12 所示。

在"开始"菜单中找到 Altium Designer，如图 1.13 所示。单击该命令，或者在桌面上双击快捷方式图标，即可初次启动 Altium Designer 16.0，启动画面如图 1.14 所示。

图 1.12　　　　　　　　　　　　　　　　　图 1.13

图 1.14

启动后即可进入 Altium Designer 16.0 的集成开发环境，如图 1.15 所示。

图 1.15

启动后，我们可以看到英文界面，但为了方便学习，需要将
Altium Designer 16.0 变为中文界面。步骤如下。

**Step 1** 打开软件，选择菜单栏中的 DXP，从下拉菜单中选
择 Preferences(参数选择)命令，如图 1.16 所示。

**Step 2** 在弹出的对话框左边窗口中，单击 System(系统)选
项，如图 1.17 所示，选择 General(常规)选项。

**Step 3** 把 Use localized resources(使用本地化资源)勾选上，
如图 1.18 所示。

**Step 4** 弹出 Warning(警告)对话框，如图 1.19 所示。单击
OK(确定)按钮。继续单击 OK 按钮关闭 Preferences 对话框。

图 1.16

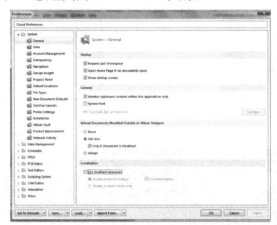

图 1.17

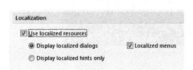

图 1.18

图 1.19

**Step 5** 重启软件，软件就变成中文版的了，如图 1.20 所示。

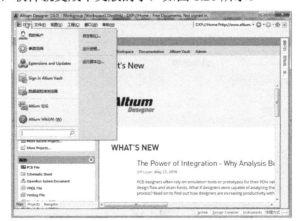

图 1.20

中文版似乎容易理解点，但对以后的学习不利，建议使用英文版。

## 1.2.5　Altium Designer 16.0 系统的升级

Altium Designer 16.0 不断有新的升级包，包括器件库扩充包和软件功能升级包，Altium 公司为 Altium Designer 16.0 更新多种应用，为了能用上更好的设定工具，建议及时更新与升级。更新升级的方法如下。

双击 Altium Designer 16.0 桌面图标，打开 Altium Designer 16.0 软件，进入软件系统界面，选择界面左上角菜单栏中的 DXP → Extension and Updates(扩展和更新)命令，如图 1.21 所示，系统自动弹出扩展升级界面，如图 1.22 所示。只要电脑连在网上，系统就能自动地从 Altium 公司的服务器下载最新版本的插件，下载后，通过双击执行安装即可。

图 1.21

图 1.22

## 1.3　Altium Designer 16.0 的文件管理系统

Altium Designer 16.0 的 Projects(项目)面板提供了两种文件——项目文件和设计时生成的自由文件。设计时生成的文件可以放在项目文件中，也可以移出，放入自由文件中。在文件存盘时，文件将以单个文件的形式存入，不是以项目文件的形式整体存盘，被称为存盘文件。

下面详细介绍一下这三种文件类型。

### 1.3.1　项目文件

Altium Designer 16.0 支持项目级别的文件管理，在一个项目文件里包括设计中生成的一切文件。例如，要设计一个电路板，可以将电路图文件、PCB 图文件、设计中生成的各种报表文件及元件的集成库文件等放在一个项目文件中，这样非常便于文件管理。项目文件类似于 Windows 系统中的"文件夹"，在项目文件中，可以执行对文件的各种操作，如新建、打开、关闭、更改与删除等。

 项目文件只负责管理。在保存文件时，项目中的各个文件是以单个文件的形式保存的。

如图 1.23 所示，这是任意打开的一个*.PrjPCB 项目文件。从该图可以看出，该项目文件包含了与整个设计相关的所有文件。

### 1.3.2 自由文件

图 1.23

自由文件是指独立于项目文件之外的文件，Altium Designer 16.0 通常将这些文件存放在唯一的 Free Document(自由文档)文件夹中。

自由文件有以下两个来源。

(1) 将某文件从项目文件夹中删除时，文件并未从 Projects(项目)中消失，而是出现在 Free Document(自由文档)中，成为自由文件。

(2) 打开 Altium Designer 16.0 的存盘文件(非项目文件)时，该文件将出现在 Free Document(自由文档)中，而成为自由文件。

自由文件的存在，方便了设计的进行。将文件从 Free Document(自由文档)文件夹中删除时，文件将会被彻底删除。

### 1.3.3 存盘文件

存盘文件即是将项目文件存盘时生成的文件。Altium Designer 16.0 保存文件时并不是将整个项目文件保存，而是单个保存，项目文件只起到管理的作用。这样的保存方法将更有利于进行大型电路的设计。

## 1.4 Altium Designer 16.0 软件界面的设置

Altium Designer 16.0 启动后，进入主界面，如图 1.24 所示，用户可以使用该界面进行项目文件的操作，如创建新项目、打开文件、进行配置等。该系统界面由系统主菜单、浏览器工具栏、系统工具栏、工作区和工作区面板五大部分组成。

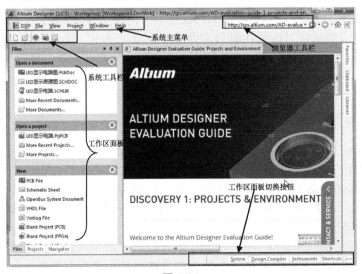

图 1.24

### 1.4.1 系统主菜单

系统主菜单如图 1.25 所示。启动 Altium Designer 16.0 后，在没有打开项目文件前，系统主菜单主要包括 DXP、File、View、Project、Window、Help 这几项基本操作功能，但主菜单会在使用中随用途而变化。这里简要介绍基本的菜单功能，其他功能将在使用过程中逐渐熟悉。

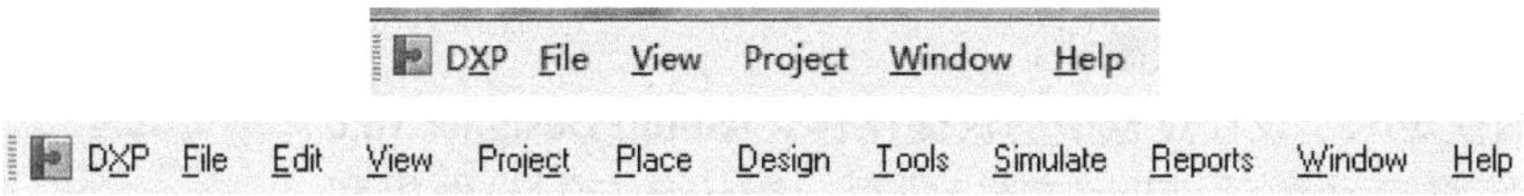

图 1.25

(1) DXP 菜单包含 Custom(自定义)、Preference(参数选择)、System Information(系统信息)、Run Process(运行过程)、Check for update(检查是否有更新)等命令，通过这些命令，可以完成系统的基本设置和软件的更新操作。

(2) File(文件)菜单包含 New(新建)、Open(打开)、Close(关闭)、Open Project(打开项目)、Open Design Workspace(打开设计空间)、Save Project(保存项目)等命令，如图 1.26 所示，这些命令主要完成工程项目的打开、保存操作，以及建立各种文件的操作等。

(3) Project(项目)菜单主要完成工程项目的编译，以及项目的打开及添加。

(4) Window(窗口)菜单主要是对窗口的排列方式进行操作。

(5) Help(帮助)菜单可为使用者提供帮助。

图 1.26

### 1.4.2 系统工具栏

系统工具栏如图 1.27 所示。

系统工具栏由快捷工具按钮组成，用来完成打开文件、打开文件夹、打开设备浏览窗口等功能(打开新的编辑器后，系统工具栏所包含的快捷工具按钮会增加)。

图 1.27

### 1.4.3 浏览器工具栏

软件的右上角提供了访问应用文件编辑器的浏览器工具栏，如图 1.28 所示。

图 1.28

通过浏览器工具栏，可以显示、访问因特网和本地存储的文件。其中，浏览器地址栏用于显示当前工作区文件的地址；单击"后退"或"前进"按钮，可以根据浏览的次序后退或前进，且通过单击按钮右侧的下拉按钮，可以打开浏览次序列表，用户可以选择重新打开用户在此之前或之后浏览过的页面，单击"回主页"快捷按钮，将回到系统默认主页。

## 1.4.4 工作区面板

在 Altium Designer 16.0 中，有两种类型的面板：系统型面板和编辑器面板。系统型面板在任何时候都可以使用，而编辑器面板只有在相应的文件被打开时才被激活。

工作区面板是为了设计过程中的快捷操作。Altium Designer 16.0 启动后，系统将自动激活 Files(文件)面板、Projects(项目)面板和 Navigator(导航)面板，可以单击面板底部的标签，在不同的面板之间切换。下面简单介绍一下 Files(文件)面板，如图 1.29 所示。其余的面板将在随后的原理图设计和 PCB 设计中详细讲解。

Files 面板主要用于打开、新建各种文件和项目，可分为 Open a document(打开一个文档)、Open a project(打开项目)、New(新建)这三个部分。单击每一部分右边的双箭头按钮，即可打开或隐藏里面的各项。

**图 1.29**

工作区面板有三种显示方式：自动隐藏显示、浮动显示和锁定显示。

在每个面板的右上角都有三个图标(按钮)。图标可以在各种面板之间进行切换操作；图标可以改变面板的显示方式，图标则关闭当前这个面板。

## 1.4.5 工作区

工作区位于界面的中间，是用户编辑各种文档的区域。在无编辑对象打开的情况下，工作区将自动显示为系统的默认主页，主页内列出了 Altium Designer 16.0 的新功能介绍等内容，如图 1.30 所示。

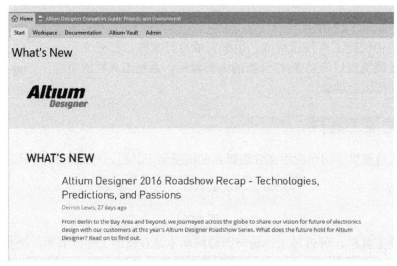

**图 1.30**

## 1.5 Altium Designer 16.0 系统的设置

完成 Altium Designer 16.0 的安装，并了解了系统的基本功能后，用户可对 Altium Designer 16.0 的系统环境参数进行设置，以适应自己的操作习惯。

启动 Altium Designer 16.0 后，选择菜单栏中的 DXP → Preferences(参数选择)命令，打开如图 1.31 所示的 Preferences(参数选择)对话框。

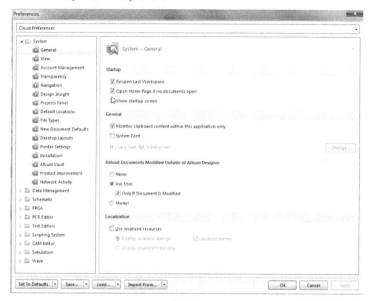

图 1.31

Preferences(参数选择)对话框由左右两部分组成，左侧是树型列表，显示所有的选项卡标题，右侧是选项卡，显示左侧的树型列表中选中的选项设置界面内容。Altium Designer 16.0 将绝大部分的参数设置整合到一个 Preferences(参数选择)对话框中，共包含 System(系统)、Data Management(数据管理)、Schematic(原理图编辑)、FPGA(FPGA 设计)、PCB Editor(印制电路板编辑器)、Text Editor(文本编辑器)、Scripting System(脚本系统)、CAM Editor(CAM 编辑器)、Simulation(仿真)、Wave(波形编辑器)这 10 个选项组，分别是针对系统和 8 个功能模块的设置。

本节仅介绍有关系统设置选项卡内容。在 System(系统)选项组中，共有 16 个选项卡，分别是 General(通用)选项卡、View(察看)选项卡、Account Management(账户管理)选项卡、Transparency(透明度)选项卡、Navigation(导航)选项卡、Design Insight(设计见解)选项卡、Projects Panel(项目面板)选项卡、Default Locations(默认位置)选项卡、File Types(文件类型)选项卡、New Document Defaults(新建文档默认值)选项卡、Desktop Layouts(桌面布局)选项卡、Printer Settings(打印机设置)选项卡、Installation(安装)选项卡、Altium Vault(Altium 库)选项卡、Product Improvement(产品改进)选项卡、Network Activity(网络活动)选项卡。

这里，我们选取主要选项卡内的重要功能选项，分别介绍如下。

### 1. General(常规)选项卡

General(常规)选项卡如图 1.32 所示，该选项卡包含系统的常规功能选项，具体意义如下。

图 1.32

(1) Startup(启动)选项区域对系统启动过程进行设置，其中包含三个复选框，介绍如下。Reopen Last Workspace(重新打开上次的工作区)选项表示在下次启动 Altium Designer 16.0 的时候，自动打开上一次退出系统前的工作空间，加载关闭前的项目组，而对于以非项目状态打开的 Free Documents(自由文档)则不会自动加载。如果不选中此项，那么下次 Altium Designer 16.0 启动时就不会加载以前的项目组。Open Home Page if no documents open(如果没有打开的文档打开主页)选项表示在启动 Altium Designer 16.0 后，如果没有文档打开，系统将自动打开 Altium Designer 16.0 的系统主页，Show startup screen(显示启动画面)用于设置在启动过程中显示 DXP 的启动画面。

(2) General(常规)选项区域用于设置较通用的选项，其中的 Monitor clipboard content within this application only(只监视此应用程序的剪贴板中的内容)复选项用于设置 Altium Designer 16.0 的剪贴板仅显示 Altium Designer 16.0 中的内容。System Font(系统字体)选项用于设定 Altium Designer 16.0 系统内部的各种对话框的交互式文本所使用的字体、字形及字号。只有 System Font(系统字体)复选框被选中后，Change(更改)按钮才被激活。单击 Change(更改)按钮，在弹出的如图 1.33 所示的"字体"对话框中设置字体、字形和大小，最后单击"确定"按钮，更新系统字体。通常不建议用户更改系统字体，只有当对话框的交互式文本显示不正常时，才有必要更改。系统默认字体为常规 8 号 MS Sans Serif 字体。

(3) Localization(本地化)选项区域用于设置本地化选项，其中各选项的意义介绍如下。Use localized resources(使用本地化资源)复选框用于设置使用本地化功能。选中该选项后，该区域的其他三个单选按钮将被激活，允许用户进行设置。单选按钮 Display localized dialogs(显示本地化对话框)和 Display localized hints only(只显示本地化提示)用于设置使用本地对话框或者使用本地化的提示，默认选中 Display localized dialogs(显示本地化对话框)。localized menus(本地化菜单)单选按钮用于设置显示本地化菜单。

## 2. View(察看)选项卡

View(察看)选项卡如图 1.34 所示,该界面由设置系统视图显示的选项组成。

(1) Desktop(桌面)选项区域用于设置有关系统界面的选项,其中的选项功能和意义如下。

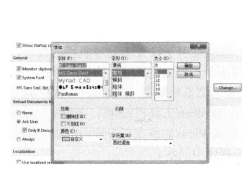

图 1.33　　　　　　　　　　　　　　　　图 1.34

Autosave desktop(自动保存桌面)复选框用于设置自动保存桌面。Restore open documents(还原打开的文档)复选框用于设置保存打开的文档,这些文档类型由 Exclusions(排除)文本框指定。Exclusions(排除)文本框用于指定自动保存的文档的类型,单击文本框右侧的按钮,打开如图 1.35 所示的 Select Document Kinds(选择文档种类)对话框。

图 1.35

在 Select Document Kinds(选择文档种类)对话框左侧的 Not selected(未选中)列表框中,选择文件类型,然后单击 ▷ 按钮,将所选的文件类型传递到 Selected(选中)列表框中,使用 ▷▷ 按钮可以将所有文件类型全部转换到 Selected(选中)列表框中。同样,可以通过 ◁ 按钮或 ◁◁ 按钮,将已选择的文件类型从 Selected(选中)列表转移到 Not selected(未选中)列表框中。当确认选择的文件类型后,单击 OK(确定)按钮即可。

(2) Popup Panels(弹出面板)选项组中的选项用于设置工作面板的弹出情况,其中的选项功能和意义介绍如下。

Popup delay(弹出延迟)滑块:用于设置工作面板的弹出延迟时间,即当从鼠标指针移动到工作面板标签上开始,到工作面板弹出为止的时间。滑块越向右,则设置的值越大。

Hide delay(隐藏延迟)滑块:用于设置工作面板的隐藏延迟时间,即从鼠标指针移出工作面板范围开始,到工作面板隐藏为止的时间。滑块越向右,则设置的值越大。

Use animation(使用动画)复选框:用于设置面板弹出或隐藏的过程使用动画效果。选中该项后,Animation speed(动画速度)滑块将被激活,该滑块用来调节动画的速度,若不想在面板显现或隐退时显示动画,则应当取消选中该复选框。另外,当电脑硬件配置较低时,建议取消选中Use animation(使用动画)复选框。

(3) Show Navigation Bar As(显示导航栏作为)选项组用于设置浏览导航栏的显示,其中Build-in panel(内置面板)和 Toolbar(工具栏)单选按钮用于设置浏览导航栏的显示形式,Build-in panel(内置面板)选项表示采用如图 1.36 所示的方式显示浏览导航栏。Toolbar(工具栏)选项表示采用工具栏的形式显示浏览导航栏。默认情况下选用 Toolbar(工具栏)选项。在选中 Toolbar(工具栏)单选按钮后,Always Show Navigation Panel In Task View(始终在任务视图中显示导航面板)复选框被激活,选中该复选框后,导航面板将在任务视图中显示。

**图 1.36**

(4) Favorites Panel(收藏夹面板)选项组用于设置收藏夹面板的显示状态,其中 Keep 4×3 Aspect Ratio(保持 4×3 宽高比)复选框表示保持收藏夹面板的长宽比为 4:3,Thumbnail X Size(缩略图 X 尺寸)微调框用于设置收藏夹内的单个项目显示的 X 方向尺寸,Thumbnail Y Size(缩略图 Y 尺寸)微调框用于设置收藏夹内的项目显示的 Y 方向尺寸。

(5) General(常规)选项组用于设定设计窗口的样式。其中的选项意义如下。

Show full path in title bar(在标题栏中显示完整路径)复选框:用于确定是否在窗口标题栏上显示当前正在编辑的设计文档的完整路径,选中该项,则显示文档的完整路径,否则只显示文档名。

Display shadows around menus, toolbars and panels(围绕菜单、工具栏和面板显示阴影)复选框:用于设置在菜单、工具栏以及面板的周围显示阴影,增加立体效果,选中将呈现阴影效果。若电脑硬件配置较低时,建议取消阴影效果。

Emulate XP look under Windows 2000(在 Windows 2000 下模拟 XP 的外观)复选项:用于设置在 Windows 2000 的操作系统环境下,模拟显示在 Windows XP 操作系统下的外观。

Hide floating panels on focus change(焦点变化时隐藏浮动面板)复选框:用于设置操作焦点转移时,自动隐藏浮动面板。

Remember window for each document kind(记住每个文件类型的窗口)复选框:用于记忆每种文件类型的显示窗口。

Auto show symbol and model previews(自动展示符号和模型预览)复选框:用于设置自动显示标志和模型预览。

(6) Documents Bar(文档栏)选项组中的选项用于设置工作区上方的文档栏的显示状态，各选项的功能和意义介绍如下。

Group documents if need(如果需要则组合文档)复选框：用于设置当空间不足时，是否分组显示文件名以节约文档栏的空间。选中该复选框后，其下方的单选按钮被激活，By document kind(根据文档类型)和 By project(根据项目)单选按钮用于设置文件分组的依据。

Use equal-width buttons(使用等宽按钮)复选框：用于设置使用同等的宽度来显示文件名，未选中该项时，文档栏将根据文件名的长度决定其名称标签的宽度。

Auto-hide the documents bar(自动隐藏文件栏)复选框：用于设置是否自动隐藏文档栏。

Multiline documents bar(多行的文件栏)复选框：用于设置是否显示多行文档栏。

Ctrl+Tab switches to the last active document(Ctrl + Tab 键切换到最后一个活动文档)复选框：用于设置使用 Ctrl+Tab 快捷键切换到上一个活动的文档。

Close switches to the last active document(关闭切换到最后一个活动文档)复选框：用于设置当关闭当前文档时，系统自动切换到上一个活动的文档。

Middle click closes document tab(中键单击则关闭文档选项卡)复选框：用于设置在文档栏的标签上单击鼠标中键时关闭文档。

### 3. Transparency(透明度)选项卡

Transparency(透明度)选项卡如图 1.37 所示。该选项卡内的选项主要用来设置浮动工具栏及对话框的透明效果，其中选项的具体意义如下。

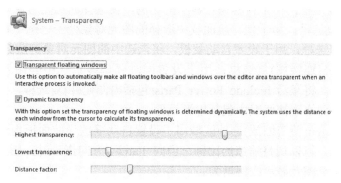

图 1.37

(1) Transparent floating windows(透明浮动窗口)复选框：用于设定在调用一个交互式过程时，编辑器工作区上的浮动工具栏及其他对话框是否以透明效果显示。

(2) Dynamic transparency(动态透明度)复选框：用于启用动态透明效果。

(3) Highest transparency(最高透明度)滑块和 Lowest transparency(最低透明度)滑块：分别用于设定最高透明度和最低透明度。滑块越靠右，对应的数值越大。

(4) Distance factor(距离因子)滑块：用来设定透明度与光标到浮动对象之间的距离的参数关系。这里的浮动对象，可以是浮动工具栏、浮动对话框或浮动面板。

### 4. Navigation(导航)选项卡

Navigation(导航)选项卡如图 1.38 所示。该选项卡内的选项主要用于设置导航面板，其中的选项具体介绍如下。

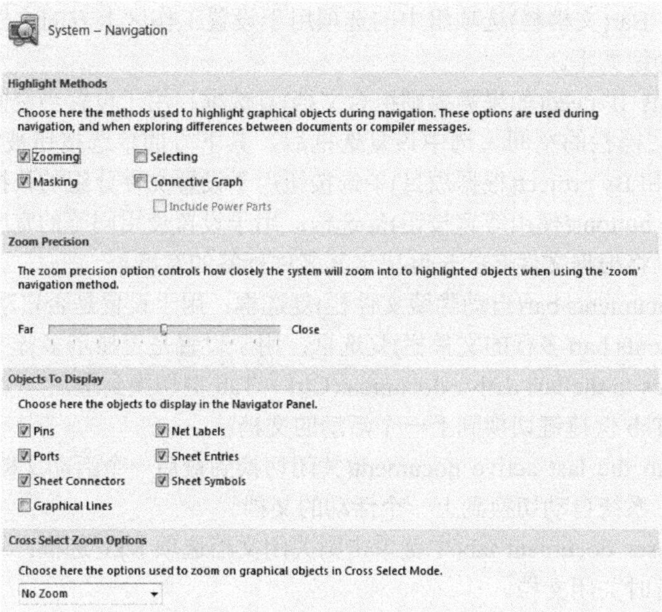

**图 1.38**

(1) Highlight Methods(亮点方法)选项区域用于设置通过导航面板选择图元对象后，工作区显示图元对象强调显示的状态。

Zooming(缩放)复选框：用于自动调整显示的比例，使选择的图元对象最大化显示。

Selecting(选择)复选框：用于使导航面板中选择的图元对象处于已选中状态。

Masking(屏蔽)复选框：用于设置自动蒙板，将未选中的图元对象遮蔽起来。

Connective Graph(连接图)复选框：用于设置同时强调显示选中的图元对象的网络连接情况。选中该复选框后，将激活 Include Power Parts(包括电源元件)复选框，该复选框表示强调显示选中的图元对象的网络连接情况中包括电源元件。

(2) Zoom Precision(精密缩放)选项区域用于设置自动缩放导航面板内选中的图元对象的程度，通过拖动滑动条，可以调整缩放的比例，当向 Far(远)方向拖动时，图元显示比例减小，向 Close(近)方向拖动时，图元显示比例增大。

(3) Objects To Display(要显示的对象)选项区域用于设置导航面板显示的图元对象内容，其中包括 7 个选项，功能介绍如下。

Pins(引脚)复选框：表示导航面板中显示器件引脚。

Net Labels(网络标签)复选框：表示导航面板中显示网络标签。

Ports(网络端口)复选框：表示导航面板中显示网络端口。

Sheet Entries(页面端口)复选框：表示在多图纸设计中，导航面板内显示页面端口。

Sheet Connectors(页面接口)复选框：表示在多图纸设计中，导航面板内显示页面接口。

Sheet Symbols(页面标志)复选框：表示在多图纸设计中，导航面板内显示页面标志。

Graphical Lines(图线)复选框：表示导航面板内显示不具有电气意义的图线。

### 5. File Types(文件类型)选项卡

File Types(文件类型)选项卡如图 1.39 所示，该选项卡主要用于设置使用 Altium Designer

16.0 打开文件的默认类型，一旦用户在文件类型列表中选中了某一扩展名的文件类型前的复选项，在计算机中的同类型文件都将使用 Altium Designer 16.0 进行浏览。

### 6. New Document Defaults(新建文档默认)选项卡

New Document Default(新建文档默认)选项卡如图 1.40 所示，该选项卡主要用于设置使用 Altium Designer 16.0 新建的文件的初始状态和内容，如果用户将某一特定文件设置为该类型文件的新建默认文件，之后使用 Altium Designer 16.0 新建的所有该类型的文件的初始内容和初始设置都与该文件相同。用户可在 New documents default(新建文档默认)栏中设置各种类型的文件的新建默认文件。

图 1.39

图 1.40

## 1.6　Altium Designer 16.0 界面的自定义

Altium Designer 16.0 支持用户自定义设计界面，用户可以根据自己的操作习惯，定制编辑器菜单条、工具栏和快捷操作面板等。所有的资源均由设计管理器来管理，默认的资源设定存储在一个名为 DXP.rcs 的文件中。本节将通过添加菜单命令实例，介绍自定义界面的方法。具体步骤如下。

**Step 1** 启动 Altium Designer 16.0，选择菜单栏中的 DXP → Customize(自定义)命令，如图 1.41 所示，打开如图 1.42 所示的 Customizing PickATask Editor(自定义选择一个任务编辑器)对话框。

Customizing PickATask Editor(自定义选择一个任务编辑器)对话框包含 Commands(命令)和 Toolbars(工具栏)两个选项卡，其中 Commands(命令)选项卡用于对菜单内的命令进行调整，Toolbar(工具栏)选项卡用于在界面中添加完整菜单或工具栏。

**Step 2** 在 Customizing PickATask Editor(自定义选择一个任务编辑器)对话框中单击 Commands(命令)选项卡中的 New(新建)按钮，打开如图 1.43 所示的 Edit Command(编辑命令)对话框。

**Step 3** 单击 Edit Command(编辑命令)对话框 Action(作用)选项区域内的 Process(处理)编辑

框右侧的 Browse(浏览)按钮，打开如图 1.44 所示的 Process Browser(处理浏览器)对话框。

图 1.41

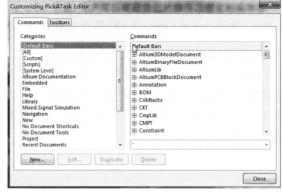

图 1.42

图 1.43

图 1.44

Step 4 在 Process Browser(处理浏览器)对话框中，选择 Client:QuitFromEDAClient(客户端：从 EDA 客户端退出)命令，单击 OK(确定)按钮，将该动作添加到 Edit Command(编辑命令)对话框的 Process(处理)下拉列表框中。

Step 5 在 Edit Command(编辑命令)对话框的 Caption(标题)区域内的 Caption(标题)编辑框中输入新建的命令项的名称 Quit EDA(退出 EDA)。在 Description(描述)编辑框内输入对该命令的描述语言"退出从客户端"。

Step 6 在 Edit Command(编辑命令)对话框的 Shortcuts(快捷方式)区域内单击 Primary(初始)下拉按钮，如图 1.45 所示，在弹出的下拉列表中选择 Ctrl+F1 作为新建命令的快捷键，然后单击 Edit Command(编辑命令)对话框中的 OK(确定)按钮，新建一个命令。

Step 7 在 Customizing PickATask Editor(自定义选择一个任务编辑器)对话框的 Categories(类别)列表框中选择 Custom(定制)项，移动鼠标到右侧的 Commands(命令)列表框中新建的命令 Quit EDA(退出 EDA)上方，按下鼠标左键，将其拖到 File(文件)菜单栏中，如图 1.46 所示。

图 1.45

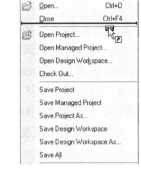

图 1.46

　　至此，用户就在选中的菜单中添加了一个自定义的命令 Quit EDA(退出 EDA)，在 EDA 项目中，当选择使用该命令时，Altium Designer 16.0 就会从中退出。

## 1.7　Altium Designer 16.0 入门

　　本节将通过两个简单的实例，让读者详细了解用 Altium Designer 16.0 设计原理图及进行电路仿真的基本过程。

### 1.7.1　实例——非稳态多谐振荡器

　　非稳态多谐振荡器电路原理图具体的设计步骤如下。

　　Step 1　新建项目。启动 Altium Designer 16.0，选择菜单栏中的 File(文件) → New(新建) → Project(项目)命令，创建一个项目文件，如图 1.47 所示，此时，弹出 New Project(新项目)对话框，在 Project Types(项目类型)列表框中选择 PCB Project(PCB 项目)，在 Project Templates(项目模板)列表框中选择图纸项目 Default(默认)，在 Name(名称)文本框中填写"非稳态多谐振荡器"，如图 1.48 所示，单击 OK(确定)按钮完成。

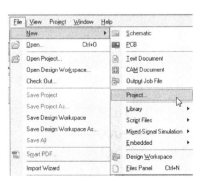

图 1.47

图 1.48

图 1.49

**Step 2** 选择 File(文件) → New(新建) → Schematic(原理图)菜单命令，在 Projects(项目)面板的 Sheet1.SchDoc 项目文件上右击，从弹出的右键快捷菜单中保存项目文件，将该原理图文件另存为"非稳态多谐振荡器.SchDoc"。保存后，Projects(项目)面板中将显示出用户设置的名称，如图 1.49 所示。

**Step 3** 设置图纸参数。选择 Design(设计) → Document Options(文档选项)菜单命令，或者在编辑窗口中单击鼠标右键，在弹出的快捷菜单中选择 Options(选项) → Document Options(文档选项)命令，弹出 Document Options(文档选项)对话框，如图 1.50 所示。在此对话框中，对图纸参数进行设置。这里，我们图纸的尺寸设置为 A4，放置方向设置为 Landscape(横向)，图纸标题栏设为 Standard(标准)，其他采用默认设置，然后单击 OK(确定)按钮，完成图纸属性的设置。

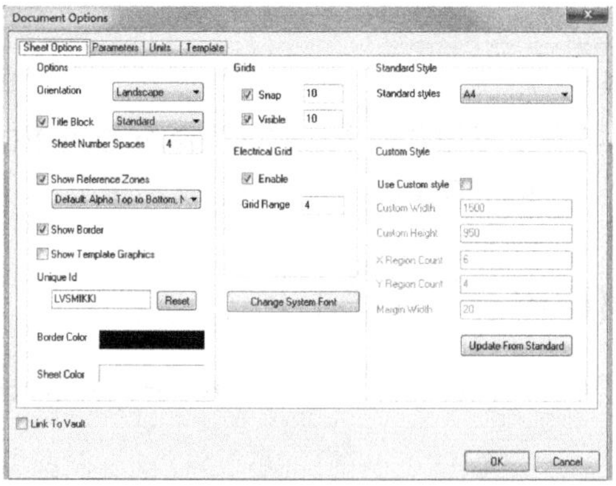

图 1.50

**Step 4** 原理图设计。打开 Libraries(库)面板，在当前元件库下拉列表中选择 Miscellaneous Devices.IntLib 元件库，然后在元件过滤栏的文本框中输入"res"，在元件列表中查找电阻，并将查找所得的电阻放入原理图中，元器件将显示在 Libraries(元件库)面板中，如图 1.51 所示。单击 Place Res1(放置 Res1)按钮，然后将光标移动到工作窗口，如图 1.52 所示。

图 1.51

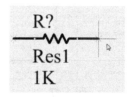

图 1.52

**Step 5** 按 Tab 键，在弹出的 Properties for Schematic Component in Sheet(原理图元件属性)对话框中修改元件属性，如图 1.53 所示。将 Designator(指示符)设为 R1，将 Comment(注释)设为不可见，然后把 Value(值)改为 100K，不需要仿真。

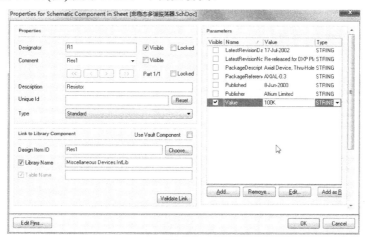

图 1.53

**Step 6** 按 Space(空格)键，翻转电阻至如图 1.54 所示的角度。在适当的位置单击，即可在原理图中放置电阻 R1，同时编号为 R2 的电阻自动附在光标上，如图 1.55 所示。

图 1.54                                   图 1.55

**Step 7** 搜索其他元件，依次放入 Cap 电容、2N3904 三极管。放置元件后的图纸如图 1.56所示。

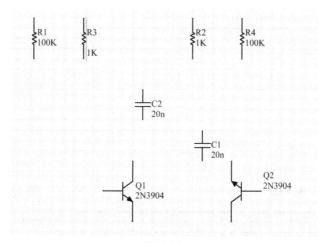

图 1.56

**Step 8** 放置 Header 2(插头)。打开 Libraries(元件库)面板，在当前元器件库名称栏中选择

Miscellaneous Connectors.IntLib，然后在元件过滤栏的文本框中输入"Header 2"，在元件列表中查找插头，元器件将显示在 Libraries(元件库)面板中，如图 1.57 所示。在元器件列表中另选择一个 Header 2(插头)进行放置，如图 1.58 所示。

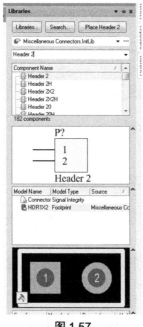

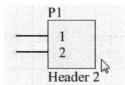

图 1.57                                        图 1.58

Step 9 根据电路图合理地放置元件。以达到美观地绘制电路原理图的目的。用鼠标移动，设置好元件属性后的电路原理图如图 1.59 所示。

Step 10 连接线路。布局好元件后，下一步的工作就是连接线路。选择菜单栏中的 Place(放置) → Wire(导线)命令，或者单击工具栏中的 ～(放置导线)按钮，执行连线操作。连接好的电路原理图如图 1.60 所示。

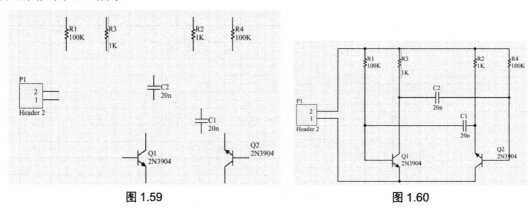

图 1.59                                        图 1.60

Step 11 在必要的位置放置电气节点，选择菜单栏中的 Place(放置) → Manual Junction(手工接点)命令，放置电气节点，如图 1.61 所示，完成后如图 1.62 所示。

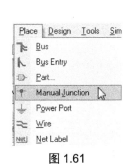

图 1.61

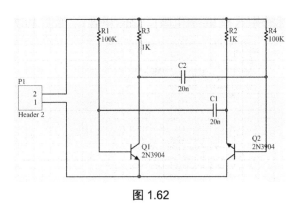

图 1.62

**Step 12** 完成电路原理图的设计后，单击"保存"按钮，保存原理图文件。

## 1.7.2　实例——滤波器电路仿真设计

滤波器是模拟电路设计中经常用到的器件，由于其成本低廉、设计简单而被广泛使用。但是，实际电路的设计与调试并不轻松，需要有信号源、示波器等工具，而且为了满足预定的设计指标，需要不断地调整电阻、电容或电感等元件的参数。所以，在制作实际的 PCB 之前进行仿真，将会大大提高调试的效率。具体的设计步骤如下。

**Step 1** 新建项目。启动 Altium Designer 16.0，选择菜单栏中的 File(文件) → New(新建) → Project(项目)命令，创建一个 PCB 项目文件，此时弹出 New Project(新项目)对话框，在 Project Types(项目类型)中选择 PCB Project(PCB 项目)，在 Project Templates(项目模板)中选择图纸项目 Default(默认)，在 Name(名称)文本框中填写"滤波器电路"，单击 OK(确定)按钮完成。

**Step 2** 新建原理图文件。选择菜单栏中的 File(文件) → New(新建) → Schematic(原理图)命令。然后，在 Projects(项目)面板的 Sheet1.SchDoc 项目文件上右击，在弹出的快捷菜单中，将该原理图文件另存为"滤波器电路.SchDoc"。保存后，Projects(项目)面板中将显示出用户设置的名称，如图 1.63 所示。

图 1.63

**Step 3** 设置图纸参数。选择菜单栏中的 Design(设计) → Document Options(文档选项)命令，或者在编辑窗口内单击鼠标右键，从快捷菜单中选择 Options(选项) → Document Options(文档选项)命令，弹出 Document Options(文档选项)对话框，在对话框中对图纸参数进行设置。这里，我们图纸的尺寸设置为 A4，放置方向设置为 Landscape(横向)，图纸标题栏设为 Standard(标准)，其他采用默认设置，单击 OK(确定)按钮，完成图纸属性的设置。

**Step 4** 查找元器件，并加载其所在的库。打开 Libraries(元件库)面板，如图 1.64 所示。单击 Search(查找)按钮，在弹出的查找元器件对话框中输入"UA741"，如图 1.65 所示。单击 Search(查找)按钮后，系统开始查找此元器件。找到的元件将显示在 Libraries(元件库)面板中，如图 1.66 所示。单击 Place UA741AD(放置 UA741AD)按钮，然后将光标移动到工作窗口中。

**Step 5** 继续放置元件，从另外两个库中找到其他常用的一些元件。放置电阻、电容。打开 Libraries(元件库)面板，在当前元器件库名称栏中选择 Miscellaneous Devices.IntLib，在元器件列表中分别选择 Res1(电阻)、Cap(电容)，如图 1.67 所示，并完成放置。

图 1.64

图 1.65

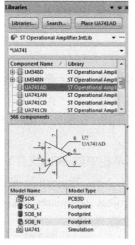

图 1.66

图 1.67

**Step 6** 元件属性设置。前面放置完成的元件如图 1.68 所示。双击元件 UA741AD，弹出 Component Properties(元件属性)对话框，分别对元件的编号进行设置，如图 1.69 所示。用同样的方法，可以对电容和电阻值进行设置。

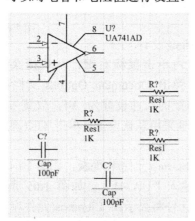

图 1.68

图 1.69

**Step 7** 根据电路图，合理地放置元件，如图 1.70 所示。

**Step 8** 连接线路。布局好元件后，下一步的工作就是连接线路。选择菜单栏中的 Place(放置) → Wire(导线)命令，或者单击工具栏中的 ≈ 按钮，执行连线操作。连接好的电路原理图如图 1.71 所示。

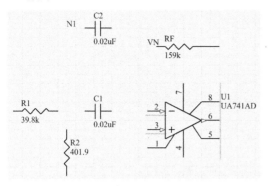

图 1.70                                    图 1.71

**Step 9** 放置网络标签。选择菜单栏中的 Place(放置) → NetLabel(网络标号)命令，或单击工具栏中的 ▥ 按钮，这时，鼠标变成十字形状，并带有一个初始标号 Net Label(网络标号)。这时按 Tab 键打开如图 1.72 所示的对话框，然后在该对话框的 Name(名称)文本框中输入网络标签的名称，再单击 OK(确定)按钮退出该对话框，放到指定位置，如图 1.73 所示。

图 1.72                                    

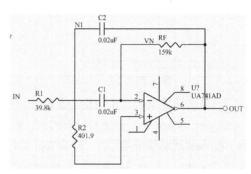

图 1.73

**Step 10** 在 Libraries(元件库)面板的集成库文件 Simulation Sources.IntLib 中找到 VSRC(直流电压源)，并放置两个 VSRC(直流电压源)到仿真原理图中。双击所放置的 VSRC(直流电压源)符号，在出现的 Properties for Schematic Component in Sheet(元件属性)对话框中，设置其属性参数，如图 1.74 所示。在 Models 区域双击 Type(类)栏下的 Edit(编辑)选项，即可出现 Sim Model - Voltage Source / DC Source(激励模型-交流/直流电源)对话框，通过该对话框可以查看并修改仿真模型，如图 1.75 所示。

分别进行基本属性及仿真参数的设置。标识符分别设置为 V1 和 V2，仿真参数中，V1 的电源值设置为 15V，为 VCC 提供电源；V2 的电源值设置为-15V，为 VEE 提供电源。同时，在 "元件库" 面板的集成库文件 Simulation Sources.IntLib 中找到 VPULSE(脉冲电压激励源)，放置到仿真原理图中的信号输入端，并设置其相应的参数。完成后如图 1.76 所示。

图 1.74

图 1.75

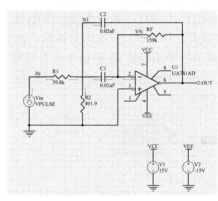

图 1.76

Step **11** 选择菜单栏中的 Design(设计) → Simulate(仿真) → Mixed Sim(混合仿真)命令，打开 Analyses Setup(分析设置)对话框，在 Collect Data For(收集数据)栏，从列表中选择 Active Signals / Probes(活动信号/探头)。双击 IN、OUT(进、出)，把它们添加到 Active Signals(活动信号)内，勾选 Operating Point Analysis、Transient Analysis(工作点分析、瞬态分析)，如图 1.77 所示。

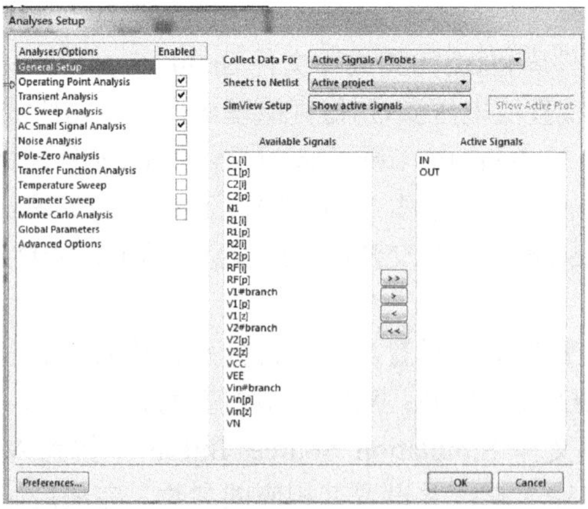

图 1.77

**Step 12** 在 Analyses Setup(分析设置)对话框中，继续选中 AC Small Signal Analysis(AC 小信号分析)选项，进行相应参数的设置，如图 1.78 所示。单击 OK(确定)按钮进行仿真，生成仿真分析波形，如图 1.79 所示。

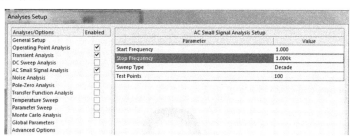

图 1.78

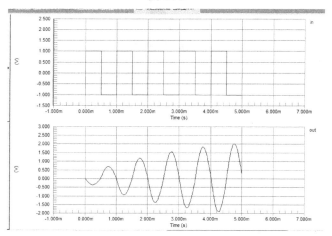

图 1.79

**Step 13** 完成电路原理图仿真设计后，单击 Save(保存)按钮，保存文件。

# 第 2 章

## 电路原理图设计基础

电路原理图设计，就是在计算机辅助设计平台上使用 Altium Designer 16.0 类的软件设计原理图来表达电子电路设计者设计意图的过程。从设计辅助软件的角度来看，设计电路原理图的主要目的，是通过电路原理图这种形式，将设计者构想中的电路的结构模型输入辅助设计系统，使系统能了解设计者设计的电路连接关系，以便辅助设计者实现设计意图，生成能指导电路板生产的文档。

本章主要介绍 Altium Designer 16.0 原理图设计的一般步骤、图纸设置、画面管理、电路元件的电气连接以及实用工具的使用，中间穿插实例，让读者更容易理解，最后通过综合设计实例来巩固学习成果。

## 2.1 电路原理图的设计步骤

电路设计的步骤包括一个电子产品从设计构思、电学设计到物理结构设计的全过程。

### 2.1.1 印制电路板设计的一般步骤

印制电路板的设计通常有以下几步：设计前的准备、绘制草图、元器件布局、设计布线、制版底图的绘制、加工工艺图及技术要求。

#### 1. 设计前的准备

了解电路工作原理、组成和各功能电路的相互关系及信号流向等内容，了解印制板的工作环境及工作机制(连续工作还是断续工作等)。掌握最高工作电压、最大电流及工作频率等主要电路参数；熟悉主要元器件和部件的型号、外形尺寸、封装，必要时，取得样品或产品样本。

确定印制电路板的材料、厚度、形状及尺寸。

### 2. 绘制草图

草图是绘制制版底图的依据。绘制草图，是根据电路原理图，把焊盘位置、间距、焊盘间的相互连接、印制导线的走向及形状、整图外形尺寸等均按印制电路板的实际尺寸(或按一定比例)绘制出来，作为生产印制电路板的依据。

### 3. 元器件的布局

元器件的布局可以手工进行，也可以利用 Altium Designer 16.0 等软件自动进行，但布局要求、原则、布放顺序和方法都是一致的。元器件布局要保证电路功能和技术性能指标，且兼顾美观性、排列整齐、疏密得当，满足工艺性、检测、维修等方面的要求。

### 4. 设计布线

在整个印制电路板的设计中，以布线的设计过程限定最高、技巧最细、工作量最大。印制板设计布线有单面布线、双面布线及多层布线；布线的方式有手动布线、自动布线两种。进入布线阶段时，往往会发现元器件布局方面存在不足，需要调整和改变布局。一般情况下，设计布线和元器件布局要反复几次，才能获得比较满意的效果。

### 5. 制版底图的绘制

印制电路板设计定稿以后，生产制造前，必须将设计图转换成印制电路板实际尺寸的原版底片。制版底图的绘制有手工绘图和计算机绘图等方法。

### 6. 加工工艺图及技术要求

设计者将图纸交给制板厂时，需提供附加技术说明，一般通称为技术要求。技术要求必须包括：外形尺寸及误差；板材、板厚；图纸比例；孔径及误差；镀层要求；涂层(包括阻焊层和助焊剂)要求。

## 2.1.2 Altium Designer 16.0 原理图设计的一般步骤

在 Altium Designer 16.0 中进行原理图设计的具体步骤如图 2.1 所示。

### 1. 新建 PCB 项目及原理图文件

Altium Designer 16.0 中的设计是以项目为单位的，通常，一个 PCB 设计项目中包含原理图文件和 PCB 文件，在进行原理图设计前，需要创建一个 PCB 设计项目，然后再在新建的 PCB 项目中添加空白原理图文档，当打开新建的原理图文档时，系统会自动进入原理图编辑界面。

### 2. 设置系统参数和工作环境

为适应不同用户的操作习惯，以及不同的项目的原理图格式需求，Altium Designer 16.0 允许用户设置原理图编辑界面的工作

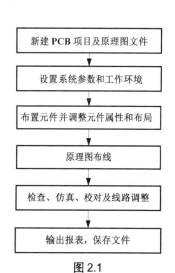

新建 PCB 项目及原理图文件

↓

设置系统参数和工作环境

↓

布置元件并调整元件属性和布局

↓

原理图布线

↓

检查、仿真、校对及线路调整

↓

输出报表，保存文件

图 2.1

环境。

### 3．布置元件并调整元件属性和布局

这一步是原理图设计的关键，用户根据实际电路的需要，选择合适的电子元件，然后载入包含所需元件的集成元件库，从元件库中提取元件，放置到原理图的图纸上，同时，还须设定零件的标识、封装等属性。

### 4．原理图布线

原理图布线就是利用 Wiring(布线)工具栏中的连线工具，将图纸上的独立元件用具有电气意义的导线、符号连接起来，构成一个完整的原理图。

### 5．检查、仿真、校对及线路调整

当原理图绘制完成以后，用户还需要利用系统所提供的各种工具对项目进行编译，找出原理图中的错误，进行修改。如有需要，也可以在绘制好的电路图中添加信号，进行软件模拟仿真，检验原理图的功能。

### 6．输出报表，保存文件

原理图校对结束后，用户可利用系统提供的各种报表生成服务模块创建各种报表，例如网络列表、元件列表等。为后续的 PCB 板设计做准备。获得报表输出后，保存原理图文档或打印输出原理图，设计工作结束。

## 2.2 电路原理图图纸的设置

在原理图的绘制过程中，根据所要设计的电路图的复杂程度，首先应对原理图图纸进行相应的设置。

### 2.2.1 创建新原理图文件

Altium Designer 16.0 允许用户在计算机的任何存储空间中建立和保存文件。但是，为了保证设计工作的顺利进行和便于管理，建议用户在进行电路设计前，先选择合适的路径建立一个属于该项目的文件夹，用于专门存放和管理该项目所有的相关设计文件，养成良好的设计习惯。可以在 D 盘或者是 E 盘下面建立一个文件夹 Altium。如果要进行一个包括 PCB 的整体设计，那么，在进行电路原理图设计的时候，还应该在一个 PCB 项目下面进行。即创建一个新的 PCB 项目，然后再创建一个新的原理图文件，添加到该项目中。

新建 PCB 项目及原理图文件的具体步骤如下。

Step 1 新建项目。启动 Altium Designer 16.0，选择菜单栏中的 File(文件) → New(新建) → Project(项目)命令，如图 2.2 所示。此时，弹出 New Project(新建项目)对话框，在 Project Types(项目类型)中选择 PCB Project (PCB 项目)，在 Project Templates(项目模板)中选择合适的图纸(系统默认为 AT short bus(7×4.8 inches))，如图 2.3 所示，然后单击 OK(确定)按钮完成。这时，查看 Projects(项目)面板，系统已经自动地创建了一个默认名为 PCB-Project_1.PrjPcb 的项目，如图 2.4 所示。

**Step 2** 在 PCB-Project1.PrjPCB 上单击鼠标右键，在弹出的快捷菜单中选择 Save Project As(项目另存为)命令，如图 2.5 所示，将其存为自己喜欢或者与设计有关的名字。

图 2.2

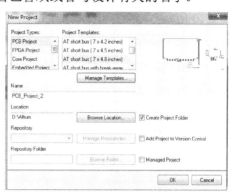

图 2.3

图 2.4

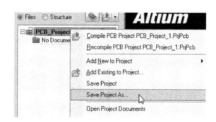

图 2.5

**Step 3** 继续执行右键快捷菜单中的 Add New to Project(新增到项目) → Schematic(原理图)命令，如图 2.6 所示，系统在该 PCB 项目中添加了一个新的空白原理图文件，默认名为 Sheet1.SchDoc，同时打开了原理图的编辑环境，如图 2.7 所示。

**Step 4** 在 Sheet1.SchDoc 上单击鼠标右键，在弹出的快捷菜单中选择 Save(保存)命令，将其另存为自己喜欢或者与设计相关的名字，如 NewSheet1.SchDoc 等，完成后如图 2.8 所示。

图 2.6

图 2.7

图 2.8

## 2.2.2 图纸操作

在进入电路原理图编辑环境时，Altium Designer 16.0 系统会自动地给出默认的图纸相关参数，但是，在大多数情况下，这些默认的参数不一定适合用户的要求，如图纸的尺寸、网格的大小等。用户应根据设计对象的复杂程度来对图纸的相关参数重新进行定义，以达到最优的设计效果，原理图图纸的设置步骤如下。

**Step 1** 单击桌面上的"开始"按钮，在弹出的菜单中选择 Altium Designer 16.0，启动 Altium Designer 16.0。

**Step 2** 新建 PCB 项目及原理图文件 NewSheet.SchDoc，选择菜单栏中的 Design(设计) →

Document Options(文档选项)命令，或在编辑窗口中单击鼠标右键，然后在弹出的快捷菜单中，选择 Options(选项) → Document Options(文档选项)或 Document Parameters(文件参数)命令，如图 2.9、图 2.10 所示，则会打开 Document Options(文档选项)对话框，如图 2.11 所示。

图 2.9

图 2.10

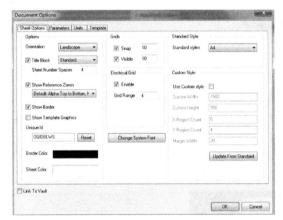

图 2.11

**Step 3** 单击 Standard styles(标准样式)栏右边的下拉按钮，在弹出的下拉列表中，可以选择已定义好的标准图纸尺寸，有公制图纸尺寸(A0~A4)、英制图纸尺寸(A~E)、OrCAD 标准尺寸(OrCAD A ~ OrCAD E)及其他格式(Letter、Legal、Tabloid)等，如图 2.12 所示。这里，我们设置为 A3。

**Step 4** 单击 Update From Standard(从标准更新)按钮，如图 2.13 所示，即可对当前编辑窗口中的图纸尺寸进行更新。

**Step 5** 若选中 Use Custom style(使用自定义风格)复选框，则自定义功能被激活，在下面的 5 个文本框中，可以分别输入自定义的图纸尺寸，包括 Custom Width(宽度)、Custom Height(高度)、X Region Count(X 轴参考坐标分格)、Y Region Count(Y 轴参考坐标分格)、Margin Width(边框宽度)。

**Step 6** 窗口左侧的 Options(选项)区域如图 2.14 所示。单击 Orientation(方向)文本编辑栏右侧的 按钮，可设置图纸的放置方向，其中有两种选择，即 Landscape(横向)或 Portrait(纵向)，如图 2.15 所示。

**Step 7** 单击 Tile Block(标题块)右侧的 ▾ 按钮，可对明细表(即标题栏的格式)进行设置，有两种选择，即 Standard(标准格式)和 ANSI(美国国家标准格式)，如图 2.16 所示。在 Sheet Number Spaces(图纸数量空间)文本框中，还可以对图纸进行编号。

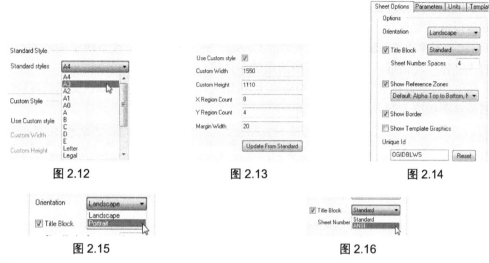

图 2.12        图 2.13        图 2.14

图 2.15                图 2.16

**Step 8** 单击 Border Color(板的颜色)或 Sheet Color(方块电路颜色)的颜色框，如图 2.17 所示，则会打开如图 2.18 所示的 Choose Color(选择颜色)对话框。在该对话框中，提供了 3 种颜色设置方式，即 Basic(基本)、Standard(标准)和 Custom(自定义)。单击选定的某一颜色，会在 New(新建)栏中进行相应的显示，确认后，单击 OK(确定)按钮即可完成设置。这里我们采用系统的默认设置即可。

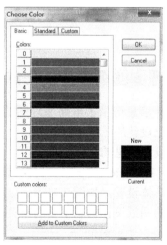

图 2.17                图 2.18

**Step 9** 若选中 Show Reference Zones(显示零参数)复选框，则图纸中会显示边框中的参考坐标。

**Step 10** 若选中 Show Border(显示边界)复选框，则编辑窗口中会显示图纸边框。

**Step 11** 若选中 Show Template Graphics(显示绘制模板)复选框，则编辑窗口中会显示模板上的图形、文字及专用字符串等。

Step 12 在 Grids(网格)区域中，可对网格进行具体的设置，如图 2.19 所示。其中，Snap(捕捉)网格值是光标每次移动时的距离大小；Visible(可见)网格值是在图纸上可以看到的网格大小；选中了 Enable(启用)复选框，意味着启动了系统自动寻找电气节点的功能，即在绘制连线时，系统会以光标所在位置为中心，以 Grid Range(网格范围)文本框中的设置值为半径，自动向四周捕捉电气节点。

Step 13 单击 Grids(网格)区域下面的 Change System Font(更改系统字体)按钮，则会打开相应的"字体"对话框，可对原理图中所用的字体进行设置。

Step 14 参数设置完毕，单击 OK(确定)按钮关闭 Document Options(文档选项)对话框，设置后的原理图如图 2.20 所示。

图 2.19

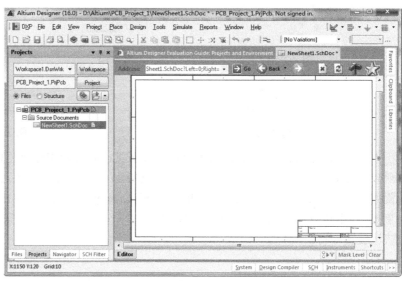

图 2.20

## 2.2.3 原理图图纸设计信息的设置

图纸的设计信息记录了电路原理图的设计信息和更新记录，这项功能可以使用户更系统、更有效地对自己设计的图纸进行管理。

设置图纸设计信息的操作步骤如下。

Step 1 在 Document Options(文档选项)对话框中选择 Parameters(参数)选项卡，即可进行图纸设计信息的具体设置，如图 2.21 所示。

需要设置的图纸设计信息主要有下列项目。

CurrentTime：当前时间。

CurrentDate：当前日期。

Time：设置时间。

Date：设置日期。

DocumentFullPathAndName：设计项目文件名和完整路径。

DocumentName：文件名。

ModifiedDate：修改日期。

ApprovedBy：项目设计负责人。

CheckedBy：图纸校对者。

Author：图纸设计者。

CompanyName：公司名称。

DrawnBy：图纸绘制者。

Engineer：设计工程师。

Organization：设计机构名称。

Address 1、Address 2、Address 3、Address 4：设置地址。

Title：原理图标题。

DocumentNumber：文件编号。

Revision：设计图纸版本号。

SheetNumber：电路原理图编号。

SheetTotal：整个电路项目中原理图的总数。

Rule：设计规则。

ImagePath：影像路径。

**Step 2** 双击某项需要设置的设计信息，如 CurrentTime(当前时间)，或者在选中后单击 Edit(编辑)按钮，则会打开相应的 Parameter Properties(性能参数)对话框，在 Value(值)文本编辑框内就可以输入具体的信息值了，并且可以设定方向、位置、颜色等。此处输入的文件名为 time，如图 2.22 所示。

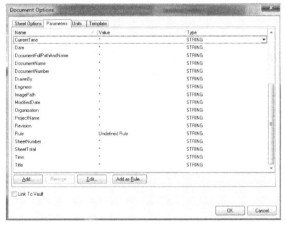

图 2.21

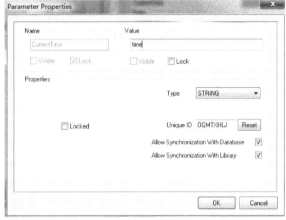

图 2.22

**Step 3** 按照同样的操作，设置所需的设计信息。设置完毕后，单击 OK(确定)按钮关闭对话框即可。

注意　图纸信息的输入和建立，对电路设计来说不是很重要，所以很多用户并不去建立。但我们建议用户对此项进行设置，以培养良好的设计习惯。当设计项目中包含很多的图纸时，此项设置就显得非常有用了。

## 2.3 电路原理画面管理

用户在电路原理图绘制的过程中，有时需要缩小整个画面，以便查看整张原理图的全貌，有时则需要放大整个画面，来清晰地观察某一个局部模块，有时还需要移动画面，来对原理图分步查看。因此，在 Altium Designer 16.0 中，提供了相应的操作工具，便于用户对原理图画面进行放大、缩小、移动、复制、粘贴等管理。

### 2.3.1 放大与缩小

在原理图编辑器中，系统提供了原理图的多项缩放操作命令，以便于用户进行不同角度的观察。

操作步骤如下。

图 2.23

**Step ①** 在原理图编辑环境中，选择菜单栏中的 View(察看) →Fit Document(适合文件)命令，如图 2.23 所示，编辑窗口内将显示整张原理图的内容，包括图纸边框等，如图 2.24 所示。该状态下，用户可以观察并调整整张原理图的布局。

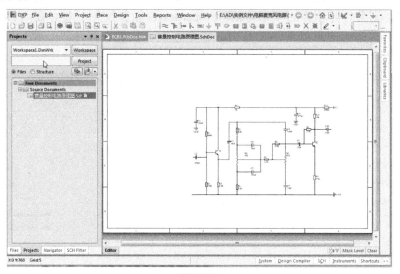

图 2.24

**Step ②** 选择菜单栏中的 View(察看) → Fit All Objects(适合所有对象)命令，如图 2.25 所示，编辑窗口内以最大比例显示出原理图的所有元器件，使用户更容易观察原理图本身的组成概况，如图 2.26 所示。

**Step ③** 选择菜单栏中的 View(察看) → Area(区域)命令，如图 2.27 所示，光标变成"十"字形状，单击鼠标确定矩形区域的一个顶点，拉开一个矩形区域后，再次单击鼠标确定区域的对角顶点，该区域将在整个编辑窗口内放大显示，如图 2.28 所示。

 Around Point(指定点周围区域)命令同样也是用来放大选中的区域，但区域的选择与上一命令不同。执行该命令后，在要放大的区域单击鼠标，以该点为中心拉开一个矩形区域，再次单击确定半径后，该区域将被放大显示。

最后，还有放大显示选中对象的 Selected Objects(选择目标)命令、以光标为中心进行 Zoom In(放大)或 Zoom Out(缩小)、Pan(平移)等多项操作的命令，读者可自己进行练习掌握，如图 2.29 所示。

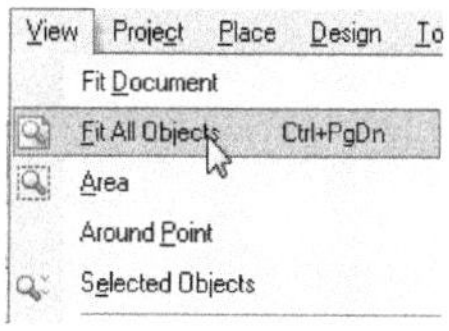

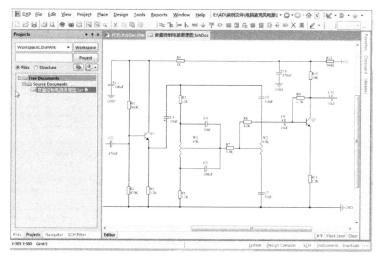

图 2.26

图 2.25

图 2.27

图 2.29

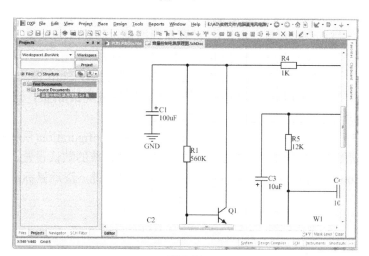

图 2.28

## 2.3.2　移动和刷新

在对原理图进行缩放显示后，如果用户想看到原理图的另外一些部分，可以对电路原理图进行移动。在 Altium Designer 16.0 系统中，移动编辑窗口内的原理图有三种方法。

(1)　直接利用滚动条。以鼠标按住并拖动滚动条，就可以在编辑窗口内上、下、左、右地移动画面。在滚动条的上下单击，可以大幅度移动画面，单击滚动条两头 ⌃、⊟、◁、▷ 的按钮，可以小步地移动当前的画面。

(2) 使用系统所提供的 Auto Pan Options(自动摇景选项)，当光标在原理图上移动时，系统会自动移动原理图，以保证光标指向的位置进入可视区域。关于该功能的设置，可以在 Graphical Editing(图形编辑)选项卡的"自动摇景选项"中进行，主要有如下几项，见图 2.30。

- Style(风格)：用来设置系统自动摇景的模式。有三种选择，即 Auto Pan Off(关闭自动摇景)、Auto Pan Fixed Jump(按照固定步长自动移动原理图)、Auto Pan ReCenter(移动原理图时，以光标位置作为显示中心)。系统默认为 Auto Pan Fixed Jump。

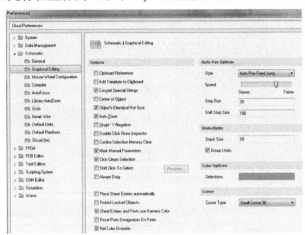

**图 2.30**

- Speed(速度)：通过拖动滑块，设定原理图移动的速度。滑块越向右，速度越快。
- Step Size(步进步长)：设置原理图每次移动时的步长。系统默认值为 30，即每次移动 30 个像素点。数值越大，图纸移动越快。
- Shift Step Size(移位步长)：用来设置在按住 Shift 键的情况下，原理图自动移动时的步长，一般该栏的值要大于 Step Size(步进步长)的值，这样，在按住 Shift 键时，可以加快图纸的移动速度，系统默认值为 100。

(3) 利用鼠标滚轮，通过在 Mouse Wheel Configuration(鼠标滚轮配置)选项卡中，对鼠标滚轮的功能进行配置即可，如图 2.31 所示。按照系统的默认设置，可以完成如下三项操作。

Zoom Main Window(缩放主窗口)：按下 Ctrl 键，滚动鼠标滚轮可以对编辑窗口进行缩放。

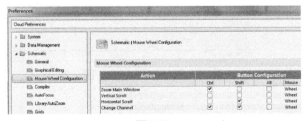

**图 2.31**

Vertical Scroll(垂直滚动)：直接滚动鼠标滚轮，可以对编辑窗口进行纵向滑动。

Horizontal Scroll(水平滚动)：按下中键，滚动鼠标滚轮，可以对编辑窗口进行横向滑动。

另外，在电路图的绘制过程中，由于很多操作不断重复进行，如放大或缩小原理图、移动画面、放置元器件等，会使画面上残留一些图案或斑点，变得模糊不清。此时，可以执行 View(察看) → Refresh(刷新)命令，重画电路原理图，使画面清晰。

画面的管理(放大、缩小、移动、更新等)可以利用快捷键进行,使用方便。

- 按 PageDown(向上)键,以光标为中心缩小电路原理图。
- 按 PageUp(向下)键,以光标为中心放大电路原理图。
- 按 Home(主页)键,以光标为中心显示电路原理图。
- 按 End(结束)键,系统刷新画面,重绘原理图。

### 2.3.3 复制与粘贴

在原理图编辑器中,用户可以在原理图文档中或者文档间复制和粘贴对象。例如,一个文档中的元件可以被复制到另一个原理图文档中。用户可以复制这些对象到 Windows 剪贴板,再粘贴到其他文档中。文本可以从 Windows 剪贴板中粘贴到原理图的文本框中。用户还可以直接复制、粘贴诸如 Microsoft Excel 之类的表格型内容,或者任何栅格型控件到文档中。通过智能粘贴,可以获得更多的复制/粘贴功能,具体步骤如下。

**Step 1** 选择用户要复制的对象,选择菜单栏中的 Edit(编辑) → Copy(复制)命令(或按 Ctrl+C 组合键),如图 2.32 所示。

**Step 2** 选择菜单栏中的 Edit(编辑) → Paste(粘贴)命令(或按 Ctrl+V 组合键)以设定粘贴对象,这时,需要精确定位复制参考点,如图 2.33 所示,以鼠标单击放置即可。

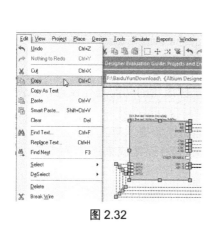

图 2.32

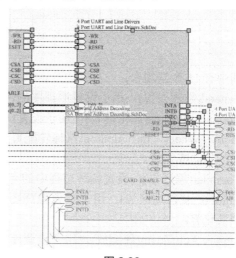

图 2.33

如果 Preferences(参数选择)对话框下的 Schematic-Graphical Editing(原理图-图形编辑)界面中的 Clipboard Reference(剪贴板参考)复选框被选中,用户只会被提示单击一次来设置参考点。

## 2.4 电路原理图工作环境的设置

在原理图的绘制过程中,其效率和正确性,往往与环境参数的设置有着密切的关系。参数设置得合理与否，直接影响到设计过程中软件的功能是否能得到充分的发挥。

在 Altium Designer 16.0 电路设计软件中，原理图编辑器工作环境的设置是通过原理图的 Preferences(参数选择)对话框来完成的。

选择菜单栏中的 Tools(工具) → Schematic Preferences(原理图设置)命令，或者在编辑窗口内单击鼠标右键，在弹出的快捷菜单中执行 Option(选项) → Schematic Preferences(原理图设置)命令，将会打开原理图优先设定界面，如图 2.34 所示。

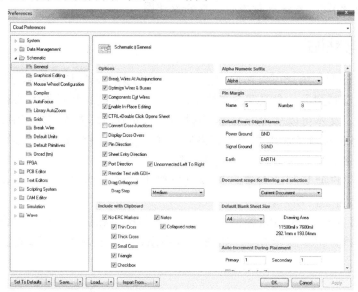

图 2.34

其中有 11 个选项卡。

General(常规设置)：用于设置原理图的常规环境参数。

Graphical Editing(图形编辑)：用于设置图形编辑的环境参数。

Mouse Wheel Configuration(鼠标轮配置)：用于对鼠标滚轮的功能进行设置，以便实现对编辑窗口的移动或缩放。

Compiler(编译器)：设置编译过程中的有关参数，如错误的提示方式等。

AutoFocus(自动聚焦)：用于设置原理图中不同状态对象(连接或未连接)的显示方式，或加浓，或淡化等。

Library AutoZoom(库缩放)：用于设置库元器件的显示方式。

Grids(网格)：用于设置各种网格的有关参数，如数值大小、形状、颜色等。

Break Wire(切割连线)：用于设置与 Break Wire(切割连线)操作有关的参数。

Default Units(默认单位)：选择设置原理图中的单位系统，可以是英制，也可以是公制。

Default Primitives(默认图元)：设定原理图编辑时常用图元的原始默认值。

Oread(tm)(Oread 端口操作)：用于设置与 Oread 文件有关的选项。

## 2.4.1 原理图常规环境的参数设置

电路原理图的常规环境参数设置通过 General(常规设置)选项卡来实现，如图 2.35 所示。

图 2.35

### 1. Options(选项)选项组

Break Wires at Autojunctions(在自动连接处断丝)复选框：勾选该复选框后，自动连线将分为两段进行。

Optimize Wire & Buses(最优连线路径)复选框：勾选该复选框后，在进行导线和总线的连接时，系统将自动选择最优路径，并且可以避免各种电气连线和非电气连线的相互重叠。此时，下面的 Components Cut Wires(元件分割连线)复选框也呈现可选状态。若不勾选该复选框，则用户可以自己选择连线路径。

Components Cut Wires(元件分割连线)复选框：勾选该复选框后，会启动元件分割导线的功能。即当放置一个元件时，若元件的两个引脚同时落在一根导线上，则该导线将被分割成两段，两个端点分别自动与元件的两个引脚相连。

Enable In-Place Editing(启用即时编辑功能)复选框：勾选该复选框后，在选中原理图中的文本对象时，例如元件的序号、标注等，双击后，可以直接进行编辑、修改，而不必打开相应的对话框。

CTRL + Double Click Opens Sheet(按 Ctrl 键并双击打开原理图)复选框：勾选该复选框后，按下 Ctrl 键的同时双击原理图文档图标，即可打开该原理图。

Convert Cross-Junctions(将绘图交叉点转换为连接点)复选框：勾选该复选框后，用户在绘制导线时，在相交的导线处自动连接并产生节点，同时终止本次操作。若没有勾选该复选框，则用户可以任意覆盖已经存在的连线，并可以继续进行绘制导线的操作。

Display Cross-Overs(显示交叉点)复选框：勾选该复选框后，非电气连线的交叉点会以半圆弧显示，表示交叉跨越状态。

Pin Direction(引脚说明)复选框：勾选该复选框后，单击元件某一引脚时，会自动显示该引脚的编号及输入输出特性等。

Sheet Entry Direction(原理图入口说明)复选框：勾选该复选框后，在顶层原理图的图纸符号中，会根据子图中设置的端口属性显示输出端口、输入端口或其他性质的端口。图纸符号中相互连接的端口部分不随此项设置的改变而改变。

Drag Orthogonal(直角拖曳)复选框：勾选该复选框后，在原理图上拖动元件时，与元件相连接的导线只能保持直角。若不勾选该复选框，则与元件相连接的导线可以呈现任意的角度。

### 2. Include With Clipboard(剪贴板)选项组

No-ERC Markers(忽略 ERC 检查符号)复选框：选中该复选框后，则在复制剪切到剪贴板或打印时，均包含图纸的忽略 ERC 检查符号。

### 3. Auto-Increment During Placement(放置时的自动增量)选项组

此选项组用来设置元件标识序号及引脚号的自动增量数。

Primary(初始)文本框：设置在原理图上连续放置同一种元件时，元件标识序号的自动增量数。系统默认值为 1。

Secondary(第二)文本框：设置创建原理图符号时引脚号的自动增量数，系统默认值为 1。

### 4. Defaults(默认)选项组

用来设置默认的模板文件。选择模板文件，模板文件名称将出现在 Template(模板)下拉列表框中，每次创建新文件时，系统将自动套用该模板。如果不需要模板文件，则 Template(模板)下拉列表框中显示 No Default Template Name(没有默认模板名称)。

### 5. Alpha Numeric Suffix(字母数字后缀)选项组

此选项组用来设置某些元件中包含多个相同子部件的标识后缀，每个子部件都具有独立的物理功能。在放置这种复合元件时，其内部的多个子部件通常采用"元件标识:后缀"的形式来加以区别。

Alpha(阿尔法)选项：选中该选项，子部件的后缀以字母表示。如 U:A，U:B。

Numeric(数字)选项：选中该选项，子部件的后缀以数字表示。如 U:1，U:2。

### 6．Pin Margin(引脚边缘)选项组

Name(名称)文本框：设置元件的引脚名称与元件符号边缘之间的距离，默认值为 5mil。

Number(编号)文本框：设置元件的引脚编号与元件符号边缘间的距离，默认值为 8mil。

### 7. Default Power Object Names(默认的电源对象名称)选项组

Power Ground(电源接地)文本框：设置电源地的网络标签名称，系统默认为 GND。

Signal Ground(信号接地)文本框：设置信号地的网络标签名称，系统默认为 SGND。

Earth(地面)文本框：设置大地的网络标签名称，系统默认为 EARTH。

### 8. Document scope for filtering and selection(文件范围过滤和选择)下拉列表框

此下拉列表框用来设置过滤器和执行选择功能时默认的文件范围，有两个选项。

Current Document(当前文件)选项：表示仅在当前打开的文档中使用。

Open Document(打开文件)选项：表示在所有打开的文档中都可以使用。

### 9. Default Blank Sheet Size(空白原理图的大小)下拉列表框

此下拉列表框用来设置默认的空白原理图的尺寸大小，可以单击下拉按钮选择设置，并在旁边给出了相应尺寸的具体绘图区域范围，帮助用户选择。

## 2.4.2　设置图形编辑环境参数

图形编辑的环境参数设置通过 Graphical Editing(图形编辑)选项卡来完成，如图 2.36 所示，主要用来设置与绘图有关的参数。

图 2.36

### 1. Options(选项)选项组

Clipboard Reference(剪贴板参考)复选框：选中该复选框后，在复制或剪切选中的对象时，系统将提示确定一个参考点，建议用户选中该复选框。

Add Template to Clipboard(添加模板到剪贴板)复选框：选中该复选框后，用户在执行复制或剪切操作时，系统将会把当前文档所使用的模板一起添加到剪贴板中，所复制的原理图包含整个图纸。建议用户不必选中该复选框。

Convert Special Strings(特别字符串转换)复选框：选中该复选框后，用户可以在原理图上使用特殊字符串，显示时会转换成实际字符串，否则将保持原样。

Center of Object(中心参考)复选框：选中该复选框后，移动元件时，光标将自动跳到元件的参考点上(元件具有参考点时)或对象的中心处(对象不具有参考点时)。若不选中该复选框，则移动对象时，光标将自动滑到元件的电气节点上。

Object's Electrical Hot Spot(电气节点)复选框：选中该复选框后，当用户移动或拖动某一对象时，光标自动滑动到离对象最近的电气节点(如元件的引脚末端)处。建议用户选中。如果想实现选中 Center of Object(中心参考)复选框后的功能，应取消选中 Object's Electrical Hot Spot(电气节点)复选框，否则，移动元件时。光标仍然会自动滑到元件的电气节点处。

Auto Zoom(自动缩放)复选框：选中该复选框后，则在插入元件时，电路原理图可以自动地实现缩放，调整出最佳的视图比例。建议用户选中该复选框。

Single Negation(是否设置单个字符的顶部横线)复选框：一般在电路设计中，我们习惯在引脚的说明文字顶部加一条横线，表示该引脚低电平有效，在网络标签上也采用此种标识方法。Altium Designer 16.0 允许用户为文字顶部加一条横线，例如，RESET 低电平有效，可以采用 \R\E\S\E\T 的方式为该字符串顶部加一条横线。选中该复选框后，只要在网络标签名称的第一个字符前加"\"，该网络标签名将全部被加上横线。

Double Click Runs Inspector(双击运行查询器)复选框：选中该复选框后，在原理图上双击某个对象时，可以打开"查询器"面板，面板上列出了该对象的一切参数信息，用户可以查询，也可以修改。

Confirm Selection Memory Clear(确认选择清除内存)复选框：选中该复选框后，在清除选择的存储器时，将出现一个确认对话框。否则，不会出现确认对话框。通过这项功能的设定，可以防止由于疏忽而清除选择的存储器。建议用户选中。

Mark Manual Parameters(标记手动参数)复选框：用来设置是否显示参数自动定位被取消的标记点。选中该复选框后，如果对象的某个参数已取消了自动定位属性，那么，在该参数的旁边，会出现一个点状标记，提示用户该参数不能自动定位，需手动定位，即应该与该参数所属的对象一起移动或旋转。

Click Clears Selection(单击清除选择)复选框：选中该复选框后，通过单击原理图编辑窗口内的任意位，就可以解除对某一对象的选中状态。

Shift Click To Select(按 Shift 键同时单击选中对象)复选框：选中该复选框后，只有在按下 Shift 键时，单击鼠标才能选中图元。

Always Drag(关联拖动)复选框：选中该复选框后，移动某一选中的图元时，与其相连的导线随之被拖动，保持连接关系；若不选中该复选框，则移动图元时，与其相连的导线将不会被拖动。

Place Sheet Entries Automatically：选中该复选框后，系统会自动放置图纸入口。

### 2. Auto Pan Options(自动移动选项)选项组

前面介绍移动与刷新中已经介绍过，这里就不再重复了。

### 3. Undo/Redo(撤消/重做)选项组

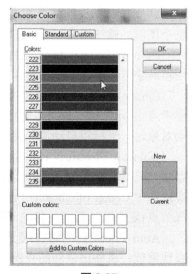

Stack Size(堆栈数)文本框：用来设置可以取消或重复操作的最深堆栈数，即次数的多少。理论上取消或重复操作的次数可以无限多，但次数越多，所占用的系统内存就越大，影响编辑操作的速度。系统默认值为 50，一般设定为 30 即可。

### 4. Color Options(色彩选项)选项组

用来设置所选中对象的颜色。单击 Selections(选择)选项中的颜色显示框，在弹出的 Choose Color(选择颜色)对话框中选择边框的颜色，如图 2.37 所示。

### 5. Cursor(光标)选项组

该选项组主要用来设置光标的类型。
Cursor Type(光标类型)下拉列表框：光标的类型有 4 种选

图 2.37

择，即 Large Cursor 90(长十字形光标)、Small Cursor 90(短十字形光标)、Small Cursor 45(短 45°交错光标)、Tiny Cursor 45(小 45°交错光标)。系统默认为 Small Cursor 90(短十字形光标)。

## 2.5　电路元件的电气连接

元器件之间电气连接的主要方式，是通过导线来连接。导线是电路原理图中最重要，也是用得最多的图元，它具有电气连接的意义，不同于一般的绘图工具。一般的绘图工具没有电气连接的意义。

### 2.5.1　放置元器件

在放置元器件之前，应学会如何搜索元器件，Altium Designer 16.0 提供了强大的元件搜索能力，帮助用户在元件库中定位元件。

#### 1. 查找元件

选择菜单栏中的 Tools(工具) → Find Component(查找元件)命令，或在 Libraries(元件库)面板中单击 Search(搜索)按钮，或按快捷键 T+O，系统将弹出如图 2.38 所示的 Libraries Search(元件库查找)对话框。在该对话框中，用户可以搜索需要的元件。搜索元件需要设置的参数如下。

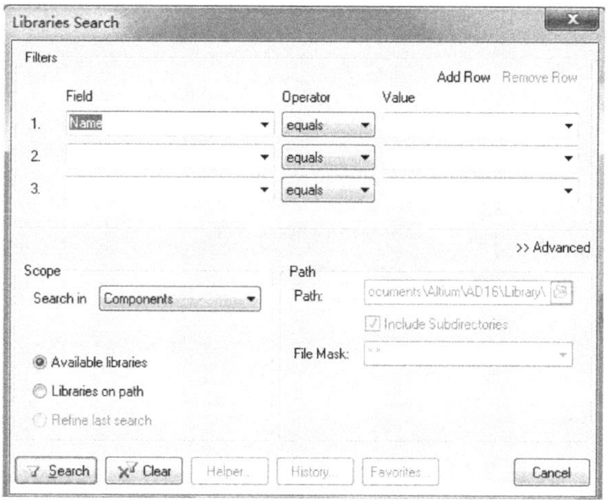

图 2.38

Search in(搜索)下拉列表框：用于选择查找类型。有 Components(元件)，Footprints(PCB 封装)，3D Models(3D 模型)和 Database Components(数据库元件)四种查找类型，如图 2.39 所示。

Available libraries(可用元件库)单选按钮：系统会在已经加载的元件库中查找。

Libraries on path(路径中包含的元件库)单选按钮：系统会按照设置的路径进行查找。

Refine last search(精确上次搜索)单选按钮：系统会在上次查询结果中进行查找。

Path(路径)选项组：用于设置查找元件的路径。只有在选中 Libraries on path(路径中包含的元件库)单选按钮时才有效。单击 Path(路径)文本框右侧的 (浏览)按钮，系统将弹出"浏览文件夹"对话框，供用户设置搜索路径。若选中 Include Subdirectories(包含子目录)复选框，则包含在指定目录中的子目录也会被搜索。File Mask(文件屏蔽)文本框用于设定查找元件的文件匹配符，如图2.40所示。

注意 "*"号表示任意字符串。

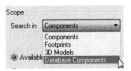

图2.39

图2.40

Advanced(高级)选项：用于进行高级查询，如图 2.41 所示。在该选项的文本框中，可以输入一些与查询内容有关的过滤语句表达式，有助于使系统进行更快捷、更准确的查找。在文本框中输入"Name LIKE '*2N3904*'"，单击 Search(搜索)按钮后，系统将开始搜索。

**2. 显示找到的元件及所在的元件库**

查找"3904"后的元件库面板如图 2.42 所示。可以看到，符合搜索条件的元件名、描述、所在的库及封装形式在面板上被一一列出，供用户浏览使用。

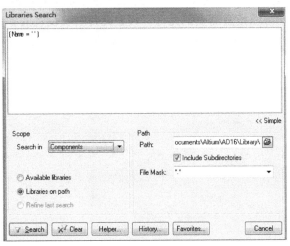

图2.41

图2.42

**3. 加载该元件库**

在元件库中找到元件后，加载该元件库，以后就可以在原理图上放置元件了。在这里，原理图中共需要放置 4 个电阻、两个电容、两个三极管和一个连接器，其中的电阻、电容和三极管用来产生多谐振荡，在元件库 Miscellaneous Devices.IntLib 中可以找到。连接器用于给整个电路供电，在元件库 MiscellaneousConnectors.IntLib 中可以找到。

在 Altium Designer 16.0 中有两种方法放置元件，分别是通过 Libraries(元件库)面板放置和通过菜单放置。下面将以放置元件"2N3906 三极管"为例，叙述两种放置方法的过程。

在放置元件前，应该对所需要的元件加以选择，并且确认所需要的元器件所在的元件库已经装载，若没有装载元件库，应按照前面介绍的方法进行装载，否则，系统会提示所需要的元器件不存在。

#### 4. 通过 Libraries 面板放置元件的操作步骤

**Step 1** 选择菜单栏中的 View(察看) → Fit Document(适合文件)命令(快捷键 V+D)，确认设计者的原理图纸显示在整个窗口中。

**Step 2** 单击 Libraries 标签以显示 Libraries 面板，需要的元件全部在元件库 Miscellaneous Devices.IntLib 和 Miscellaneous Connectors.IntLib 中，加载这两个元件库。

**Step 3** 选择想要放置元件所在的元件库。在这里，所要放置的元件三极管 2N3904 在元件库 Miscellaneous Devices.IntLib 中，如图 2.43 所示。在下拉列表框中选择该文件，该元件库出现在文本框中，可以放置其中的所有元件。在后面的浏览器中，将显示库中所有的元件。

**Step 4** 在浏览器中选中所要放置的元件，该元件将以高亮显示，此时，可以放置该元件的符号。Miscellaneous Devices.IntLib 元件库中的元件很多，为了快速定位元件，可以在上面的文本框中键入所要放置元件的名称或元件名称的一部分，键入后，只有包含键入内容的元件才会列表出现在浏览器中。在这里，所要放置的元件为 2N3906，因此键入"*2N3906*"字样，在元件库 Miscellaneous Devices.IntLib 中只有一个元件 2N3906 包含键入的字样，它将出现在浏览器中。单击选中该元件，在列表中单击 2N3906 以选择它，然后单击 Place(放置)按钮。另外，还可以双击元件名。

**Step 5** 选中元件后，在 Libraries(元件库)面板中，将出现元件符号的预览以及元件的模型预览，确定是想要放置的元件后，单击面板上方的按钮，光标将变成十字形状，并附带着元件 2N3904 的符号，出现在工作窗口中，如图 2.44 所示。

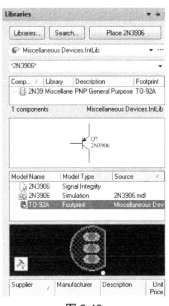

图 2.43

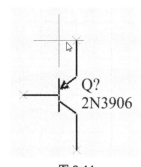

图 2.44

**Step 6** 移动鼠标到合适的位置，单击左键，元件将被放置在鼠标停留的地方。此时，系统仍处于放置元件状态，可以继续放置该元件。在完成放置选中元件后，单击鼠标右键或者按 Esc 键退出元件放置的状态，结束元件的放置。

**Step 7** 完成一些元件的放置后，可以对元件位置进行调整，设置这些元件的属性。然后重复刚才的步骤，放置另外的元件。

### 5. 通过菜单命令放置元件

具体步骤如下。

**Step 1** 选择菜单栏中的 Place(放置) → Part(元件)命令，如图 2.45 所示，系统将会弹出如图 2.46 所示的 Place Part(放置元件)对话框，在该对话框中，可以设置放置元件的有关属性。

图 2.45

图 2.46

**Step 2** 单击图 2.46 所示对话框中 Physical Component(物理元件)栏后面的 Choose(选择)按钮，系统弹出 Browse Libraries(浏览库)对话框，在元件库 Miscellaneous Devices.IntLib 中选择元件 2N3906。

**Step 3** 单击 OK(确定)按钮，Browse Libraries 对话框中将显示选中的内容，如图·2.47 所示。此时，对话框中还显示了被放置的元件的部分属性。

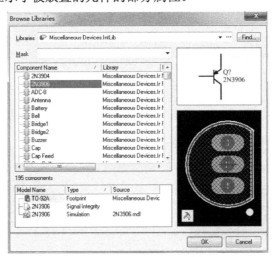

图 2.47

Place Part 对话框中的其他选项介绍如下。

Logical Symbol(名称)栏：用于设置该元件在库中的标识名称。

Designator(标号)栏：用于设置被放置元件在原理图中的标号。这里放置的元件为三极管，因此采用 Q?作为元件标号。

Comment(说明)栏：用于设置被放置元件的说明。

Footprint(元件封装)栏：用于设置被放置元件的封装。如果元件所在的元件库为集成元件库，在下拉列表框中，将显示集成元件库中该元件对应的封装。否则，用户还需要另外给该元件设置封装信息。这里不需要给元件设置封装。

**Step 4** 完成设置后，单击 OK(确定)按钮。后面的步骤和通过 Libraries(元件库)面板放置元件的步骤完全一样，参考即可。

## 2.5.2 编辑元器件

在原理图中放置的所有元件都具有自身的特定属性，在放置好每一个元件后，应该对其属性进行正确的编辑和设置，以免对后面的网络表及 PCB 板的制作带来错误。

元件属性设置具体包含以下 5 个方面的内容：元件的基本属性设置、元件的外观属性设置、元件的扩展属性设置、元件的模型设置、元件引脚的编辑。

### 1. 手动方式编辑

双击原理图中的元件，或者选择菜单栏中的 Edit(编辑) → Change(更改)命令，在原理图编辑窗口内，光标变成十字形，将光标移到需要编辑属性的元件上单击，系统会弹出相应的属性编辑对话框。如图 2.48 所示，是三极管 2N3906 的属性编辑对话框。可以根据自己的实际情况设置，例如，可将 Designator(标号)后面填为 Q1，即进行编号，完成设置后，单击 OK(确定)按钮确认。

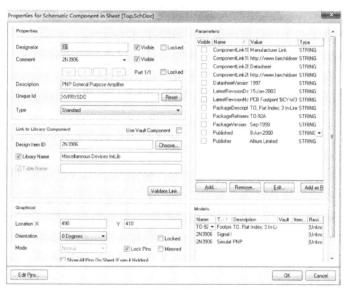

图 2.48

### 2. 自动方式编辑

在电路原理图比较复杂，有很多元件的情况下，如果用手工方式逐个编辑元件的标识，不仅效率低，而且容易出现标识遗漏、跳号等现象。此时，可以使用 Altium Designer 16.0 系统所提供的自动标识功能来轻松完成对元件的编辑。

设置元件自动标号的方法如下。

选择菜单栏中的 Tools(工具) → Annotate Schematics(注释原理图)命令，系统会弹出

Annotate(注释)设置对话框,如图 2.49 所示。该对话框中,各选项的含义如下。

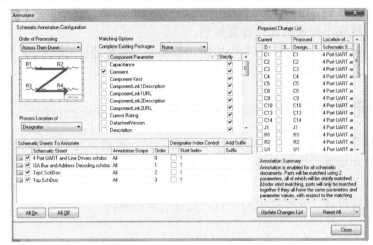

图 2.49

(1) Order of Processing(处理顺序)下拉列表框:用来设置元件表示的处理顺序。单击下拉
按钮,在弹出的下拉列表框中有如下 4 种选择方案,如图 2.50 所示。

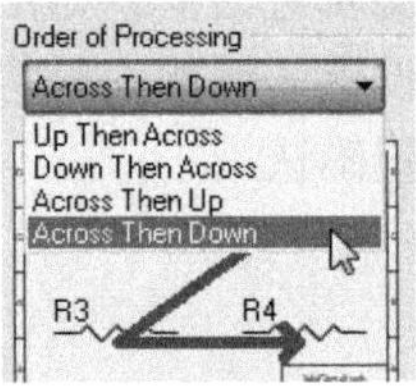

- UP Then Across(先下上后左右):按照元件在原理图上的排列位
  置,先按自下而上,再按自左到右的顺序自动标识。
- Down Then Across(先上下后左右):按照元件在原理图上的排列
  位置,先按自上而下,再按自左到右的顺序自动标识。
- Across Then Up(先左右后下上):按照元件在原理图上的排列位
  置,先按自左到右,再按自下而上的顺序自动标识。

图 2.50

- Across Then Down(先左右后上下):按照元件在原理图上的排列位置,先按自左到右,
  再按自上而下的顺序自动标识。

(2) Matching Options(匹配选项)列表框:从该列表框选择元件的匹配参数,在对话框的右
下方有对该项的注释概要。

(3) Schematic Sheets To Annotate(草图标签注释)区域:该区域用来选择要标识的原理图,
并确定注释范围、起始索引值及后缀字符等。

- Schematic Sheet(示意图表):用来选择要标识的原理图文件。
  可以直接单击 All On(所有打开)按钮选中所有文件,也可以单
  击 All Off(所有关闭)按钮取消选中所有文件,然后单击所需的
  文件前面的复选框进行选中。

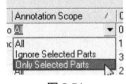

- Annotation Scope(注释范围):用来设置选中的原理图要标注的
  元件范围。有三种选择:All(全部元件)、Ignore Selected
  Parts(不标注选中的元件)、Only Selected Parts(只标注选中的元
  件),如图 2.51 所示。

图 2.51

- Order(顺序):用来设置同类型元件标识序号的增量数。
- Start Index(起始索引值):用来设置起始索引值。
- Suffix(后缀):用来设置标识的后缀。

(4) Proposed Change List(标号变化列表)列表框：用来显示元件的标号在改变前后的情况，并指明元件在哪个原理图文件中。

(5) Reset All(重置全部)按钮：系统会使元件的标号复位，即变成标识符加上问号的形式。

(6) Update Changes List(更新更改列表)按钮：系统会根据配置的注释方式更新标号，并且显示在 Proposed Change List(标号变化列表)列表框中。

### 2.5.3 元器件位置调整

#### 1. 元件的移动

在 Altium Designer 16.0 中，元件的移动有两种情况：一种是在同一平面内移动，称为"平移"；另一种是一个元件将另一个元件遮住的时候，同样需要移动位置，来调整它们之间的上下关系，这种元件间的上下移动，称为"层移"。

对于元件的移动，系统提供了相应的菜单命令。选择菜单栏中的 Edit(编辑) → Move(移动)项，相应的"移动"菜单子命令如图 2.52 所示。

(1) 使用鼠标移动单个的未选取元件。

将光标指向需要移动的元件(不需要选中)，按下鼠标左键不放，此时，光标会自动滑到元件电气节点上，拖动鼠标，如图 2.53 所示，元件随之一起移动，到达合适位置后，松开鼠标左键，元件即被移动到当前位置。

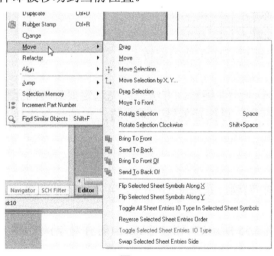

图 2.52

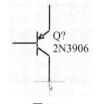

图 2.53

(2) 使用鼠标移动单个的已选取元件。

如果需要移动的元件已经处于选中状态，将光标指向该元件，同时按下鼠标左键不放，拖动元件到指定位置。

(3) 使用鼠标移动多个元件。

需要同时移动多个元件时，首先应将要移动的元件全部选中，然后在其中任意一个元件上按下鼠标左键并拖动，到适当位置后，松开鼠标左键，则所有选中的元件都移动到了当前的位置。

(4) 使用 ⊹ 图标按钮移动元件。

对于单个或多个已经选中的元器件，单击主工具栏中的 ⊹ 图标按钮后，光标变成十字形，移动光标到已经选中的元件附近，单击鼠标，所有已经选中的元件随光标一起移动，到正确位置后，单击鼠标，完成移动。

(5) 使用键盘移动元件。

元件在被选中的状态下，可以使用键盘来移动元件。

Ctrl + ←：每按一次，元件左移 1 个栅格单元。

Ctrl + →：每按一次，元件右移 1 个栅格单元。

Ctrl + ↑：每按一次，元件上移 1 个栅格单元。

Ctrl + ↓：每按一次，元件下移 1 个栅格单元。

Shift + Ctrl + ←：每按一次，元件左移 10 个栅格单元。

Shift + Ctrl + →：每按一次，元件右移 10 个栅格单元。

Shift + Ctrl + ↑：每按一次，元件上移 10 个栅格单元。

Shift + Ctrl + ↓：每按一次，元件下移 10 个栅格单元。

### 2. 元件的旋转

(1) 单个元件的旋转。

用鼠标左键单击要旋转的元件并按住不放，将出现十字光标，此时，按下相应的功能键，即可实现旋转。

Space 键：每按一次，被选中的元件逆时针旋转 90°。

X 键：每按一次，被选中的元件左右对调。

Y 键：每按一次，被选中的元件上下对调。

旋转至合适的位置后，放开鼠标左键，即可完成元件的旋转。

(2) 多个元件的旋转。

在 Altium Designer 16.0 中，还可以将多个元件旋转。方法是：先选定要旋转的元件，然后用鼠标左键单击其中任何一个元件并按住不放，再按功能键，即可将选定的元件旋转，放开鼠标左键即完成操作。

### 3. 元件的对齐

选择菜单栏中的 Edit(编辑) → Align(对齐)项，系统弹出如图 2.54 所示的子菜单。

其中的各个命令说明如下。

Align(对齐)：选择该命令，将弹出如图 2.55 所示的 Align Objects(对齐对象)对话框。

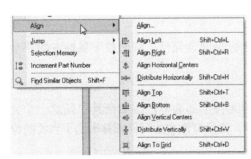

图 2.54

图 2.55

Align Left(左对齐)：将选定的元件向左边的元件对齐。

Align Right(右对齐)：将选定的元件向右边的元件对齐。

Align Horizontal Centers(中心水平对齐)：将选定的元件向最左边元件和最右边元件的中间位置对齐。

Distribute Horizontally(水平分布)：将选定的元件向最左边的元件和最右边的元件之间等间距对齐。

Align Top(顶对齐)：将选定的元件向最上面的元件对齐。

Align Bottom(底对齐)：将选定的元件向最下面的元件对齐。

Align Vertical Centers(中心垂直对齐)：将选定的元件向最上面元件和最下面元件的中间位置对齐。

Distribute Vertically(垂直分布)：将选定的元件在最上面的元件和最下面的元件之间等间距放置。

Align To Grid(栅格对齐)：选中的元件对齐在栅格点上，这样便于电路连接。

Align Objects(对齐对象)对话框中的各选项说明如下。

(1) Horizontal Alignment(水平对齐)选项组。

- No Change(保持不变)单选按钮：选中该项则保持不变。
- Left(左边)单选按钮：选中该项，作用同 Align Left(左对齐)。
- Centre(正中)单选按钮：选中该项，作用同 Align Horizontal Center(水平对齐)。
- Right(右边)单选按钮：选中该项，作用同 Align Right(右对齐)。
- Distribute equally(等距分布)单选按钮：作用同 Distribute Horizontally(水平分布)。

(3) Vertical Alignment(垂直对齐)选项组。

- No Change(保持不变)单选按钮：选中该项则保持不变。
- Top(顶端)单选按钮：选中该项，作用同 Align Top(顶对齐)。
- Center(正中)单选按钮：选中该项，作用同 Center Vertical。
- Bottom(底部)单选按钮：选中该项，作用同 Align Vertical Centers(中心垂直对齐)。
- Distribute equally(等距分布)单选按钮：作用同 Distribute Horizontally(水平分布)。

Move primitives to grid(移动到栅格点)复选框：选中该项，对齐后，元件被放到栅格点上。

## 2.5.4　绘制导线

元器件之间电气连接的主要方式是通过导线来连接。导线是电路原理图中最重要，也是用得最多的图元，它具有电气连接的意义。不同于一般的绘图工具，一般绘图工具没有电气连接的意义。导线是电气连接中最基本的组成单位，放置导线的操作步骤如下。

Step 1 打开本书下载资源中的源文件"ch2\2.5.4\练习 1.PrjPcb"，如图 2.56 所示。

Step 2 选择菜单栏中的 Place(放置) → Wire(导线)命令，或单击 Wiring(连线)工具栏中的"放置导线"按钮，或按快捷键 P+W，此时，光标变成十字形状，并附加一个交叉符号。

Step 3 将光标移动到想要完成电气连接的元件的引脚上，单击放置导线的起点。由于启用了自动捕捉电气节点(Electrical Snap)的功能，因此，电气连接很容易完成。出现红色的符号表示电气连接成功，如图 2.57 所示。移动光标，多次单击，可以确定多个固定点，最后放置导线的终点，完成两个元件之间的电气连接。此时，光标仍处于放置导线的状态。重复上述操作，可以继续放置其他的导线。

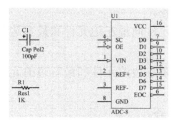
图 2.56

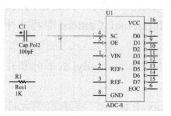
图 2.57

**Step 4** 导线的拐弯。如果要连接的两个引脚不在同一水平线或同一垂直线上，则在放置导线的过程中，需要单击确定导线的拐弯位置，并且可以通过按 Shift+Space 键来切换导线的拐弯模式。有直角(如图 2.57 所示)、45°角(如图 2.58 所示)和任意角度(如图 2.59 所示)三种拐弯模式。导线放置完毕，右击或按 Esc(退出)键即可退出该操作。

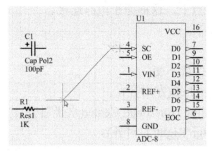
图 2.58

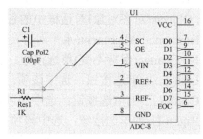
图 2.59

**Step 5** 设置导线的属性。任何一个建立起来的电气连接都被称为一个网络(Net)，每个网络都有自己唯一的名称。系统为每一个网络设置默认的名称，用户也可以自行设置。原理图完成并编译结束后，在导航栏中，即可看到各种网络的名称。在放置导线的过程中，用户可以对导线的属性进行设置。双击导线或在光标处于放置导线的状态时按 Tab 键，弹出如图 2.60 所示的 Wire(导线)对话框，在该对话框中，可以对导线的颜色、线宽参数进行设置。

Color(颜色)：单击该颜色显示框，系统将弹出如图 2.61 所示的 Choose Color(选择颜色)对话框。在该对话框中，可以选择并设置需要的导线颜色。系统默认为深蓝色。

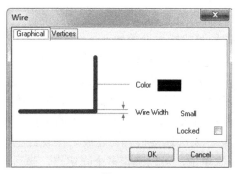
图 2.60

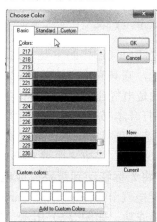
图 2.61

Wire Width(线宽)：在该下拉列表框中，有 Smallest(最小)、Small (小)、Medium(中等)和 Large(大)四个选项可供用户选择。系统默认为 Small(小)，如图 2.62 所示。在实际中，应该参照与其相连的元件引脚线的宽度进行选择。

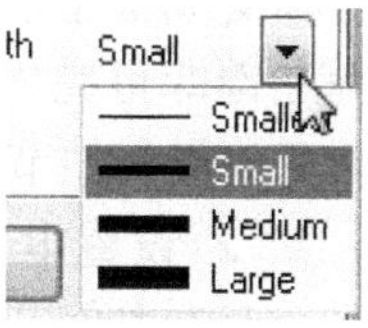

图 2.62

## 2.5.5　放置电源和接地符号

电源和接地符号是电路原理图中必不可少的组成部分。在 Altium Designer 16.0 中，提供了多种电源和接地符号供用户选择，每种形状都打个相应的网络标签作为标识。

放置电源和接地符号的步骤如下。

Step 1 打开本书下载资源中的源文件"ch2\2.5.5\练习 2.PrjPcb"。选择菜单栏中的 Place (放置) → Power Port(电源和接地符号)命令或单击工具栏中的 ￥ 或 ￥ 按钮。也可以按下快捷键 P+O，这时，光标变成十字形状，并带有电源或接地符号。

Step 2 移动光标到需要放置电源或接地的地方，单击鼠标左键即可完成放置，如图 2.63 所示。此时，光标仍处于放置电源或接地的状态，重复操作即可放置其他的电源或接地符号。

设置电源和接地符号属性的方法如下。

在放置电源和接地符号的过程中，用户便可以对电源和接地符号的属性进行编辑。双击电源和接地符号或者在光标处于放置电源和接地符号的状态时按 Tab 键，即可打开电源和接地符号的属性编辑对话框，如图 2.64 所示。在该对话框中，可以对电源的 Color(颜色)、Style Bar(风格)、Location(位置)、Orientation(旋转角度)及所在网络的属性进行设置。属性编辑结束后，单击 OK(确定)按钮，即可关闭该对话框。

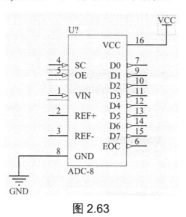

图 2.63

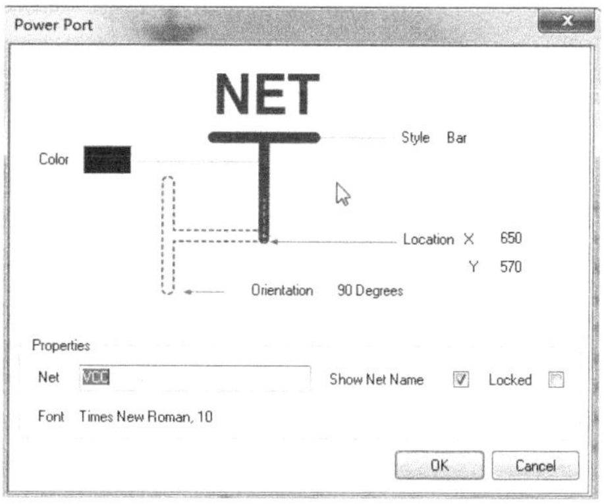

图 2.64

## 2.5.6　放置节点

在默认情况下，系统会在导线的 T 型交叉点处自动放置电气节点，表示所画线路在电气意义上是连接的。但在其他情况下，如十字交叉点处，由于系统无法判断导线是否连接，因此不会自动放置电气节点。如果没有节点，表示两条导线在电气上是不相通的，有节点则认为两条导线在电气意义上是连接的。放置电气节点的步骤如下。

Step 1 选择菜单栏中的 Place(放置) → Manual Junction(手工节点)命令(或用快捷键)，此时，光标变成十字形状，并带有一个电气节点符号。移动光标到需要放置电气节点的地方，单击鼠标左键即可完成放置，如图 2.65 所示。此时，光标仍处于放置电气节点的状态，重复操作，即可放置其他节点。

**Step 2** 设置电气节点的属性。在放置电气节点的过程中，用户可以对电气节点的属性进行设置。双击电气节点或者在光标处于放置电气节点的状态时按 Tab 键，弹出如图 2.66 所示的 Junction(节点)对话框，在该对话框中，可以对电气节点的属性进行设置。

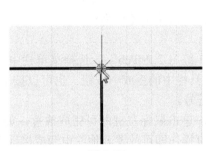

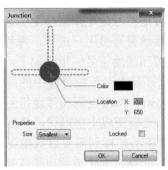

图 2.65              图 2.66

系统存在着一个默认的自动放置节点的属性，用户也可以按照自己的习惯进行改变。选择菜单栏中的 Tools(工具) → Schematic Preferences(原理图优选参数设置)命令，弹出 Preferences(参数选择)对话框，选择 Schematic(原理图) → Compiler(编译器)选项卡，即可对各类节点进行设置，如图 2.67 所示。

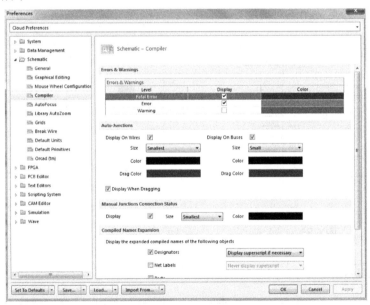

图 2.67

其中，Auto-Junctions(自动连接)选项组中，各复选框的意义如下。

● Display On Wires(连接线上的节点显示)：勾选该复选框，则显示在导线上自动设置的节点，系统默认为勾选状态。在下面的 Size(大小)下拉列表框和 Color(颜色)颜色显示框中，可以对节点的大小和颜色进行设置。

- Display On Buses(总线上的节点显示)：勾选该复选框，则显示在总线上自动设置的节点，系统默认为勾选状态。在下面的 Size(大小)下拉列表框和 Color(颜色)颜色显示框中，可以对节点的大小和颜色进行设置。
- Display When Dragging(拖动时节点显示)：勾选该复选框，则拖动时，显示在导线上自动设置的节点，系统默认为勾选状态。

## 2.5.7 绘制总线

总线是一组具有相同性质的并行信号线的组合，如数据总线、地址总线、控制总线等。在大规模的原理图设计，尤其是数字电路的设计中，只用导线来完成各元件之间的电气连接的话，则整个原理图的连线就会显得细碎而繁琐，而总线的运用，则可大大简化原理图的连线操作，可以使原理图更加整洁、美观。

原理图编辑环境下的总线没有任何实质的电气连接意义，仅仅是为绘图和谈图的方便而采取的一种简化连线的表现形式。

总线的绘制与导线的绘制基本相同，具体操作步骤如下。

Step 1 打开本书提供的下载资源中的源文件"\ch2\2.5.7\练习 3.PrjPcb"。选择菜单栏中的 Place(放置) → Bus(总线)命令，或单击工具栏中的 ↘ 按钮，快捷键为 P+B，这时，鼠标变成十字形状。

Step 2 将光标移动到想要放置总线起点的位置，单击鼠标确定总线的起点。然后拖动鼠标，单击确定多个固定点和终点，如图 2.68 所示。总线的绘制不必与元件的引脚相连，只是为了方便接下来对总线分支线的绘制而设定的。

设置总线的属性，在绘制总线的过程中，用户便可以对总线的属性进行编辑。双击总线或者在光标处于放置总线的状态时按 Tab 键，即可打开总线的属性编辑对话框，如图 2.69 所示。

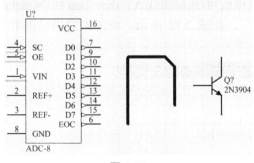

图 2.68

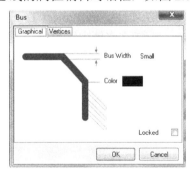

图 2.69

## 2.5.8 绘制总线分支线

总线分支线是单一导线与总线的连接线。使用总线分支线把总线和具有电气特性的导线连接起来，可以使电路原理图更为美观、清晰且具有专业水准。与总线一样，总线分支线也不具有任何电气连接的意义，而且它的存在并不是必需的，即便不通过总线分支线，直接把导线与总线连接也是正确的。

放置总线分支线的操作步骤如下。

Step 1 打开本书下载资源中的源文件 "\ch2\2.5.8\练习 4.PrjPcb"。选择菜单栏中的 Place (放置) → Bus Entry(总线分支线)命令，或单击工具栏中的 ╲ 按钮，或按快捷键 P+U，此时光标变成十字形状。

Step 2 在导线与总线之间单击鼠标，即可放置一段总线分支线。同时，在该命令状态下按空格键，可以调整总线分支线的方向，如图 2.70 所示。

设置总线分支线的属性。在绘制总线分支线的过程中，用户便可以对总线分支线的属性进行编辑。双击总线分支线，或者在光标处于放置总线分支线的状态时按 Tab 键，即可打开总线分支线的属性编辑对话框，如图 2.71 所示。

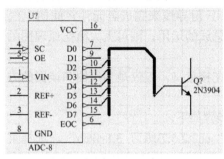

图 2.70

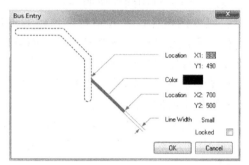

图 2.71

## 2.5.9 实例——开关电路的原理图

本节将通过一个开关电路原理图实例来说明电路原理图的设计方法。具体步骤如下。

Step 1 新建项目。启动 Altium Designer 16.0，选择菜单栏中的 File(文件) → New(新建) → Project(项目)命令，弹出 New Project(新建项目)对话框，在 Project Types(项目类型)中选择 PCB Project(PCB 项目)，在 Project Templates(项目模板)中选择图纸 AT short bus(7×4.8 inches)，然后在 Name(名称)文本框中填写 "开关电源电路"，如图 2.72 所示，单击 OK(确定)按钮完成操作。

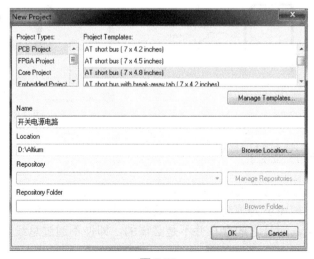

图 2.72

Step ❷ 装载元件库。在知道元件所在元件库的情况下，通过 Libraries(元件库)对话框加载该库。NE555D 是 TI Logic Lath.IntLib 元件库中的元件。在 Libraries(元件库)面板中单击 Libraries 按钮，如图 2.73 所示，弹出如图 2.74 所示的 Available Libraries(现有的元件库)对话框，在对话框的元件库列表中，选定其中的元件库，单击 Move Up(向上移动)按钮，则该元件库可以向上移动一行；单击 Move Down(向下移动)按钮，则该元件库可以向下移动一行；单击 Remove(移除)按钮，则系统卸载该元件库。在 Available Libraries(现有的元件库)对话框中，单击 Add Library(添加库)按钮，系统弹出加载 Altium Designer 16.0 元件库的文件列表，如图 2.75 所示。

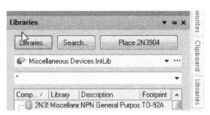

图 2.73

图 2.74

图 2.75

Step ❸ 在元件库列表中选择 Texas Instruments，在 Texas Instruments 公司的所有元件库列表中选择 TI Logic Lath.IntLib 元件库，如图 2.76 所示。单击"打开"按钮，则系统将该元件库加载到当前编辑环境下，同时会显示该库的地址。单击 Close(关闭)按钮，回到原理图绘制工作界面，此时就可以放置所需的元件。在 Libraries(元件库)面板中单击 Search(查找)按钮，弹出如图 2.77 所示的对话框，在文本框中输入元件名 NE555D。单击 Search(查找)按钮，系统将在设置的搜索范围内查找元件。查找结果如图 2.78 所示，单击 Place NE555D(放置 NE555D)按钮，可以将该元件放置在原理图中。

Step ❹ 原理图图纸设置。选择菜单栏中的 Design(设计) → Document Options(文档选项)命令，或者在编辑区内单击鼠标右键，在弹出的快捷菜单中选择 Options(选项) → Document Options(文档选项)命令，弹出如图 2.79 所示的 Document Options(文档选项)对话框，在该对话框中，可以对图纸进行设置，在 Standard styles(标准风格)中选择 A4 图纸选项。

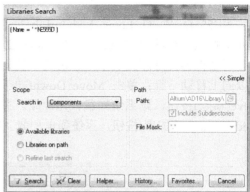

图 2.76 图 2.77

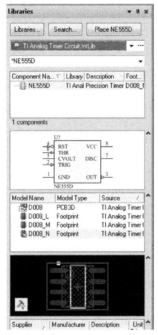

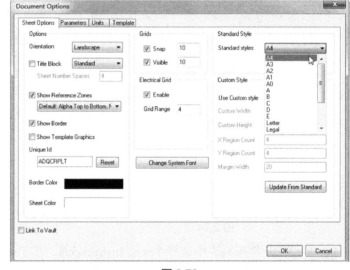

图 2.78 图 2.79

**Step 5** 原理图设计。打开 Libraries(元件库)面板，在当前元件库下拉列表中选择 Miscellaneous Devices.IntLib 元件库，然后在元件过滤栏的文本框中输入 Inductor(电感)，在元件列表中查找电感，并将查找所得电感放入原理图中，搜索其他元件，依次放入 Res2 电阻、2N3904 三极管、2N3906 三极管、Diode 二极管、D Zener 稳压二极管、Cap 电容。放置元件后的图纸如图 2.80 所示。

**Step 6** 元件属性设置。双击元件 NE555D，弹出 Component Properties(元件属性)对话框，分别对元件的编号进行设置，如图 2.81 所示。用同样的方法，可以对电容、电感和电阻值进行设置。

**Step 7** 根据电路图合理地放置元件。以实现美观地绘制电路原理图。设置好元件属性后的电路原理图图纸如图 2.82 所示。

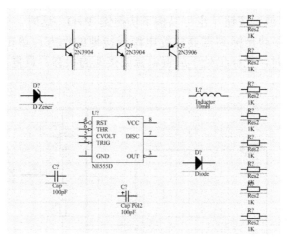

图 2.80

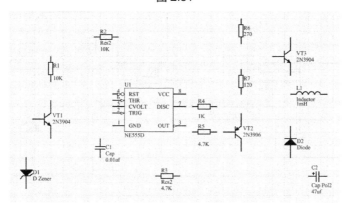

图 2.81

图 2.82

**Step 8** 连接线路。布局好元件后，下一步的工作就是连接线路。选择菜单栏中的 Place(放置) → Wire(导线)命令，或者单击工具栏中的 ≈ 按钮，执行连线操作。连接好的电路原理图如图 2.83 所示。

**Step 9** 放置电源和接地符号。选择菜单栏中的 Place(放置) → Power Port(电源和接地符号)

命令或单击工具栏中的 vcc 或 ⏚ 按钮。也可以按下快捷键 P+O，这时，光标变成十字形状，并带有个电源或接地符号，移动光标到需要放置电源或接地的地方，单击鼠标左键，即可完成放置，如图 2.84 所示，此时，光标仍处于放置电源或接地的状态，重复操作，即可放置其他的电源或接地符号。

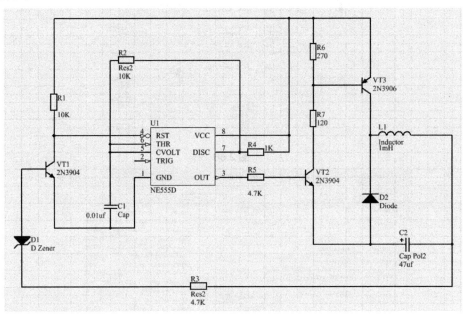

图 2.83

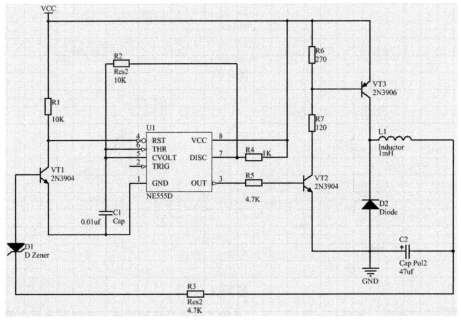

图 2.84

Step 10 完成电路原理图的设计后，单击"保存"按钮，保存原理图文件。

## 2.6 实用工具绘图

在原理图编辑环境中，与 Wiring(布线)工具栏相对应，系统还提供了一组实用工具，用于在原理图中绘制各种标注信息，使电路原理图更清晰、数据更完整、可读性更强。该组实用工具中的各种图元均不具有电气连接特性，所以系统在做电气规则检查(ERC)及转换成网络表时，它们不会产生任何影响，也不会附加在网络表数据中。

### 2.6.1 实用工具

单击实用工具图标 ，各种绘图工具按钮如图 2.85 所示，与选择菜单栏中的 Place(放置)→Drawing Tools(绘图工具)项后系统弹出的菜单中的各项具有对应的关系，如图 2.86 所示。

图 2.85

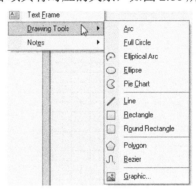

图 2.86

实用工具栏中的各个按钮功能如下：

- ╱ 绘制线。
- ⬡ 绘制多边形。
- ⌒ 绘制椭圆弧线。
- ∿ 绘制贝塞尔曲线。
- **A** 添加说明文字。
- ⚭ 添加超链接。
- ▤ 添加文本框。
- ▢ 绘制矩形。
- ▢ 绘制圆角矩形。
- ⬭ 绘制椭圆形及圆形。
- ◖ 绘制扇形。
- ▨ 粘贴图片。
- ▩ 智能粘贴。

### 2.6.2 折线的绘制

在原理图中，折线可以用来绘制一些注释性的图形，如表格、箭头、虚线等，或者在编辑元器件时，绘制元器件的外形。折线在功能上完全不同于前面所说的导线，它不具有电气连接特性，不会影响到电路的电气结构。具体操作步骤如下。

**Step ①** 选择菜单栏中的 Place(放置) → Drawing Tools(绘图工具) → Line(放置线)命令，或者单击 Utility Tools(实用工具)中的绘制折线按钮 ，光标变为"十"字形状，单击鼠标左键确定线的起点。

**Step ②** 移动光标，开始绘制折线。需要拐弯时，单击鼠标左键，可确定拐弯的位置，按下 Space(空格)键可切换拐弯的模式。

**Step ③** 在适当位置处，单击鼠标左键确定线的终点，如图 2.87 所示。

**Step ④** 单击鼠标右键或按 Esc(退出)键退出绘制状态。双击所绘制的折线，打开"折线"对话框，进行属性设置。

**Step ⑤** Start Line Shape(起点形状)设置为 None(无)；End Line Shape(终点形状)设置为 SolidArrow(实心箭头)；Line Style(线风格)设置为 Dotted(虚线)，如图 2.88 所示。

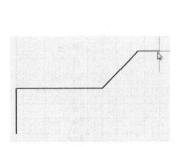

图 2.87

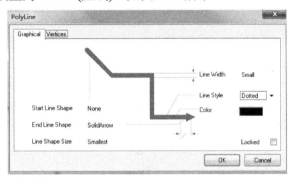

图 2.88

**Step ⑥** 设置后的折线如图 2.89 所示。

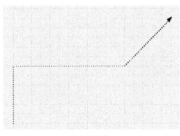

图 2.89

### 2.6.3 椭圆与圆弧的绘制

圆弧与椭圆的绘制是同一个过程，圆弧实际上是椭圆的一种特殊形式。操作步骤如下。

**Step ①** 选择菜单栏中 Place(放置) → Drawing Tools(绘图工具) → Elliptical Arc(放置椭圆弧)命令，或者单击 Utility Tools(实用工具)中的 (绘制椭圆弧)按钮，光标变为"十"字形状。移动光标到合适的位置，单击鼠标左键确定椭圆弧的中心，如图 2.90 所示。

**Step ②** 拖动光标，沿 X 轴方向移动，第二次单击鼠标左键确定椭圆弧的长轴，如图 2.91 所示。

**Step ③** 沿 Y 轴拖动光标，第三次单击鼠标左键确定椭圆弧的短轴，如图 2.92 所示，这时，光标会自动移到椭圆弧的起始角处，移动光标，可以改变椭圆弧的起始角度。

Step 4 单击鼠标左键确定椭圆弧的起始角度，如图 2.93 所示，此时，光标自动移到椭圆弧的终止角处。

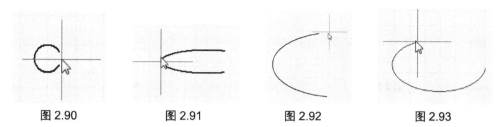

图 2.90　　　　　图 2.91　　　　　图 2.92　　　　　图 2.93

Step 5 单击鼠标左键确定椭圆弧的终止角度，完成了椭圆弧的绘制。单击鼠标右键或按 Esc(退出)键可退出绘制状态。

Step 6 双击所绘制的椭圆弧，打开 Elliptical Arc(椭圆弧)对话框，可以在这里进行属性设置，如图 2.94 所示。

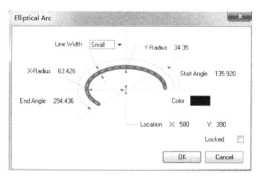

图 2.94

 注意　　如果椭圆弧的长轴与短轴相等，则绘制的椭圆弧就成为圆弧，也可以选择菜单栏中的 Place(放置) → Drawing Tools(绘图工具) → Arc(放置圆弧)命令，直接绘制圆弧，具体操作与上面的过程类似。

## 2.6.4　放置文本

如果要增加原理图的可读性，则在某些关键的位置处应该添加一些文字说明，即放置文本，以便于用户之间的交流。在 Altium Designer 16.0 系统中，文本的放置有三种方式，即放置文本字符串、放置文本框及放置注释，操作过程基本相同。

我们仅以文本框的放置为例进行说明，具体操作步骤如下。

Step 1 选择菜单栏中的 Place(放置) → Text Frame(文本框)命令，或者单击 Utility Tools (实用工具)中的 (放置文本框)按钮，光标变为"十"字形状，并且带有一个文本框的虚影，如图 2.95 所示。

Step 2 单击鼠标左键，确定文本框的一个顶点，拖动光标到适当位置，再次单击鼠标左键确定文本框的大小，完成文本框的放置，如图 2.96 所示。

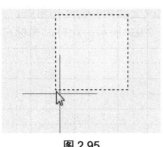

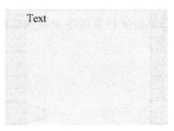

图 2.95                                        图 2.96

**Step 3** 双击所放置的文本框，打开 Text Frame(文本框)对话框，进行属性设置，如图 2.97 所示。

**Step 4** 选中 Word Wrap(自动换行)及 Clip to Area(剪辑区)复选框，单击 Text(文本)右边的 Change(更改)按钮，在打开的 TextFrame Text(文本框的文字)窗口中可输入说明文字，如图 2.98 所示。

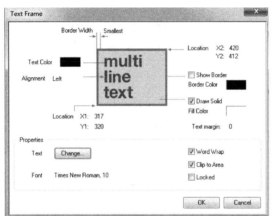

图 2.97                                        图 2.98

**Step 5** 经过设置并输入了说明文字后的文本框如图 2.99 所示。

**Step 6** 单击所设置的文本框，按 F2 键，或者停顿片刻后再次单击，即可进入直接编辑状态，如图 2.100 所示。

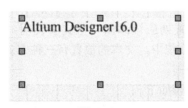

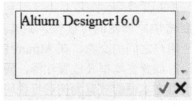

图 2.99                                        图 2.100

**Step 7** 编辑后，单击绿色的 √ (确认)按钮即可。

  在 Altium Designer 16.0 中，用户也可以直接在原理图上，对文本框或注释的文本内容进行输入或者编辑。

## 2.6.5 实例——电感元器件的绘制

本小节将运用实用工具来绘制电感元件，如图 2.101 所示。

图 2.101

**Step ①** 启动 Altium Designer 16.0，选择菜单栏中的 File(文件) → New(新建) → Schematic(原理图)命令，在项目文件中新建一个默认名为 Sheetl.SchDoc 的电路原理图文件。然后选择菜单栏中的 File(文件) → Save As(保存为)命令，在弹出的保存文件对话框中输入"电感元件"文件名，并保存在指定位置，如图 2.102 所示。

**Step ②** 选择菜单栏中的 Place(放置) → Drawing Tools(绘图工具) → Arc(放置圆弧)命令，如图 2.103 所示，光标变为"十"字形状。移动光标到合适的位置，单击鼠标左键确定圆弧的中心。

图 2.102

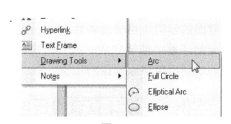

图 2.103

**Step ③** 单击鼠标左键确定圆弧的起始角度，此时，光标自动移到圆弧的终止角处。

**Step ④** 单击鼠标左键确定椭圆弧的终止角度，完成了椭圆弧的绘制。单击鼠标右键或按 Esc(退出)键可退出绘制状态，如图 2.104 所示。

**Step ⑤** 拖动鼠标使光标沿 X 轴方向移动，第二次单击鼠标左键确定椭圆弧的长轴。

**Step ⑥** 双击所绘制的圆弧，打开 Arc(圆弧)对话框，可进行属性设置，如图 2.105 所示，设置 Start Angle(起始角度)为 0 度，End Angle(终止角度)为 180 度，Radius 为 10。单击 OK(确定)按钮完成。

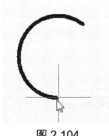

图 2.104

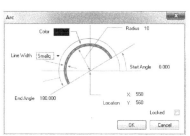

图 2.105

**Step ⑦** 选择如图 2.106 所示绘制好的圆弧为复制的对象，选择菜单栏中的 Edit(编辑) → Copy(复制)命令(快捷键为 Ctrl+C)，再选择菜单栏中的 Edit(编辑) → Paste(粘贴)命令(快捷键为 Ctrl+V)以设定粘贴对象，这时，需要精确定位圆弧边上面的点为参考点，如图 2.107 所示，以鼠标单击放置即可。用同样方法继续复制，完成如图 2.108 所示的效果。

Step 8 选择菜单栏中的 Place(放置) → Drawing Tools(绘图工具) → Line(放置线)命令，或者单击 Utility Tools(实用工具)中的 ∕(绘制折线)按钮，光标变为"十"字形状，单击鼠标左键确定线的起点。在适当位置处，单击鼠标左键确定线的终点，如图 2.109 所示。

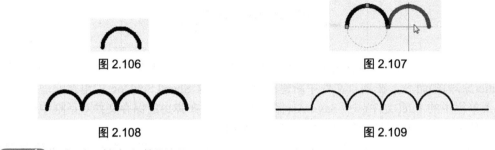

图 2.106　　　　　　　　　　　　　图 2.107

图 2.108　　　　　　　　　　　　　图 2.109

Step 9 完成后，保存文件即可。

## 2.7　电路原理图设计实例

通过前面的学习，相信读者对 Altium Designer 16.0 的原理图编辑环境、原理图编辑器的使用有了一定的了解，能够完成一些简单电路图的绘制了。这一节，我们将通过具体的实例，来讲述完整的绘制出电路原理图的步骤。

### 2.7.1　实例——设计直流稳压电路图

设计直流稳压电路图的步骤如下。

Step 1 新建项目。启动 Altium Designer 16.0，选择菜单栏中的 File(文件) → New(新建) → Project(项目)命令，此时弹出 New Project(新建项目)对话框，在 Project Types(项目类型)中选择 PCB Project(PCB 项目)，在 Project Templates(项目模板)中选择图纸 AT short bus(7×4.8 inches)，然后在 Name(名称)文本框中填写"直流稳压电路"，如图 2.110 所示，单击 OK(确定)按钮完成。

Step 2 在原理图文件上单击鼠标右键，在弹出的快捷菜单中选择 File(文件) → Save As(保存为)命令，在弹出的保存文件对话框中，输入"直流稳压电路.SchDoc"文件名，并保存在指定的位置，如图 2.111 所示。

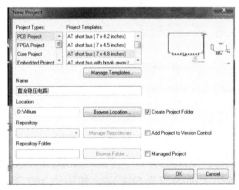

图 2.110

图 2.111

**Step 3** 原理图图纸的设置。选择菜单栏中的 Design(设计) → Document Options(文档选项) 命令，或者在编辑区内单击鼠标右键，在弹出的快捷菜单中选择 Options(选项) → Document Options(文档选项)命令，弹出如图 2.112 所示的 Document Options(文档选项)对话框，在该对话框中，可以对图纸进行设置。在 Standard styles(标准风格)下拉列表框中选择 A4 图纸选项，放置方向设置为 Landscape(横向)，图纸标题栏设为 Standard(标准)，其他采用默认设置，单击 OK(确定)按钮，完成图纸属性的设置。

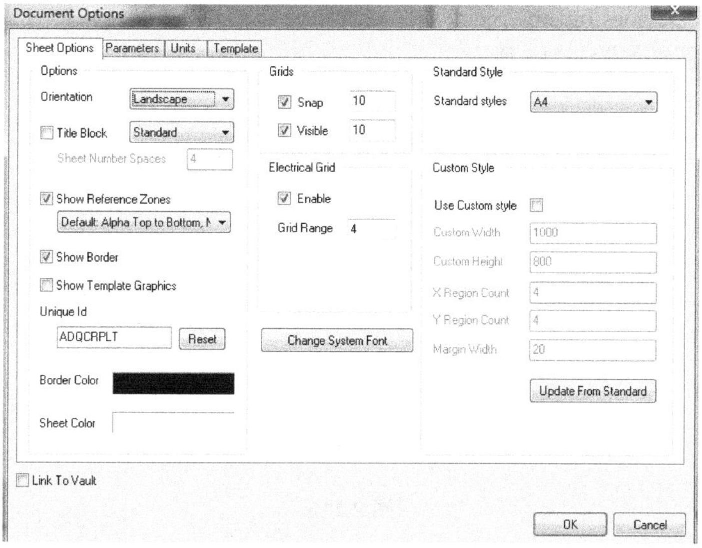

图 2.112

**Step 4** 查找元器件，并加载其所在的库。这里我们不知道设计中所用到的 MC7805CT 所在的库位置，因此，首先要查找这个元器件。打开 Libraries(元件库)面板，单击 Libraries(元件库)按钮，在弹出的查找元器件对话框中输入"MC7805CT"，如图 2.113 所示。单击 Search(查找)按钮后，系统开始查找此元器件。查找到的元器件将显示在 Libraries(元件库)面板中。用鼠标右键单击查找到的元器件，在弹出的快捷菜单中选择 Install Current Library(安装当前库)命令，加载元器件 MC7805CT 所在的库，如图 2.114 所示。

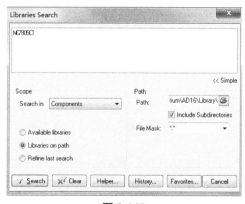

图 2.113

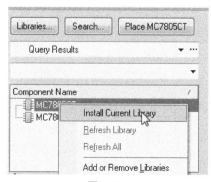

图 2.114

**Step 5** 在电路原理图上放置元器件并完成电路图。在绘制电路原理图的过程中，放置元器件的基本依据是根据信号的流向放置，或从左到右，或从右到左。首先放置电路中关键的元器件，然后放置电阻、电容等外围元器件。

Step **6** 双击元器件列表中的 MC7805CT，或者单击 Place MC7805CT(放置 MC7805CT)按钮，将此元器件放置到原理图的合适位置。

Step **7** 放置 Header2(插针)。打开 Libraries(元件库)面板，在当前元器件库名称栏中选择 Miscellaneous Connectors.IntLib，在元器件列表中分别选择两个 Header2(插针)进行放置。

Step **8** 放置电阻、电容、二极管、LED。打开 Libraries 面板，在当前元器件库名称栏中选择 Miscellaneous Devices.IntLib，在元器件列表中分别选择电阻、电容、二极管、LED 进行放置。放置元件后的图纸如图 2.115 所示。

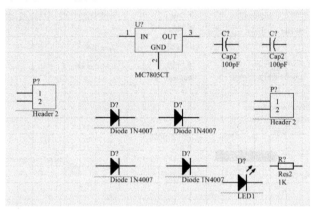

图 2.115

Step **9** 元件属性设置及元件布局。双击元件 MC7805CT，弹出 Component Properties(元件属性)对话框，分别对元件的编号进行设置，如图 2.116 所示，用同样的方法，可以对电容和电阻值等进行设置。

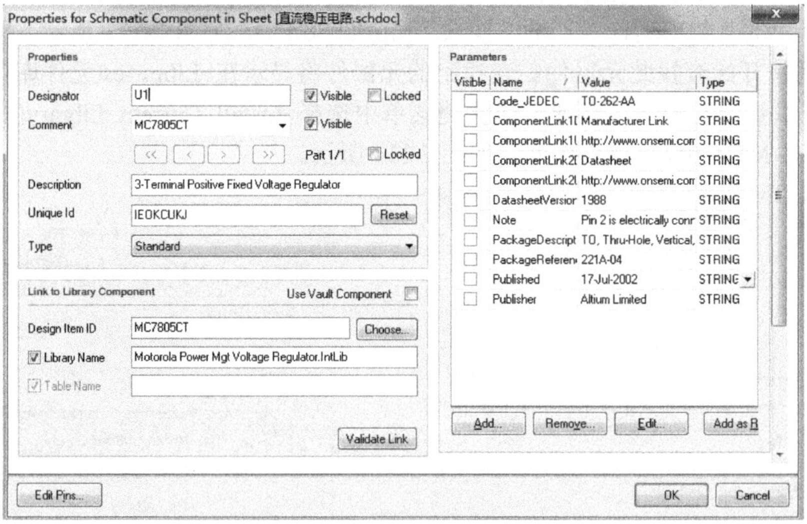

图 2.116

Step **10** 根据电路图合理地放置元件。以实现美观地绘制电路原理图的目的。设置好元件属性后的电路原理图图纸如图 2.117 所示。

Step **11** 连接线路。布局好元件后，下一步的工作就是连接线路。选择菜单栏中的 Place(放置) → Wire(导线)命令，或者单击工具栏中的 ≈ 按钮，执行连线操作。连接好的电路原理图如图 2.118 所示。

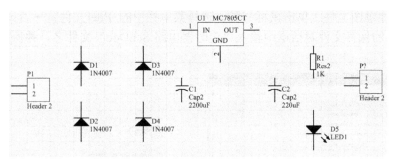

图 2.117

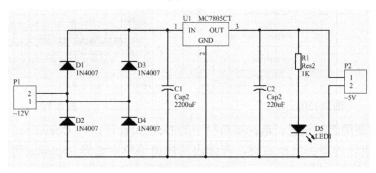

图 2.118

**Step 12** 放置接地符号。在原理图的合适位置放置接地符号，单击"布线"工具栏中的 ⊥(放置接地符号)按钮，在原理图的合适位置放置接地符号，如图 2.119 所示。

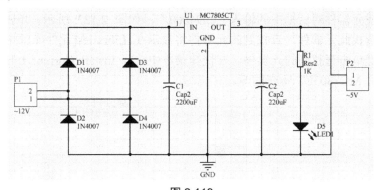

图 2.119

**Step 13** 完成电路原理图的设计后，单击"保存"按钮，保存原理图文件。

## 2.7.2　实例——设计定时器电路图

定时器电路可以使单片机在无人状态下实现连续工作。设计定时器电路图的步骤如下。

**Step 1** 新建项目。启动 Altium Designer 16.0，选择菜单栏中的 File(文件) → New(新建) → Project(项目)命令，此时弹出 New Project(新建项目)对话框，在 Project Types(项目类型)中选择 PCB Project(PCB 项目)，在 Project Templates(项目模板)中选择图纸 AT short bus(7×4.8

inches)，在 Name(名称)文本框中填写"定时器电路"，如图 2.120 所示，单击 OK(确定)按钮完成设置。

Step 2 在原理图文件上单击鼠标右键，选择菜单栏中的 File(文件) → Save As(保存为)命令，然后在弹出的保存文件对话框中输入"定时器电路.SchDoc"文件名，并保存在指定位置，如图 2.121 所示。

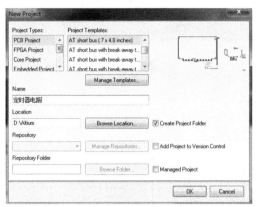

图 2.120

图 2.121

Step 3 原理图图纸的设置。选择菜单栏中的 Design(设计) → Document Options(文档选项)命令，或者在编辑区内单击鼠标右键，在弹出的快捷菜单中选择 Options(选项) → Document Options(文档选项)命令，弹出 Document Options(文档选项)对话框，在该对话框中，可以对图纸进行设置。在 Standard styles(标准风格)中选择 A4 图纸，放置方向设置为 Landscape(横向)，图纸标题栏设为 Standard(标准)，其他采用默认设置，单击 OK(确定)按钮，完成图纸属性设置。

Step 4 查找元器件，并加载其所在的库。打开 Libraries 面板，单击 Libraries(元件库)按钮，在弹出的查找元器件对话框中的输入"CD4060"，如图 2.122 所示。单击 Search(查找)按钮后，系统开始查找此元器件。查找到的元器件将显示在 Libraries(元件库)面板中，如图 2.123 所示。用鼠标右键单击查找到的元器件，在快捷菜单中选择 Install Current Library(安装当前库)命令，加载元器件 MC7805CT 所在的库。

图 2.122

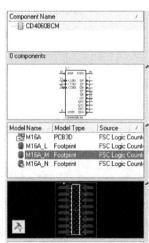

图 2.123

**Step 5** 继续查找元器件，并加载其所在的库。打开 Libraries(元件库)面板，单击 Libraries(元件库)按钮，在弹出的查找元器件对话框中的输入"IRF540S"，如图 2.124 所示。

**Step 6** 在电路原理图上放置元器件并完成电路图。在绘制电路原理图的过程中，放置元器件的基本依据是根据信号的流向放置，或从左到右，或从右到左。首先放置电路中关键的元器件，之后放置电阻、电容等外围元器件。

**Step 7** 放置 Optoisolator1。打开 Libraries(元件库)面板，在当前元器件库名称栏中选择 Miscellaneous Devices.IntLib，在元器件列表中选择 Optoisolator1，如图 2.125 所示。

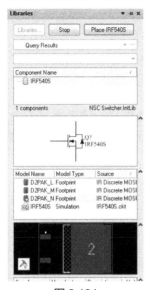

图 2.124

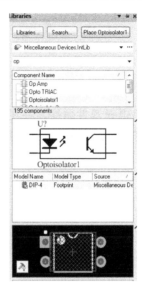

图 2.125

**Step 8** 双击元器件列表中的 Optoisolator1，或者单击 Place Optoisolator1 (放置 Optoisolator1)按钮，将此元器件放置到原理图的合适位置。

**Step 9** 采用同样的方法放置 CD4060、IRF540S 和 IRFR9014 等。放置了关键元器件的电路原理图如图 2.126 所示。

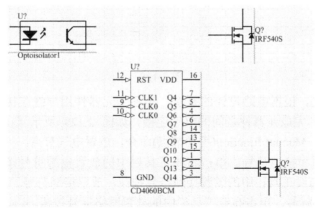

图 2.126

**Step 10** 放置电阻、电容。打开 Libraries(元件库)面板，在当前元器件库名称栏中选择 Miscellaneous Devices.IntLib，在元器件列表中选择电阻和电容进行放置，如图 2.127 所示。

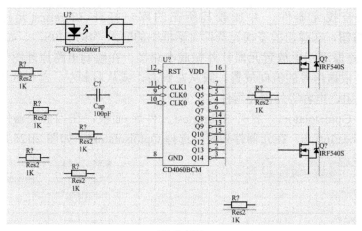

图 2.127

**Step 11** 编辑元器件属性。在图纸上合理地放置了元器件后，读者要对每个元器件的属性进行编辑，包括元器件的标识符、序号、型号等。设置好元器件属性的电路原理图如图 2.128 所示。

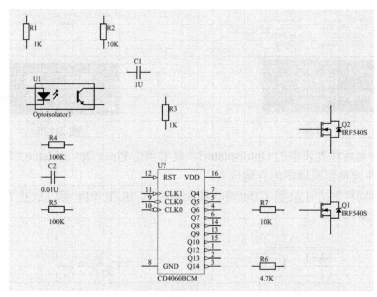

图 2.128

**Step 12** 连接导线。根据电路设计的要求，将各个元器件用导线连接起来。单击布线工具栏中的绘制导线按钮，完成元器件之间的电气连接，如图 2.129 所示。在必要的位置选择菜单栏中的 Place(放置) → Manual Junction(手动节点)命令，放置电气节点。

**Step 13** 放置电源和接地符号。单击布线工具栏中的放置电源符号按钮，在原理图的合适位置放置电源；单击布线工具栏中的放置接地符号按钮，放置接地符号。如图 2.130 所示。

**Step 14** 放置网络标号。单击布线工具栏中的放置网络标号按钮 Net]，在原理图上放置网络标号；单击布线工具栏中的放置忽略 ERC 检查测试点按钮 ✕，在原理图上放置忽略 ERC 检查测试点；单击布线工具栏中的放置输入输出端口按钮，在原理图上放置输入输出端口。结果如图 2.131 所示。

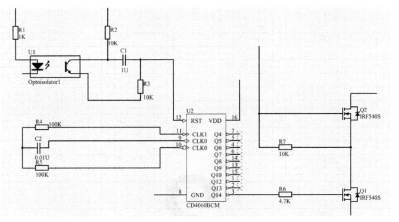

图 2.129

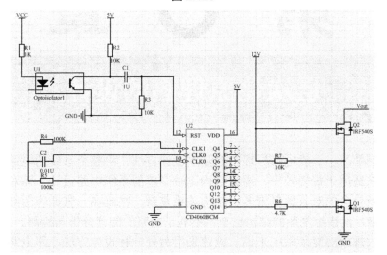

图 2.130

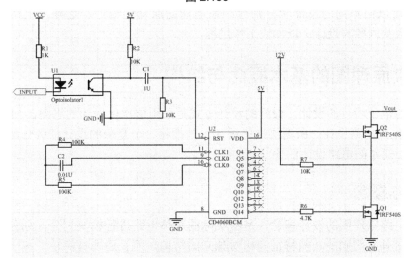

图 2.131

Step 15 完成电路原理图的设计后，单击"保存"按钮，保存原理图文件。

# 第 **3** 章

## 层次化原理图的设计

在前面，我们学习了一般电路原理图的基本设计方法，将整个系统的电路绘制在一张原理图纸上。这种方法适用于规模较小、逻辑结构比较简单的系统电路设计。而对于大规模的电路系统来说，由于所包含的对象数量繁多，结构关系复杂，很难在一张原理图纸上完整地绘出，即使勉强绘制出来，其错综复杂的结构也非常不利于电路的阅读分析与检测。

因此，对于大规模的复杂系统来说，应该采用另外一种设计方法，即电路的模块化设计。将整体系统按照功能分解成若干个电路模块，每个电路模块能够完成一定的独立功能，具有相对的独立性，可以由不同的设计者分别绘制在不同的原理图纸上。这样，电路结构清晰，同时，也便于多人共同参与设计，以加快工作进程。

## 3.1 层次原理图的基本概念与结构

对于复杂的电子项目的设计，最好的设计方式是采用层次化设计的思路，Altium Designers 16.0 支持层次化的电路设计。所谓层次化设计，是指将一个复杂的设计任务分派成一系列有层次结构的、相对简单的电路设计任务。

### 3.1.1 基本概念

层次结构电路原理图的设计理念，是将实际的总体电路进行模块划分，划分的原则是每一个电路模块都应具有明确的功能特征和相对独立的结构，而且还要有简单、统一的接口，便于模块间的连接。

针对每一个具体的电路模块，可以分别绘制相应的电路原理图，该原理图一般称为子原理图，而各个电路模块之间的连接关系则采用一个顶层原理图来表示。顶层原理图主要由若干个原理图符号(即图纸符号)组成，用来表示各个电路模块之间的系统连接关系，描述了整体电路的功能结构。这样，把整个系统电路分解成顶层原理图和若干个子原理图，以分别进行设计。

Altium Designer 16.0 系统提供的层次原理图设计功能非常强大，能够实现多层的层次化设计功能。用户可以将整个电路系统划分为若干个子系统，每一个子系统可以划分为若干个功能模块，而每一个功能模块还可以再细分为若干个基本的小模块，这样依次细分下去，整个系统划分为多个层次，电路设计化繁为简。

## 3.1.2　基本结构

Altium Designer 16.0 系统提供的层次原理图设计功能非常强大，能够实现多层的层次化设计功能。用户可以将整个电路系统划分为若干个子系统，每一个子系统可以划分为若干个功能模块，而每一个功能模块还可以再细分为若干个基本的小模块，这样依次细分下去，就把整个系统划分成为多个层次，使电路设计由繁变简。

如图 3.1 所示是一个层次原理图的基本结构，由顶层原理图和子原理图共同组成，是一种模块化结构。

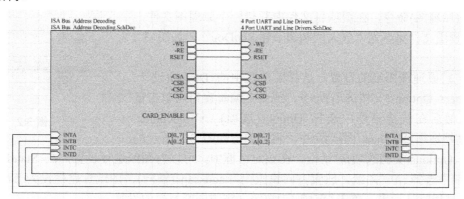

图 3.1

其中，子原理图就是用来描述某一电路模块具体功能的普通电路原理图，只不过增加了一些输入输出端口，作为与上层进行电气连接的通道口。普通电路原理图的绘制方法在前面已经学习过，主要由各种具体的元器件、导线等构成。

## 3.2　层次化原理图的设计方法

由层次原理图的基本结构可知，层次原理图的设计过程，实际上就是对顶层原理图和若干子原理图分别进行设计的过程。设计过程的关键，在于不同层次间如何正确地传递信号，这一点，主要是通过在顶层原理图中放置图纸符号、图纸入口，而在各个子原理图中放置相同名称的输入/输出端口来实现的。

基于上述的设计理念，层次电路原理图设计的具体实现方法有两种。一种是自上而下的层次电路设计；另一种是自下而上的层次电路设计。

### 3.2.1 自上而下的设计方法

顾名思义，自上而下设计，就是说先绘制最上层的原理图，也就是总的模块连接结构图，然后再向下一级分别绘制各个模块的原理图。此方法适用于展开一个全新的设计，从上往下一级一级地完成设计。

自上而下的层次电路原理图设计就是先绘制出顶层原理图，然后将顶层原理图中的各个方块图对应的子原理图分别绘制出来。采用这种方法设计时，首先要根据电路的功能，把整个电路划分为若干个功能模块，然后把它们正确地连接起来。

下面，我们以系统提供的放大控制调节器为例，来介绍自上而下的层次原理图设计的具体步骤。

**Step 1** 新建项目。启动 Altium Designer 16.0，选择菜单栏中的 File(文件) → New(新建) → Project(项目)命令，此时弹出 New Project(新项目)对话框，在 Project Types(项目类型)中选择 PCB Project(PCB 项目)，在 Project Templates(项目模板)中选择合适的图纸 Default(默认)，在 Name(名称)文本框中输入"放大控制调节器"，单击 OK(确定)按钮完成。

**Step 2** 选择菜单栏中的 File(文件) → New(新建) → Schematic(原理图)命令，在新项目文件中新建一个原理图文件，然后将原理图文件另存为"放大控制调节器.SchDoc"，如图 3.2 所示。

**Step 3** 原理图图纸的设置。选择菜单栏中的 Design(设计) → Document Options(文档选项)命令，或者在编辑窗口内单击鼠标右键，然后在快捷菜单中选择 Options(选项) → Document Options(文档选项)或 Sheet(图纸)命令，将会弹出如图 3.3 所示的

图 3.2

Document Options(文档选项)对话框，在该对话框中，可以对图纸进行设置，在 Standard styles (标准风格)中选择 A4 图纸，放置方向设置为 Landscape(横向)，图纸标题栏设为 Standard(标准)，其他采用默认设置，单击 OK(确定)按钮，完成图纸属性的设置。

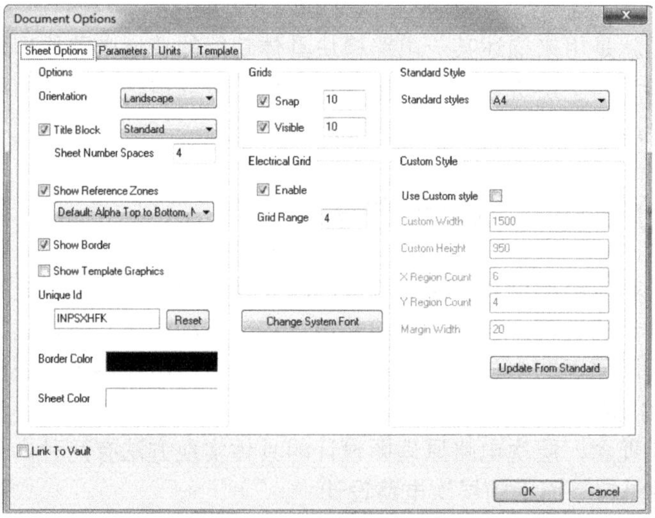

图 3.3

**Step 4** 选择菜单栏中的 Place(放置) → Sheet Symbol(原理图符号)命令，或者单击布线工具栏中的 按钮，放置方块电路图。此时光标变成十字形，并带有一个方块电路。移动光标到指定位置，单击鼠标确定方块电路的一个顶点，然后拖动鼠标，在合适位置再次单击鼠标左键确定方块电路的另一个顶点，如图 3.4 所示。

**Step 5** 此时，系统仍处于绘制方块电路的状态，如图 3.5 所示。用同样的方法绘制另一个方块电路。绘制完成后，单击鼠标右键退出绘制状态。

图 3.4

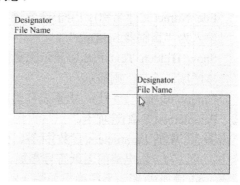

图 3.5

**Step 6** 双击绘制完成的方块电路图，弹出方块电路属性设置对话框，如图 3.6 所示。在该对话框中设置方块图的属性。

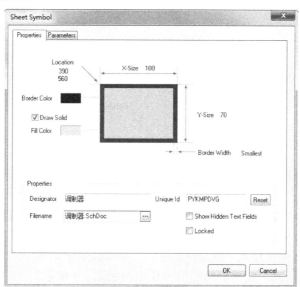

图 3.6

① Properties 选项卡的各项功能如下。

- Location(位置)：用于表示方块电路左上角顶点的位置坐标，用户可以输入设置。
- X-Size(X 尺寸)、Y-Size(Y 尺寸)：用于设置方块电路的长度和宽度。
- Border Color(边界颜色)：用于设置方块电路边框的颜色。单击后面的颜色块，可以在弹出的对话框中设置颜色。

- Draw Solid(绘制实心)：若选中该复选框，则方块电路内部被填充，否则，方块电路是透明的。
- Fill Color(填充颜色)：用于设置方块电路内部的填充颜色。
- Border Width(边框宽度)：用于设置方块电路边框的宽度，共有 4 个选项供选择——Smallest(最小)、Small(小)、Medium(中等的)和 Large(大)。
- Designator(标示)：用于设置方块电路的名称。这里我们输入为"调制器"。
- File Name(文件名称)：用于设置该方块电路所代表的下层原理图的文件名，这里我们输入为"调制器.SchDoc"。
- Show Hidden Text Fields(显示隐藏的文本区域)：该复选框用于选择是否显示隐藏的文本区域。选中，则显示。
- Unique Id(唯一 ID 号)：由系统自动产生的唯一 ID 号，用户不需要去设置。
② Parameters(参数)选项卡。

单击图 3.6 中的 Parameters(参数)标签，弹出 Parameters(参数)选项卡，如图 3.7 所示。在该选项卡中，可以为方块电路的图纸符号添加、删除和编辑标注文字。

单击 Add(增加)按钮，系统弹出如图 3.8 所示的参数设置对话框。

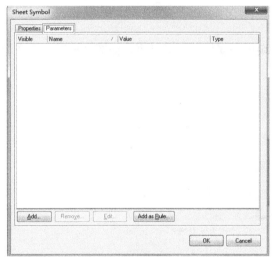

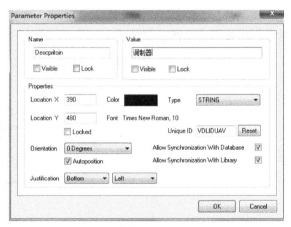

图 3.7                                图 3.8

在该对话框中，可以设置标注文字的名称(Name)、内容(Value)、位置坐标(Location)、颜色(Color)、字体(Font)、方向(Orientation)以及类型(Type)等。

在 Name(名称)文本框中输入"Description"，在 Value(值)中输入"调制器"。用同样的方法设置"放大器"方块电路，设置好属性的方块电路如图 3.9 所示。

Step 7 选择菜单栏中的 Place(放置) → Add Sheet Entry(添加符号连接端口)，或者单击布线工具栏中的 按钮，放置方块图的图纸入口。此时，光标变成十字形，在方块图的内部单击鼠标左键后，光标上出现一个图纸入口符号。移动光标到指定位置，单击鼠标左键放置一个入口，此时系统仍处于放置图纸入口状态，单击鼠标左键继续放置需要的入口。全部放置完成后，单击鼠标右键退出放置状态，如图 3.10 所示。

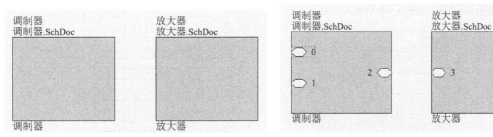

图 3.9　　　　　　　　　　　　　　　　图 3.10

双击放置的入口，系统弹出图纸入口属性设置对话框，如图 3.11 所示。在该对话框中，可以设置图纸入口的属性。

- Fill Color(填充颜色)：用于设置图纸入口内部的填充颜色。单击后面的颜色块，可以在弹出的对话框中设置颜色。
- Text Color(文字的颜色)：用于设置图纸入口名称文字的颜色。同样，单击后面的颜色块，可以在弹出的对话框中设置颜色。
- Side(放置位置)：用于设置图纸入口在方块图中的放置位置。单击后面的下三角按钮，有 4 个选项供选择：Left(左)、Right(右)、Top(上)和 Bottom(下)。
- Style(风格)：用于设置图纸入口的箭头方向。单击后面的下三角按钮，有 8 个选项供选择，如图 3.12 所示。

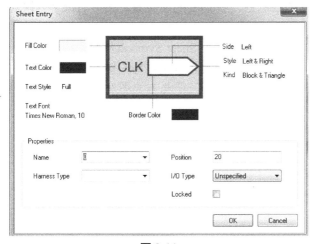

图 3.11　　　　　　　　　　　图 3.12

- Border Color(边框的颜色)：用于设置图纸入口边框的颜色。
- Name(名称)：用于设置图纸入口的名称。
- Position(定位)：用于设置图纸入口距离方块图上边框的距离。
- I/O Type(输入输出类型)：用于设图纸入口的输入输出类型。单击后面的下三角按钮，有 4 个选项供选择：Unspecified(未指定)、Input(输入)、Output(输出)和 Bidirectional(双向)。

Step 8 完成属性设置的原理图如图 3.13 所示。

Step 9 使用导线将各个方块图的图纸入口连接起来，并绘制图中其他部分的原理图。绘制完成的顶层原理图如图 3.14 所示。

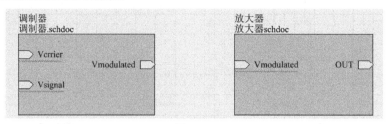

图 3.13

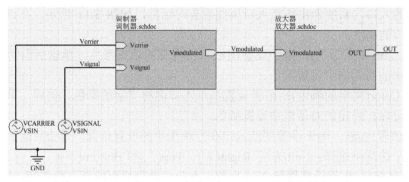

图 3.14

绘制子原理图。完成了顶层原理图的绘制后，我们要把顶层原理图中的每个方块对应的子原理图绘制出来，其中每一个子原理图中还可以包括方块电路。

选择菜单栏中的 Design(设计) → Create Sheet From Sheet Symbol(从原理图符号创建子原理图)，光标变成十字形。移动光标到方块电路内部空白处，单击鼠标左键，系统会自动生成一个与该方块图同名的子原理图文件，并在原理图中生成了三个与方块图对应的输入输出端口，如图 3.15 所示。

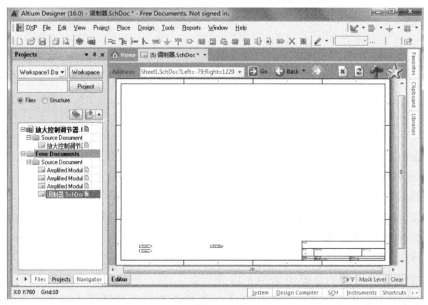

图 3.15

**Step 10** 绘制子原理图，绘制方法与前面讲过的绘制一般原理图的方法相同。绘制完成的子原理图如图 3.16、图 3.17 所示。

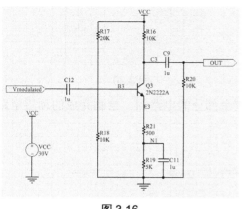

图 3.16

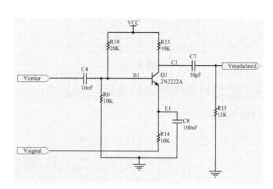

图 3.17

## 3.2.2 自下而上的设计方法

所谓自下而上的层次电路设计方式，其设计顺序刚好与自上而下的设计方式相反，即先绘制出层次原理图中的子原理图，然后再绘制顶层原理图。下面我们仍用上一小节中的例子来介绍自下而上的层次原理图的设计步骤。

**Step 1** 绘制子原理图。新建项目文件和电路原理图文件。根据功能电路模块绘制出子原理图。在子原理图中放置输入输出端口。子原理图如图 3.16、图 3.17 所示。

**Step 2** 绘制顶层原理图。在项目中新建一个原理图文件，另存为"放大控制调节器.SchDoc"后，选择菜单栏中的 Design(设计) → Create Sheet Symbol From Sheet Or HDL(从图纸符号或 HDL 创建图纸符号)，系统弹出选择文件放置对话框，如图 3.18 所示。

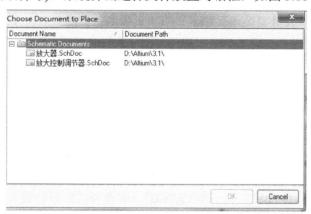

图 3.18

**Step 3** 在对话框中选择一个子原理图文件后，单击 OK(确定)按钮，光标上出现一个方块电路虚影，如图 3.19 所示。

**Step 4** 在指定位置单击鼠标左键，将方块图放置在顶层原理图中，然后设置方块图属性。采用同样的方法放置另一个方块电路并设置其属性。放置完成的方块电路如图 3.20 所示。

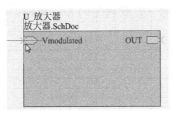

图 3.19

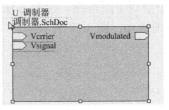

图 3.20

**Step 5** 用导线将方块电路连接起来，并绘制剩余部分的电路图。绘制完成的顶层电路图如图 3.21 所示。

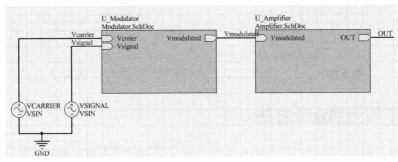

图 3.21

## 3.2.3 层次化原理图的切换

设计完成的层次原理图中，一般均包含有顶层原理图和多张子原理图，用户在编辑时，常常需要在这些图中来回切换查看，以便了解完整的电路结构。如果层次较少，结构较简单，则直接在 Projects(项目)面板上单击相应原理图文件的图标即可方便地切换查看，但若层次较多，结构会变得十分复杂，单纯通过 Projects(项目)面板来切换就很容易出错，造成混乱。

在 Altium Designer 16.0 系统中，提供了层次原理图切换的专用命令，以帮助用户在复杂的层次之间方便地进行切换，实现了多张原理图的同步查看和编辑。

下面以放大控制调节器电路系统为例，使用层次原理图切换的命令，来完成层次之间切换的具体操作。

### 1. 由顶层原理图切换到子原理图

**Step 1** 选择菜单栏中的 File(文件) → Open(打开)命令，打开前面所创建的项目"放大控制调节器.PrjPCB"，如图 3.22 所示。

**Step 2** 在项目文件"放大控制调节器.PrjPCB"上单击鼠标右键，从快捷菜单中选择"Compile PCB Project 放大控制调节器.PrjPCB"(编译 PCB 项目放大控制调节器.PrjPCB)命令，对该项目进行编译，如图 3.23 所示。此时，在 Projects(项目)面板上，将会明确显示出该项目的层次结构。

**Step 3** 打开顶层原理图"放大控制调节器.SchDoc"，选择菜单栏中的 Tools(工具) → Up/Down Hierarchy(上下层次)命令，如图 3.24 所示，或者单击标准工具栏中的 ⊞ 按钮，光标变为"十"字形状。

**Step 4** 移动光标到某一图纸符号(如"U_调节器")处，放在某一个图纸入口上，如图 3.25

所示。

图 3.22

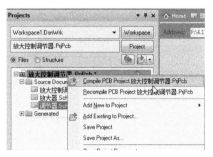

图 3.23

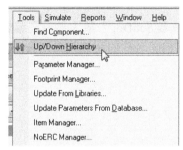

图 3.24

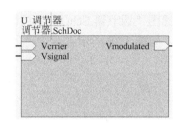

图 3.25

**Step 5** 单击鼠标左键，对应的子原理图"调节器.SchDoc"放大显示在编辑窗口中，而且具有相同名称的输入端口 Vcrrier 处于高亮显示的状态，如图 3.26 所示。

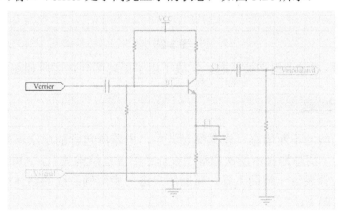

图 3.26

**Step 6** 单击鼠标右键退出切换状态，用户可以对打开的子原理图进行查看或编辑。

### 2. 由子原理图切换到顶层原理图

**Step 1** 打开某一子原理图，如"调节器.SchDoc"。

**Step 2** 选择菜单栏中的 Tools(工具) → Up/Down Hierarchy(上下层次)命令，或者单击标准工具栏中的 ↓↑ 按钮，光标变为"十"字形状。

**Step 3** 移动光标到某一个输入或输出端口(如输入端口 Vcrrier)处，如图 3.27 所示。

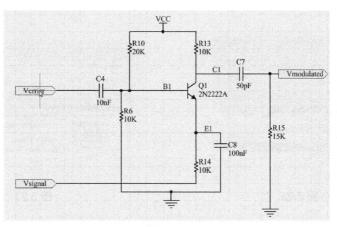

**图 3.27**

Step ④ 单击鼠标左键，顶层原理图"放大控制调节器.SchDoc"放大显示在编辑窗口中，并且，子原理图"调节器.SchDoc"的图纸符号中，具有相同名称的图纸入口 Vcrrier 处于高亮显示的状态，如图 3.28 所示。

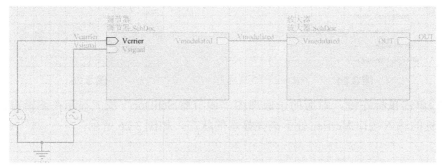

**图 3.28**

Step ⑤ 单击鼠标右键退出切换状态，完成了由子原理图到顶层原理图的切换。

## 3.2.4 层次设计表

随着电子产品功能的不断增强，在系统设计中，电路所包含的层次不断增多，相应的电路结构也更为繁杂。为了清晰地显示层次原理图设计中的多层结构关系，Altium Designer 6.0 系统为用户提供了层次设计表这一辅助工具，帮助用户进一步明确系统的整体结构，更好地去把握设计流程。操作步骤如下。

Step ① 在项目文件"放大控制调节器.PrjPCB"上单击鼠标右键，选择"Compile PCB Project 放大控制调节器.PrjPCB"(编译 PCB 项目放大控制调节器.PrjPCB)菜单命令，如图 3.29 所示，编译项目"放大控制调节器.PrjPCB"。

**图 3.29**

**Step ❷** 选择菜单栏中的 Report(报告) → Report Project Hierarchy(项目展次报告)命令，如图 3.30 所示，则有关该项目的层次设计表被生成。

**Step ❸** 打开 Projects(项目)面板，可以看到该层次设计表被添加在该项目下的 Generated(生成) → Text Documents(文本文档)文件夹中，是一个与项目文件同名且后缀为.REP 的文本文件，如图 3.31 所示。

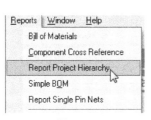

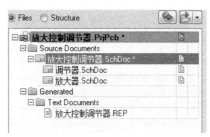

图 3.30                             图 3.31

**Step ❹** 双击该文件，则系统将会转换到文本编辑器，可以从中对该层次设计表进行查看，如图 3.32 所示。

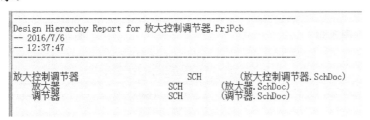

图 3.32

## 3.3 综合实例

通过前面章节的学习，我们对 Altium Designer 16.0 的层次原理图设计方法有一个整体的认识。下面通过两个实例来继续学习。

### 3.3.1 实例——波峰检测电路层次原理图的设计

具体的设计步骤如下。

**Step ❶** 新建项目。启动 Altium Designer 16.0，选择菜单栏中的 File(文件) → New(新建) → Project(项目)命令，创建一个 PCB 项目文件，如图 3.33 所示，此时弹出 New Project(新项目)对话框，在 Project Types(项目类型)中选择 PCB Project(PCB 项目)，在 Project Templates(项目模板)中选择合适的图纸 Default(默认)，在 Name(名称)文本框中填写"波峰检测电路"，然后单击 OK(确定)按钮完成，如图 3.34 所示。

**Step ❷** 选择菜单栏中的 File(文件) → New(新建) → Schematic(原理图)命令。在 Projects (项目)面板的 Sheet1.SchDoc 项目文件上右击，在弹出的快捷菜单中，用与保存项目文件同样的方法，将该原理图文件另存为"波峰检测电路.SchDoc"。保存后，Projects(项目)面板中将显示出用户设置的名称，如图 3.35 所示。

**Step ❸** 设置图纸参数。选择菜单栏中的 Design(设计) → Document Options(文档选项)命

令，或者在编辑窗口内单击鼠标右键，在菜单中选择 Options(选项) → Document Options(文档选项)或 Sheet(图纸)命令，弹出 Document Options(文档选项)对话框，如图 3.36 所示。在该对话框中，可以对图纸进行设置，在 Standard styles(标准风格)中选择 A4 图纸，放置方向设置为 Landscape(横向)，图纸标题栏设为 Standard(标准)，其他采用默认设置，单击 OK(确定)按钮，完成图纸属性的设置。

图 3.33

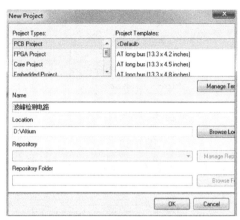

图 3.34

图 3.35

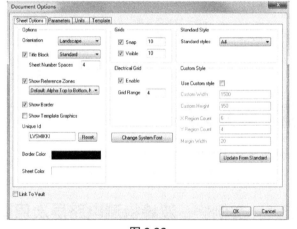

图 3.36

**Step 4** 查找元器件，并加载其所在的库。打开 Libraries(元件库)面板，单击 Libraries(元件库)按钮，在弹出的查找元器件对话框中，输入"TL074ACD"。单击 Search(查找)按钮后，系统开始查找此元器件。查找到的元器件将显示在 Libraries(元件库)面板中，如图 3.37 所示。单击 Place TL074ACD(放置 TL074ACD)按钮，然后将光标移动到工作窗口。

**Step 5** 打开选择 Libraries(元件库)面板，在其他的元件库中找出需要的另外一些元件，然后将它们都放置到原理图中，再对这些元件进行编号，编号结果如图 3.38 所示。

**Step 6** 根据电路图合理地放置元件，以达到美观地绘制电路原理图的目的。设置好元件属性。完成后的电路原理图图纸如图 3.39 所示。

**Step 7** 连接线路。布局好元件后，下一步的工作就是连接线路。选择菜单栏中的 Place(放置) → Wire(导线)命令，或者单击工具栏中的 按钮，执行连线操作。连接好的电路原理图如

图 3.40 所示。

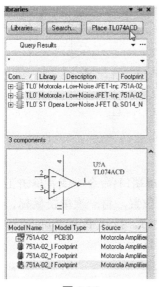

图 3.37

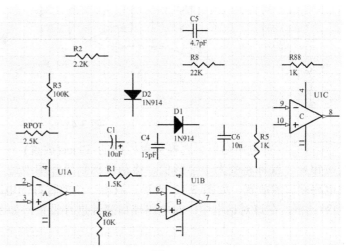

图 3.38

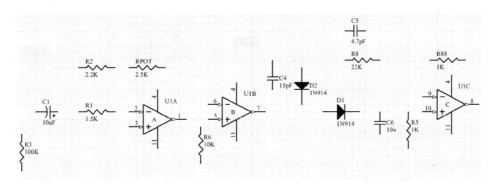

图 3.39

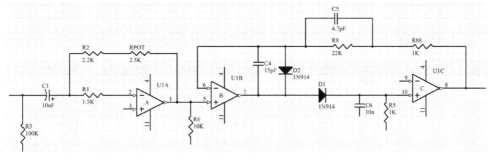

图 3.40

Step 8 放置电源和接地符号。选择菜单栏中的 Place(放置) → Power Port(电源和接地符号)命令，或单击工具栏中的 ⊤ 或 ⊥ 按钮，也可以按下快捷键 P+O，这时，鼠标变成十字形状，并带有电源或接地符号。移动光标到需要放置电源或接地的地方，单击鼠标左键，即可完成放置，如图 3.41 所示。此时，鼠标仍处于放置电源或接地的状态，重复操作即可放置其他的电源或接地符号。

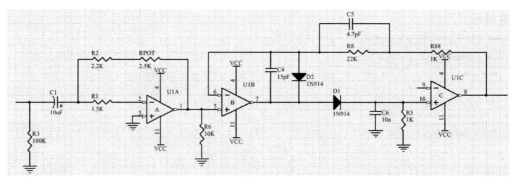

图 3.41

**Step 9** 放置电路端口。选择菜单栏中的 Place(放置) → Port(端口)命令，或者单击工具栏中的按钮 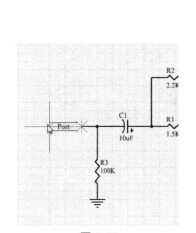，鼠标将变为十字形状。移动鼠标到原理图中适当的位置，再一次单击鼠标，即可完成电路端口的放置，如图 3.42 所示。双击一个放置好的电路端口，打开 Port Properties(端口属性)对话框，在该对话框中，对电路端口属性进行设置，如图 3.43 所示。

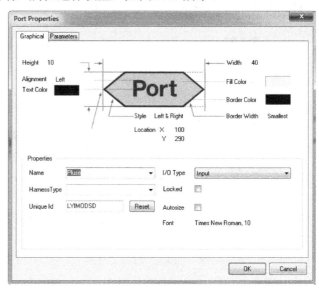

图 3.42                                                              图 3.43

**Step 10** 用同样的方法在原理图中放置一个名称为 Peak 的电路端口，结果如图 3.44 所示。

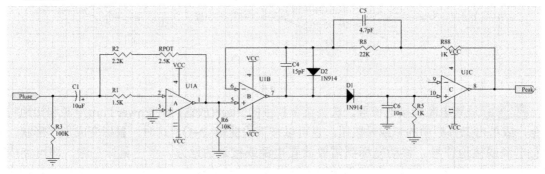

图 3.44

Step **11** 设计多通道电路。选择菜单栏中的 File(文件) → New(新建) → Schematic(原理图)命令，在设计工程中再添加一个原理图文件，并另存为"波峰检测电路 1.SchDoc"。

Step **12** 选择菜单栏中的 Design(设计) → Create Sheet Symbol From Sheet orHDL(从图纸或者 HDL 创建图纸符号)命令，打开 Choose Document to Place(选择文件位置)对话框，如图 3.45 所示，在该对话框中，选择"波峰检测电路 SchDoc"，然后单击 OK(确定)按钮。

Step **13** 将生成的方块图放置到原理图中，然后从 Miscellaneous Connectors.ImLib 元件库中取出两个插针 Header 20(插针)，放置到原理图中，如图 3.46 所示。

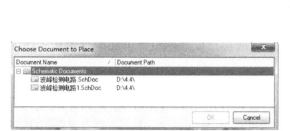

图 3.45

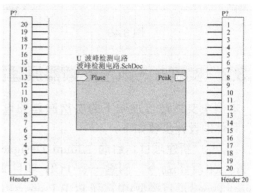

图 3.46

Step **14** 选择菜单栏中的 Place(放置) → Bus(总线)命令，或单击工具栏中的 ▶ 按钮，在原理图上绘制总线，然后单击工具栏中的 ▶ 按钮放置总线分支，将插座和方块图的进出点连接在一起，如图 3.47 所示。

Step **15** 选择菜单栏中的 Place(放置) → Net Label(网络标签)命令，在原理图中放置网络标签，如图 3.48 所示。

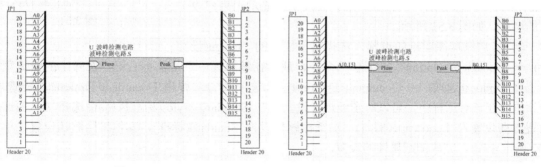

图 3.47

图 3.48

Step **16** 放置电源符号。在原理图的合适位置放置电源符号，单击布线工具栏中的放置电源符号按钮 ▼，在原理图的合适位置放置电源符号，如图 3.49 所示。

Step **17** 将方块图重复使用，即可变成多个通道重复使用的方块图。双击方块图，打开 Sheet Symbol(图纸符号)对话框，然后，在该对话框的 Designator(标示)文本框中，输入 "Repeat(TD.0.15)"，表示该方块图一共重复使用 16 次，为 16 个通道，如图 3.50 所示。单击 OK(确定)按钮退出对话框。

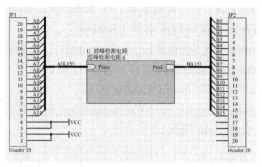

图 3.49

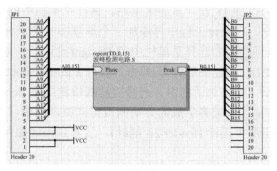

图 3.50

## 3.3.2　实例——声控变频器原理图的设计

本例主要讲述自顶向下的层次原理图设计，完成层次原理图设计方法中母图和子图的设计。具体的设计步骤如下。

**Step ①** 新建项目。启动 Altium Designer 16.0，选择菜单栏中的 File(文件) → New(新建) → Project(项目)命令，创建一个 PCB 项目文件，此时弹出 New Project(新建项目)对话框，在 Project Types(项目类型)中选择 PCB Project(PCB 项目)，在 Project Templates(项目模板)中选择合适的图纸 Default(默认)，在 Name(名称)文本框中填写"声控变频器"，单击 OK(确定)按钮完成设置。

**Step ②** 选择菜单栏中的 File(文件) → New(新建) → Schematic(原理图)命令。然后在 Projects(项目)面板的 Sheet1. SchDoc 项目文件上右击，在弹出的右键快捷菜单中，用与保存项目文件同样的方法，将该原理图文件另存为"声控变频器.SchDoc"。保存后，Projects(项目)面板中将显示出用户设置的名称，如图 3.51 所示。

图 3.51

**Step ③** 原理图图纸的设置。选择菜单栏中的 Design(设计) → Document Options(文档选项)命令，或者在编辑区内单击鼠标右键，在弹出的快捷菜单中选择 Options(选项) → Document Options(文档选项)命令，弹出 Document Options(文档选项)对话框，在该对话框中，可以对图纸进行设置，在 Standard styles(标准风格)中选择 A4 图纸，放置方向设置为 Landscape(横向)，图纸标题栏设为 Standard(标准)，其他采用默认设置，单击 OK(确定)按钮，完成图纸属性的设置。

**Step ④** 选择菜单栏中的 Place(放置) → Sheet Symbol(原理图符号)命令，或者单击布线工具栏中的 ▦ 按钮，放置方块电路图。此时，光标变成十字形，并带有一个方块电路。移动光标到指定位置，单击鼠标确定方块电路的一个顶点，然后拖动鼠标，在合适位置再次单击鼠标左键，确定方块电路的另一个顶点，如图 3.52 所示。

**Step ⑤** 放置完一个方块图后，系统仍然处于放置方块图的命令状态，用同样的方法，在原理图中放置另外一个方块图。单击鼠标右键退出绘制方块图的命令状态。双击绘制好的方块图，将会打开 Sheet Symbol(图纸符号)对话框，在该对话框中可以设置方块图的参数，如图 3.53 所示。

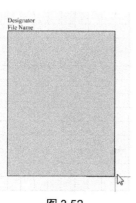

图 3.52

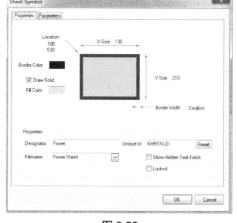

图 3.53

**Step 6** 选择菜单栏中的 Place(放置) → Add Sheet Entry(添加符号连接端口)命令，或者单击布线工具栏中的█按钮，放置方块图的图纸入口。此时，光标变成十字形，在方块图的内部单击鼠标左键后，光标上出现一个图纸入口符号。移动光标到指定位置，单击鼠标左键放置一个入口，此时，系统仍处于放置图纸入口的状态，单击鼠标左键继续放置需要的入口。全部放置完成后，单击鼠标右键退出放置状态。

**Step 7** 双击一个放置好的电路端口，打开 Sheet Entry(图纸入口)对话框，在该对话框中对电路端口属性进行设置。完成属性修改的电路端口如图 3.54 所示。

**Step 8** 连线。将具有电气连接的方块图的各个电路端口用导线或者总线连接起来。完成连接后，整个层次原理图的母图便设计完成了，如图 3.55 所示。

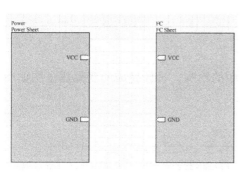

图 3.54

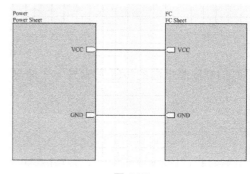

图 3.55

**Step 9** 设计子原理图。选择菜单栏中的 Design(设计) → Creat Sheet From Sheet Symbol(从图纸符号创建图纸)命令，这时鼠标将变为十字形状。移动鼠标到方块电路图"Power"上，单击鼠标左键，系统自动生成一个新的原理图文件，名称为 PowerSheet.SChDOC，与相应的方块电路图所代表的子原理图文件名一致。

**Step 10** 查找元器件，并加载其所在的库。打开 Libraries(元件库)面板，单击 Libraries(元件库)按钮，在弹出的查找元器件对话框中输入"L7809CP"。单击 Search(查找)按钮后，系统开始查找此元器件。查找到的元器件将显示在 Libraries(元件库)面板中。单击 Place L7809CP(放置

L7809CP)按钮，然后将光标移动到工作窗口。

Step 11 打开选择 Libraries(元件库)面板，在其他的元件库中找出需要的另外一些元件，然后将它们都放置到原理图中，再对这些元件进行编号，如图 3.56 所示。

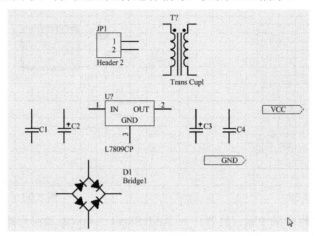

图 3.56

Step 12 为元件布线。将输出的电源端接到输入输出端口 VCC(电源)上，将接地端连接到输出端口 GND(接地)上，电源子图便设计完成了，如图 3.57 所示。

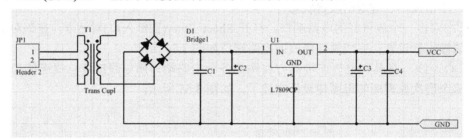

图 3.57

Step 13 按照上面的步骤完成另一个原理图子图的绘制。设计完成的变频器子图如图 3.58 所示。

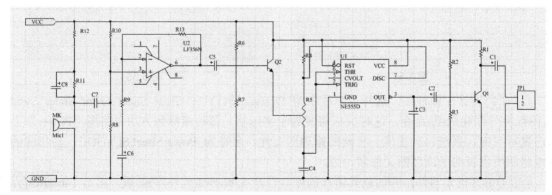

图 3.58

# 第 4 章

## 电路原理图的后续处理

学习了原理图绘制的方法和技巧后，接下来介绍原理图的后续处理。本章主要内容包括：在原理图中添加 PCB 设计规则、原理图的查错和编译，以及打印与报表输出。

## 4.1 在原理图中添加 PCB 设计规则

Altium Designer 16.0 允许用户在原理图中添加 PCB 设计规则。

当然，PCB 设计规则也可以在 PCB 编辑器中定义。不同的是，在 PCB 编辑器中，设计规则的作用范围是在规则中定义的，而在原理图编辑器中，设计规则的作用范围就是添加规则所处的位置。这样，用户在进行原理图设计时，可以提前定义一些 PCB 设计规则，以便进行下一步 PCB 设计。

### 4.1.1 在对象属性中添加设计规则

编辑一个对象(可以是元件、引脚、输入/输出端口或原理图符号)的属性时，如图 4.1 所示，在弹出的属性对话框中单击 Add as Rule(添加规则)按钮，系统将弹出如图 4.2 所示的 Parameter Properties(参数属性)对话框。

单击该对话框中的 Edit Rule Values(编辑规则值)按钮，系统将弹出如图 4.3 所示的 Choose Design Rule Type(选择设计规则类型)对话框，在该对话框中，可以选择要添加的设计规则。

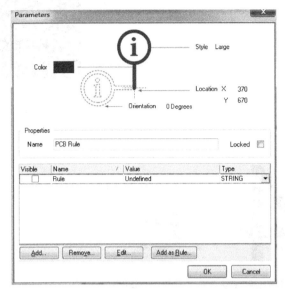

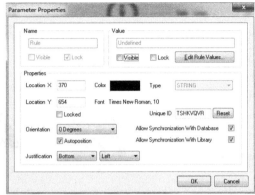

图 4.1  图 4.2

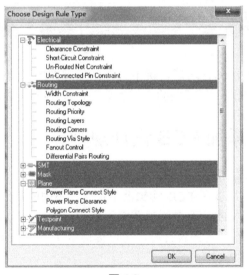

图 4.3

## 4.1.2　在原理图中放置 PCB Layout 标志

　　对于元件、引脚等对象，可以使用前面介绍的方法添加设计规则。而对于网络、属性对话框，需要在网络上放置 PCB Layout 标志来设置 PCB 设计规则。具体步骤如下。

　　**Step 1** 打开如图 4.4 所示电路的 VCC(电源)网络和 GND(接地)网络，添加一条设计规则，设置 VCC(电源)和 GND(接地)网络的走线宽度为 30mil，操作步骤如下。

　　**Step 2** 选择菜单栏中的 Place(放置) → Directives(命令) → PCB Layout(PCB 设计规则)命令，即可放置 PCB Layout 标志，此时按 Tab(切换)键，弹出如图 4.5 所示的 Parameters(参数)对话框。

**Step 3** 单击 Edit(编辑)按钮，系统将弹出 Parameters Properties(参数属性)对话框。单击其中的 Edit Rule Values(编辑规则值)按钮，系统将弹出 Choose Design Rule Type(选择设计规则类型)对话框，在其中可以选择要添加的设计规则。双击 Width Constraint(宽度约束)选项，系统将弹出如图 4.6 所示的 Edit PCB Rule(FromSchematic)-Max-Min Width Rule(编辑 PCB 规则)对话框。其中各选项的意义如下。

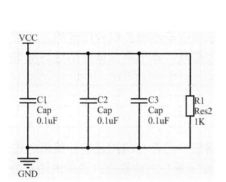

图 4.4

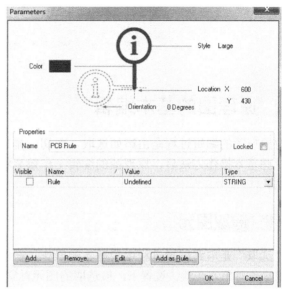

图 4.5

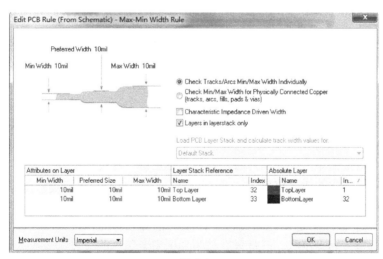

图 4.6

- Min Width(最小值)：走线的最小宽度。
- Preferred Width(首选值)：走线首选宽度。
- Max Width (最大值)：走线的最大宽度。

**Step 4** 将三项都设为 30mil，单击 OK(确定)按钮。将修改后的 PCB Layout 标志放置到相应的网络中，完成对 VCC(电源)和 GND(接地)网络走线宽度的设置，效果如图 4.7 所示。

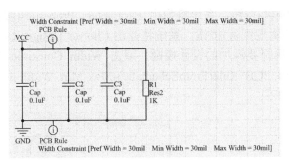

图 4.7

# 4.2 原理图的基本编辑

对原理图的编辑过程是由诸如选取、剪切、排列、删除等基本操作组合而成的，读者熟练掌握这些基本操作方法后，原理图的编辑工作效率将大大提高，本节将具体介绍这些基本操作的方法。

## 4.2.1 选取图元

"选取"是电路编辑过程中最基本的操作，在对电路图中已存在的图元进行编辑之前，必须选取操作对象。在默认设置下，被选取的图元对象上将显示绿色的虚线框，表示该图元对象被选中。Schematic Editor(原理图编辑器)为用户提供了多种选取图元对象的方法，具体介绍如下。

### 1. 使用鼠标选取

(1) 使用鼠标选取图元是最直接的选取方式，当只需要选取单个图元对象时，可进行如下操作：将鼠标指针移动到需要选取的对象上，然后单击鼠标左键，即可选中图元对象。

(2) 当需要选择多个分布较分散的图元对象时，可进行如下操作：按住 Shift 键，然后用鼠标一一单击需要选取的对象，即可连续选择多个对象。

(3) 当需要选取位置集中的多个图元对象时，可进行如下操作：在图纸上合适的空白位置，按住鼠标左键，当鼠标指针变成十字状后，拖动鼠标指针，显示一个动态矩形选择框，当所有待选图元完全包括在矩形选择框内后，释放鼠标左键，即可选中矩形区域内完全包含的所有对象。

进行该操作需要注意三点，一是只有在空白位置单击，才能将鼠标指针变为十字状，二是在拖动过程中，不能松开鼠标左键，需要保持鼠标指针为十字状。三是只有被矩形框完全包含的对象才能被选中。

### 2. 使用 Edit(编辑) → Select(选择)菜单选取

选择菜单栏 Edit(编辑) → Select(选择)中提供了几个选取图元对象的命令，如图 4.8 所示。这些命令的使用介绍如下。

(1) 选择菜单栏中的 Edit(编辑) → Select(选择) → Inside Area(内部区域)命令。该命令用于选取对象选择框内的对象，与

图 4.8

标准工具栏中的区域选取工具按钮的功能完全一致。

(2) 选择菜单栏中的 Edit(编辑) → Select(选择) → Outside Area(外部区域)命令。该命令用于选取对象选择区域外的对象，即当前图纸中与选择区域完全无交集的所有图元对象。操作步骤与使用 Edit(编辑) → Select(选择) → Inside Area(内部区域)命令相同，只是选择的对象不同而已。

(3) 选择菜单栏中的 Edit(编辑) → Select(选择) → Touching Rectangle(接触方框)命令。该命令对任何接触到选择方框的目标都会选中。

(4) 选择菜单栏中的 Edit(编辑) → Select(选择) → Touching Line(接触选择线)命令。任何接触到选择线的目标都会选中，按住 Shift 键可以进行重复选择。

(5) 选择菜单栏中的 Edit(编辑) → Select(选择) → All(所有)命令。该命令用于选取当前图纸上的所有图元对象，用户可以使用快捷键 Ctrl+A 执行该命令。

(6) 选择菜单栏中的 Edit(编辑) → Select(选择) → Connection(连接)命令。该命令用于选取连接在同一通路上的所有图元，操作步骤如下。

① 选择菜单栏中的 Edit(编辑) → Select(选择) → Connection(连接)命令，鼠标指针将变成十字状。

② 在需要选取的某个连接的导线、节点、输入/输出端口或网络标签上单击鼠标，此时，与所单击图元有连接关系的所有导线、电气节点、输入/输出端口以及网络标签等(元件引脚除外)图元将被选中。

(7) 选择菜单栏中的 Edit(编辑) → Select(选择) → Toggle Selection(连续选取)命令。该命令用于连续选取对象，操作步骤如下。

① 选择菜单栏中的 Edit(编辑) → Select(选择) → Toggle Selection(连续选取)命令，鼠标指针将变成十字状。

② 依次单击需要选择的图元对象，使其成为被选中状态，当单击已处于选中状态的图元对象时，将解除该图元对象的选中状态，如果鼠标单击点位于多个图元对象的重合区域时，系统将弹出相应的下拉列表，显示附近的所有图元对象的类型和位置坐标，用户可据此选择需要选取的图元对象，然后单击下拉列表中的对应项，即可选中所需的图元对象。

## 4.2.2 解除对象的选取状态

当对被选取的对象执行完移动、复制、粘贴等操作后，需要解除对象的选中状态，以便进行下一步操作。Altium Designer 16.0 中有方法可实现解除对象的选中状态，具体介绍如下。

### 1. 使用鼠标解除图元对象的选中状态

(1) 解除单个对象的选中状态。

如果想解除个别对象的选取状态，这时，只需将鼠标指针移动到图元对象上，当鼠标指针形状变形后，单击鼠标左键，即可解除该图元对象的选中状态。此操作过程不影响其他的图元对象的状态。

(2) 解除所有图元对象的选中状态。

当有多个对象被选中时，如果想一次解除所有对象的选取状态，这时，只需在图纸上非选中区域的任意位置单击鼠标即可。需要注意的是，这个方法只有在 Preferences(参数选择)对话框的 Graphical Editing(图形编辑)选项卡中的 Click Clears Selection(点击清除选择)复选项被选中状态时才有效。

### 2. 使用 Edit(编辑) → Deselect(取消)菜单命令解除图元对象的选中状态

选择菜单栏中的 Edit(编辑) → Deselect(取消)，如图 4.9 所示，这里提供了多个取消选取的命令，这些命令的使用介绍如下。

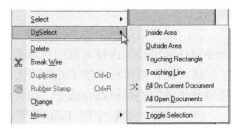

图 4.9

(1) 选择菜单栏中的 Edit(编辑) → Deselect(取消) → Inside Area(内部区域)命令。该命令用于解除所选择区域内的所有完整对象的选中状态。选择该命令后，单击鼠标左键确定选定区域的一个顶点，然后拖动鼠标，调整选择区域的大小，最后再单击鼠标左键，确定选定的区域，此时，该区域内的所有完整的图元对象将处于非选中状态。如果图元对象有部分处于该区域外，该图元对象的状态将不会发生变化。

(2) 选择菜单栏中的 Edit(编辑) → Deselect(取消) → Outside Area(外部区域)命令。该命令用于解除鼠标指针所拖出的区域以外的所有对象的选中状态，操作过程与 Edit(编辑) → Select(选择) → Inside Area(内部区域)命令类似，选择该命令，并确定选择区域后，所有区域外的完整图元将处于非选中状态。如果图元对象有部分处于该区域内，该图元对象的状态将不会发生变化。

(3) 选择菜单栏中的 Edit(编辑) → Deselect(取消) → Touching Rectangle(接触方框)命令。该命令对于任何接触到选择方框的目标都取消选中。

(4) 选择菜单栏中的 Edit(编辑) → Deselect(取消) → Touching Line(接触选择线)命令。任何接触到选择线的目标都会取消选中，按住 Shift 键可以进行取消选择。

(5) 选择菜单栏中的 Edit(编辑) → Deselect(取消) → All On Current Document(当前文档的所有)命令。选中该命令后，当前文档内的所有图元对象的选中状态将被解除。该命令与标准工具栏内的"解除选中"工具按钮的功能完全相同。

(6) 选择菜单栏中的 Edit(编辑) → Deselect(取消) → All Open Documents(所有打开文档)命令，选中该命令后，所有被打开的原理图文档内的图元对象都将被解除选中状态。

(7) 选择菜单栏中的 Edit(编辑) → Deselect(取消) → Toggle Selection(连续选取)命令。该命令的使用方法与 Edit(编辑) → Select(选择) → Toggle Selection(连续选取)命令相同，功能也完全相同，当单击被选中的图元对象时，将解除该对象的选中状态，相反，当单击未被选中的图元对象时，将使该对象处于选中状态。

### 3. 使用工具栏按钮 ⊠ 解除图元对象的选中状态

单击标准工具栏上的"解除选中"工具按钮 ⊠，图纸上所有处于被选中状态的图元对象都将解除选中状态。

## 4.2.3 图元对象的剪切

Altium Designer 16.0 提供了一个剪贴板，该剪贴板可以与 Windows 操作系统的剪贴板共享空间，可方便用户在不同的应用程序之间，"复制"、"剪切"和"粘贴"对象。用户可以将 Altium Designer 16.0 中的原理图图元复制到 Word 文档和 PowerPoint 报告中去，也可以将剪贴板中的其他的内容粘贴到 Altium Designer 16.0 的原理图中。

剪切图元对象。剪切就是将选取的对象直接移入剪贴板中，同时删除电路图上的被选取对象。剪切图元对象的步骤如下。

Step **1** 在工作区选取需要剪切的图元对象。

Step **2** 选择菜单栏中的 Edit(编辑) → Cut(剪切)命令，如图 4.10 所示，或按 Ctrl+X 快捷键，启动剪切命令。此时，选中的图元对象将被添加到剪贴板中。用户可单击工作区域右侧的 Clipboard(剪贴板)页面标签，打开 Clipboard(剪贴板)页面，检查剪贴板，如图 4.11 所示。

图 4.10

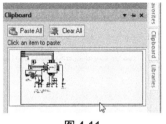

图 4.11

## 4.2.4　智能粘贴

智能粘贴是 Altium Designer 16.0 系统为了进一步提高原理图的编辑效率而新增的一大功能。该功能允许用户在 Altium Designer 16.0 系统中，或者在其他的应用程序中选择一组对象，如 Excel 数据、VHDL 文本文件中的实体说明等，将其粘贴在 Windows 剪贴板上，根据设置，再将其转换为不同类型的其他对象，并最终粘贴在目标原理图中，有效地实现了不同文档之间的信号连接及不同应用中的工程信息转换。使用智能粘贴，我们可以轻松地将一组端口粘贴为一组带有连线或不带有连线的网络标签；还可以将连线分组成总线，并且将总线扩张到连线等。具体操作如下。

图 4.12

Step **1** 首先在源应用程序中选中需要粘贴的对象，如图 4.12 所示。

Step **2** 选择菜单栏中的 Edit(编辑) → Copy(复制)命令，将其粘贴在 Windows 剪贴板上。

Step **3** 打开目标原理图，选择菜单栏中的 Edit(编辑) → Smart Paste(智能粘贴)命令，则系统弹出如图 4.13 所示的 Smart Paste(智能粘贴)对话框。

在该对话框中，可以完成将粘贴对象进行类型转换的相关设置。

Choose the objects to paste(选择对象粘贴)区域：用来设置、显示所选定的复制对象的类型及数量。

Schematic Object Type(原理对象类型)：选中的原理图复制对象类型设置，可以有多种，如端口、连线、网络标签、元器件、总线等。

Count(数)：选中的原理图复制对象的数量显示。

Windows Clipboard Contents(Windows 剪贴板内容)：Windows 粘贴板上的复制内容类型设置，可以是图片、文本等。

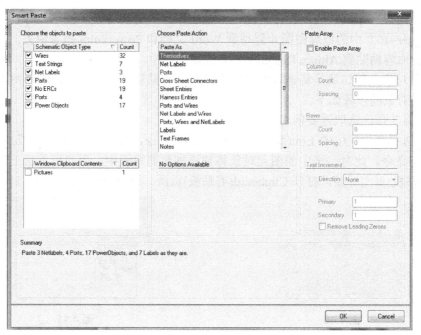

**图 4.13**

Choose Paste Action(选择粘贴操作)区域：用来选择设置需要粘贴的对象类型。在 Paste As 列表框中，列出了 10 种类型。

- Themselves(本身类型)：粘贴时不需要类型转换。
- NetLabels(网络标签)：粘贴时转换为网络标签。
- Ports(端口)：粘贴时转换为端口。
- Sheet Entries(图纸入口)：粘贴时转换为图纸入口。
- Ports and Wires(端口及连线)：粘贴时转换为端口及连线。
- Net Labels and Wires(网络标签及连线)：粘贴时转换为网络标签及连线。
- Ports、Wires and Net Labels(端口、连线及网络标签)：粘贴时转换为端口、连线及网络标签。
- Labels(标签)：粘贴时转换为标签。
- Text Frames(文本框)：粘贴时转换为文本框。
- Notes(注释)：粘贴时转换为注释。

对于选定的每一种类型，在下面的区域中都提供了相应的文本编辑栏，供用户按照需要进行详细的设置。

**Step 4** 在 Choose the objects to paste(选择对象粘贴)区域中，选中 Port(端口)，在 Paste As(粘贴为)列表框中选中 Net Labels and Wires(网络标签及导线)；在 Sort Order(排序)栏中选中 By Location(按位置)；在 Signal Names(信号名称)栏中选中 Keep(保持)；在 Wire Length(线长)栏中输入 120，如图 4.14 所示。

**Step 5** 单击 OK(确定)按钮后，关闭 Smart Paste(智能粘贴)对话框，此时，在原理图窗口中出现了一组网络标签的虚影，随着光标而移动，如图 4.15 所示。选择合适的位置，单击鼠标左键完成放置，可以根据需要再进行其他调整。

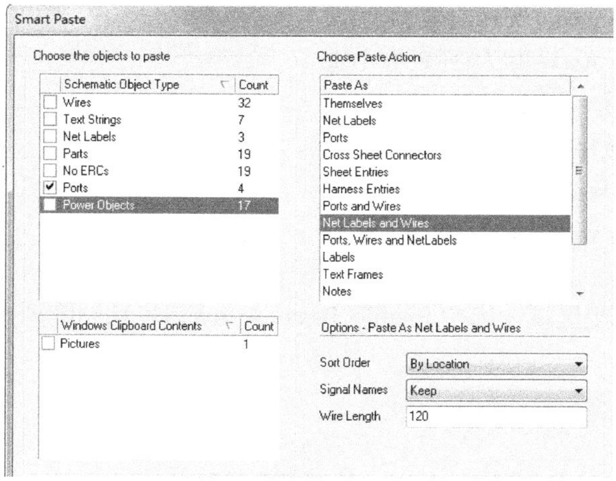

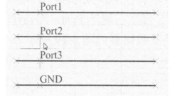

图 4.14　　　　　　　　　　　　　　　　　　　　图 4.15

## 4.2.5　阵列粘贴

在系统提供的智能粘贴中，也包含了阵列粘贴的功能。阵列粘贴能够一次性地按照设定参数，将某一个对象或对象组重复地粘贴到图纸中，在原理图中需要放置多个相同对象时，是很有用的。

在 Smart Paste(智能粘贴)对话框的右侧有一 Paste Array(粘贴阵列)区域，如图 4.16 所示，选中 Enable Paste Array(启用粘贴阵列)复选框，则阵列粘贴功能被激活，需要设置的参数如下。

(1) Columns(列)——列设置。

- Count(数)：需要阵列粘贴的列数设置。

- Spacing(空间)：相邻两列之间的空间偏移量。

(2) Rows(行)——行设置。

- Count(数)：需要阵列粘贴的行数设置。

- Spacing(空间)：相邻两行之间的空间偏移量。

(3) Text Increment(文本增量)——文本增量设置。

- Direction(方向)：增量方向设置。有 3 种选择，即 None(不设置)、Horizontal First(先从水平方向开始)、Vertical First(先从垂直方向开始)。选中后两项时，则下面的文本编辑栏被激活，需要输入具体的增量数值。

图 4.16

- Primary(初始)：用来指定相邻两次粘贴之间有关标志的数字递增量。

- Secondary(第二)：用来指定相邻两次粘贴之间元器件引脚号的数字递增量。

具体操作步骤如下。

**Step 1** 选择菜单栏中的 Edit(编辑) → Copy(复制)命令，对于如图 4.17 所示的文件，将其粘贴在 Windows 剪贴板上。

**Step 2** 打开目标原理图，执行 Edit(编辑) → Smart Paste(智能粘贴)命令，系统弹出 Smart Paste(智能粘贴)对话框。

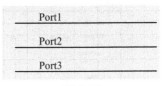

图 4.17

Step **3** 在左侧的 Choose the objects to paste(选择对象粘贴)区域中选中 Net Labels(网络标签)；在 Paste As(粘贴为)列表框中选中 Ports、Wires and NetLabels(端口、导线、网络标签)；在 Sort Order(排序)栏中选中 Alpha-numeric(字母数字)；在 Signal Names (信号名称)栏中选中 Keep(保持)；在 Port Width(端口宽度)栏中选中 Set Width To Widest(宽度设置到最宽)；Wire Length(线长)栏则采用系统默认值 80，如图 4.18 所示。

Step **4** 在右侧的 Paste Array(粘贴阵列)区域，选中 Enable Paste Array(启用粘贴阵列)复选框，各项参数设置如图 4.19 所示。

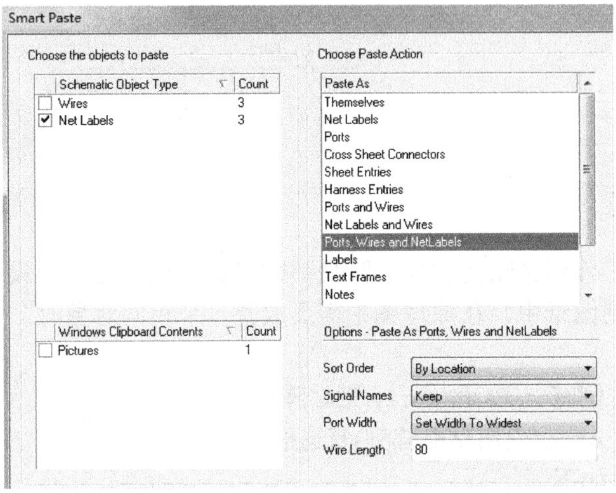

图 4.18 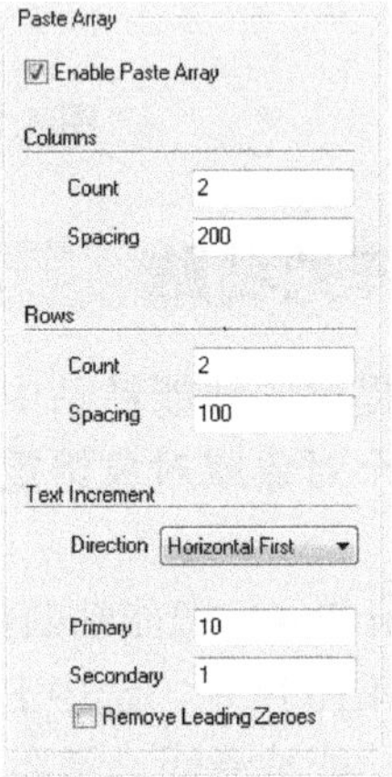                                      图 4.19

Step **5** 单击 OK(确定)按钮后，关闭 Smart Paste(智能粘贴)对话框，此时，在原理图窗口出现了端口阵列的虚影，随着光标而移动。

Step **6** 选择适当位置，单击鼠标左键，完成放置，如图 4.20 所示。

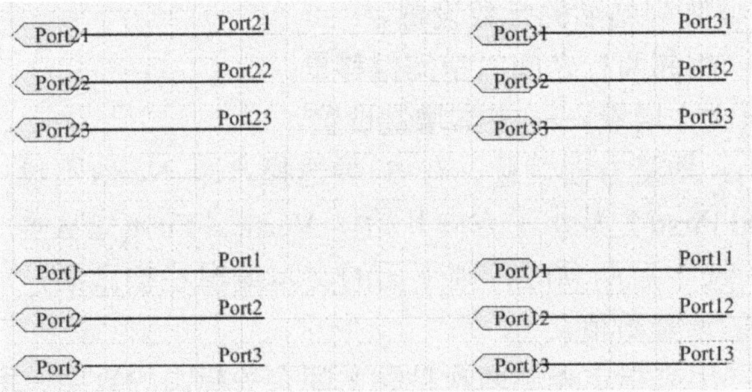

图 4.20

## 4.2.6 删除图元对象

Altium Designer 16.0 中提供了两种删除图元的命令，即 Clear(清除)和 Delete(删除)命令，分别介绍如下。

### 1. Clear(清除)命令

Clear(清除)命令的功能是删除已选取的对象，操作步骤如下。

**Step 1** 选取需要删除的图元对象。

**Step 2** 在主菜单中选取 Edit(编辑) → Clear(清除)命令，如图 4.21 所示，或按键盘上的 Delete(删除)键，删除选中的图元对象。

### 2. Delete(删除)命令

Delete(删除)命令与 Clear(清除)命令之间的区别在于，使用 Clear(清除)只是执行一次删除动作，删除选中的图元对象，而使用 Delete(删除)命令会将系统转换到删除状态，在该状态下每次选取的图元对象都将被删除。

Delete(删除)命令的操作步骤如下。

**Step 1** 在主菜单中选择 Edit(编辑) → Delete(删除)命令，如图 4.22 所示。启动 Delete(删除)命令后，鼠标指针变成十字状。

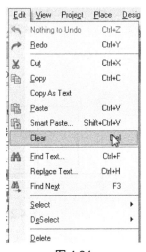

图 4.21

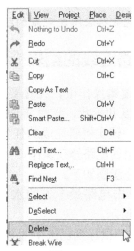

图 4.22

**Step 2** 单击选中欲删除的图元对象，即可删除该对象。

**Step 3** 重复步骤 Step2 继续删除其他欲删除的图元对象，删除完成后，单击鼠标右键或者按 Esc(退出)键，结束 Delete(删除)操作。

## 4.2.7 图元对象的组合

在对图元对象进行操作时，如果将部分图元对象当作一个整体来处理，将会给编辑操作带来很大的方便，这里将介绍将多个图元对象组合成为一个组合体的操作步骤。

**Step 1** 选择需要组合的所有图元对象。

**Step 2** 单击鼠标右键，选择菜单栏中的 Unions(组合) → Create Union from selected object(从选定的对象创建组合)命令，如图 4.23 所示。系统显示如图 4.24 所示的 Information(信息)消息框，提示已经将对象添加到组合体中。

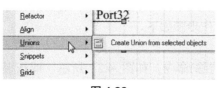

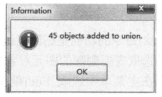

图 4.23                        图 4.24

**Step 3** 单击 Information(信息)消息框中的 OK(确定)按钮,关闭该消息框。

 当需要重新选择组合中的所有图元对象时,只需要选择右键菜单中的 Unions(组合) → Select All In Union(选择全部组合)命令,即可选中组合中的所有图元对象,选择右键菜单中的 Unions(组合) → Deselect All In Union(解除全部组合)命令,即可取消组合中的所有图元对象的选中状态。选择右键菜单中的 Unions(组合) → Break objects from Union(打破组合对象)命令就会解除图元对象的组合,如图 4.25 所示。

图 4.25

## 4.2.8 电路连线的编辑

原理图的编辑操作中,往往要对连线进行重新调整,改变连线的长度和形状,这里将通过一个实例介绍电路连线的编辑方法。该实例要完成的任务是为图 4.26 所示的电路添加一个电阻的电路修改操作。

具体的操作步骤如下。

**Step 1** 单击电路最上方的水平导线,将该水平线选中,如图 4.27 所示。

**Step 2** 移动鼠标到已选中的导线的水平段,当鼠标指

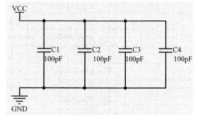

图 4.26

针变为 形后,按住鼠标左键,并向上拖动鼠标,将导线的水平段向上拖动到如图 4.28 所示的位置,释放鼠标左键。

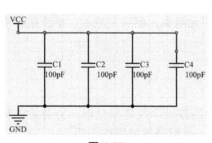

图 4.27

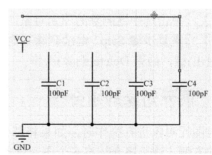

图 4.28

**Step 3** 在电容 C2 的上方竖直布置电阻 R1,并使 R1 的上端与水平导线连接,如图 4.29 所示。

**Step 4** 单击 C2 上端的导线,将其选中,移动鼠标到选中导线的上端点,当鼠标变为 形

时，按住鼠标左键，向上拖动鼠标，将导线上端与电阻 R1 下端连接起来，如图 4.30 所示。

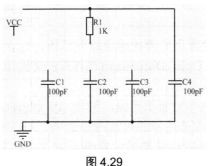

图 4.29

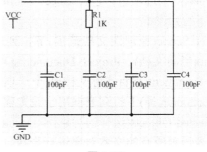

图 4.30

**Step 5** 选中电容 C1、C3 上方的导线，移动鼠标到任何一根选中导线的上端点，当鼠标变为 形时，按住鼠标左键，向上拖动鼠标，使该导线与水平导线连接起来，释放鼠标左键，如图 4.31 所示。

**Step 6** 移动 VCC(电源)标志，使其连接到水平导线左端，完成电路图的修改，如图 4.32 所示。

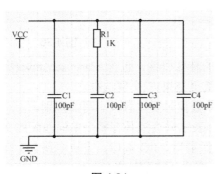

图 4.31

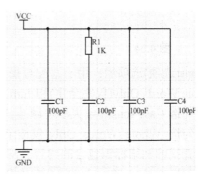

图 4.32

## 4.3　查找与替换操作

查找与替换命令包括文本的查找、文本的替换、查找下一处、查找相似对象等，为操作提供了极大的便利。

### 4.3.1　文本的查找

图 4.33

Find Text(文本查找)：该命令用于在电路图中查找指定的文本，通过此命令，可以迅速找到包含某一文字标识的图元。下面介绍该命令的使用方法。

选择菜单栏中的 Edit(编辑) → Find Text(文本查找)命令，或者用快捷键 Ctrl+F，系统将弹出如图 4.33 所示的 Find Text(文本查找)对话框。

Find Text(文本查找)对话框中，各选项的功能如下。

Text to Find(查找文本)文本框：用于输入需要查找的文本。

Scope(范围)选项组：包含 Sheet Scope(原理图文档范围)、Selection(选择)和 Identifiers(标识符)三个下拉列表框。

Sheet Scope(原理图文档范围)下拉列表框用于设置所要查找的电路图范围，包含 Current Document(当前文档)、Project Documents(项目文档)、Open Documents(已打开的文档)和 Project Physical Document(项目实际文档)四个选项，如图 4.34 所示。

Selection(选择)下拉列表框用于设置需要查找的文本对象的范围，包含 All Objects(所有对象)、Selected Objects(选择的对象)和 Deselected Objects(未选择的对象)三个选项。All Objects(所以对象)表示对所有的文本对象进行查找，Selected Objects(选择的对象)表示对选中的文本对象进行查找，Deselected Objects(未选择的对象)表示对没有选中的文本对象进行查找，如图 4.35 所示。

Identifiers(标识符)下拉列表框用于设置查找的电路图标识符范围，包含 All Identifiers(所有 ID)、Net Identifiers Only(仅网络 ID)和 Designators Only(仅标号)三个选项，如图 4.36 所示。

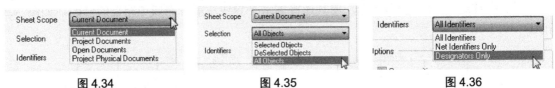

| 图 4.34 | 图 4.35 | 图 4.36 |

Options(选项)选项组：用于匹配查找对象所具有的特殊属性，包含 Case sensitive(大小写敏感)、Whole Words Only(仅完全字)和 Jump to Results(跳至结果)三个复选框。

- 勾选 Case sensitive(大小写敏感)复选框：表示查找时要注意大小写的区别。
- 勾选 Whole Words Only(仅按全字)复选框：表示只查找具有整个单词匹配的文本，要查找的网络标识包含的内容有网络标号、电源端口、I/O 端口、方块电路 I/O 口。
- 勾选 Jump to Results(跳至结果)复选框：表示查找后跳到结果处。

用户按照自己的实际情况设置完对话框的内容后，单击 OK(确定)按钮开始查找。

## 4.3.2　文本的替换

Replace Text(文本替换)命令用于将电路图中指定的文本用新的文本替换掉，该操作在需要将多处相同文本修改成另一文本时非常有用。

首先选择菜单栏中的 Edit(编辑) → Replace Text(文本替换)命令，或按快捷键 Ctrl+H，系统将弹出如图 4.37 所示的 Find and Replace Text(查找和替换文本)对话框。

可以看出，该对话框与文本查找对话框非常相似，对于相同的部分，这里不再赘述，读者可以参看 Find Text(文本查找)命令。下面只对上面未提到的一些选项进行解释。

Replace With(替代)文本框：输入替换原文本的新文本。

Prompt On Replace(提示替换)复选框：设置是否显示确

图 4.37

认替换提示对话框。如果勾选该复选框，表示在进行替换之前，显示确认替换提示对话框，反之不显示。

### 4.3.3 查找下一处

该命令用于查找 Find Text 对话框中指定的文本，也可以用快捷键 F3 来执行该命令。

系统将会弹出如图 4.38 所示的 Find Text 对话框，与文本查找的对话框基本一致，这里不再赘述。

图 4.38

### 4.3.4 查找相似对象

在原理图编辑器中提供了查找相似对象的功能。具体的操作步骤如下。

**Step 1** 选择菜单栏中的 Edit(编辑) → Find Similar Objects(查找相似对象)命令，光标将以十字形状出现在工作窗口中。

**Step 2** 移动光标到某个对象上，单击鼠标左键，系统将弹出如图 4.39 所示的 Find Similar Objects(查找相似对象)对话框，在该对话框中列出了该对象的一系列属性。通过对各项属性进行匹配程度的设置，可决定搜索的结果。这里以搜索与三极管类似的元件为例，此时该对话框给出了下列对象属性。

Kind(种类)选项组——显示对象类型。

Design(设计)选项组——显示对象所在的文档。

Graphical(图形)选项组——显示对象图形属性。

- X1：X1 坐标值。
- Y1：Y1 坐标值。
- Orientation(方向)：放置方向。
- Locked(锁定)：确定是否锁定。
- Mirrored(镜像)：确定是否镜像显示。
- Show Hidden Pins(显示隐藏引脚)：确定是否显示隐藏引脚。
- Show Designator(显示标号)：确定是否显示标号。
- Selected(选择)：确定是否选择。

Object Specific(对象特性)选项组——显示对象特性。

- Description(描述)：对象的基本描述。
- Lock Designator(锁定标号)：是否锁定标号。
- Lock Part ID(锁定元件 ID)：是否锁定元件 ID。
- Pins Locked(引脚锁定)：锁定的引脚。
- File Name(文件名称)：文件名称。
- Configuration(配置)：文件配置。
- Library(元件库)：库文件。

图 4.39

- Symbol Reference(符号参考)：符号参考说明。
- Component Designator(组件标号)：对象所在的元件标号。
- Current Part(当前元件)：对象当前包含的元件。
- Part Comment(元件注释)：关于元件的说明。
- Current Footprint(当前封装)：当前元件的封装。

在选中元件的每一栏属性后都另有一栏，在该栏上单击，将弹出下拉列表框，在下列表框中，可以选择搜索的对象和被选择的对象在该项属性上的匹配程度，包含以下三个选项。

- Same(相同)：被查找对象的该项属性必须与当前对象相同。
- Different(不同)：被查找对象的该项属性必须与当前对象不同。
- Any(忽略)：查找时忽略该项属性。

这里对三极管搜索类似对象，搜索的目的，是找到所有与三极管有相同取值和相同封装的元件，设置匹配程度时，在 Part Comment(元件注释)和 Current Footprint(当前封装)属性上设置为 Same(相同)，其余保持默认设置即可。

**Step 3** 单击 Apply(应用)按钮，在工作窗口中将屏蔽所有不符合搜索条件的对象，转到最近的一个符合要求的对象上。此时，可以逐个查看这些相似的对象。

## 4.4 原理图查错及其编辑

Altium Designer 16.0 和 Protel 软件一样提供了电气检查规则，可以对原理图的电气连接特性进行自动检查，检查后的错误信息将在 Messages(信息)面板中列出，同时，也在原理图中标注出来。用户可以对检查规则进行设置，然后根据面板中所列出的错误信息，来对原理图进行修改。有一点需要注意：原理图的自动检测机制只是按照用户所绘制原理图中的连接进行检测，系统并不知道原理图的最终效果，所以，如果检测后的 Messages(信息)面板中并无错误信息出现，这并不表示该原理图的设计完全正确。用户还需将网络表中的内容与所要求的设计反复对照和修改，直到完全正确为止。

### 4.4.1 原理图的自动检测设置

原理图的自动检测可以在 Project Options(项目选项)中设置。选择菜单栏中的 Project(项目) → Project Options(项目选项)命令，系统将弹出如图 4.40 所示的 Options for PCB Project(PCB 项目的选项)对话框，所有与项目有关的选项都可以在该对话框中进行设置。

在 Options for PCB Project(PCB 项目的选项)对话框中，包含以下 12 个选项卡。

(1) Error Reporting(错误报告)选项卡：用于设置原理图的电气检查规则。当进行文件的编译时，系统将根据该选项卡中的设置进行电气规则的检测。

(2) Connection Matrix(电路连接检测矩阵)选项卡：用于设置电路连接方面的检测规则。当对文件进行编译时，通过该选项卡的设置，可以对原理图中的电路连接进行检测。

(3) Classes Generation(自动生成分类)选项卡：用于设置自动生成分类。

(4) Comparator(比较器)选项卡：当两个文档进行比较时，系统将根据此选项卡中的设置进行检查。

(5) ECO Generation(工程变更顺序)选项卡：依据比较器发现的不同，对该选项卡进行设置，来决定是否导入改变后的信息，大多用于原理图与 PCB 间的同步更新。

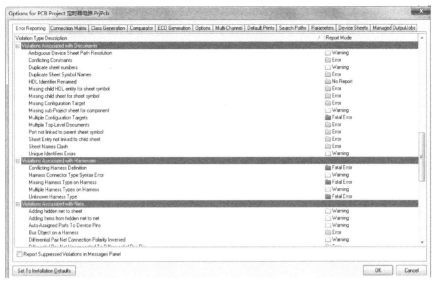

图 4.40

(6) Options(项目选项)选项卡：在该选项卡中，可以对文件输出、网络表和网络标号等相关选项进行设置。

(7) Multi-Channel(多通道)选项卡：用于设置多通道设计。

(8) Default Prints(默认打印输出)选项卡：用于设置默认的打印输出对象(如网络表、仿真文件、原理图文件以及各种报表文件等)。

(9) Search Paths(搜索路径)选项卡：用于设置搜索路径。

(10) Parameters(参数设置)选项卡：用于设置项目文件参数。

(11) Device Sheets(硬件设备列表)选项卡：用于设置硬件设备列表。

(12) Manage OutPutJobs(管理输出工作)：用于管理输出文件工作。

在该对话框的各选项卡中，与原理图检测有关的主要有 Error Reporting(错误报告)选项卡、Connection Matrix(电路连接检测矩阵)选项卡和 Comparator(比较器)选项卡。

当对工程进行编译操作时，系统会根据该对话框中的设置进行原理图的检测，系统检测出的错误信息将在 Messages(信息)面板中列出。

### 1. Connection Matrix(电路连接检测矩阵)选项卡

在该选项卡中，用户可以定义一切与违反电气连接特性有关的报告的错误等级，特别是元件引脚、端口和原理图符号上端口的连接特性。当对原理图进行编译时，错误的信息将在原理图中显示出来。要想改变错误等级的设置，单击选项卡中的颜色块即可，如图 4.41 所示，每单击一次改变一次。与 Error Reporting(报告错误)选项卡一样，也包括 4 种错误等级，即 No Report(不显示错误)、Warning(警告)、Error(错误)和 Fatal Error(严重的错误)。在该选项卡的任何空白区域中右击，将弹出一个右键快捷菜单，可以设置各种特殊形式。当对项目进行编译时，该选项卡的设置与 Error Reporting(报告错误)选项卡中的设置将共同对原理图进行电气特性的检测。所有违反规则的连接将以不同的错误等级在 Messages(信息)面板中显示出来。单击 Set To Installation Defaults(设置成安装默认值)按钮，可恢复系统的默认设置。对于大多数的原理图设计保持默认的设置即可，但对于特殊原理图的设计，则需要用户进行一定的改动。

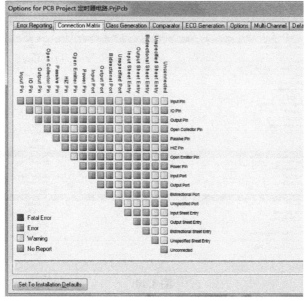

图 4.41

### 2. 比较器(Comparator)选项卡

比较器的参数设置是在 Comparator 选项卡中完成的，如图 4.42 所示。该选项卡所列出的参数共有 5 类。

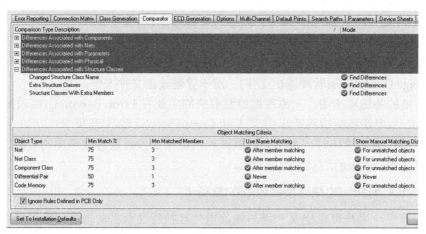

图 4.42

- Differences Associated with Components：与元器件有关的变化。
- Differences Associated with Nets：与网络有关的变化。
- Differences Associated with Parameters：与参数有关的变化。
- Differences Associated with Physical：与对象有关的变化。
- Differences Associated with Structure Classes：与结构类有关的变化。

在每一类中，列出了若干具体选项，对于每一选项在项目编译时发生的变化，用户可以选择设置是忽略这种变化(忽略差异)还是显示这种变化(查找差异)，若设置为查找差异，则项目编译后，相应项的变化情况将被列在 Messages(信息)面板中。

## 4.4.2 原理图的编译

对原理图中的各种电气错误等级设置完毕后，用户便可以对原理图进行编译操作了，随即进入原理图的调试阶段。选择 Project(项目) → Compile Document(编译文件)菜单命令，即可进行文件的编译。

文件编译后，系统的自动检测结果将出现在 Messages(信息)面板中。

打开 Messages(信息)面板有以下三种方法。

(1) 选择菜单栏中的 View(察看) → Workspace Panels(工作区面板) → System(系统) → Messages(信息)命令，如图 4.43 所示。

(2) 单击工作窗口右下角的 System(系统)标签，在弹出的菜单中选择 Messages(信息)命令，如图 4.44 所示。

(3) 在工作窗口中单击鼠标右键，在弹出的快捷菜单中选择 Workspace Panels(工作区面板) → System(系统) → Messages(信息)命令，如图 4.45 所示。

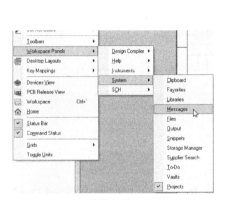

图 4.43

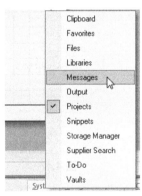

图 4.44

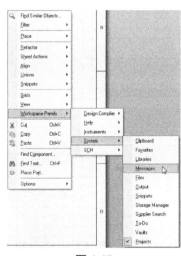

图 4.45

## 4.4.3 原理图的修正

当原理图绘制无误时，Messages(信息)面板中将为空。当出现错误的等级为 Error(错误)或 Fatal Error(严重的错误)时，Messages(信息)面板将自动弹出。错误等级为 Warning(警告)时，用户需自己打开 Messages 面板，对错误进行修改。

下面以如图 4.46 所示的"定时器电路.SchDoc"为例，介绍原理图的修正操作步骤。原理图中某两点应该相连接，在进行电气特性的检测时，该错误将在 Messages(信息)面板中出现。

具体的操作步骤如下。

Step 1 打开本书下载资源中的源文件"\ch4\4.4.4\USB 鼠标电路.PrjPcb"，选择 PCB 文件，使其处于当前的工作窗口中。单击定时器电路原理图标签，使该原理图处于激活状态。

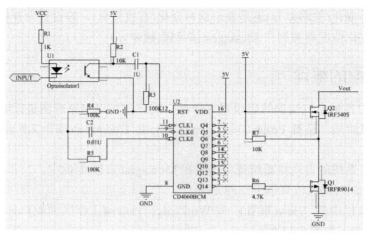

图 4.46

Step 2 在该原理图的 Connection Matrix(连接检测)选项卡中，将纵向的 Unconnected(未连接)和横向的 Passive Pin(无源引脚)相交颜色块设置为褐色的错误等级，如图 4.47 所示。然后关闭该对话框。

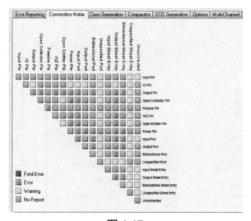

图 4.47

Step 3 选择菜单栏中的"Project"(项目) → "Compile Document 定时器电路.SchDoc"(编译文档定时器电路.SchDoc)命令，对该原理图进行编译。这时，Messages(信息)面板将出现在工作窗口的下方，如图 4.48 所示。

| Class | Document | Source | Message | Time | Date | No. |
|---|---|---|---|---|---|---|
| [Error] | 定时器电路.Sc... | Compiler | Net 5V contains multiple Passive Pins (Pin R7-1,Pin R2-2) | 8:12:53 | 2016/7/4 | 1 |
| [Error] | 定时器电路.Sc... | Compiler | Net GND contains multiple Passive Pins (Pin U1-3,Pin Q1-3) | 8:12:53 | 2016/7/4 | 2 |
| [Error] | 定时器电路.Sc... | Compiler | Net NetC1_1 contains multiple Passive Pins (Pin R2-1,Pin U1-4) | 8:12:53 | 2016/7/4 | 3 |
| [Error] | 定时器电路.Sc... | Compiler | Net NetC1_2 contains multiple Passive Pins (Pin R3-2) | 8:12:53 | 2016/7/4 | 4 |
| [Error] | 定时器电路.Sc... | Compiler | Net NetC2_1 contains multiple Passive Pins (Pin R5-1,Pin R4-1) | 8:12:53 | 2016/7/4 | 5 |
| [Error] | 定时器电路.Sc... | Compiler | Net NetQ1_1 contains multiple Passive Pins (Pin R6-2) | 8:12:53 | 2016/7/4 | 6 |
| [Error] | 定时器电路.Sc... | Compiler | Net NetQ1_4 contains multiple Passive Pins (Pin Q2-3,Pin Q1-4) | 8:12:53 | 2016/7/4 | 7 |
| [Error] | 定时器电路.Sc... | Compiler | Net NetR1_1 contains multiple Passive Pins (Pin U1-1) | 8:12:53 | 2016/7/4 | 8 |
| [Error] | 定时器电路.Sc... | Compiler | Net NetU2_11 contains floating input pins (Pin U2-11) | 8:12:53 | 2016/7/4 | 9 |
| [Warni... | 定时器电路.Sc... | Compiler | Unconnected Pin U2-11 at 400,350 | 8:12:53 | 2016/7/4 | 10 |
| [Warni... | 定时器电路.Sc... | Compiler | Net NetC1_2 has no driving source (Pin C1-2,Pin R3-2,Pin U2-12) | 8:12:54 | 2016/7/4 | 11 |
| [Warni... | 定时器电路.Sc... | Compiler | Net NetU2_11 has no driving source (Pin U2-11) | 8:12:54 | 2016/7/4 | 12 |

图 4.48

Step 4 在 Messages(信息)面板中双击错误选项，将弹出 Compile Errors(编译错误)面板，如图 4.49 所示，列出了该项错误的详细信息。同时，工作窗口将跳转到该对象上。除了该对象外，其他所有对象处于掩盖状态。跳转后，只有该对象可以进行编辑。

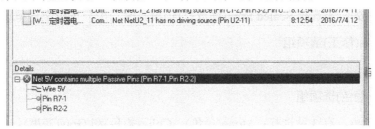

图 4.49

Step 5 选择菜单栏中的 Place(放置) → Wire(导线)命令，或者单击工具栏中的相应按钮来添加导线。

Step 6 重新对原理图进行编译，检查是否还有别的错误，保存调试成功的原理图。

# 4.5　打印与输出原理图

Altium Designer 16.0 具有丰富的报表功能，可以方便地生成各种不同类型的报表。

## 4.5.1　打印输出

为方便原理图的浏览、交流，经常需要将原理图打印到图纸上。Altium Designer 16.0 提供了直接将原理图打印输出的功能。

在打印之前，首先进行页面设置。选择菜单栏中的 File(文件) → Page Setup(页面设置)命令，即可弹出 Schematic Print Properties(示意图打印性能)对话框，如图 4.50 所示。

对其中各项设置的说明如下。

### 1. Printer Paper(打印纸)选项组

设置纸张，具体包括以下几个选项。

- Size(尺寸)：选择所用打印纸的尺寸。
- Portrait(竖放)：选择该单选按钮，将使图纸竖放。
- Landscape(横放)：选择该单选按钮，将使图纸横放。

### 2. Margins(页边距)选项组

设置页边距，有下面两个选项。

- Horizontal(水平)：设置水平页边距。
- Vertical(垂直)：设置垂直页边距。

### 3. Scaling(比例)选项组

设置打印比例，有下面两个选项。

- Scale Mode(比例模式)下拉菜单：选择比例模式，有两种选择。选择 Fit Document On

Page(适合文档在页面)，系统将自动调整比例，以便将整张图纸打印到一张图纸上。选择 Scaled Print(缩放打印)，由用户自己定义比例的大小，这时，整张图纸将以用户定义的比例打印，有可能是打印在一张图纸上，也有可能打印在多张图纸上。

● Scale(缩放)：当选择 Scaled Print(缩放打印)模式时，用户可以在这里设置打印比例。

### 4. Corrections(修正)选项组

修正打印比例。

### 5. Color Set(颜色)选项组

设置打印的颜色，有 3 种选择：Mono(单色)、Color(彩色)和 Gray(灰度)。

### 6. Preview(预览)按钮

单击 Preview 按钮时，可以预览打印效果。

### 7. Pinter Setup(预览设置)按钮

单击 Pinter Setup(预览设置)按钮，可以进行打印机设置，如图 4.51 所示。

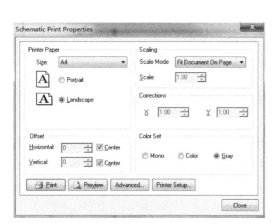

图 4.50

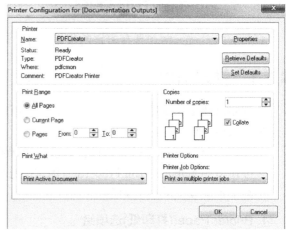

图 4.51

### 8. Print(打印)按钮

设置、预览完成后，即可单击 Print(打印)按钮，打印原理图。

此外，选择菜单栏中的 File(文件) → Print(打印)命令，或单击工具栏中的 按钮，也可以实现打印原理图的功能。

## 4.5.2　网络报表

在由原理图生成的各种报表中，网络表是最为重要的。所谓网络，指的是彼此连接在一起的一组元件引脚，一个电路实际上就是由若干网络组成的。而网络表就是对电路或者电路原理图的一个完整描述。描述的内容包括两个方面：一是电路原理图中所有元件的信息(包括元件标识、元件引脚和 PCB 封装形式等)；二是网络的连接信息(包括网络名称、网络节点等)，这些都是进行 PCB 布线、设计 PCB 印制电路板不可缺少的依据。具体来说，网络表包括两种，一种是基于单个原理图文件的网络表，另一种是基于整个项目的网络表。

## 4.5.3 生成原理图文件的网络表

下面我们以"LED 显示电路原理图"为例，介绍基于原理图文件网络表的创建。

### 1. 网络表选项设置

打开本书下载资源中的源文件"\ch4\4.5.3\LED 显示电路.PrjPCB"，并打开其中的任一电路原理图文件。选择菜单栏中的 Project(项目) → Project Options(项目选项)命令，弹出项目管理选项对话框。单击 Options(选项)选项卡，如图 4.52 所示。其中各选项的功能如下。

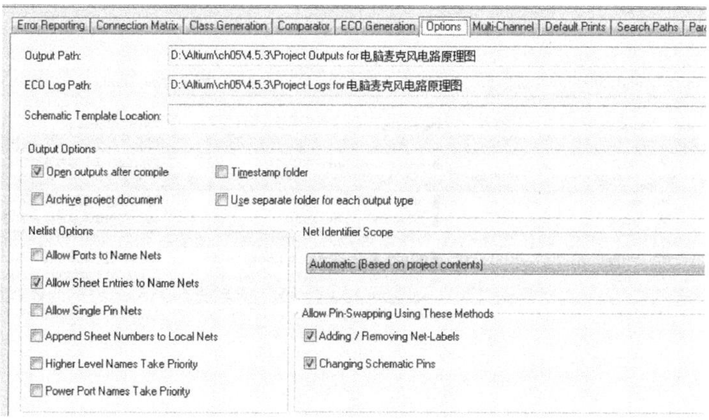

图 4.52

(1) Output Path(输出路径)文本框：用于设置各种报表(包括网络表)的输出路径，系统会根据当前项目所在的文件夹自动创建默认路径。图 4.52 中，系统创建的默认路径为"D:\Altium\ch05\4.5.3\Project Outputs for LED 显示电路原理图"。单击右侧的"打开"图标按钮，可以对默认路径进行更改，同时，将文件保存在"D:\Altium\ch05\ch4.5.3\Project Outputs for LED 显示电路原理图"位置。

(2) ECO Log Path(ECO 日志路径)文本框：用于设置 ECO Log 文件的输出路径，系统会根据当前项目所在的文件夹自动创建默认路径。单击右侧的"打开"图标按钮，可以对默认路径进行更改。

(3) Output Options(输出选项)选项组：用于设置网络表的输出选项，一般保持默认设置。

(4) Netlist Options(网络表选项)选项组：用于设置创建网络表的条件。

● Allow Ports to Name Nets(允许自动命名端口网络)复选框：用于设置是否允许用系统产生的网络名代替与电路输入/输出端口相关联的网络名。如果所设计的项目只是普通的原理图文件，不包含层次关系，可勾选该复选框。

● Allow Sheet Entries to Name Nets(允许自动命名原理图入口网络)复选框：用于设置是否允许用系统生成的网络名代替与图纸入口相关联的网络名，系统默认勾选。

● Append Sheet Numbers to Local Nets(将原理图编号附加到本地网络)复选框：用于设置生成网络表时，是否允许系统自动将图纸号添加到各个网络名称中。当一个项目中包含多个原理图文档时，勾选该复选框，便于查找错误。

- Higher Level Names Take Priority(高层次命名优先)复选框：用于设置生成网络表时的排序优先权。勾选该复选框，系统将以名称对应结构层次的高低决定优先权。
- Power Port Names Take Priority(电源端口命名优先)复选框：用于设置生成网络表时的排序优先权。勾选该复选框，系统将对电源端口的命名给予更高的优先权。

图 4.53

### 2. 创建项目网络表

(1) 选择菜单栏中的 Design(设计) → Update PCB Document LED 显示电路布线(更新 LED 显示电路布线 PCB 文件)命令，具体如图 4.53 所示。弹出 Engineering Change Order(工程变更命令)对话框，如图 4.54 所示。

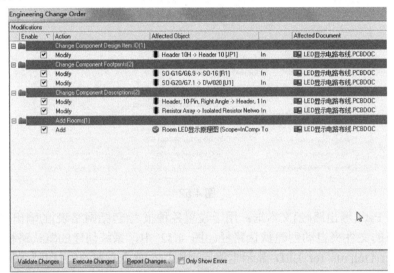

图 4.54

(2) 单击 Report Changes(报告更改)按钮，弹出 Change Order Report For Project(更改项目报告)对话框，产生网络表，并在 PCB 面板里调入元件和网络。在 PCB 面板下，网络通过飞线表示。这也是我们检查的依据，如图 4.55 所示。

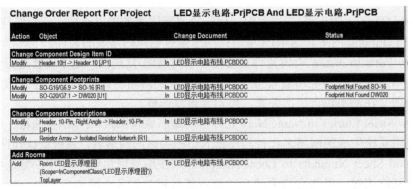

图 4.55

## 4.5.4 生成元件报表

元件报表主要用来列出当前项目中用到的所有元件的标识、封装形式、库参考等，相当于一份元件清单。依据这份报表，用户可以详细查看项目中元件的各类信息，同时，在制作印制电路板时，也可以作为元件采购的参考。

下面仍然以项目"LED 显示电路.PrjPCB"为例，介绍元件报表的创建过程及功能特点。

### 1. 元件报表的选项设置

Step **1** 打开本书下载资源中的源文件"\ch4\4.5.4\ LED 显示器电路.PrjPCB"。

Step **2** 选择菜单栏中的 Reports(报告) → Bill of Materials(材料清单)命令，系统弹出相应的元件报表对话框，如图 4.56 所示。

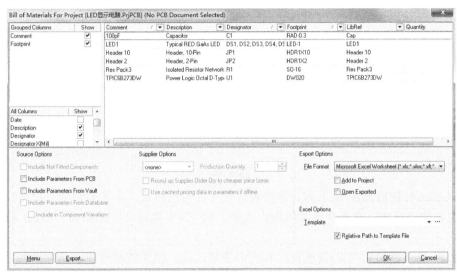

图 4.56

Step **3** 在该对话框中，可以对要创建的元件报表进行选项设置。左边有两个列表框，它们的含义不同。

- Grouped Columns(归类条件)：用于设置创建网络表的条件。该列表框用于设置元件的归类标准。可以将 All Columns(所有条件)中的某一属性信息拖到该列表框中，则系统将以该属性信息为标准，对元件进行归类，显示在元件报表中。

- All Columns(所有条件)：该列表框列出系统提供的所有元件属性信息，如 Description(元件描述信息)、Component Kind(元件类型)等。对于需要查看的有用信息，选中右边与之对应的复选框，即可在元件报表中显示出来。在图 4.56 中，使用了系统的默认设置，即只选中了 Comment(说明)、Description(描述)、Designator(标识)、Footprint(引脚)、LibRef(参照库)和 Quantity(查询)六项。

如果我们选择了 All Columns(所有条件)中的 Description(描述)选项，单击鼠标左键，将该项拖到 Grouped Columns(归类条件)列表框中。此时，所有描述信息相同的元件被归为一类，显示在右边的元器件列表中。

另外，在右边元器件列表的各栏中都有一个下拉按钮，单击该按钮，同样可以设置元器件列表的显示内容。

单击元件列表中 Description(描述)栏的下拉按钮，则会弹出如图 4.57 所示的下拉列表。

在下拉列表中，可以选择 All(显示全部元件)，也可以选择 Custom(以定制方式显示)，还可以只显示具有某一具体描述信息的元件。当选择了 Capacitor(电容)时，则相应的元件列表如图 4.58 所示。在列表框的下方，还有若干选项和按钮，功能如下。

图 4.57

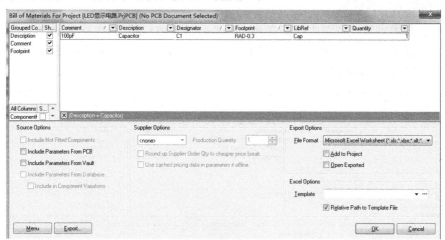

图 4.58

File Format(标题格式)：用于为元件报表设置文件输出格式。单击右边的下拉按钮，可以选择不同的文件输出格式。有多个选项供用户选择，如 CVS 格式、文本格式、Excel 格式、电子表格等。

Add to Project(添加到项目)复选框：若选中该复选框，则系统在创建了元件报表之后，会将报表直接添加到项目里面。

Open Exported(打开程序)复选框：若选中该复选框，则系统在创建了元件报表以后，会自动以相应的应用程序打开。

Template(模板)：用于为元件报表设置显示模板。单击右边的下拉按钮，可以使用曾经用过的模板文件，也可以单击…按钮重新选择，选择时，如果模板文件与元件报表在同一目录下，则可以选中下边的 Relative Path to Template File(相对路径模板文件)复选框，使用相对路径搜索，否则应该使用绝对路径搜索。

单击 Menu(菜单)按钮，会弹出如图 4.59 所示的环境设置快捷菜。

图 4.59

Force Columns to View(强制显示)菜单命令：若选中该项，则系统将根据当前元件报表窗口的大小重新调整各栏的宽度，使所有项目都可以显示出来。

单击 Export(输出)按钮，可以将元件报表保存到指定的文件夹中。

设置好元件报表的相应选项后，就可以进行元件报表的创建、显示及输出了。元件报表可以以多种格式输出，但一般选择 Excel 格式。

### 2. 元件报表的创建

**Step 1** 选择菜单栏中的 Menu(菜单) → Report(报告)命令，则弹出元件报表预览对话框，如图 4.60 所示。

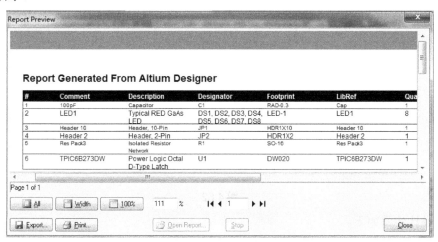

图 4.60

**Step 2** 单击 Export(输出)按钮，可以将该报表进行保存。默认文件名为"LED 显示电路.xls"，是一个 Excel 文件。单击 Open Report(打开报告)按钮，可以将该报表打开。单击 Print(打印)按钮，则可以对该报表进行打印输出。

**Step 3** 在元件报表对话框中，单击 Template(模板)下拉列表后面的 按钮，选择系统自带的元件报表模板文件"BOM Default Template.XLT"，如图 4.61 所示。

图 4.61

**Step 4** 单击"打开"按钮后，返回元件报表对话框。然后退出对话框即可。

## 4.5.5 实例——音量控制电路的输出

音量控制电路是所有音响设备中必不可少的单元电路。本实例设计一个如图 4.62 所示的音量控制电路，并对其进行报表输出操作。

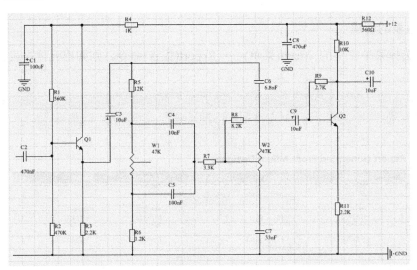

图 4.62

具体的设计步骤如下。

Step 1 新建项目。启动 Altium Designer 16.0，选择菜单栏中的 File(文件) → New(新建) → Project(项目)命令，创建一个 PCB 项目文件，如图 4.63 所示，此时弹出 New Project(新建项目)对话框，在 Project Types(项目类型)中选择 PCB Project(PCB 项目)，在 Project Templates(项目模板)中选择合适的图纸 Default(默认)，然后在 Name(名称)文本框中填写"音量控制电路"，如图 4.64 所示，单击 OK(确定)按钮完成。

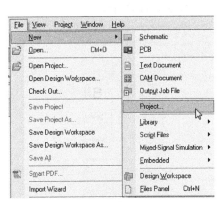

图 4.63

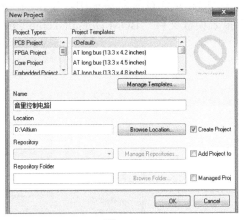

图 4.64

Step 2 选择菜单栏中的 File(文件) → New(新建) → Schematic(原理图)命令，如图 4.65 所示。在 Projects(项目)面板的 Sheet1.SchDoc 项目文件上右击，在弹出的右键快捷菜单中，用保存项目文件同样的方法，将该原理图文件另存为"音量控制电路.SchDoc"。保存后，Projects(项目)面板中将显示出用户设置的名称，如图 4.66 所示。

Step 3 设置电路原理图图纸的属性。选择菜单栏中的 Design(设计) → Document Options (文档选项)命令，系统弹出 Document Options(文档选项)对话框，设置如图 4.67 所示，然后单击 OK(确定)按钮。

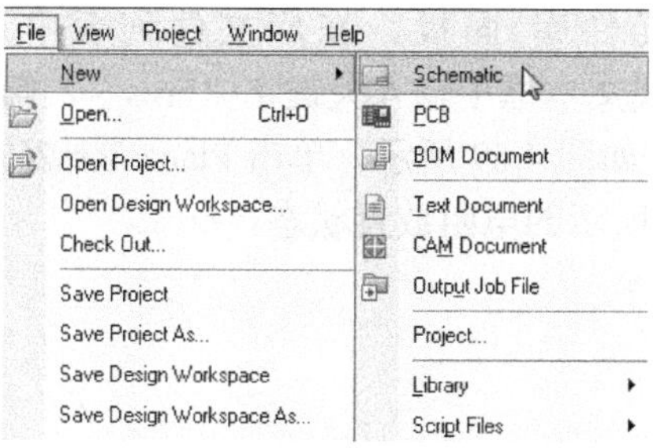

图 4.65　　　　　　　　　　　　　　　　　图 4.66

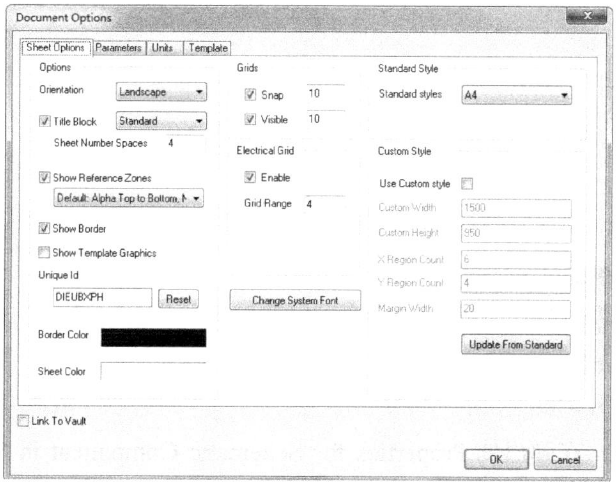

图 4.67

**Step 4** 设置图纸的标题栏。选择菜单栏中的 Design(设计) → Document Options(文档选项)命令，在弹出的 Document Options(文档选项)对话框中，单击 Parameters(参数)选项卡，出现标题栏设置选项。在 Organization(机构)选项中输入设计机构的名称，在 Title(名称)选项中输入原理图的名称。其他选项可以根据需要填写，如图 4.68 所示。

图 4.68

Step **5** 电阻元件的放置。单击 Libraries(元件库)面板，在库文件列表中选择名为 Miscellaneous Devices.IntLib 的库文件，然后在查找文本框中输入关键字"*res"，筛选出包含该关键字的所有元件，选择其中名为 Res2 的电阻，如图 4.69 所示。单击 Place Res2(放置 Res2) 按钮，然后将光标移动到工作窗口，进入如图 4.70 所示的电阻放置状态。

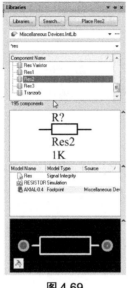

图 4.69

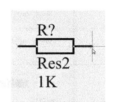

图 4.70

Step **6** 按 Tab 键，在弹出的 Properties for Schematic Component in Sheet(原理图元件属性) 对话框中修改元件属性。将 Designator(指示符)设为 R1，将 Comment(注释)设为不可见，然后把 Value(值)改为 1K，参数设置如图 4.71 所示。

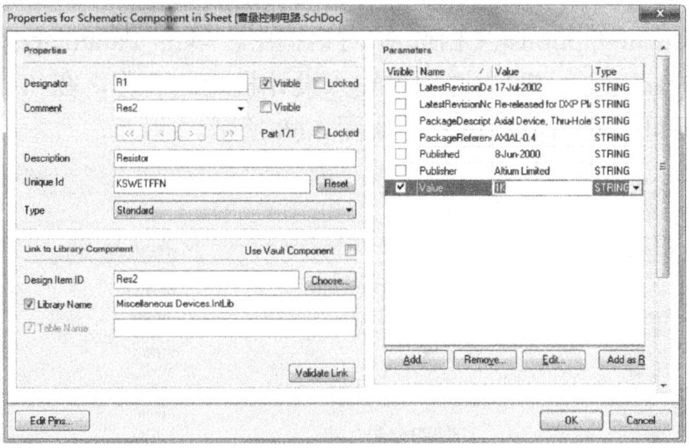

图 4.71

Step **7** 按 Space(空格)键，翻转电阻至如图 4.72 所示的角度。在适当的位置单击，即可在原理图中放置电阻 R1，同时编号为 R2 的电容自动附在光标上，如图 4.73 所示。

Step **8** 电容元件的放置。用同样方法，单击 Libraries(元件库)面板，在库文件列表中选择名为 Miscellaneous Devices.IntLib 的库文件，然后在查找文本框中输入关键字"*cap"，筛选出包含该关键字的所有元件，选择其中名为 Cap Pol2 的电容，如图 4.74 所示。单击 Place Cap Pol2(放置 Cap Pol2)按钮，然后将光标移动到工作窗口，进入如图 4.75 所示的电容放置状态。

图 4.72

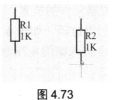

图 4.73

图 4.74

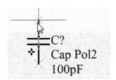

图 4.75

**Step 9** 放置其他电容与电阻。本例中有 10 个电容，其中，C1、C3、C8、C9、C10 为电解电容，容量分别为 100μF、10μF、470μF、10μF、10μF；而 C2、C4、C5、C6、C7 为普通电容，容量分别为 470nF、10nF、100nF、6.8nF、33nF，参照上面的数据，放置好其他电容。放置电阻。本例中用到 12 个电阻，为 R1~R12，阻值分别为 560kΩ、470kΩ、2.2kΩ、1kΩ、12kΩ、1.2kΩ、3.3kΩ、8.2kΩ、2.7kΩ、10kΩ、2.2kΩ、560kΩ。与放置电容相似，将这些电阻放置在原理图中合适的位置上，如图 4.76 所示。

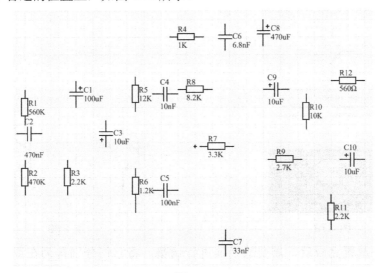

图 4.76

Step **10** 电位器元件的放置。用同样方法，在查找文本框中输入关键字"*res t"，选择其中名为 Res Tap 的电位器，如图 4.77 所示。单击 Place Res Tap(放置 Res Tap)按钮，然后将光标移动到工作窗口，进入如图 4.78 所示的电阻放置状态。

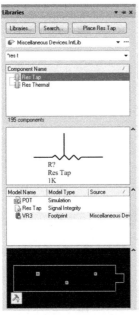

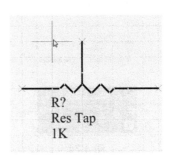

图 4.77                                                          图 4.78

Step **11** 以同样方法选择和放置两个三极管，如图 4.79、图 4.80 所示。

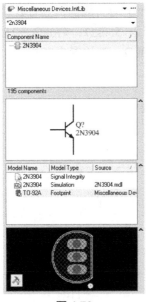

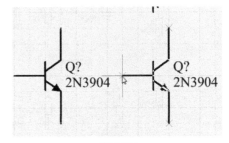

图 4.79                                                          图 4.80

Step **12** 元件放置完成后，需要适当地进行调整，将它们分别排列在原理图中恰当的位置，如图 4.81 所示。单击选中元件，按住鼠标左键进行拖动。将元件移至合适的位置后释放鼠标左键，即可对其完成移动操作。在移动对象时，可以通过 PgUp(向上)、PgDn(向下)键来缩放视图，以便观察细节。选中元件的标注部分，按住鼠标左键拖动，可以移动元件标注的位置。

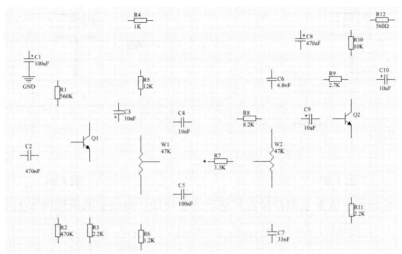

图 4.81

**Step 13** 单击 Wiring(连线)工具栏中的(放置导线)按钮，进入导线放置状态，将光标移动到某个元件的引脚上，十字光标的交叉符号变为红色，单击即可确定导线的一个端点。将光标移动到元件处，再次出现红色交叉符号后单击，即可放置一段导线。采用同样的方法放置其他导线，如图 4.82 所示。

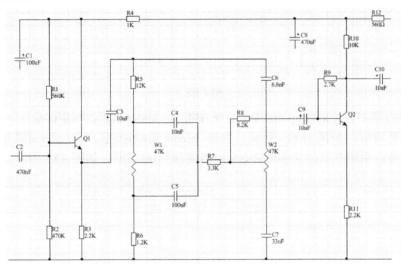

图 4.82

**Step 14** 单击 Wiring(连线)工具栏中的 (接地符号)按钮，进入接地放置状态。按 Tab 键，在弹出的 Power Port(端口)对话框中，将 Style(类型)设置为 Power Ground(接地)，Net(网络)设置为 GND(接地)，如图 4.83 所示。移动光标到 C8 下方的引脚处，单击即可放置一个接地符号。采用同样的方法放置其他接地符号。

**Step 15** 单击 Wiring(连线)工具栏中的 (电源)按钮。按 Tab 键，在弹出的 Power Port(端口)对话框中，将 Style(类型)设置为 Bar(接地)，Net(网络)设置为 "+12"，如图 4.84 所示。

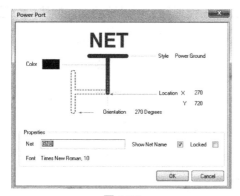

图 4.83                                           图 4.84

**Step 16** 在原理图中放置电源并检查和整理连接导线，布线后的原理图如图 4.85 所示。

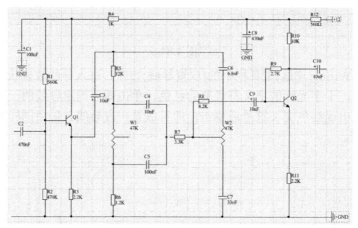

图 4.85

**Step 17** 选择菜单栏中的 Reports(报表) → Bill of Materials(元件清单)命令，系统将弹出相应的元件报表对话框，如图 4.86 所示。单击 Menu(菜单)按钮，在 Menu(菜单)菜单中选择 Report(报表)命令，系统将弹出 Report Preview(报表预览)对话框，如图 4.87 所示。

图 4.86

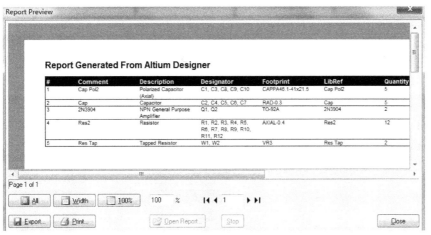

图 4.87

**Step 18** 单击 Export(输出)按钮，可以将该报表保存起来，默认文件名为"音量控制电路.xls"，是一个 Excel 文件；单击 Print(打印)按钮，可以将该报表打印输出。在元件报表对话框中，单击 ··· 按钮，在"D:\Users\Public\Documents\Altium\AD16\Templates"目录下，选择系统自带的元件报表模板文件 BOM DefaultTemplate.XLT，单击"打开"按钮，返回元件报表对话框。单击 OK(确定)按钮，退出对话框。

**Step 19** 编译并保存项目。选择菜单栏中的 Project(项目) → Compile PCB Projects(编译 PCB 项目)命令，如图 4.88 所示。系统将自动生成信息报告，并在 Messages(信息)面板中显示出来，如图 4.89 所示。本例没有出现任何错误信息，表明电气检查通过了。

图 4.88

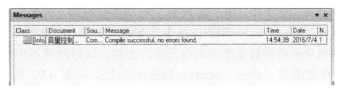

图 4.89

**Step 20** 保存项目，完成音量控制电路原理图的设计。

## 4.6 工具的使用

在原理图编辑器中，选择菜单栏中的 Tools(工具)，打开的 Tools 菜单如图 4.90 所示。下面详细介绍其中几个命令的含义和用法。

### 1. 自动分配元件标号

Annotate Schematics(标注原理图)命令用于自动分配元件标号。使用它，不但可以减少手动分配元件标号的工作量，而且可以避免因手动分配而产生的错误。选择菜单栏中的 Tools(工具) → Annotate Schematics(标注原理图)命令，弹出如图 4.91 所示的 Annotate(标注)对话框。在该对话框中，可以设置原理图编号的一些参数和样式，使得在原理图自动命名时符合用户的要求。该对话框在前面和后面章节中均有介绍，这里不再赘述。

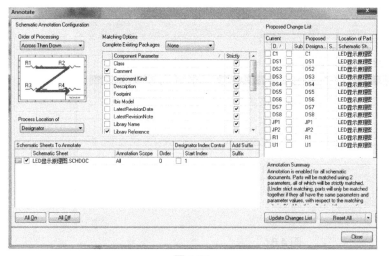

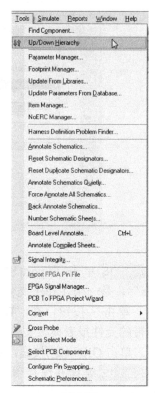

图 4.91

### 2. 回溯更新原理图元件标号

Back Annotate Schematics(回溯更新原理图元件标注)命令用于从印制电路回溯更新原理图元件标号。设计印制电路时，有时可能需要对元件重新编号，为了保持原理图和 PCB 板图之间的一致性，可以使用该命令基于 PCB 板图来更新原理图中的元件标号。选择菜单栏中的 Tools(工具) → Back Annotate Schematics (回溯更新原理图元件标注)命令，系统将弹出一个对话框，要求

图 4.90

选择 WAS-IS 文件，用于从 PCB 文件更新原理图文件的元件标号。WAS-IS 文件是在 PCB 文档中执行 Reannotate(回溯标记)命令后今成的文件。当选择 WAS-IS 文件后，系统将弹出一个消息框，报告所有将被重新命名的元件。当然，这时原理图中的元件名称并没有真正被更新。单击 OK(确定)按钮，弹出 Annotate(标注)对话框，如图 4.92 所示，在该对话框中，可以预览系统推荐的重命名，然后再决定是否执行更新命令，创建新的 ECO 文件。

图 4.92

### 3. 导入引脚数据

Import FPGA Pin File(导入 FPGA 引脚数据)命令用于为原理图文件导入 FPGA 引脚数据。

在导入 FPGA 引脚数据之前，要确认 FPGA 原理图(该原理图包含所有连接到设备引脚的端口)是否是当前文档。单击该命令后，系统将弹出 Open FPGA Vendor Pin File(打开 FPGA 引脚数据文件)对话框，要求选择包含所需引脚分配数据的文件。找到文件并单击 Open(打开)按钮后，原理图中所有的端口都将分配一个新的参数 PINNUM，该参数用于指定与实际 FPGA 设备相连时的所有引脚分配。引脚参数分配取决于各个端口的名称，这些名称包含在 Pin 文件中。Pin 文件的扩展名取决于制造商使用的技术。例如 Xilinx 设备的 Pin 文件为"*.pad"。

## 4.7 使用 SCHFilter 和 Navigator 面板进行快速浏览

### 1．Navigator(导航)面板

Navigator(导航)面板的作用，是快速浏览原理图中的元件、网络及违反设计规则的内容等。Navigator(导航)面板是 Altium Designer 16.0 强大集成功能的体现之一。

在对原理图文档编译后，单击 Navigator(导航)面板中的 Interactive Navigation(相互导航)按钮，就会在下面的 Net/Bus(网络/总线)列表框中显示出原理图中的所有网络。单击其中的一个网络，立即在下面的列表框中显示出与该网络相连的所有节点，同时，工作窗口的图纸将该网络的所有元件高亮显示出来，并置于选中状态，如图 4.93 所示。

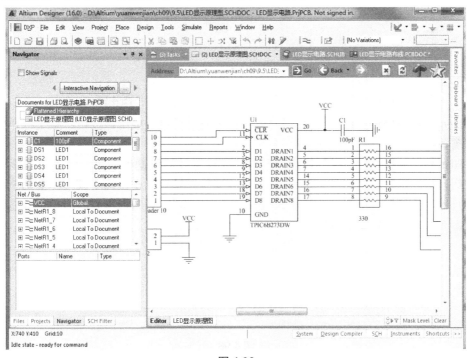

图 4.93

### 2．SCH Filter(SCH 过滤)面板

SCH Filter(SCH 过滤)面板的作用，是根据所设置的过滤器，快速浏览原理图中的元件、网络及违反设计规则的内容等，如图 4.94 所示。

下面简要介绍 SCH Filter(SCH 过滤)面板。

(1) Consider objects in(对象查找范围)下拉列表框：用于设置查找范围，包括 Current Document(当前文档)、Open Document(打开文档)和 Open Document of the Same Project(在同一个项目中打开文档)三个选项。

(2) Find items matching these criteria(设置过滤器过滤条件)文本框：用于设置过滤器，即输入查找条件。如果用户不熟悉输入语法，可以单击下面的 Helper(帮助)按钮，在弹出的 Query Helper(查询帮助)对话框中输入过滤器查询条件语句，如图 4.95 所示。

图 4.94

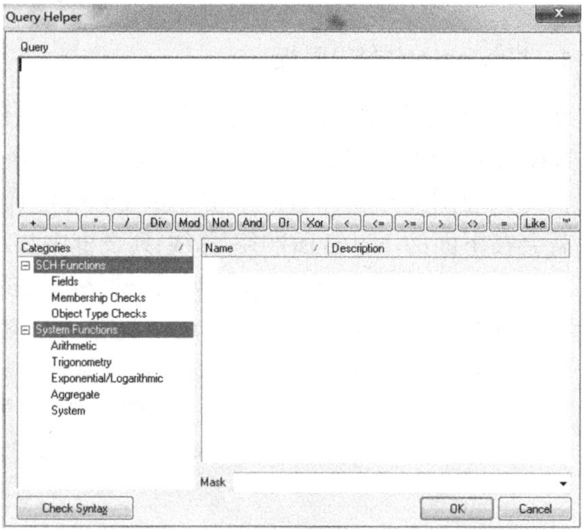

图 4.95

(3) Favorites(收藏)按钮：用于显示并载入收藏的过滤器。单击该按钮，系统将弹出收藏过滤器记录窗口。

(4) History(历史)按钮：用于显示并载入曾经设置过的过滤器，可以大大提高搜索效率。单击该按钮，系统将弹出如图 4.96 所示的过滤器历史记录对话框，选中其中一个记录后，单击即可实现过滤器的加载。单击 Add To Favorites(添加到收藏)按钮，可以将历史记录过滤器添加到收藏夹。

图 4.96

(5) Select(选择)复选框：用于设置是否将符合匹配条件的元件置于选中状态。

(6) Zoom(缩放)复选框：用于设置是否对符合匹配条件的元件进行放大显示。

(7) Deselect(取消选定)复选框：用于设置是否将不符合匹配条件的元件取消选中。

(8) Mask out(屏蔽)复选框：用于设置是否将不符合匹配条件的元件屏蔽。

(9) Apply(应用)按钮：用于启动过滤查找功能。

## 4.8 综合实例

原理图的后续处理对于原理图的设计来说十分重要，本节通过对门铃控制电路报表和 AD 转换电路的打印输出，进一步说明原理图后续处理的步骤，同时通过实例练习前面所学知识。

### 4.8.1 实例——门铃控制电路报表的输出

门铃控制电路报表输出具体的设计步骤如下。

**Step 1** 新建项目。启动 Altium Designer 16.0，选择菜单栏中的 File(文件) → New(新建) → Project(项目)命令，创建一个 PCB 项目文件，如图 4.97 所示，此时弹出 New Project(新建项目)对话框，在 Project Types(项目类型)中选择 PCB Project(PCB 项目)，在 Project Templates(项目模板)中选择图纸为 Default(默认)，在 Name(名称)选项中填写"门铃控制电路"，如图 4.98 所示，单击 OK(确定)按钮完成。

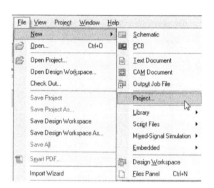

图 4.97                                          图 4.98

**Step 2** 选择菜单栏中的 File(文件) → New(新建) → Schematic(原理图)命令。在 Projects (项目)面板的 Sheet1.SchDoc 项目文件上右击，在弹出的右键快捷菜单中，用与保存项目文件同样的方法，将该原理图文件另存为"门铃控制电路.SchDoc"。保存后，Projects(项目)面板中将显示出用户设置的名称，如图 4.99 所示。

**Step 3** 原理图图纸的设置。选择菜单栏中的 Design(设计) → Document Options(文档选项)命令，或者在编辑区内单击鼠标右键，并在弹出的快捷菜单中选择 Options(选项) → Document Options(文档选项)命令，弹出如图 4.100 所示的 Document Options(文档选项)对话框，在该对话框中，可以对图纸进行设置，在 Standard styles(标准风格)中选择 A4 图纸，放置方向设置为 Landscape(横向)，图纸标题栏设为 Standard(标准)，其他采用默认设置，单击 OK(确定)按钮，完成图纸属性的设置。

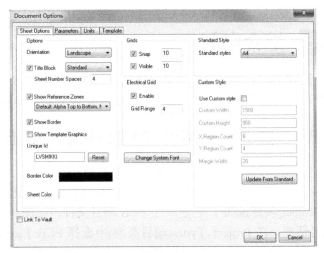

图 4.99

图 4.100

Step ④ 查找元器件，并加载其所在的库。打开 Libraries 面板，单击 Libraries(元件库)按钮，在弹出的查找元器件对话框中输入"*SE555D"，如图 4.101 所示。单击 Search(查找)按钮后，系统开始查找此元器件。查找到的元器件将显示在 Libraries 面板中，如图 4.102 所示。单击 Place SE555D(放置 SE555D)按钮，然后将光标移动到工作窗口。

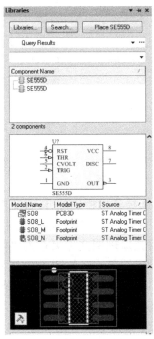

图 4.101

图 4.102

Step ⑤ 放置元件。从另外两个库中找到其他常用的一些元件。放置电阻、电容、二极管、LED。打开 Libraries(元件库)面板，在当前元器件库名称栏中选择 Miscellaneous Devices. IntLib，在元器件列表中分别选择电阻、电容、Switch、Speaker 进行放置。并对元件的编号进行设置，以及进行简单布局，如图 4.103 所示。

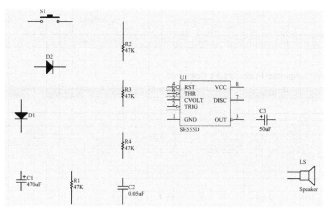

图 4.103

Step 6 连接线路。布局好元件后，下一步的工作就是连接线路。选择菜单栏中的 Place(放置) → Wire(导线)命令，或者单击工具栏中的 ≈ 按钮，执行连线操作。连接好的电路原理图如图 4.104 所示。

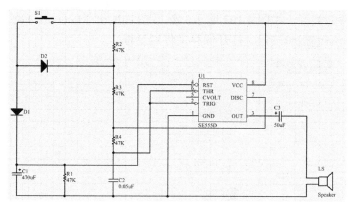

图 4.104

Step 7 选择菜单栏中的 Reports(报表) → Bill of Materials(元件清单)命令，系统将弹出相应的元件报表对话框，如图 4.105 所示。单击 Menu(菜单)按钮，在 Menu(菜单)菜单中选择 Report(报表)命令，系统将弹出 Report Preview(报表预览)对话框，如图 4.106 所示。

| Comment | Description | Designator | Footprint | LibRef | Quantity |
|---|---|---|---|---|---|
| Cap Pol2 | Polarized Capacitor | C1, C3 | POLAR0.8 | Cap Pol2 | 2 |
| Cap | Capacitor | C2 | RAD-0.3 | Cap | 1 |
| Diode | Default Diode | D1, D2 | SMC | Diode | 2 |
| Speaker | Loudspeaker | LS | PIN2 | Speaker | 1 |
| Res1 | Resistor | R1, R2, R3, R4 | AXIAL-0.3 | Res1 | 4 |
| SW-PB | Switch | S1 | SPST-2 | SW-PB | 1 |
| SE555D | Precision Timer | U1 | D008_N | SE555D | 1 |

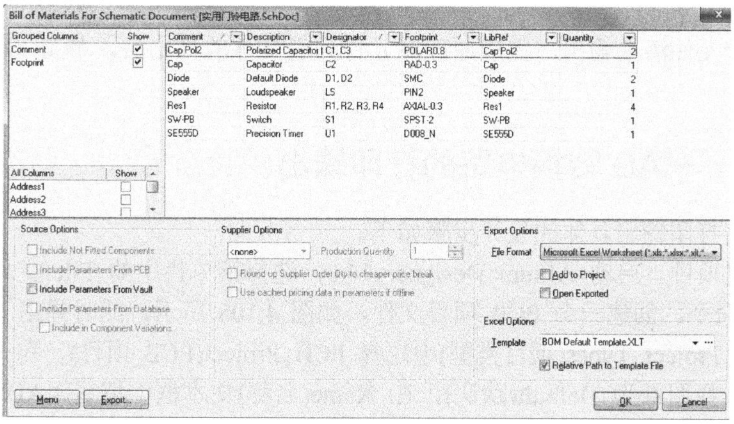

图 4.105

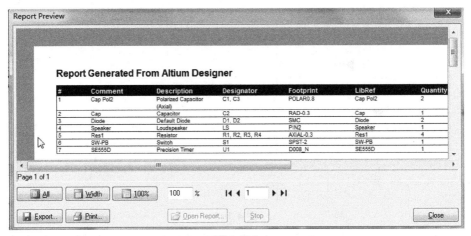

**图 4.106**

Step 8 在 Report Preview(报表预览)对话框中单击 Export(输出)按钮，打开保存文件对话框。在该对话框的"文件名"文本框中输入导出文件要保存的名称，然后在"保存类型"下拉列表中选择导出文件的类型，如图 4.107 所示。然后在 Bill of Materials For Project(项目材料清单)对话框中单击 Export(输出)按钮，打开保存文件对话框。

**图 4.107**

Step 9 完成元件清单输出。完成原理图元件列表文件的导出后，单击 OK(确定)按钮退出对话框。

## 4.8.2 实例——AD 转换电路的打印输出

AD 转换电路打印输出具体的设计步骤如下。

Step 1 新建项目。启动 Altium Designer 16.0，选择菜单栏中的 File(文件) → New(新建) → Project(项目)命令，创建一个 PCB 项目文件，如图 4.108 所示，此时弹出 New Project(新建项目)对话框，在 Project Types(项目类型)中选择 PCB Project(PCB 项目)，在 Project Templates(项目模板)中，选择图纸为 Default(默认)，在 Name(名称)文本框中填写"AD 转换电路"，如图 4.109 所示，单击 OK(确定)按钮完成。

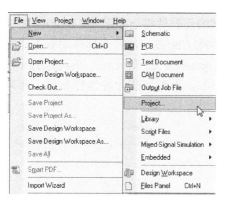

图 4.108

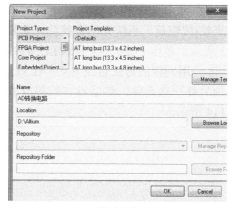

图 4.109

Step 2 选择菜单栏中的 File(文件) → New(新建) → Schematic(原理图)命令。在 Projects (项目)面板的 Sheet1.SchDoc 项目文件上右击，在弹出的右键快捷菜单中，保存项目文件，将该原理图文件另存为 "AD 转换电路.SchDoc"。保存后，Projects(项目)面板中将显示出用户设置的名称，如图 4.110 所示。

Step 3 原理图图纸的设置，选择菜单栏中的 Design(设计) → Document Options(文档选项)命令，或者在编辑区内单击鼠标右键，在弹出的快捷菜单中选择 Options(选项) → Document Options(文档选项)命令，弹出如图 4.111 所示的 Document Options(文档选项)对话框，在该对话框中可以对图纸进行设置，在 Standard styles(标准风格)中选择 A4 图纸，放置方向设置为 Landscape(横向)，图纸标题栏设为 Standard(标准)，其他采用默认设置，单击 OK(确定)按钮，完成图纸属性的设置。

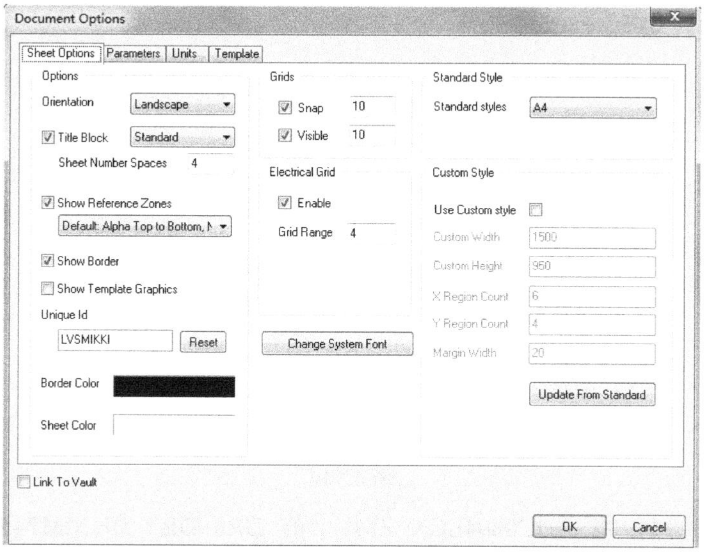

图 4.110

图 4.111

Step 4 查找元器件，并加载其所在的库。这里我们不知道设计中所用到的 MC7805CT 所在的库位置，因此，首先要查找这个元器件。打开 Libraries(元件库)面板，单击 Libraries(元件库)按钮，在弹出的查找元器件对话框中的输入"ADC0804LCN"，如图 4.112 所示。单击 Search(查找)按钮后，系统开始查找此元器件。查找到的元器件将会显示在 Libraries 面板中，如图 4.113 所示。单击 Place ADC0804LCN(放置 ADC0804LCN)按钮，将光标移动到工作窗口。

Step **5** 用同样的方法查找 SN74ALS157N、D Connector 25 等元件。在其他的元件库中找出需要的另外一些元件，然后将它们都放置到原理图中，再对这些元件进行布局，布局的结果如图 4.114 所示。

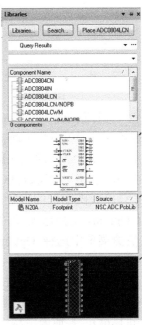

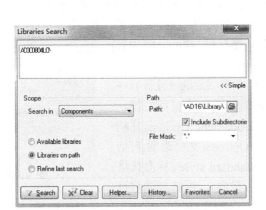

图 4.112

图 4.113

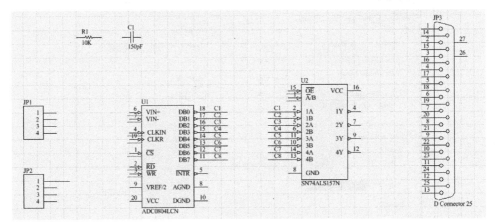

图 4.114

Step **6** 绘制总线。将 ADC0804LCN 芯片上的 DB0~DB7 和 MM74HC157N 芯片上的 1A~4B 管脚连接起来。选择 Place(放置) → Bus(总线)菜单命令，或单击工具栏中的 按钮，这时，鼠标变成十字形状。单击鼠标左键确定总线的起点，按住鼠标左键不放，拖动鼠标画出总线，在总线拐角处单击，画好的总线如图 4.115 所示。

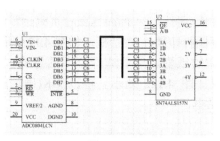

图 4.115

**Step 7** 放置总线分支。选择菜单栏中的 Place(放置) → Bus Entry(总线分支线)命令，或单击工具栏中的 ↖ 按钮，用总线分支将芯片的针脚与总线连接起来。

**Step 8** 放置网络标签。选择菜单栏中的 Place(放置) → Net Label(网络标签)命令，或单击工具栏中的 Net 按钮，这时，鼠标变成十字形状，并带有一个初始标号 Net Label(网络标签)。按 Tab 键打开如图 4.116 所示的 Net Label(网络标签)对话框，然后在该对话框的 Net(网络)文本框中输入网络标签的名称，再单击 OK(确定)按钮退出该对话框。接着移动鼠标光标，将网络标签放置到总线分支上，如图 4.117 所示。注意要确保电气上相连接的引脚具有相同的网络标签，引脚 DB7 和引脚 4B 相连并拥有相同的网络标签 C1，表示这两个引脚在电气上相连。

图 4.116

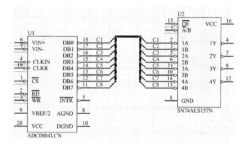

图 4.117

**Step 9** 绘制其他导线。绘制除了总线之外的其他导线，如图 4.118 所示。设置元件序号和参数，并添加接地符号。双击元件，弹出属性对话框，对各类元件分别进行编号，对需要赋值的元件进行赋值。

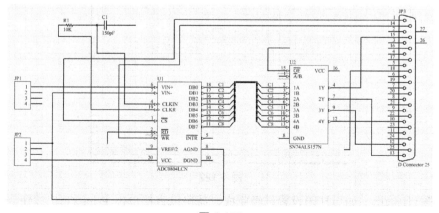

图 4.118

**Step 10** 向电路中添加接地符号，如图 4.119 所示。

Step 11 选择菜单栏中的 File(文件) → Page Setup(页码设置)，如图 4.120 所示，即可弹出 Schematic Print Properties(原理图打印属性)对话框，如图 4.121 所示。在"纸张"选择区域中的"大小"下拉菜单中选择打印的纸型，然后选择打印的方式，选择 Landscape(横向)，单击 Preview (预览)按钮，预览效果如图 4.122 所示。单击 OK(确定)按钮，返回到 Schematic Print Properties(原理图打印属性)对话框。

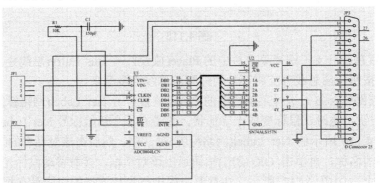

图 4.119

图 4.120

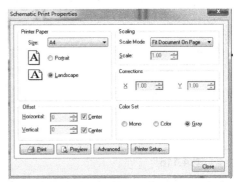

图 4.121

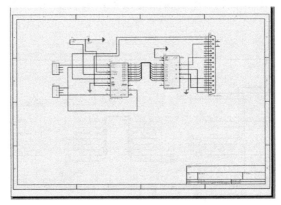

图 4.122

Step 12 打印输出。如果打印设置已经完成，就可以直接单击 Print(打印)按钮，将图纸打印输出。正确打印原理图，不仅要保证打印机硬件的正确连接，而且合理的设置也是取得良好打印效果的必备前提。

# 第 5 章

## PCB 设计基础

设计印制电路板是整个工程设计的目的。原理图设计得再漂亮、完美，但是，如果电路板设计得不合理，则性能也将大打折扣，严重时，甚至不能正常工作。由于所设计的 PCB 图要用来进行电路板的生产，为了满足功能上的需要，电路板设计往往有很多的规则要求，例如，要考虑到实际中的散热和干扰等问题。因此，相对于原理图的设计来说，对 PCB 图的设计则需要设计者更加细心和耐心。

本章主要包括 PCB 概述、PCB 的设置、元件的布局、电路板的布线等内容，中间通过一些实例来总结前面所学的内容，最后通过综合实例，来总结学过的内容。

## 5.1 PCB 概述

PCB(Printed Circuit Board)，即印制线路板，简称印制板，是电子行业中的重要部件之一。几乎每种电子设备，小到电子手表、计算器，大到计算机、通信电子设备、军用武器系统，只要有集成电路等电子元器件，为了实现它们之间的电气互连，都要使用印制板。在较大型的电子产品研究过程中，最基本的成功因素是该产品的印制板的设计、文件编制和制造。印制板的设计和制造质量直接影响到整个产品的质量和成本，甚至决定着商业竞争的成败。

在进行具体的印制电路板设计前，我们先来感性地了解一下有关印制电路板的基础知识，以便能够更好地理解和掌握后面的设计操作。

### 5.1.1 PCB 的发展和种类

一般来说，所谓印制电路板(Printed Circuit Board)，就是以绝缘敷铜板为基材，经过印刷、蚀刻、钻孔及后处理等工序，将电路中元器件的连接关系用一组导电图形及孔位制作在敷铜板上，最后裁剪而成的具有一定外形尺寸的板子，也称为印制线路板，或简称为印制板、PCB。

在电子工业飞速发展的今天，印制电路板已经无处不在，手机、计算机主板、电视机、工业控制仪器、医疗仪器、电子手表、导弹电子导航部分，甚至大规模芯片基板等，都有 PCB 存在。印制电路板根据应用场合的不同，使用的材料、工艺方式也不尽相同。

印制电路板的主要作用有如下几点：

- 实现了电路中各个元器件间的电气连接，代替复杂的布线，减少了传统方式下的接线工作量，简化了电子产品的装配、焊接和调试。
- 缩小了整体体积，在降低产品成本的同时，进一步提高了质量和可靠性。
- 具有良好的一致性，采用标准化设计，方便大规模的自动化生产，提高了生产效率。
- 装备的部件具有良好的机械性能和电气性能，实现了电子部件的模块化，整块经过装配调试的印制电路板可以作为一个备件，便于整机产品的互换与维修。

由于其独特的功能和特点，印制电路板被极其广泛地应用于各种电子产品中，成为不可或缺的重要部件之一。

印制电路板的种类很多，分类方法也多种多样。根据其板上敷铜层数的不同，可以分为单面板(Single Layer PCB)、双面板(Double Layer PCB)和多层板(Multi Layer PCB)，这是 PCB 设计中最常见的一种分类方法。

### 1. 单面板

单面板是一种一面有敷铜，另一面没有敷铜的较为简单的印制电路板。设计时，元器件被集中放置在没有敷铜的一面上，该面被称为元器件面(Component Side)，敷铜导线则集中在另一面，被称为焊接面(Solder Side)。

单面板结构比较简单，制作成本较低，通常应用于批量生产的电子产品设计中，如电视机、收音机、电冰箱等。但当电路复杂时，由于只能单面布线而且不允许交叉，其布线难度很大，布通率往往较低，在此情况下，需要大量的飞线来完成电气连接，增加了产品生产工艺的复杂度。

### 2. 双面板

随着印制电路板厂商制作水平的提高，用于复杂电路设计的双面板开始普遍使用。双面板是一种两面都有敷铜，两面都可以进行布线操作的印制电路板，不同面的布线之间通过金属化过孔进行连接，基本消除了单层印制电路板飞线的烦恼，布通率大大提高了。为了区分上、下两个敷铜层，分别被人为地规定为 TopLayer(顶层)和 BottomLayer(底层)。一般来说，顶层通常用来放置元器件，沿用单面板的习惯，称为元器件面，而底层则称为焊接面。

由于双面板两面都可以布线，并且可以通过金属化过孔使上、下两层敷铜间建立电接触，对于一般的应用电路来说，只要不是特别复杂的电路板，一般都可以轻松布通，因此双面板是目前应用最为广泛的一种印制电路板结构。

使用表贴封装的器件时，可以根据需要，焊接在任意一面上，此时，就无所谓元器件面和焊接面了。

### 3. 多层板

随着集成电路复杂程度的不断提高，特别是由于几百个引脚的大规模集成电路，微封装器件和 FPGA 封装形式器件的普及应用，采用双层板布线就显得有些捉襟见肘了。因此，多层印制电路板应运而生了。多层印制电路板是指包含了多个工作层面的印制电路板，除了顶层和底层外，还包括多个信号层、中间层、内部电源层和接地层等，层与层相互绝缘，彼此之间通过过孔建立电气连接，如图 5.1 所示。

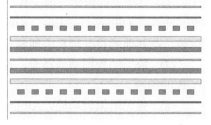

图 5.1

最常见到的多层印制电路板就是计算机主板，通常层数在 8~12 层之间。多层板由于具有布线层数多、走线方便、布通率高、面积小等优点，其应用已日益广泛。最简单的多层板是 4 层的，在顶层和底层之间加上了电源层和接地层。这样处理，可以极大程度地解决电路中的电磁干扰，提高了电路系统的可靠性。板层越多，可布线的区域也就越多，布线就越简单。但是，随着层数的增多，无论设计或制作都将更复杂，设计时间与成本也将大大增加。

## 5.1.2  PCB 编辑器的功能特点

Altium Designer 16.0 的 PCB 编辑器提供了一条设计印制电路板的快捷途径，PCB 编辑器通过它的交互性编辑环境，将手动设计和自动化设计完美融合起来。PCB 的底层数据结构最大限度地考虑了用户对速度的要求，通过对功能强大的设计法则的设置，用户可以有效地控制印制电路板的设计过程。对于特别复杂的、有特殊布线要求的、计算机难以自动完成的布线工作，可以选择手动布线。总之，Altium Designer 16.0 的 PCB 设计系统功能强大而方便，它具有以下的功能特点。

(1) 丰富的设计法则。电子工业的飞速发展，对印制电路板的设计人员提出了更高的要求。为了能够成功地设计出一块性能良好的电路板，用户需要仔细考虑电路板阻抗匹配、布线间距、走线宽度、信号反射等各项因素，而 Altium Designer 16.0 强大的设计法则极大地方便了用户。Altium Designer 16.0 提供了超过 25 种设计法则类别，覆盖了设计过程中的方方面面。这些定义的法则可以应用于某个网络、某个区域，以至于整个 PCB 板，这些法则互相组合，能够形成多方面的复合法则，使用户迅速地完成印制电路板的设计。

(2) 易用的编辑环境。与 Altium Designer 16.0 的原理图编辑器一样，PCB 编辑器完全符合 Windows 应用程序风格，操作起来非常简单，编辑工作非常自然直观。

(3) 合理的元件自动布局功能。Altium Designer 16.0 提供了好用的元件自动布局功能，通过元件自动布局，计算机将根据原理图生成的网络报表对元件进行初步布局。用户的布局工作仅限于元件位置的调整。

(4) 高智能的基于形状的自动布线功能。Altium Designer 16.0 在印制电路板的自动布线技术上有了长足的进步。在自动布线的过程中，计算机将根据定义的布线规则，并基于网络形状对电路板进行自动布线。自动布线可以在某个网络、某个区域直至整个电路板的范围内进行，这大大减轻了用户的工作量。

(5) 易用的交互性手动布线。对于有特殊布线要求的网络或者特别复杂的电路设计，Altium Designer 提供了易用的手动布线功能。电气格点的设置使得手动布线时能够快速定位连线点，操作起来简单而准确。

(6) 强大的封装绘制功能。Altium Designer 16.0 提供了常用的元件封装，对于超出 Altium

Designer 自带元件封装库的元件，在 Altium Designer 16.0 的封装编辑器中，可以方便地绘制出来。此外，Altium Designer 16.0 采用库的形式来管理新建封装，使得在一个设计项目中绘制的封装，在其他的设计项目中能够得到引用。

(7) 恰当的视图缩放功能。Altium Designer 16.0 提供了强大的视图缩放功能，方便了大型 PCB 的绘制。

(8) 强大的编辑功能。Altium Designer 16.0 的 PCB 设计系统有标准的编辑功能，用户可以方便地使用编辑功能，提高工作效率。

(9) 万无一失的设计检验。PCB 文件作为电子设计的最终结果，是绝对不能出错的。Altium Designer 16.0 提供了强大的设计法则检验器(DRC)，用户可以定义通过对 DRC 的规则进行设置，然后计算机自动检测整个 PCB 文件。此外，Altium Designer 16.0 还能够给出各种关于 PCB 的报表文件，方便随后的工作。

(10) 高质量的输出。Altium Designer 16.0 支持标准的 Windows 打印输出功能，其 PCB 输出质量也比较高。

## 5.2 PCB 的设计界面简介

PCB 的设计界面主要包括三个部分：主菜单、主工具栏和工作面板，如图 5.2 所示。其中，左边为 Files(文件工作面板)、Navigator(向导)、Projects(项目)，右边对应的是主工作面板，最下面的是状态条。其中，项目栏是我们经常进行操作使用的地方，需要说明的是，左边的菜单栏位置是灵活的，可以根据自己的习惯进行移动。

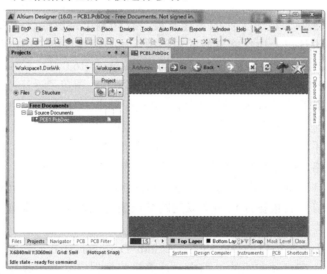

**图 5.2**

与原理图设计的界面一样，PCB 设计界面也是在软件主界面的基础上添加了一系列菜单项和工具栏，这些菜单项及工具栏主要用于 PCB 设计中的电路板设置、布局、布线及工程操作等。菜单项与工具栏基本上是对应的，能用菜单项来完成的操作几乎都能通过工具栏中的相应工具按钮完成。同时，用右键单击工作窗口，将弹出一个快捷菜单，其中包括 PCB 设计中常用的一些菜单项。

## 5.2.1 PCB 菜单栏

在 PCB 的设计过程中,各项操作都可以使用菜单栏中相应的命令来完成,如图 5.3 所示,菜单栏中的各菜单命令功能简要介绍如下。

DXP  File  Edit  View  Project  Place  Design  Tools  Auto Route  Reports  Window  Help

图 5.3

(1) File(文件)菜单:用于文件的新建、打开、关闭、保存与打印等操作。

(2) Edit(编辑)菜单:用于对象的复制、粘贴、选取、删除,导线切割、移动、对齐操作。

(3) View(视图)菜单:用于实现对视图的各种管理,如工作窗口的放大与缩小,各种工具、面板、状态栏及节点的显示与隐藏等,以及 3D 模型、公英制转换等。

(4) Project(项目)菜单:用于实现与项目有关的各种操作,如项目文件的新建、打开、保存与关闭,工程项目的编译及比较等。

(5) Place(放置)菜单:包含了在 PCB 中放置导线、字符、焊盘、过孔等各种对象的命令,以及放置坐标、标注的命令。

(6) Design(设计)菜单:用于添加或删除元件库、导入网络表、原理图与 PCB 间的同步更新及印刷电路板的定义,以及电路板形状的设置、移动等操作。

(7) Tools(工具)菜单:用于为 PCB 设计提供各种工具,如 DRC 检查、元件的手动与自动布局、PCB 图的密度分析及信号完整性分析等操作。

(8) Auto Route(自动布线)菜单:用于执行与 PCB 自动布线相关的各种操作。

(9) Reports(报表)菜单:用于执行生成 PCB 设计报表及 PCB 板尺寸测量等操作。

(10) Window(窗口)菜单:用于对窗口进行各种操作。

(11) Help(帮助)菜单:用于打开帮助菜单。

## 5.2.2 PCB 主工具栏

工具栏中以图标按钮的形式,列出了常用菜单命令的快捷方式,用户可根据需要,对工具栏中包含的命令进行选择,对摆放位置进行调整。

右击菜单栏或工具栏的空白区域,弹出工具栏的命令菜单,如图 5.4 所示。它包含 6 个命令,带有标志的命令表示被选中而出现在工作窗口上方的工具栏中。

图 5.4

(1) PCB Standard(PCB 标准)命令:控制 PCB 标准工具栏的打开与关闭,如图 5.5 所示。

图 5.5

(2) Filter(过滤)命令:控制过滤工具栏的打开与关闭,可以快速定位各种对象,如图 5.6 所示。

图 5.6

(3) Variant(变量)命令：用于安装变量。

(4) Utilities(实用)命令：用于控制实用工具栏的打开与关闭，如图 5.7 所示。

(5) Wiring(连线)命令：用于控制连线工具栏的打开与关闭，如图 5.8 所示。

图 5.7           图 5.8

(6) Customize(用户定义)命令：用于用户自定义设置。

## 5.3 PCB 设计流程图

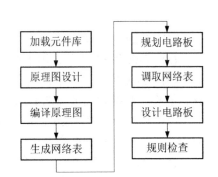

图 5.9

利用 Altium Designer 16.0 来设计印制电路板的具体流程如图 5.9 所示。

具体步骤如下。

Step ① 建立 PCB 设计工程文件(.PrjPcb 文件)。即选择菜单栏中的 File(文件) → New(新建) → Project(项目)命令，创建一个 PCB 项目文件。

Step ② 绘制电路原理图，并对元件属性赋值(.SchDoc 文件)。

Step ③ 编译原理图，以消息方式显示错误；选择菜单栏中的 Project(项目) → Compile PCB ProjectXXX 电路(编译 XXX 电路 PCB 项目).PrjPCB。

Step ④ 生成网络表(.NET 文件，系统自动生成)。

Step ⑤ 生成 PCB 板图，绘制板框(.PcbDoc 文件)；选择菜单栏中的 File(文件) → New(新建) → PCB(PCB 文件)，新建 PCB 文件。

Step ⑥ 调入网络表，完成元件位置的布置，设置布线规则，完成全部布线。

Step ⑦ 电路板规则检查(.html 文件，系统自动生成)。

Step ⑧ 保存文件。

## 5.4 PCB 的设置

在使用 PCB 设计系统进行印制电路板设计前，首先要了解一下工作层面，第一个就是印制电路板结构的设计。

### 5.4.1 PCB 板层的设置

在对电路板进行设计前，可以对电路板的层数及属性进行详细的设置。这里所说的层，主要是指 Signal Layers(信号层)、Internal Plane Layers(电源层和地线层)和 Insulation(Substrate) Layers(绝缘层)。

电路板层数设置的具体操作步骤如下。

Step ① 选择菜单栏中的 Design(设计) → Layer Stack Manager(电路板层堆栈管理)命令，系统将弹出如图 5.10 所示的 Layer Stack Manager(电路板层堆栈管理)对话框。在该对话框中，可以增加层、删除层、移动层所处的位置及对各层的属性进行设置。

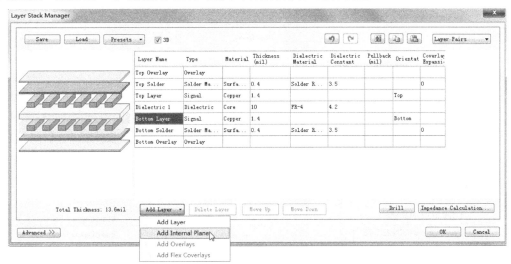

图 5.10

对话框的中心显示了当前 PCB 图的层结构。包括 Top Layer(顶层)、Bottom Layer(底层)等。用户可以单击 Add Layer(添加层)按钮添加信号层、电源层和地线层，单击 Add Internal Plane(添加平面)按钮可添加中间层。选定某一层为参考层，执行添加新层的操作时，新添加的层将出现在参考层的下面。而当选择 Bottom Layer(底层)时，添加层则出现在底层的上面。

**Step 2** 添加新层后，单击 Move Up(上移)按钮或 Move Down(下移)按钮，可以改变该层在所有层中的位置。在设计过程的任何时间都可进行添加层的操作。

**Step 3** 选中某一层后，单击 Delete Layer(删除层)按钮，即可删除该层。

**Step 4** PCB 设计中，最多可添加 32 个信号层、16 个电源层和地线层。各层的显示与否，可在 View Configurations(视图配置)对话框中进行设置，勾选各层中的 Show(显示)复选框即可。

**Step 5** 设置层的堆叠类型。电路板的层叠结构中，不仅包括拥有电气特性的信号层，还包括无电气特性的绝缘层。

**Step 6** 单击 Layer Stack Manager(电路板层堆栈管理)对话框中的 Drill(钻孔设置)按钮来设置钻孔。

**Step 7** 单击 Layer Stack Manager(电路板层堆栈管理)对话框中的 Impedance Calculation(阻抗计算)按钮来计算阻抗。

## 5.4.2　PCB 板层颜色的修改

PCB 编辑器采用不同的颜色显示各个电路板层，以便于区分。可以根据个人操作习惯进行设置，并且可以决定是否在编辑器内显示该层。下面通过实际操作，来介绍 PCB 层颜色的设置。具体步骤如下。

**Step 1** 选择菜单栏中的 Design(设计) → Board Layers & Colors(电路板层和颜色设置)命令，如图 5.11 所示。

**Step 2** 在工作窗口中右击，在弹出的右键快捷菜单中选择 Options(选项) → Layers & Colors(层&颜色)命令，如图 5.12 所示。或者按快捷键 L。系统弹出 View Configurations(视图配置)对话框，如图 5.13 所示，其中包括电路板层颜色设置和系统默认设置颜色的显示两部分。

图 5.11

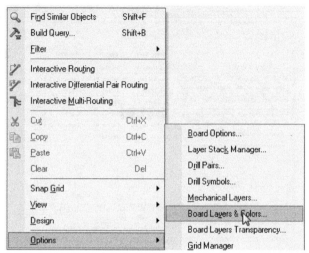

图 5.12

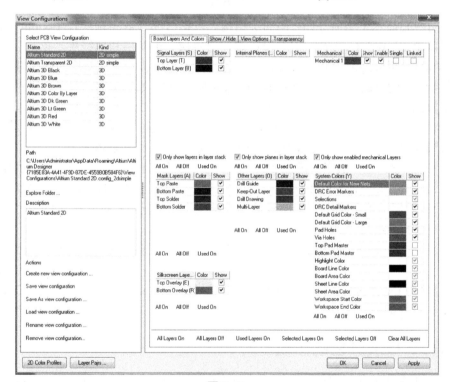

图 5.13

在 Board Layers And Colors(电路板层和颜色)选项卡中，包括 Only show layers in layer stack (只显示层叠中的层)、Only show planes in layer stack(只显示层叠中的面)和 Only show enabled mechanical layers(只显示激活的机械层)三个复选框，它们分别对应其上方的信号层、电源层和地线层、机械层。

在 View Configurations(视图配置)对话框中勾选这三个复选框，只显示有效层面，对未用层面可以忽略其颜色设置。

在各个设置区域中：

- Color(颜色)设置栏用于设置对应电路板层的显示颜色。
- Show(显示)复选框用于决定此层是否在 PCB 编辑器内显示。

如果要修改某层的颜色，单击其对应的 Color(颜色)设置栏中的颜色显示框，即可在弹出的 2D System Colors(二维系统颜色)对话框中修改。如图 5.14 所示是修改 Keep-Out Layer(层外)颜色的 2D System Colors(二维系统颜色)对话框。

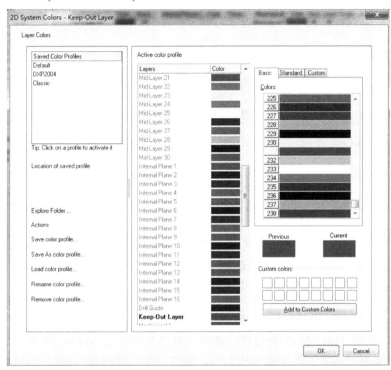

图 5.14

在 View Configurations(视图配置)对话框中：

- 单击 All On(打开所有)按钮，则所有层的 Show(显示)复选框都处于勾选状态。
- 单击 All Off(关闭所有)按钮，则所有层的 Show(显示)复选框都处于未勾选的状态。
- 单击 Used On(惯用)按钮，则当前工作窗口中所有使用层的 Show(显示)复选框处于勾选状态。
- 单击 Selected Layer On(被选层打开)按钮，即可勾选该层的 Show(显示)复选框。
- 单击 Selected Layer Off(被选层关闭)按钮，即可取消该层 Show(显示)复选框的勾选。
- 单击 Clear All Layer(清除所有层)按钮，即可清除对话框中层的勾选。

## 5.4.3　PCB 编辑器的设置

PCB 编辑器的工作区选项在 Preferences(参数选择)对话框中设置，Preferences(参数选择)对话框可使用下方式打开，选择菜单栏中的 Tools(工具) → Preferences(参数选择)命令，或者在工作区单击鼠标右键，在弹出的快捷菜单中选择 Options(选项) → Preferences(参数选择)命令，打开如图 5.15 所示的 Preferences(参数选择)对话框。

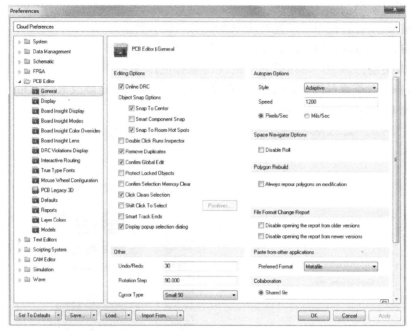

**图 5.15**

该对话框中，主要需要设置的有 5 个设置页：General(常规)、Display(显示)、Models(模式)、Defaults(默认)和 PCBLegacy 3D(三维 PCB)。

下面以 General(常规)设置页为例，讲述其中一些参数的含义。

**1. Editing Options(编辑选项)选项组**

Online DRC(在线 DRC 标记)复选框：选中该复选框时，所有违反 PCB 设计规则的地方都将被标记出来。取消对该复选框的选中状态时，用户只能通过选择 Tools(工具) → Design Rule Check(设计规则检查)菜单命令，在 Design Rule Check(设计规则检查)对话框中进行查看。PCB设计规则在 PCB Rules & Constraints(PCB 规则&约束)对话框中定义(选择 Design(设计) → Rules(规则)菜单命令)。

Snap To Center(捕捉中心)复选框：选中该复选框时，鼠标捕获点将自动移到对象的中心。对焊盘或过孔来说，鼠标捕获点将移向焊盘或过孔的中心。对元件来说，鼠标将移向元件的第一个引脚。对导线来说，鼠标将移向导线的一个顶点。

Smart Component Snap(自动元件捕捉)复选框：选中该复选框，当选中元件时，鼠标将自动移到离点击处最近的焊盘上。取消对该复选框的选中状态，当选中元件时，鼠标将自动移到元件的第一个引脚的焊盘处。

Double Click Runs Inspector(双击运行检查器)复选框：选中该复选框时，在一个对象上双击，将打开该对象的 Inspector(检查器)对话框。

Remove Duplicates(移去重复数据)复选框：选中该复选框，当数据进行输出时，将同时产生一个通道，这个通道将检测通过的数据并将重复的数据删除。

Confirm Global Edit(确认全局编辑)复选框：选中该复选框，用户在进行全局编辑的时候，系统将弹出一个对话框，提示当前的操作将影响到对象的数据。

Protect Locked Objects(保护锁定对象)复选框：选中该复选框后，当对锁定的对象进行操作时，系统将弹出一个对话框，询问是否继续此操作。

Confirm Selection Memory Clear(选择记忆删除确认)复选框：单击工作窗口右下角的按钮，弹出一个对话框。选中该复选框，当用户删除某一个记忆时，系统将弹出一个警告对话框。默认状态下取消对该复选框的选中状态。

Click Clears Selection(单击清除选择对象)复选框：通常情况下，该复选框保持选中状态。用户单击选中一个对象，然后去选择另一个对象时，上一次选中的对象将恢复未被选中的状态。取消对该复选框的选中状态时，系统将不清除上一次的选中记录。

Shift Click To Select(按 Shift 键同时单击鼠标选中对象)复选框：选中该复选框时，用户需要按 Shift 键同时单击所要选择的对象才能选中该对象。通常取消对该复选框的选中状态。

### 2. Other(其他)选项组

Undo/Redo(取消/恢复)文本框：该项主要设置撤消/恢复操作的范围。通常情况下，范围越大，要求的存储空间就越大。这将降低系统的运行速度。但在自动布局对象的复制和粘贴等操作中，记忆容量的设置是很重要的。

Rotation Step(旋转角度步长)文本框：在进行元件的放置时，单击空格键，可改变元件的放置角度。通常保持默认的 90° 角设置。

Cursor Type(光标类型)下拉列表：可选择工作窗口光标的类型，有三种选择：Large 90、Small 90 和 Small 45，如图 5.16 所示。

图 5.16

Comp Drag(元件拖动)下拉列表框：该项决定了在进行元件拖动时，是否同时拖动与元件相连的布线。选择 Connected Tracks(相连的布线)选项，则在拖动元件的同时，拖动与之相连的布线。选择 None(无)选项则只拖动元件。

### 3. Auto pan Options(自动移动选项)选项组

Style(类型)下拉列表框：在此选项中，可以选择视图自动缩放的类型。

Speed(速度)文本框：当在 Style 下拉列表框中选择了 Adaptive(自适应)选项时将出现该项。从中可以进行缩放步长的设置，单位有两种：Pixels/Sec 和 Mils/Sec。

## 5.5 在 PCB 文件中导入原理图网络表信息

网络表是原理图与 PCB 图之间的联系纽带，原理图的信息可以通过导入网络表的形式完成与 PCB 之间的同步。在进行网络表的导入前，需要装载元件的封装库，并对同步比较器的比较规则进行设置。

### 5.5.1 设置同步比较的规则

同步设计是 Protel 系列软件电路绘图最基本的绘图方法，对同步设计概念，一个简单的理解就是原理图文件和 PCB 文件在任何情况下都保持同步。也就是说，不管是先绘制原理图再绘

制 PCB，还是原理图和 PCB 同时绘制，最终都要保证原理图上元件的电气连接意义必须与
PCB 上的电气连接意义完全相同，这就是同步。

同步并不是单纯地同时进行，而是原理图和 PCB 两者之间电气连接意义的完全相同。实现
这个目的的最终方法，是用同步器来实现，这个概念就被称为同步设计。

要完成原理图与 PCB 图的同步更新，同步比较规则的设置是至关重要的。具体步骤如下。

Step 1 选择菜单栏中的 Project(项目) → Project Options(项目选项)命令，进入 Options for
PCB Project(可供选择的线路板项目)对话框，然后单击 Comparator(比较)选项卡标签，在该选项
卡中，可以对同步比较规则进行设置，如图 5.17 所示。

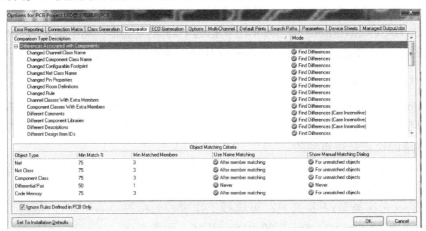

图 5.17

Step 2 单击 Set To Installation Defaults(设置到安装默认)按钮，将恢复该对话框中原来的
设置，单击 OK(确定)按钮，即可完成同步比较规则的设置。

同步器的主要作用，是完成原理图与 PCB 图之间的同步更新，但这只是对同步器的狭义上
的理解。广义上的同步器可以完成任何两个文档之间的同步更新，可以是两个 PCB 文档之间，
网络表文件和 PCB 文件之间，也可以是两个网络表文件之间的同步更新。用户可以在
Differences(区别)面板中查看两个文件之间的不同之处。

## 5.5.2　导入网络报表

完成同步比较规则的设置后，即可进行网络表的导入工作了，将实用门铃电路的原理图的
网络表导入到当前的 PCB 文件中，文件名为"实用门铃电路.PrjPcb"。

Step 1 打开本书下载资源中的源文件"\ch5\5.5.2\实用门铃电路.PrjPcb"，使其处于当前
的工作窗口中。

Step 2 选择菜单栏中的 File(文件) → New(新建) → PCB(PCB 文件)命令，新建 PCB 文
件，如图 5.18 所示，在 PCB 文件上右击，在弹出的快捷菜单中选择 Save As(保存)命令，在弹
出的保存文件对话框中输入"实用门铃电路"文件名，并保存在指定位置，如图 5.19 所示。

Step 3 选择菜单栏中的 Design(设计) → Update PCB Document 实用门铃电路.PcbDoc(更
新 PCB 文件实用门铃电路.PcbDoc)命令，系统将对原理图和 PCB 图的网络报表进行比较，并弹
出一个 Engineering Change Order(工程更改规则)对话框，如图 5.20 所示。

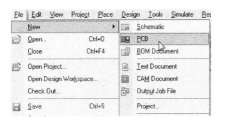

图 5.18

图 5.19

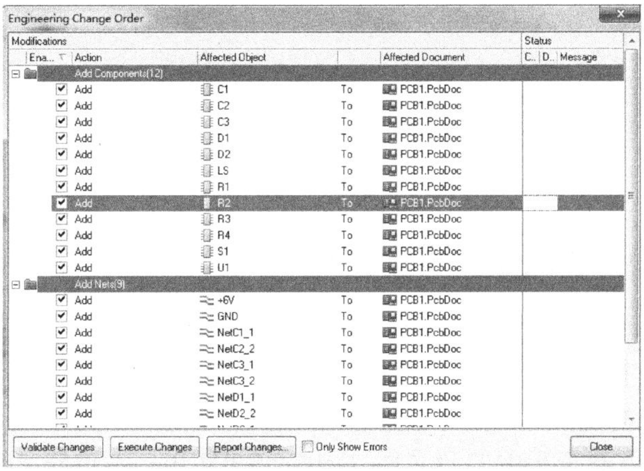

图 5.20

**Step 4** 单击 Validate Changes(确认更改)按钮，系统将扫描所有的改变，看能否在 PCB 上执行所有的改变。随后，在每一项所对应的 Check(检查)栏中将显示☑(正确)标记，如图 5.21 所示。说明这些改变都是合法的。反之，说明此改变不可执行，需要回到以前的步骤中修改，然后重新进行更新。

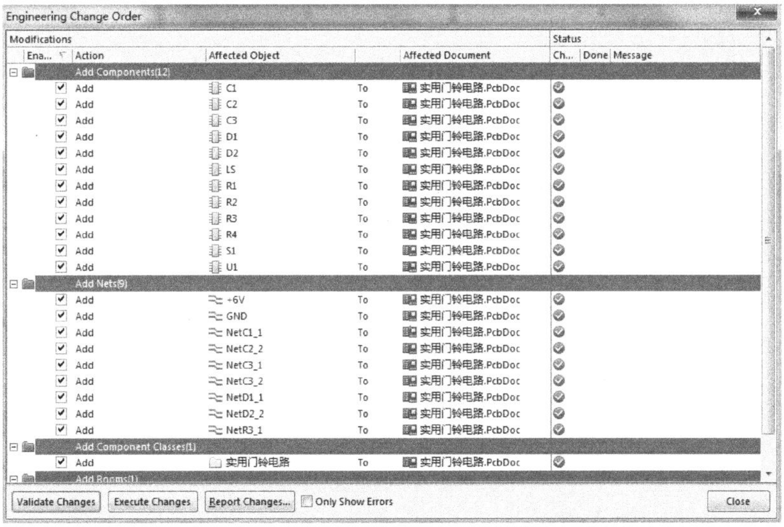

图 5.21

**Step 5** 进行合法性校验后，单击 Execute Changes(执行更改)按钮，系统将完成网络表的导入，同时，在每一项的 Done(完成)栏中显示标记提示导入成功。

Step 6 单击 Close(关闭)按钮关闭该对话框,这时,可以看到,在 PCB 图布线框的右侧出现了导入的所有元件的封装模型,如图 5.22 所示。

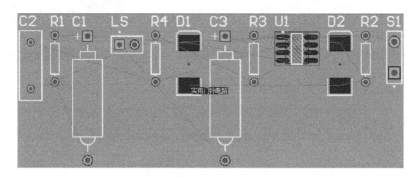

图 5.22

## 5.5.3 原理图与 PCB 图的同步更新

当导入网络报表操作时,完成原理图与 PCB 图之间的同步更新。如果导入网络表后又对原理图或者 PCB 图进行了修改,那么,要快速完成原理图与 PCB 图设计之间的双向同步更新,可以采用下面的方法来实现。

Step 1 打开本书下载资源中的源文件"\ch5\5.5.3\实用门铃电路.PrjPcb",使其处于当前的工作窗口中。选择菜单栏中的 Design(设计) → Update Schematic in MCU.PrjPCB(更新原理图)命令,系统将对原理图和 PCB 图的网络报表进行比较,并弹出一个对话框,如果相同,则出现 No Differences Detected,如图 5.23 所示。

图 5.23

如果不相同,系统将对原理图和 PCB 图的网络报表进行比较,并弹出一个对话框,给出比较结果,并提示用户确认是否查看两者之间的不同之处,如图 5.24 所示,单击 Yes(是)按钮,进入查看比较结果信息对话框,如图 5.25 所示。在该对话框中,可以查看详细的比较结果,了解两者之间的不同之处。

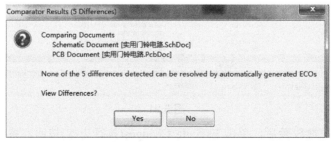

图 5.24

Differences between Schematic Document [实用门铃电路.SchDoc] and PCB Document [实用门铃电路.PcbDoc]
Differences
Update
Change Order
Schematic Document [实用门铃...
PCB Document [实用门铃电路.P...
Decision
Action
Affected Object
Affected Document
Extra Components(1)
[C2]
No Change
No Action
Extra Pins in Nets(2)
[C2-1] in GND
No Change
No Action
[C2-2] in NetC2_2
No Change
No Action
Component Classes With Extra Memb
[C2]
No Change
No Action
Changed Net Names(1)
[NetR4_1]
[NetC2_2]
No Change
No Action
Create Engineering Change Order...
Report Differences...
Explore Differences...
Close

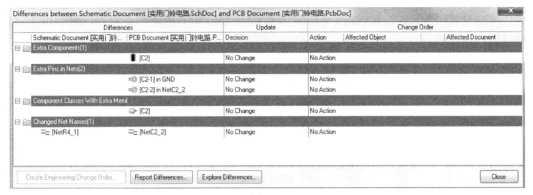

图 5.25

Step 2 单击某一项信息的 Update(更新)选项，系统将弹出一个小的对话框。用户可以选择更新原理图或者更新 PCB 图，也可以进行双向的同步更新。单击 No Updates(不更新)按钮或 Cancel(取消)按钮，如图 5.26 所示，可以关闭该对话框而不进行任何更新操作。

Update Schematic
Update PCB
No Updates
Cancel

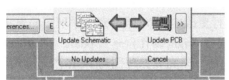

图 5.26

Step 3 单击 Report Differences(记录差异)按钮，系统将生成一个表格，如图 5.27 所示，从中可以预览原理图与 PCB 图之间的不同之处，同时可以对此表格进行导出或打印等操作。

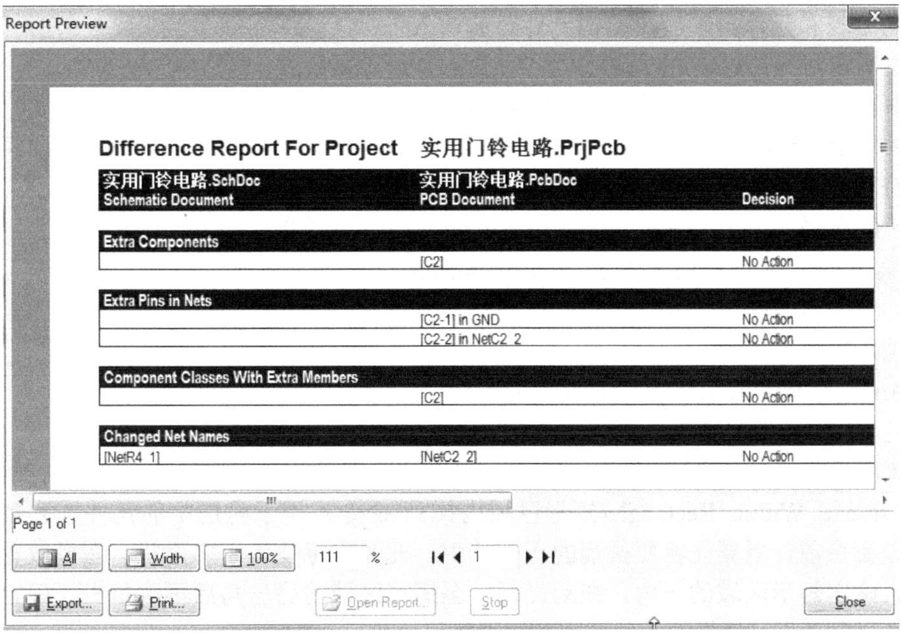

Report Preview
Difference Report For Project 实用门铃电路.PrjPcb
实用门铃电路.SchDoc
Schematic Document
实用门铃电路.PcbDoc
PCB Document
Decision
Extra Components
[C2]
No Action
Extra Pins in Nets
[C2-1] in GND
No Action
[C2-2] in NetC2_2
No Action
Component Classes With Extra Members
[C2]
No Action
Changed Net Names
[NetR4_1]
[NetC2_2]
No Action
Page 1 of 1
All
Width
100%
111
%
1
Export...
Print...
Open Report...
Stop
Close

图 5.27

Step 4 单击 Explore Differences(查看差异)按钮，弹出 Differences(差异)面板，从中可查看原理图与 PCB 图之间的不同之处，如图 5.28 所示。

**Step 5** 选择 Update Schematic(更新原理图)进行原理图的更新，更新后，对话框中将显示更新信息。

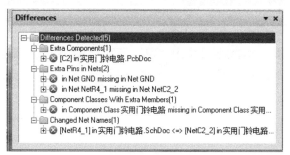

图 5.28

**Step 6** 在图 5.25 所示的界面中单击 Create Engineering Change Order(创建工程更改规则)按钮，系统将弹出 Engineering Change Order(工程更改规则)对话框，显示工程更新操作信息，完成原理图与 PCB 图之间的同步设计，与网络表的导入操作相同，单击 Validate Changes(确认更改)按钮和 Execute Changes(执行更改)按钮，即可完成原理图的更新。

除了通过选择菜单栏中的 Design(设计) → Update Schematic in My Project.PrjPCB(更新 PCB 文件 My Project.PcbDoc)命令来完成原理图与 PCB 图之间的同步更新外，单击菜单栏中的 Project(项目) → Show Differences(显示文档差别)命令，也可以完成同步更新。

## 5.6 元件的布局

装入网络表和元件封装后，要把元件封装放入工作区，这需要对元件封装进行布局。

Altium Designer 16.0 提供了强大的 PCB 自动布局功能，PCB 编辑器根据一套智能算法，可以自动地将元件分开，然后放置到规划好的布局区域内，并进行合理的布局。

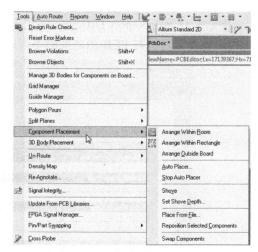

图 5.29

选择菜单栏中的 Tools(工具) → Component Placement(元件布局)项，即可打开与自动布局有关的子菜单项，如图 5.29 所示。

(1) Arrange Within Room(空间内排列)命令：用于在指定的空间内部排列元件。单击该命令后，光标变为十字形状，在要排列元件的空间区域内单击，元件即自动排列到该空间内部。

(2) Arrange Within Rectangle(矩形区域内排列)命令：用于将选中的元件排列到矩形区域内。使用该命令前，需要先将要排列的元件选中。此时光标变为十字形状，在要放置元件的区域内单击，确定矩形区域的一角，拖动光标，至矩形区域的另一角后再次单击。确定该矩形区域后，系统会自动将已选择的元件排列到矩形区域中来。

(3) Arrange Outside Board(板外排列)命令：用于将选中的元件排列在 PCB 板的外部。使用该命令前，需要先将要排列的元件选中，系统自动将选择的元件排列到 PCB 范围以外的右下角区域内。

(4) AutoPlacer(自动布局)命令：进行自动布局。

(5) Stop Auto Placer(停止自动布局)命令：停止自动布局。

(6) Shove(推挤布局)命令：推挤布局。推挤布局的作用，是将重叠在一起的元件推开。可以这样理解：选择一个基准元件，当周围元件与基准元件存在重叠时，则以基准元件为中心向四周推挤其他的元件。如果不存在重叠，则不执行推挤命令。

(7) Set Shove Depth(设置推挤深度)命令：设置推挤命令的深度，可以为 1~1000 之间的任何一个数值。

(8) Place From File(从文件导入布局)命令：导入自动布局文件进行布局。

## 5.6.1　自动布局约束参数

在自动布局前，首先要设置自动布局的约束参数。合理地设置自动布局参数，可以使自动布局的结果更加完善，也就相对地减少了手动布局的工作量，节省了设计时间。

自动布局的参数在 PCB Rules and Constraints Editor(PCB 规则和约束编辑器)对话框中进行设置。选择菜单栏中的 Design(设计) → Rules(规则)命令，系统将弹出 PCB Rules and Constraints Editor(PCB 规则和约束编辑器)对话框。单击该对话框中的 Placement(设置)标签，逐项对其中的选项进行参数设置。

(1) Room Definition(空间定义规则)选项：用于在 PCB 板上定义元件布局区域，如图 5.30 所示为该选项的设置对话框。在 PCB 板上定义的布局区域有两种，一种是区域中不允许出现元件，一种则是某些元件一定要在指定区域内。在该对话框中，可以定义该区域的范围(包括坐标范围与工作层范围)和种类。该规则主要用于在线 DRC、批处理 DRC 和 Cluster Placer(分组布局)自动布局的过程中。

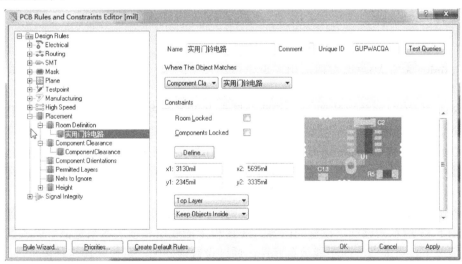

图 5.30

其中各选项的功能如下。

Room Locked(区域锁定)复选框：勾选该复选框时，将锁定 Room(空间)类型的区域，以防止在进行自动布局或手动布局时移动该区域。

Components Locked(元件锁定)复选框：勾选该复选框时，将锁定区域中的元件，以防止在进行自动布局或手动布局时移动该元件。

Define(定义)按钮：单击该按钮，光标将变成十字形状，移动光标到工作窗口中，单击鼠标，可以定义 Room 的范围和位置。

xl、y1 文本框：显示 Room(空间)最左下角的坐标。

x2、y2 文本框：显示 Room(空间)最右上角的坐标。

在最后两个下拉列表框中，列出了该 Room(空间)所在的工作层，以及对象与此 Room(空间)的关系。

(2) Component Clearance(元件间距限制规则)选项：用于设置元件的间距，如图 5.31 所示为该选项的设置对话框。在 PCB 板可以定义元件的间距，该间距会影响到元件的布局。

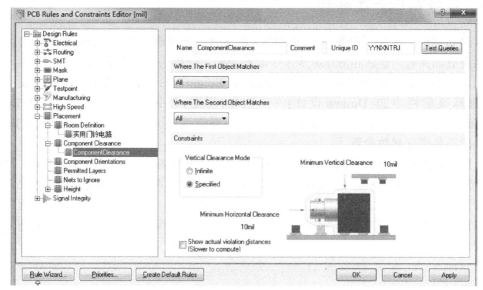

图 5.31

- Infinite(无穷大)单选按钮：用于设定最小水平间距，当元件间距小于该数值时，将视为违例。
- Specified(指定)单选按钮：用于设定最小水平和垂直间距，当元件间距小于这个数值时，将视为违例。

(3) Component Orientations(元件布局方向规则)选项：用于设置 PCB 板上元件允许旋转的角度，如图 5.32 所示为该选项设置的内容，在其中可以设置 PCB 板上所有元件允许使用的旋转角度。

(4) Permitted Layers(电路板工作层设置规则)选项：用于设置 PCB 板上允许放置元件的工作层，如图 5.33 所示为该选项设置的内容。PCB 板上的底层和顶层本来是都可以放置元件的，但在特殊情况下，可能有一面不能放置元件，通过设置该规则，可以实现这种需求。

(5) Nets To Ignore(网络忽略规则)选项：用于设置在采用 Cluster Placer(分组布局)方式执行元件自动布局时需要忽略布局的网络。忽略电源网络将加快自动布局的速度，提高自动布局的质量。如果设计中有大量连接到电源网络的双引脚元件，设置该规则可以忽略电源网络的布局并将与电源相连的各个元件归类到其他网络中进行布局。

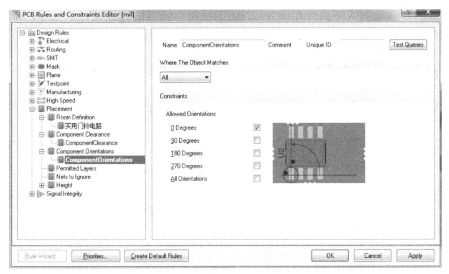

图 5.32

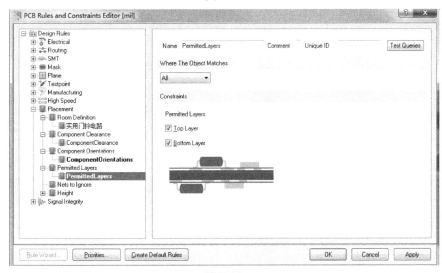

图 5.33

(6)　Height(高度规则)选项：用于定义元件的高度。在一些特殊的电路板上进行布局操作时，电路板的某一区域可能对元件的高度要求很严格，此时，就需要设置该规则。如图 5.34 所示为该选项的设置对话框，主要有 Minimum(最小高度)、Preferred(首选高度)和 Maximum(最大高度)三个可选择的设置选项。

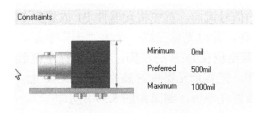

图 5.34

　　元件布局的参数设置完毕后，单击 OK(确定)按钮，保存规则设置，返回 PCB 编辑环境。接着就可以采用系统提供的自动布局功能进行 PCB 板元件的自动布局了。

## 5.6.2　元件的手动布局

　　本小节以如图 5.35 所示的实用门铃电路的手工布局的方式，来阐述一下元器件布局的操作过程。

　　在前面的案例中，已经完成了网络与元器件封装的装入，下面就可以开始在 PCB 上放置元器件了。由于电路比较简单，使用单面板或双面板即可完成设计。另外，在将元器件定位到 PCB 上之前，还需要对 PCB 进行一些必要的设置，如网格、工作层及层面颜色等。

　　**Step 1** 选择菜单栏中的 Design(设计) → Board Options(板参数选项)命令，在打开的 Board Options(板参数选项)对话框中，设置合适的网格参数，保证元器件定位时引脚均放置在网格点上，如图 5.36 所示。

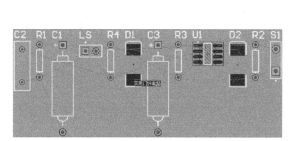

图 5.35　　　　　　　　　　　　　　　　　图 5.36

　　**Step 2** 在编辑窗口内单击鼠标右键，在弹出的快捷菜单中选择 Options(选项) → Board Layers &Colors(板层颜色)命令，在打开的 View Configurations(察看配置)对话框中，关闭不需要的工作层，设置工作层面颜色为默认，如图 5.37 所示。

　　**Step 3** 使用快捷键 V+L，在编辑窗口中显示整个 PCB 和所有元器件。

　　**Step 4** 参照原理图中的信号流向，首先将元器件 P1 放置到 PCB 上。将光标放在 P1 的封装轮廓中，按下鼠标左键不动，此时光标变成一个大"十"字形，并跳到元器件的参考点上。移动光标，拖动元器件，将其定位在 PCB 的左侧，松开鼠标左键后放下，如图 5.38 所示。

　　**Step 5** 按照同样的操作，把其余元器件封装放置在 PCB 上，放置过程中，可以按 Space (空格)键调整放置的方向。放置完毕后，结果如图 5.39 所示。

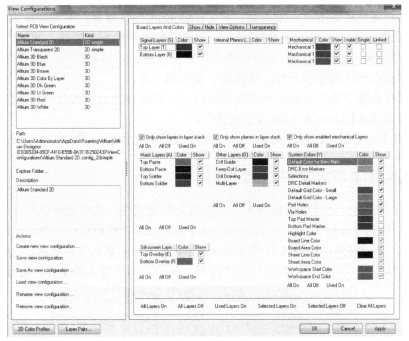

图 5.37

图 5.38

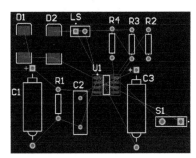

图 5.39

**Step 6** 调整所放置的元器件封装，尽量对齐，并对元器件的标注文字重新定位、调整。将光标放在某一标注文字上面，按下鼠标左键不动，此时，光标变成一个大"十"字形，同时，所选择的文字及其元器件被加亮显示，其余对象则被屏蔽，拖动鼠标，将文字调整完毕。

## 5.6.3　推挤式自动布局

推挤式自动布局不是全局式的元件自动布局，它的概念与推挤式自动布线类似。在某些设计中，定义了元件间距规则，即元件之间有最小间距限制。

推挤式自动布局的操作步骤如下。

**Step 1** 在进行推挤式布局前，应先设定推挤式布局的深度参数。选择菜单栏中的 Tools(工具) → Component Placement(元件放置) → Set Shove Depth(设置推挤深度)命令，系统将弹出如图 5.40 所示的 Shove Depth(推挤深度)对话框。设置完成后，单击 OK(确定)按钮，关闭该对话框。

图 5.40

**Step 2** 选择菜单栏中的 Tools(工具) → Component(元件放置) → Shove Depth(推挤深度) → Placement(元件放置) → Shove(推挤)命令，即可开始推挤式布局操作。此时，光标变成十字形状，选择基准元件，移动光标到所选元件上，单击鼠标，系统将以用户设置的 Shove Depth(推挤深度)推挤基准元件周围的元件，使其处于安全间距外。

**Step 3** 光标仍处于激活状态，单击其他元件，可继续进行推挤式布局操作。

**Step 4** 右击或者按 Esc(退出)键退出该操作。

应注意：对于元件数目比较小的 PCB，一般不需要对元件进行推挤式自动布局操作。

## 5.6.4　导入自动布局文件进行布局

对元件进行布局时，还可以采用导入自动布局文件来完成，其实质是导入自动布局策略。

选择菜单栏中的 Tools(工具) → Component Placement(元件放置) → Place From File(导入布局文件)命令，系统将弹出如图 5.41 所示的 Load File Name(导入文件名称)对话框。从中选择自动布局文件(后缀为".PIK")，然后单击"打开"按钮，即可导入此文件，进行自动布局。

图 5.41

通过导入自动布局文件的方法，在常规设计中比较少见，这里导入的并不是每一个元件布局的位置，而是一种自动布局的策略。

## 5.6.5　实例——单片机的布局设计

完成同步比较规则的设置后，即可进行网络表的导入工作了。这里将如图 5.42 所示的原理图的网络表导入到当前的 PCB1 文件中，文件名为"单片机原理图.PrjPcb"。

**Step 1** 打开本书下载资源中的源文件"\ch5\5.6.5\单片机原理图.PrjPcb"，使其处于当前工作窗口中，如图 5.42 所示。

**Step 2** 选择菜单栏中的 File(文件) → New(新建) → PCB(PCB 文件)命令，新建 PCB 文件，如图 5.43 所示。在 PCB 文件上单击鼠标右键，在弹出的快捷菜单中选择 Save As(另存为)命令，在弹出的保存文件对话框中，输入文件名"单片机原理图"，并保存在指定的位置，如图 5.44 所示。

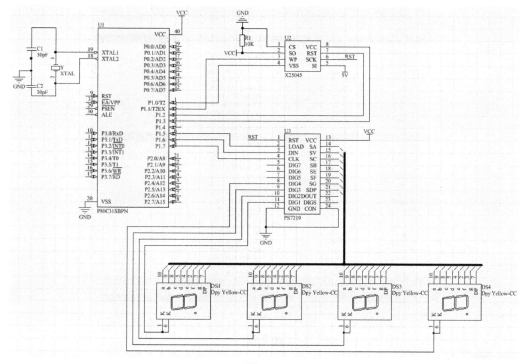

图 5.42

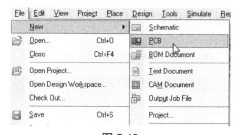

图 5.43

图 5.44

Step 3 打开电路原理图文件，选择菜单栏中的 Project(项目) → Compile PCB Project 单片机电路.PrjPCB(编译 PCB 项目文件单片机电路.PrjPCB)命令，如图 5.45 所示，系统编译设计项目。编译结束后，打开 Message 面板，查看有无错误信息，若有，则修改电路原路图。

Step 4 选择菜单栏中的 Design(设计) → Update PCB Document 单片机原理图.PcbDoc(更新 PCB 文件单片机原理图.PcbDoc)命令，如图 5.46 所示，系统将对原理图和 PCB 图的网络报表进行比较，并弹出一个 Engineering Change Order(工程变更规则)对话框，如图 5.47 所示。

图 5.45

图 5.46

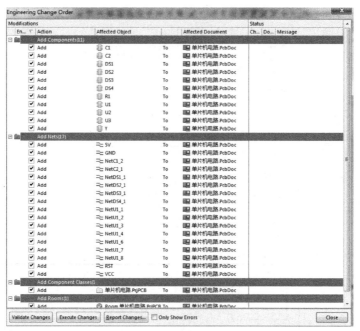

图 5.47

**Step 5** 单击 Validate Changes(确认变更)按钮，系统将扫描所有的改变，看能否在 PCB 上执行所有的改变。随后，在每一项所对应的 Check(检查)栏中，将显示 ◎(正确)标记，说明这些改变都是合法的，如图 5.48 所示。反之，则说明此改变是不可执行的，需要回到以前的步骤中进行修改，然后重新进行更新。

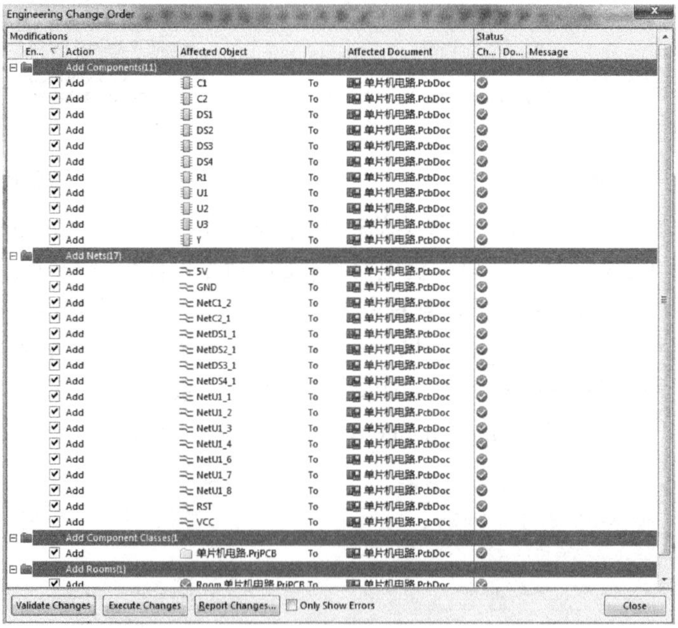

图 5.48

**Step 6** 进行合法性校验后，单击 Execute Changes(执行变更)按钮，系统将完成网络表的导入，同时，在每一项的 Done(完成)栏中显示标记，提示导入成功。结果如图 5.49 所示。

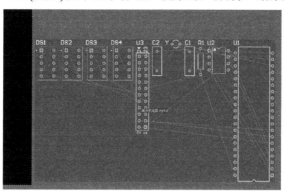

图 5.49

Step ⑦ 在编辑窗口中显示整个 PCB 和所有元器件，将 Room(空间)整体拖动至 PCB 板的上面。

Step ⑧ 手工布局，对布局不合理的地方进行手工调整，单击鼠标左键拖动调整。调整后的 PCB 图如图 5.50 所示。选择菜单栏中的 Tool(工具) → Legacy Tools(遗留工具) → Legacy 3D View(3D 显示)命令，查看 3D 效果图，检查布局是否合理，如图 5.51 所示。

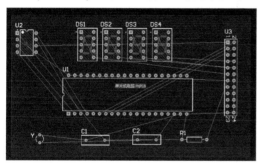

图 5.50

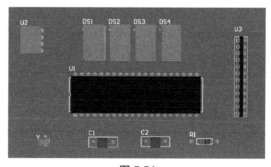

图 5.51

Step ⑨ 对布线不合理的地方进行手工调整，完成后保存文件。

## 5.7　电路板的布线

在 PCB 板上走线的首要任务，就是要在 PCB 板上走通所有的导线，建立起所有需要的电气连接，这在高密度的 PCB 设计中很具有挑战性，在能够完成所有走线的前提下，布线的要求如下：

- 走线长度尽量短和直，在这样的走线上，电信号完整性较好。
- 走线中尽量少地使用过孔。
- 走线的宽度要尽量宽。
- 输入输出端的边线应避免相邻平行，以免产生反射干扰，必要时应该加地线隔离。
- 两相邻层间的布线要互相垂直，平行则容易产生耦合。

自动布线是一个优秀的电路设计辅助软件所必需的功能之一。对于散热、电磁干扰及高频等要求较低的大型电路设计来说，采用自动布线操作可以大大地降低布线的工作量，同时，还能减少布线时的漏洞。如果自动布线不能够满足实际工程设计的要求，可以通过手动布线进行调整。

## 5.7.1  设置 PCB 自动布线的策略

设置 PCB 自动布线策略的具体步骤如下。

**Step 1** 选择菜单栏中的 Auto Route(自动布线) → Setup(设置)命令，系统将弹出如图 5.52 所示的 Situs Routing Strategies(布线位置策略)对话框。在该对话框中，可以设置自动布线策略。布线策略是指印制电路板自动布线时所采取的策略，如探索式布线、迷宫式布线、推挤式拓扑布线等。其中，自动布线的布通率依赖于良好的布局。

在 Situs Routing Strategies(布线位置策略)对话框中，列出了默认的 5 种自动布线策略，功能分别如下。对默认的布线策略，不允许进行编辑和删除操作。

- Cleanup(清除)：用于清除策略。
- Default 2 Layer Board(默认双面板)：用于默认的双面板布线策略。
- Default 2 Layer With Edge Connectors(默认具有边缘连接器的双面板)：用于默认的具有边缘连接器的双面板布线策略。
- Default Multi Layer Board(默认多层板)：用于默认的多层板布线策略。
- General Orthogonal：默认通用正交策略。
- Via Miser(少用过孔)：用于在多层板中尽量减少使用过孔策略。

勾选 Lock All Pre-routes(锁定所有先前的布线)复选框后，所有先前的布线将被锁定，重新自动布线时，将不改变这部分的布线。

勾选 Rip-Up Violations After Routing(布线后去掉交叉的连线)复选框后，可以在布线后去掉交叉的连线。

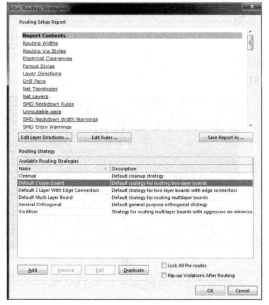

图 5.52

**Step 2** 单击 Add(添加)按钮，系统将弹出如图 5.53 所示的 Situs Strategies Editor(位置策略编辑器)对话框。在该对话框中，可以添加新的布线策略。

**Step 3** 在 Strategy Name(策略名称)文本框中填写添加的新建布线策略的名称，在 Strategy Description(策略描述)文本框中，填写对该布线策略的描述。可以通过拖动文本框下面的滑块来改变此布线策略允许的过孔数目，过孔数目越多，自动布线越快。

**Step 4** 选择左边的 PCB 布线策略列表框中的一项，然后单击 Add(添加)按钮，此布线策略将被添加到右侧当前的 PCB 布线策略列表框中，作为新创建的布线策略中的一项。如果想要删除右侧列表框中的某一项，则选择该项后，单击 Remove(移除)按钮即可删除。单击 Move Up(上移)按钮或 Move Down(下移)按钮，可以改变各个布线策略的优先级，位于最上方的布线策略优先级最高。

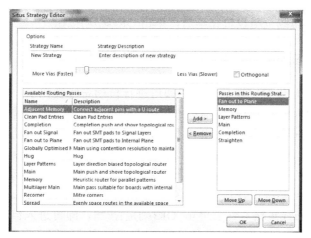

图 5.53

Altium Designer 16.0 布线策略列表框中主要有以下几种布线方式。

- Adjacent Memory(相邻的存储器)布线方式：U 型走线的布线方式。采用这种布线方式时，自动布线器对同一网络中相邻的元件引脚采用 U 型走线方式。

- Clean Pad Entries(清除焊盘走线)布线方式：清除焊盘冗余走线。采用这种布线方式可以优化 PCB 的自动布线，清除焊盘上多余的走线。

- Completion(完成)布线方式：竞争的推挤式拓扑布线。采用这种布线方式时，布线器对布线进行推挤操作，以避开不在同一网络中的过孔和焊盘。

- Fan out Signal(扇出信号)布线方式：表面安装元件的焊盘采用扇出形式连接到信号层，当表面安装元件的焊盘布线跨越不同的工作层时，采用这种布线方式可以先从该焊盘引出一段导线，然后通过过孔与其他的工作层连接。

- Fan out to Plane(扇出平面)布线方式：表面安装元件的焊盘采用扇出形式连接到电源层和接地网络中。

- Globally Optimized Main(全局主要的最优化)布线方式：全局最优化拓扑布线方式。

- Hug(环绕)布线方式：采用这种布线方式时，自动布线器将采取环绕的布线方式。

- Layer Patterns(层样式)布线方式：采用这种布线方式，将决定同一工作层中的布线是否采用布线拓扑结构进行自动布线。

- Main(主要的)布线方式：主推挤式拓扑驱动布线。采用这种布线方式时，自动布线器对布线进行推挤操作，以避开不在同一网络中的过孔和焊盘。

- Memory(存储器)布线方式：启发式并行模式布线。采用这种布线方式时，将对存储器元件上的走线方式进行最佳的评估。对地址线和数据线一般采用有规律的并行走线的方式。

- Multilayer Main(主要的多层)布线方式：多层板拓扑驱动布线方式。

- Spread(伸展)布线方式：采用这种布线方式时，自动布线器自动使位于两个焊盘之间的走线处于正中间的位置。

- Straighten(伸直)布线方式：采用这种布线方式时，自动布线器在布线的时候，将尽量走直线。

Step 5 单击 Situs Routing Strategies(布线位置策略)对话框中的 Edit Rules(编辑规则)按钮，

对布线规则进行设置。布线策略设置完毕后，单击 OK(确定)按钮。

## 5.7.2　电路板自动布线的操作

布线规则和布线策略设置完毕后，用户即可进行自动布线操作了。自动布线操作主要是通过 Auto Route(自动布线)菜单进行的。用户不仅可以进行全局的布局，也可以对指定的区域、网络以及元件进行单独的布线。其中，All(全局)命令用于进行全局的自动布线。下面介绍其操作步骤。

**Step 1** 选择前面的单片机电路，选择菜单栏中的 AutoRoute(自动布线) → All(全局)命令，即可打开布线策略对话框，在该对话框中，可以设置自动布线策略。

**Step 2** 选择一项布线策略，然后单击 OK(确定)按钮，即可进入自动布线状态。这里选择系统默认的 Default 2 Layer Board(默认的双层板)策略。布线过程中将自动弹出 Messages(信息)面板，提供自动布线的状态信息，如图 5.54 所示。由最后一条提示信息可知，此次自动布线全部布通。

图 5.54

> **注意** 当器件排列比较密集或者布线规则设置过于严格时，自动布线可能不能全部布通。即使完全布通的 PCB 电路板，仍有部分网络走线不合理，如果绕线过多，走线过长等，这就需要进行手工调整了。

**Step 3** 全局布线后的 PCB 如图 5.55 所示。

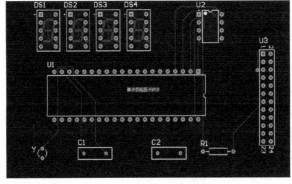

图 5.55

### 5.7.3 电路板手动布线

自动布线会出现一些不合理的布线情况，例如有较多的绕线、走线不美观等。此时，可以通过手工布线，进行一定的修正，对于元件网络较少的 PCB 板也可以完全采用手工布线。下面我们就介绍手工布线的一些技巧。

手动布线也将遵循自动布线时设置的规则，具体的手动布线步骤如下。

**Step 1** 选择菜单栏中的 Place(放置) → Interactive Rooting(交互式布线)命令，鼠标将变成十字形状。

**Step 2** 移动鼠标到元件的一个焊盘上，然后，单击鼠标左键放置布线的起点，如图 5.56 所示。手工布线模式主要有如下 5 种角度：

- 任意角度。
- 90 度拐角。
- 90 度弧形拐角。
- 45 度拐角。
- 45 度弧形拐角。

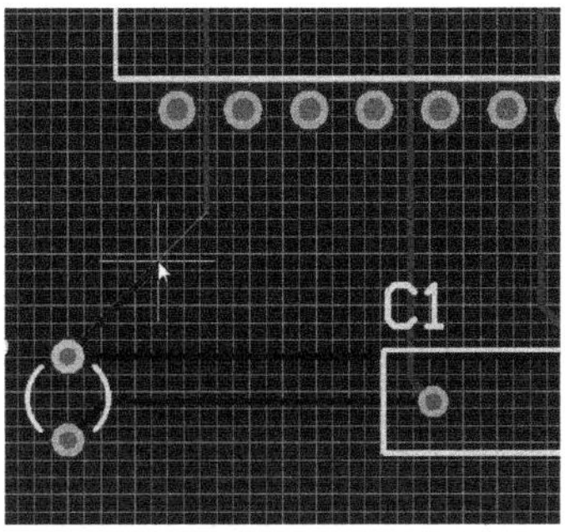

图 5.56

按"Shift+空格"快捷键，即可在 5 种模式间切换，按空格键可以在每一种的开始和结束两种模式间切换。

**Step 3** 多次单击鼠标左键确定多个不同的控点，完成两个焊盘之间的布线。

应注意：在进行交互式布线时，按快捷键可以在不同的信号层之间切换，这样可以完成不同层之间的走线。在不同的层间进行走线时，系统将自动地为其添加一个过孔。

### 5.7.4 实例——LED 显示电路的布线设计

本小节介绍如何对显示电路进行布局与布线设计，具体步骤如下。

**Step 1** 打开本书下载资源中的源文件"\ch5\5.7.4\LED 显示电路.PrjPcb"，使其处于当前的工作窗口中，如图 5.57 所示。

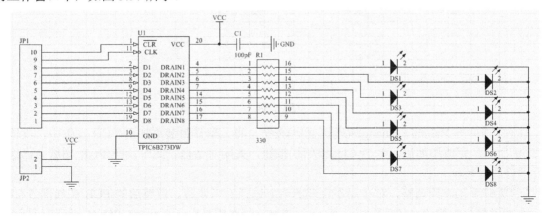

图 5.57

Step **2** 选择菜单栏中的 File(文件) → New(新建) → PCB(PCB 文件)命令，新建 PCB 文件。在 PCB 文件上单击鼠标右键，然后在弹出的快捷菜单中选择 Save As(保存)命令，在弹出的保存文件对话框中输入文件名"LED 显示电路"，并保存在指定位置。

Step **3** 打开电路原理图文件，选择菜单栏中的 Project(项目) → Compile PCB Project LED 显示电路.PrjPCB(编译 PCB 项目 LED 显示电路.PrjPCB)，系统将编译设计项目。编译结束后，打开 Message 面板，查看有无错误信息，若有，则修改电路原理图。

Step **4** 选择菜单栏中的 Design(设计) → Update PCB Document 单片机原理图.PcbDoc(更新 PCB 文件单片机原理图.PcbDoc)命令，系统将对原理图和 PCB 图的网络报表进行比较并弹出一个 Engineering Change Order(工程变更规则)对话框，单击 Validate Changes(确认变更)按钮，系统将扫描所有的改变，看能否在 PCB 上执行所有的改变。随后在每一项所对应的 Check(检查)栏中将显示 ◎ (正确)标记。说明这些改变都是合法的，如图 5.58 所示。

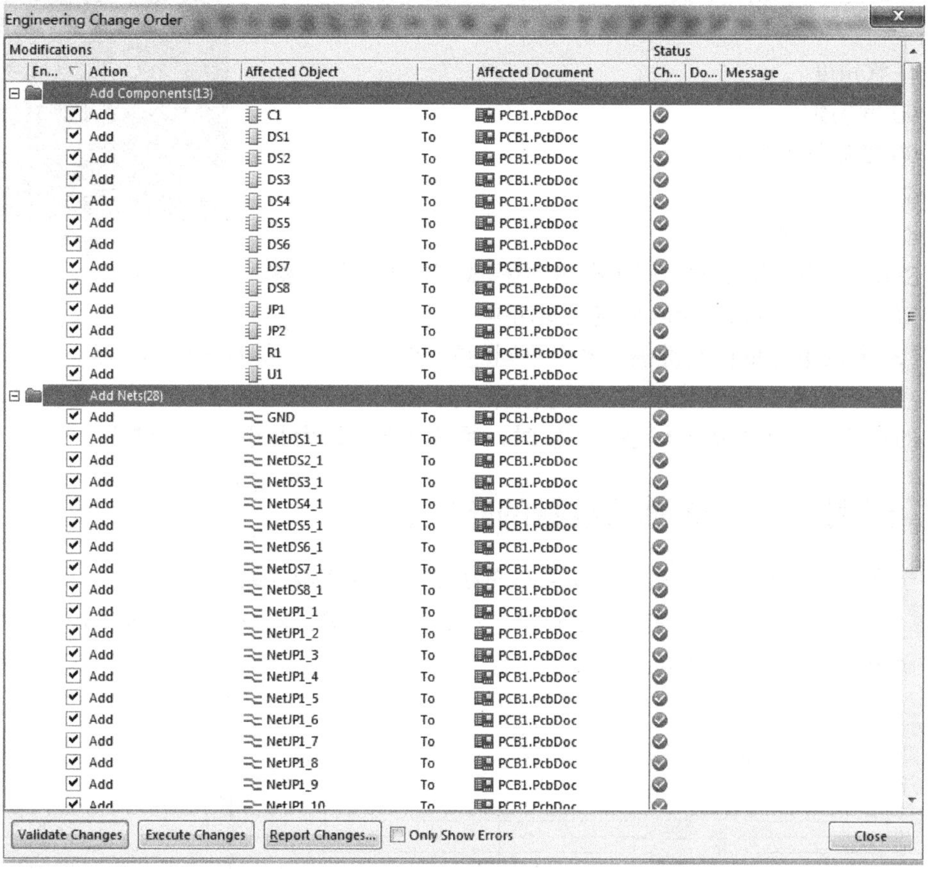

图 5.58

Step **5** 单击 Validate Changes(确认变更)按钮，将元器件封装添加到 PCB 文件中，具体如图 5.59 所示。完成添加后，单击 Close(关闭)按钮，关闭对话框。此时，在 PCB 图纸上已经有了元器件的封装。

Step **6** 手工布局调整，对布局不合理的地方进行手工调整。调整后的 PCB 图如图 5.60 所示。选择菜单栏中的 Tool(工具) → Legacy Tools(遗留工具) → Legacy 3D View(3D 显示)命令，查看 3D 效果图，检查布局是否合理。

Step ⑦ 设置布线规则，设置完成后，选择菜单栏中的 Auto Route(自动布线) → Setup(设置)命令，在弹出的对话框中设置布线策略。在设置完成之后，选择菜单栏中的 Auto Route(自动布线) → All(全部)命令，系统开始自动布线，并同时出现一个 Messages(信息)布线信息对话框。布线结果如图 5.61 所示。

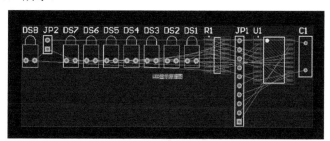

图 5.59

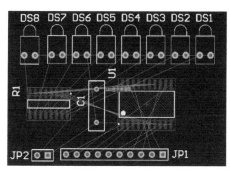

图 5.60

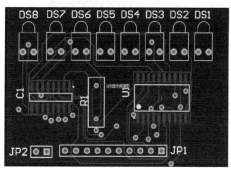

图 5.61

Step ⑧ 对布线不合理的地方进行手工调整，完成后保存文件。

# 5.8 PCB 基本图元对象的布置

在对 PCB 进行手动布局、布线或设计调整时，需要在板上放置一些图元，如导线、焊盘、过孔、字符串、尺寸标注，或者绘制直线、圆弧等，可以通过相应的工具来完成。

## 5.8.1 线段布置

这里所用的线段，一般多指与电气网络无关的线，可以放置在不同的工作层面，设置的具体步骤如下。

Step ① 选择菜单栏中的 Place(放置) → Line(放置线)命令，或者单击 "实用工具" 下拉工具栏中的 图标按钮，都可以开始直线的放置操作。

Step ② 单击鼠标左键，确定网络连接导线的起点，然后将光标移动到导线的下一个位置，再单击鼠标左键，即可绘制出一条导线，如图 5.62 所示。

Step ③ 完成一次布线后，单击鼠标右键，完成当前的网络布线，光标呈十字形状，此时可以按上面的方法布置另一条线，双击鼠标右键或按下 Esc(退出)键，可以退出布线状态。直线与铜膜导线的最大区别在于，直线不具有网络标志，而且它的属性也不必受制于设计规则。但是，为了便于 PCB 的检查和修改，建议用户应尽量使用铜膜导线。

绘制了导线之后，可以对导线进行编辑处理。以鼠标双击导线，或是选中导线后，以鼠标左键双击，在弹出的快捷菜单中选择 Properties(属性)命令，系统将弹出如图 5.63 所示的导线属性设置对话框。

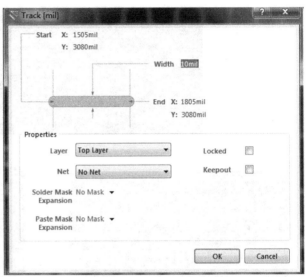

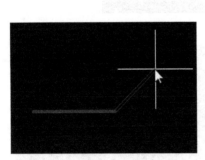

图 5.62                                    图 5.63

对话框中的各个选项的解释如下。

- Width(宽度)：设置导线宽度。
- Layer(层)：设置导线所在的层。
- Net(网络)：设置导线所在的网络。
- Start X(起点 X)：导线起点的 X 坐标。
- Start Y(起点 Y)：导线起点的 Y 坐标。
- End X(终点 X)：导线终点的 X 坐标。
- End Y(终点 Y)：导线终点的 Y 坐标。
- Locked(锁定)：设定导线位置是否锁定。
- Keepout(外层)：选中该选项后，无论其他属性如何设置，此导线都在电气层。

## 5.8.2　连线布置

连线(Tracks)是 PCB 最基本的线元素。连线宽度可以在 0.001mil ～ 10000mil 之间调节，连线可以布置在 PCB 板的任意层。放置连线的步骤如下。

Step 1 在工作区选择布置连线的电路层，使用"*"键可在信号层之间切换，使用"+"和"-"键在所有层之间切换。

Step 2 单击 Wiring(布线)工具栏中的布置连线按钮，或者选择菜单栏中的 Place(放置) → Interactive Routing(交互式布线)命令。此时，状态栏上会显示提示信息 Choose Starting location

(选择起始位置)，如图 5.64 所示。

**Step 3** 移动光标至连线起点，单击鼠标左键或按下 Enter(回车)键确定连线的起始位置。此时，状态栏显示连线的网格，括号里显示的是当前线段的长度和连线的总长度。

**Step 4** 在工作区移动光标，工作区显示如图 5.65 所示的两个线段，一个是实线，另一个是轮廓线。实线表示当前即将布置的线段，而轮廓线是"预测"下一步放置的线段，指明走线的方向。此时单击 Tab 键，打开如图 5.66 所示的 Interactive Routing For Net(交互式布线对网络)对话框。

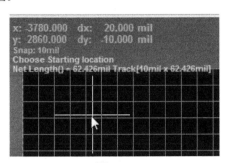

图 5.64

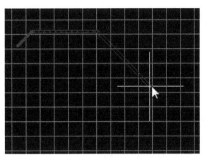

图 5.65

Properties(属性)选项组：用于设置连线和过孔的属性。

Width from rule preferred value(连线宽度)编辑框：用于设置连线的宽度。

Via Hole Size(过孔内径)文本框：用来设置与该连线相连的过孔的内径。

Via Diameter(过孔外径)文本框：用来设置与该连线相连的过孔的外径。

Layer(板层)下拉列表框：用来设置当前布线的 PCB 板层。

Routing Width Constraints(布线宽度限制)选项组：用于显示设计规则参数。

Menu(菜单)按钮：用于打开设置设计规则参数的下拉菜单。

## 5.8.3 焊盘布置

放置焊盘的方法如下。选择菜单栏中的 Place(放置) → Pad(焊盘)命令，也可以用组件放置工具栏中的 ◉ 按钮。进入放置焊盘(Pad)状态后，光标将变成十字形状，将光标移动到合适的位置上单击鼠标，就完成了焊盘的放置。

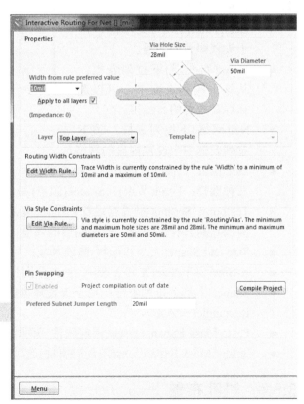

图 5.66

焊盘属性设置的方法如下。在用鼠标放置焊盘时，光标将变成十字形状，按 Tab 键，将弹出 Pad(焊盘属性)设置对话框，如图 5.67 所示。对已经在 PCB 板上放置好的焊盘，直接双击，也可以弹出焊盘属性设置对话框。在焊盘属性设置对话框中，有如下几项重要设置。

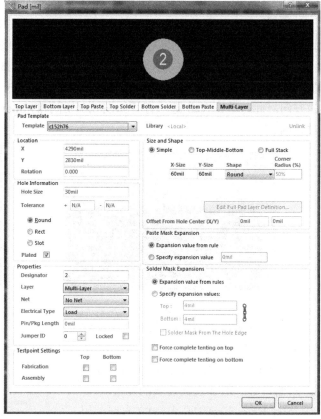

图 5.67

- Pad Template(焊盘模板)：用于选择焊盘的类型。

- Location(位置)：用于设置焊盘圆心的 X 坐标和 Y 坐标的位置。

- Hole Size(内径)：用于设置焊盘的内直径大小。

- Rotation(旋转)：用于设置焊盘放置的旋转角度。

- Designator(标示)文本框：用于设置焊盘的序号。

- Layer(布线层)下拉列表框：从该下拉列表框中，可以选择焊盘放置的布线层。

- Net(网络)下拉列表框：该下拉列表框用于设置焊盘的网络。

- Electrical Type(电气类型)下拉列表框：用于选择焊盘的电气特性。该下拉列表框共有三种选择：Load(节点)、Source(源点)和 Terminator(终点)。

- Testpoint Setting(测试点设置)下面的复选框：用于设置焊盘是否作为测试点，可以做测试点的只有位于顶层的和底层的焊盘。

- Size and Shape(大小和形状)选项区域：用于设置焊盘的大小和形状。

- X-Size 和 Y-Size(X 和 Y 的尺寸)：分别设置焊盘的 X 和 Y 的尺寸大小。

- Shape(形状)下拉列表框：用于设置焊盘的形状，有 Round(圆形)、Octagonal(八角形)和 Rectangle(长方形)。

- Paste Mask Expansions(助焊层属性)选项组：用于设置助焊层属性。

- Solder Mask Expansions(阻焊层属性)选项组：用于设置阻焊层属性。

## 5.8.4 过孔布置

当导线从一个布线层穿透到另一个布线层时，就需要放置过孔(Via)。过孔用于铜板层之间导线的连接。

放置过孔的步骤如下。

**Step 1** 选择菜单栏中的 Place(放置) → Via(过孔)命令，也可以单击组件放置工具栏中的
Place Via(放置过孔)按钮。进入放置过孔状态后，
光标变成十字形状，将鼠标移动到合适的位置，
单击鼠标，就完成了过孔的放置。

**Step 2** 在用鼠标放置过孔时按 Tab 键，将弹
出 Via(过孔)属性设置对话框，如图 5.68 所示。

**Step 3** 对已经在 PCB 板上放置好的过孔，
直接双击，也可以弹出过孔属性设置对话框。在
过孔属性设置对话框中，可以设置的项目如下。

- Hole Size(孔尺寸)文本框：用于设置过孔
  内直径的大小。
- Diameter(直径)文本框：用于设置过孔的
  外直径大小。
- Location(位置)：用于设置过孔的圆心的
  坐标 X 和 Y 位置。
- Tolerance(公差)：用于设置网络公差。
- Via Template(过孔类型)选项组：用于选
  择过孔类型。
- Net(网络)下拉列表框：用于设置过孔相
  连接的网络。

图 5.68

- Testpoint Setting(测试点设置)下面的复选框：用于设置过孔是否作为测试点，注意可
  以做测试点的只有位于顶层的和底层的过孔。
- Solder Mask Expansions(设置阻焊层)选项组：用于设置阻焊层。

**Step 4** 移动光标到工作区合适位置，单击鼠标，即可布置一个过孔。

**Step 5** 继续布置其他的过孔，当所有焊盘布置完毕后，单击鼠标右键，或按 Esc(退出)
键，结束过孔的布置。

## 5.8.5　填充布置

铜膜矩形填充(Fill)也可以起到导线的作用，同时也稳固了焊盘。放置填充的步骤如下。

**Step 1** 选择菜单栏中的 Place(放置) → Fill(填充)命令，也可以单击组件放置工具栏中的
🔲 按钮，进入放置填充状态后，光标变成十字形状。

**Step 2** 在用鼠标放置填充的时候，按 Tab 键，将会弹出 Fill(矩形填充属性)设置对话框，
如图 5.69 所示。

对已经在 PCB 板上放置好的矩形填充，直接双击，也可以弹出矩形填充属性设置对话框。
矩形填充属性设置对话框中有如下几项。

- Corner1 X 和 Y：用于设置矩形填充的左下角的坐标。
- Corner2 X 和 Y：用于设置矩形填充的右上角的坐标。
- Rotation(旋转)文本框：用于设置矩形填充的旋转角度。

- Layer(层)下拉列表框：用于选择填充放置的布线层。
- Net(网络)下拉列表框：用于设置填充的网络。
- Locked(锁定)复选框：用于设定放置后是否将填充固定不动。
- Keepout(屏蔽)复选框：用于设置是否对填充进行屏蔽。

**Step 3** 在工作区移动光标到合适位置，单击鼠标，确定填充区域矩形的一个顶点。

**Step 4** 移动光标到对角处，单击鼠标，定义填充区域矩形的另一个对角顶点，完成这个填充区域的布置，如图 5.70 所示。

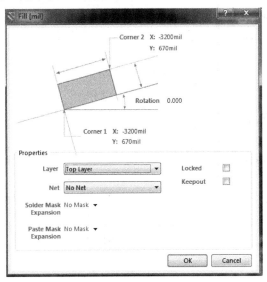

图 5.69

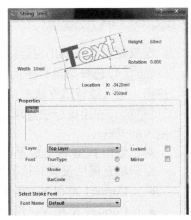

图 5.70

**Step 5** 重复以上操作，继续布置其他的填充区域，当所有填充区域布置完毕后，单击鼠标右键或按 Esc 键，结束布置填充区域的操作。

## 5.8.6 字符串布置

有时，在布好的印制板上需要放置相应组件的文字(String)标注，或者放置电路注释及公司的产品标志等文字。放置文字的步骤如下。

**Step 1** 选择菜单栏中的 Place(放置) → String(文字属性) 命令，或单击组件放置工具栏中的 按钮。选中放置后，光标变成十字形状，将光标移动到合适的位置，单击鼠标，就可以放置文字。

**Step 2** 在用鼠标放置文字时，按 Tab 键，将弹出 String (文字属性)设置对话框，如图 5.71 所示。

对已经在 PCB 板上放置好的文字，直接双击文字，也可以弹出 String(文字属性)设置对话框。其中可以设置的选项如下。

图 5.71

- Height(高度)：文字的高度。
- Width(宽度)：文字的宽度。
- Rotation(角度)：文字放置的角度。

● Location X/Y(位置 X/Y)：X 和 Y 的坐标位置。

**Step ③** 在 String 对话框中设置字符串的其他属性，单击 OK(确定)按钮。

**Step ④** 在工作区单击鼠标，布置字符串到指定位置。放置字符串时，按下 X 或 Y 键，可以沿该坐标轴镜像，按下空格键可以旋转字符串。

**Step ⑤** 重复以上步骤，继续布置其他字符串，所有字符串布置完成后，单击鼠标右键或按 Esc(退出)键结束布置字符串的操作。

## 5.8.7　元件封装布置

组件放置有如下两种方法。

(1) 在组件库管理器中选中某个组件，单击 Place(放置)按钮，即可在 PCB 设计图纸上放置组件。

(2) 在组件搜索结果对话框中选中某个组件，单击 Select(选择)按钮，即可在 PCB 设计图上进行组件的放置。进行组件放置时，系统将弹出如图 5.72 所示的 Place Component(组件放置)对话框，显示放置的组件信息。

图 5.72

在 Place Component(放置元件)对话框中，可为 PCB 组件选中 Placement Type(放置类型)选项组中的 Footprint(封装)单选项。

Component Details(元件细节)选项组中的常用设置及功能说明如下。

● Footprint(封装)文本框：用于设置组件的封装形式。

● Component(元件)文本框：用于设置对该组件的注释，可以输入组件的数值大小等信息。

● Designator(标示)文本框：用于设置组件名。

单击 OK(确定)按钮后，光标将变成十字形状。在 PCB 图纸中移动光标到合适位置、单击鼠标左键，完成组件的放置。

## 5.8.8　覆铜

多边形敷铜可以填充板上不规则形状的区域，实现在 PCB 板中的任何连线、焊盘、过孔、填充和文本周围敷铜。当它们被敷铜的时候，可以与一个指定网络的元件焊盘、过孔连接。多边形的边框由线段和圆弧线组成，形成一个单元。布置多边形敷铜区域的方法如下。

选择菜单栏中的 Place(放置) → Polygon Plane(敷铜)命令，也可以用组件放置工具栏中的 Place Polygon Plane 按钮，进入敷铜的状态后，系统将会弹出 Polygon Pour(敷铜属性)设置对话框，如图 5.73 所示。

在敷铜属性设置对话框中，有如下几项重要

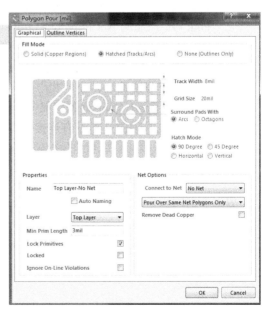

图 5.73

的设置。

- Track Width 文本框：用于设置敷铜使用的导线的宽度。
- Grid Size 文本框：用于设置敷铜使用的网格的宽度。
- Surround Pads With 选项组：用于设置敷铜环绕焊盘的方式。有两种方式可供选择，即 Arcs (圆周环绕)方式和 Octagons(八角形环绕)方式。
- Hatch Mode 选项组：用于设置敷铜时所用导线的走线方式。可以选择 90°敷铜、45°敷铜、水平敷铜和垂直敷铜。

### 1. Fill Mode(填充模式)选项组

该选项组用于选择覆铜的填充模式，包括三个单选按钮。

- Solid(Copper Regions)：铜区域内为全铜敷设。
- Hatched(tracks/Arcs)：向覆铜区域内填入网络状的覆铜。
- None(Outlines Only)：只保留覆铜边界，内部无填充。

### 2. Properties(属性)选项组

该选项组主要包括如下选项。

- Layer(层)下拉列表框：用于设置覆铜所属的工作层。
- Min Prim Length(最小图元长度)文本框：用于设置最小图元的长度。
- Lock Primitives(锁定原始的)复选框：用于选择是否锁定覆铜。

### 3. Net Options(网络选项)选项组

其中的重要设置如下。

- Connect to Net(连接到网络)下拉列表框：用于选择覆铜连接到的网络。通常连接到 GND 网络。
- Don't Pour Over Same Net Objects(填充不超过相同的网络对象)选项：用于设置覆铜的内部填充不与同网络的图元及覆铜边界相连。
  Pour Over Same Net Polygons Only(填充只超过相同的网络多边形)选项：用于设置覆铜的内部填充只与覆铜边界线及同网络的焊盘相连。
  Pour Over All Same Net Objects(填充超过所有相同的网络对象)选项：用于设置覆铜的内部填充与覆铜边界线，并与同网络的任何图元相连，如焊盘、过孔、导线等。
- Remove Dead Copper(删除孤立的覆铜)复选框：用于设置是否删除孤立区域的覆铜。孤立区域的覆铜是指没有连接到指定网络元件上的封闭区域内的覆铜，若勾选该复选框，则可以将这些区域的覆铜去除。

### 4. 放置覆铜的操作步骤

放置覆铜的操作步骤如下。
Step ① 启动命令。
Step ② 设置 Polygon Pour(多边形覆铜)对话框。
Step ③ 确定 PCB 边界。
Step ④ 选择层面，执行覆铜命令。

## 5.8.9 补泪滴

在电路板设计中，为了让焊盘更坚固，防止机械制板时焊盘与导线之间断开，常在焊盘和导线之间用铜膜布置一个过渡区，因为该区的形状像泪滴，所以此操作称为补泪滴(Teardrops)。

泪滴的放置可以选择菜单栏中的Tools(工具) → Teardrops(补泪滴)命令，将弹出如图 5.74 所示的 Teardrops(补泪滴)设置对话框。

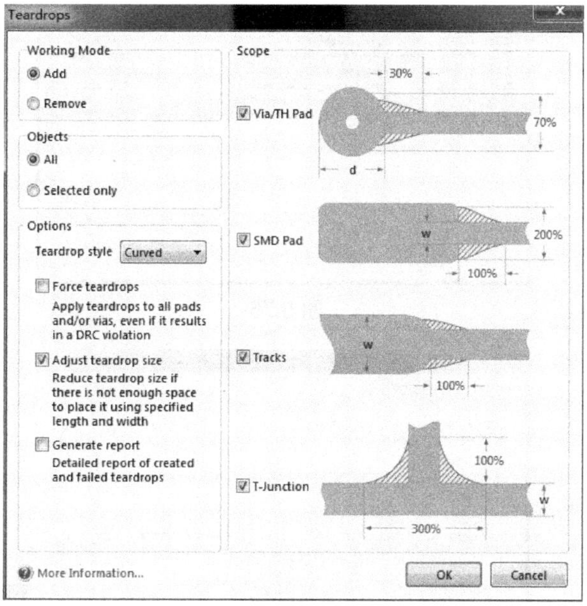

接下来，对泪滴设置对话框中重要选项的作用进行相应的介绍。

- Add：是泪滴的添加操作。
- Remove：是泪滴的删除操作。
- Selected only：用于设置是否只对所选中的组件进行补泪滴。
- Via/TH Pad：设置是否对所有的焊盘都进行补泪滴操作。
- Teardrop style(补泪滴类型)下拉列表框。Curved(弧形)：用弧线添加泪滴。
- Tracks(导线)：用导线添加泪滴。

图 5.74

所有泪滴属性设置完成后，单击 OK 按钮，即可进行补泪滴操作。

## 5.8.10 实例——单片机覆铜制作

需要打开第 5 章中的单片机布局文件。

Step ① 打开本书下载资源中的源文件"\ch5\5.8.10\单片机原理图.PrjPcb"，设置布线规则，设置完成后，选择菜单栏中的 Auto Route(自动布线) → Setup(设置)命令，在弹出的对话框中设置布线策略。设置完成后，选择菜单栏中的 Auto Route(自动布线) → All(全部)命令，系统开始自动布线，并同时出现一个 Messages(信息)布线信息对话框，如图 5.75 所示。

Step ② 对布线不合理的地方进行手工调整，如图 5.76 所示。

Step ③ 选择菜单栏中的 Place(放置) → Polygon Plane(敷铜)命令，也可以用组件放置工具栏中的 Place Polygon Plane 按钮 。进入敷铜的状态后，系统将会弹出 Polygon Pour(敷铜属性)设置对话框，在覆铜属性设置对话框中，选择影线化填充，45°填充模式，连接到网络 GND，层面设置为 Top Layer，且选中 Remove Dead Copper(删除死铜)复选框，其设置如图 5.77 所示。

Step ④ 设置完成后，单击 OK(确定)按钮，光标变成十字形。用光标沿 PCB 板的电气边界线，绘制出一个封闭的矩形，系统将在矩形框中自动建立顶层的覆铜。采用同样的方式，为 PCB 板的 Bottom Layer 层建立覆铜。覆铜后的 PCB 板如图 5.78 所示。

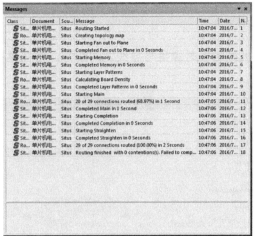

图 5.75

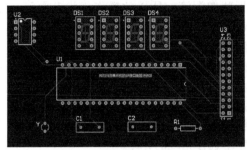

图 5.76

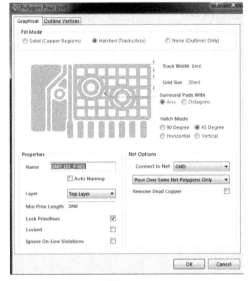

图 5.77

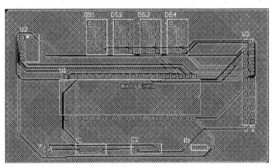

图 5.78

## 5.9 综合实例

本节通过两个综合实例来学习前面所介绍内容，包括原理图设计、原理图导入 PCB、PCB设计等，进一步巩固读者对软件的学习成果。

### 5.9.1 实例——整流滤波电路的设计

本实例主要包括整流滤波电路原理图设计和 PCB 设计，其具体的设计步骤如下。

**Step 1** 新建项目。启动 Altium Designer 16.0，选择菜单栏中的 File(文件) → New(新建) → Project(项目)命令，创建一个 PCB 项目文件，此时弹出 New Project(新建项目)对话框，在Project Types(项目类型)列表框中选择 PCB Project(PCB 项目)，在 Project Templates(项目模板)列

表框中选择图纸为 Default(默认)，在 Name(名称)文本框中填写"整流滤波电路"，如图 5.79 所示，单击 OK(确定)按钮完成。

**Step ②** 选择 File(文件) → New(新建) → Schematic(原理图)菜单命令，在 Projects(项目)面板的 Sheet1.SchDoc 项目文件上右击，在弹出的右键快捷菜单中保存项目文件，将该原理图文件另存为"整流滤波电路.SchDoc"。保存后，Projects(项目)面板中将显示出用户设置的名称，如图 5.80 所示。

图 5.79                                          图 5.80

**Step ③** 原理图图纸的设置。选择菜单栏中的 Design(设计) → Document Options(文档选项)命令，或者在编辑区内单击鼠标右键，在弹出的快捷菜单中选择 Options(选项) → Document Options(文档选项)命令，弹出 Document Options(文档选项)对话框，在该对话框中可以对图纸进行设置，在 Standard styles(标准风格)下拉列表框中选择 A4 图纸选项，放置方向设置为 Landscape(横向)，图纸标题栏设为 Standard(标准)，其他采用默认的设置，然后单击 OK(确定)按钮，完成图纸属性的设置。

**Step ④** 在原理图设计界面中打开 Libraries(库)面板，在当前元件库下拉列表框中选择 Miscellaneous Devices.IntLib 元件库，然后在元件过滤栏的文本框中输入"Res1"，在元件列表中查找电阻，并将查找所得电阻放入原理图中，元器件将显示在 Libraries 面板中，单击 Place Res1(放置 Res1)按钮，然后将光标移动到工作窗口。

**Step ⑤** 采用同样的方法，选择 Miscellaneous Devices.IntLib 元件库，放置 Diode 1N4007。

**Step ⑥** 采用同样的方法，选择 Miscellaneous Connectors.IntLib 元件库，放置 Header, 2-Pin，同时编辑元件属性。双击一个电容元件，打开 Component Properties(元件属性)对话框，在 Designator(标示)文本框中输入元件的编号，并选中其后的 Visible 复选框。在右边的参数设置区，将 Value 值改为 1000uF，如图 5.81 所示。重复上面的操作，编辑所有元件的编号、参数值等属性，完成这一步的原理图如图 5.82 所示。

**Step ⑦** 元器件布局。按照电路中元件的大概位置摆放元件。用拖动的方法，来改变元件的位置，如果需要改变元件的方向，则可以按空格键。布局的结果如图 5.83 所示。

**Step ⑧** 连接线路。布局好元件之后，下一步的工作，就是连接线路。选择菜单栏中的 Place(放置) → Wire(导线)命令，或者单击工具栏中的 ≈ 按钮，执行连线操作。连接好的电路原理图如图 5.84 所示。

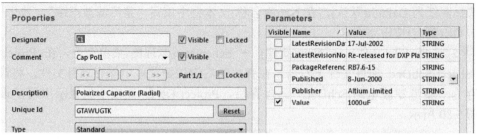

图 5.81

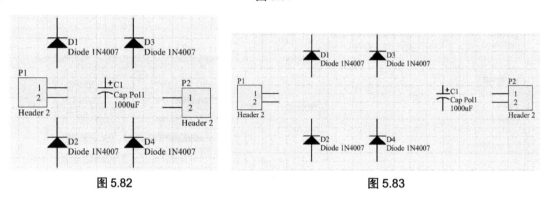

图 5.82　　　　　　　　　　　　　　　图 5.83

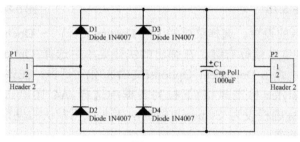

图 5.84

继续进行整流滤波电路 PCB 的设计，步骤如下。

**Step 9** 选择菜单栏中的 File(文件) → New(新建) → PCB(PCB 文件)命令，新建 PCB 文件。在 PCB 文件上单击鼠标右键，在弹出的快捷菜单中选择 Save As(另存为)命令，在弹出的保存文件对话框中输入文件名"整流滤波电路"，并保存在指定的位置。

**Step 10** 选择菜单栏中的 Project(项目) → Compile PCB Project 整流滤波电路.PrjPCB(编译 PCB 项目整流滤波电路.PrjPCB)命令，系统编译设计项目。编译结束后，打开 Message 面板，查看有无错误信息，若有，则修改电路原理图。

**Step 11** 选择菜单栏中的 Design(设计) → Update PCB Document 整流滤波电路.PcbDoc(更新 PCB 文件整流滤波电路.PcbDoc)命令，系统将对原理图和 PCB 图的网络报表进行比较，并弹出一个 Engineering Change Order(工程变更规则)对话框，单击 Validate Changes(确认变更)按钮。系统将扫描所有的改变，看能否在 PCB 上执行所有的改变。随后在每一项所对应的 Check(检查)栏中，将显示✅(正确)标记。说明这些改变都是合法的，如图 5.85 所示。反之，说明此改变是不可执行的，需要回到以前的步骤中进行修改，然后重新进行更新。

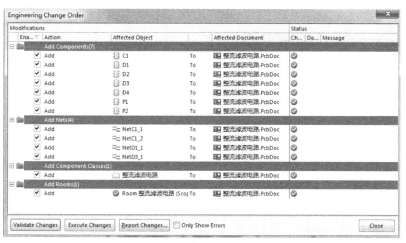

图 5.85

Step 12 进行合法性校验后，单击 Execute Changes(执行变更)按钮，系统将完成网络表的导入，同时，在每一项的 Done(完成)栏中显示标记，提示导入成功。结果如图 5.86 所示。

Step 13 元器件布局。在编辑窗口中显示整个 PCB 和所有元器件，将 Room(空间)整体拖至 PCB 板的上面。手工调整所有的元器件，用拖动的方法来移动元件的位置，PCB 布局完成的效果如图 5.87 所示。

Step 14 选择左下角的 Bottom Layer(底层)，如图 5.88 所示。设置布线规则，设置完成后，选择菜单栏中的 Auto Route(自动布线) → Setup(设置)命令，在弹出的对话框中设置布线策略。设置完成后，选择菜单栏中的 Auto Route(自动布线) → All(全部)命令，系统开始自动布线，并同时出现一个 Messages(信息)布线信息对话框，布线完成后如图 5.89 所示。

Step 15 对布线不合理的地方进行手工调整，调整完成后如图 5.90 所示，最后保存文件。

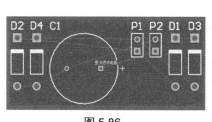

图 5.86

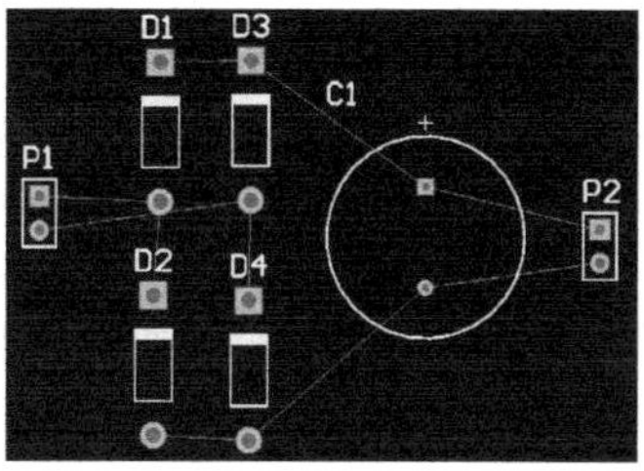

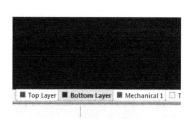

图 5.87

图 5.88

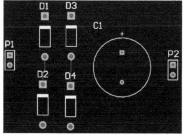

图 5.89

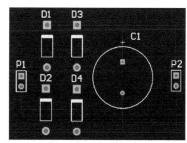

图 5.90

### 5.9.2　实例——彩灯控制电路设计

彩灯控制电路 PCB 的设计步骤如下。

**Step 1** 打开本书下载资源中的源文件"\ch5\ch5.9.2\彩灯控制电路.PrjPcb"，使之处于当前的工作窗口中，如图 5.91 所示。

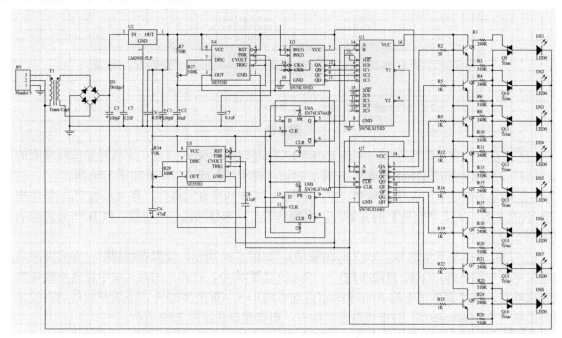

图 5.91

**Step 2** 选择菜单栏中的 File(文件) → New(新建) → PCB(PCB 文件)命令，新建 PCB 文件。在 PCB 文件上单击鼠标右键，从快捷菜单中选择 Save As(另存为)命令，在弹出的保存文件对话框中，输入文件名"彩灯控制电路"，并保存在指定位置。

**Step 3** 选择菜单栏中的 Design(设计) → Board Options(板选项)命令，打开 Board Options(板选项)对话框，在对话框中设置 PCB 设计的工作环境，包括尺寸、各种栅格等，如图 5.92 所示。完成设置后，单击 OK(确定)按钮退出对话框。

**Step 4** 选择菜单栏中的 Design(设计) → Layer Stack Manager(层栈管理器)命令，打开 Layer Stack Manager(层栈管理器)对话框，在该对话框中单击 Add Layer(添加层)按钮，添加一

图 5.92

个内电层，然后双击新添加的内电层，将对话框中的该工作层命名为"GND"(接地)。再添加一个相同的内电层，取名为"+5V"，添加内电层后，单击 OK(确定)按钮关闭 Layer Stack Manager(层栈管理器)对话框，如图 5.93 所示。

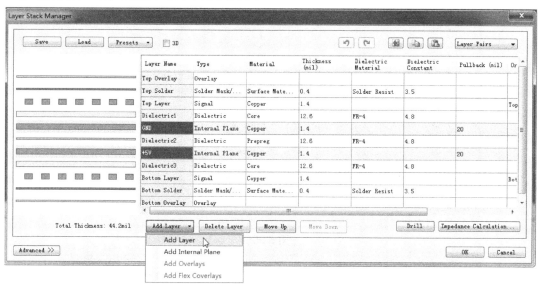

图 5.93

**Step 5** 规定电路板的电气边界。选择菜单栏中的 Place(放置) → Line(线)命令，此时光标变成十字形状，用与绘制导线相同的方法，在图纸上绘制一个矩形区域，然后双击所绘制的线，打开 Track 对话框，如图 5.94 所示。在该对话框中，设置直线的起始点坐标。

**Step 6** 选择菜单栏中的 Project(项目) → Compile PCB Project 整流滤波电路.PrjPCB(编译 PCB 项目整流滤波电路.PrjPCB)命令，系统编译设计项目。编译结束后，打开 Messages 面板，查看有无错误信息，若有，则修改电路原路图。

**Step 7** 选择菜单栏中的 Design(设计) → Update PCB Document 彩灯控制电路.PcbDoc"(更新 PCB 文件彩灯控制电路.PcbDoc)命令，系统将

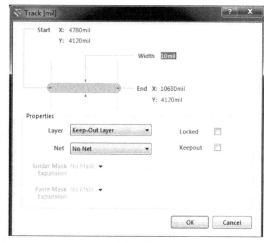

图 5.94

对原理图和 PCB 图的网络报表进行比较，并弹出一个 Engineering Change Order(工程变更规则)对话框，单击 Validate Changes(确认变更)按钮，检查文件，完成后如图 5.95 所示。

**Step 8** 进行合法性校验后，单击 Execute Changes(执行变更)按钮，系统将完成网络表的导入，同时，在每一项的 Done(完成)栏中显示标记，提示导入成功。结果如图 5.96 所示。

**Step 9** 手动布局。与原理图中元件的布局一样，用拖动的方法来移动元件的位置。PCB 布局完成的效果如图 5.97 所示。

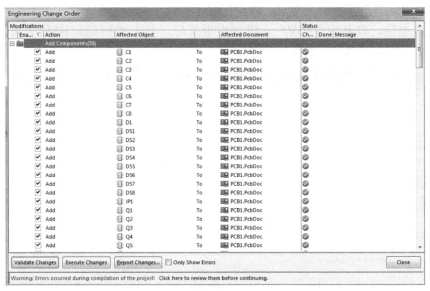

图 5.95

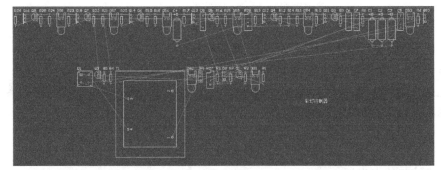

图 5.96

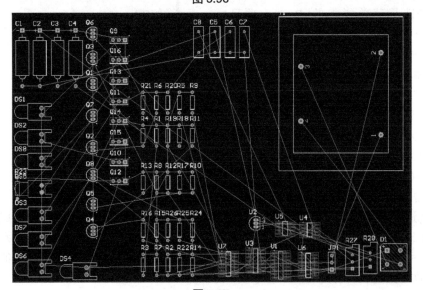

图 5.97

Step 10 设置布线规则。设置完成后，选择菜单栏中的 Auto Route(自动布线) → Setup(设置)命令，在弹出的对话框中设置布线策略。设置完成后，选择菜单栏中的 Auto Route(自动布线) → All(全部)命令，系统开始自动布线，并同时出现一个 Messages(信息)布线信息对话框，布线完成后如图 5.98 所示。

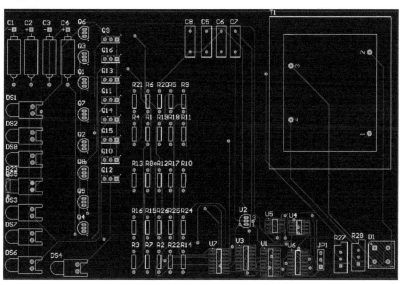

图 5.98

Step 11 在主窗口工作区的左下角单击 Bottom Layer(底层)标签，切换到底层，选择菜单栏中的 Place(放置) → Polygon Pour(多边形覆铜)命令，打开 Polygon Pour(多边形覆铜)对话框。在该对话框的 Layer(层)下拉列表框中选择 Bottom Layer(底层)，然后单击 OK(确定)按钮退出对话框，如图 5.99 所示。

Step 12 退出 Polygon Pour(多边形覆铜)对话框后，光标变成十字形状，在 PCB 上绘制一个覆铜的区域，就可以将铜箔覆到 PCB 上，如图 5.100 所示。

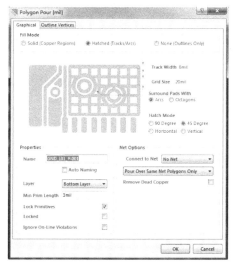

图 5.99

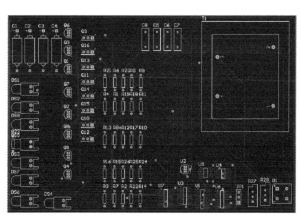

图 5.100

Step 13 对布线不合理的地方进行手工调整，选择菜单栏中的 Tool(工具) → Legacy Tools (遗留工具) → Legacy 3D View(3D 显示)命令查看 3D 效果图，检查布局是否合理，如图 5.101 所示。最后保存文件。

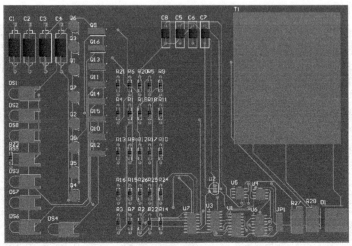

图 5.101

# 第 6 章

## 创建元器件库

在了解原理图及 PCB 环境并且掌握放置及编辑器件的能力后，本章将通过实例，介绍使用 Altium Designer 16.0 的库编辑器创建原理图器件的具体方法，主要包括创建原理图元件库、创建原理图元件等。通过本章的学习，帮助读者加强在 Altium Designer 16.0 中创建元件库的实际应用能力。

本章的主要内容包括创建原理图库、创建原理图元件、向原理图添加 PCB 封装模型等。

## 6.1 创建原理图的元件库

首先介绍制作原理图元件库的方法。打开或新建一个原理图元件库文件，选择菜单栏中的 File(文件) → New(新建) → Library(库) → Schematic Library(原理图库)命令，即可进入原理图元件库文件编辑器，原理图元件库文件编辑器如图 6.1 所示。

### 6.1.1 元件库面板介绍

在原理图元件库文件编辑器中，单击工作面板中的 SCH Library(SCH 元件库)选项卡，即可显示 SCH Library(SCH 元件

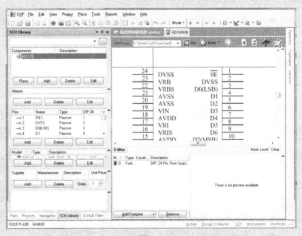

图 6.1

库)面板。该面板是原理图元件库文件编辑环境中的主面板，几乎包含了用户创建的库文件的所有信息，用于对库文件进行编辑管理，如图6.2所示。

### 1. Components(元件)列表框

在 Components(元件)元件列表框中，列出了当前所打开的原理图元件库文件中的所有库元件，包括原理图符号名称及相应的描述等。

底部各按钮的功能如下。

- Place(放置)按钮：用于将选定的元件放置到当前原理图中。
- Add(添加)按钮：用于在该库文件中添加一个元件。
- Delete(删除)按钮：用于删除选定的元件。
- Edit(编辑)按钮：用于编辑选定元件的属性。

### 2. Aliases(别名)列表框

在 Aliases(别名)列表框中，可以为同一个库元件的原理图符号设置别名。例如，有些库元件的功能、封装和引脚形式完全相同，但由于来自不同的厂家，其元件型号并不完全一致。对于这样的库元件，没有必要再单独创建一个原理图符号，只需要为已经创建的其中一个库元件的原理图符号添加一个或多个别名就可以了。

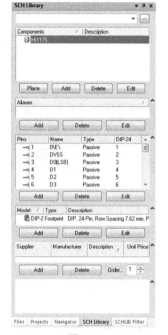

图 6.2

底部各按钮的功能如下。

- Add(添加)按钮：为选定元件添加一个别名。
- Delete(删除)按钮：删除选定的别名。
- Edit(编辑)按钮：编辑选定的别名。

### 3. Pins(引脚)列表框

在 Components(元件)列表框中选定一个元件，在 Pins(引脚)列表框中，会列出该元件的所有引脚信息，包括引脚的编号、名称、类型。底部各按钮的功能如下。

- Add(添加)按钮：为选定元件添加一个引脚。
- Delete(删除)按钮：删除选定的引脚。
- Edit(编辑)按钮：编辑选定引脚的属性。

### 4. Model(模型)列表框

在 Components(元件)列表框中选定一个元件，在 Model(模型)列表框中，会列出该元件的其他模型信息，包括 PCB 封装、信号完整性分析模型、VHDL 模型等。在这里，由于只需要显示库元件的原理图符号，相应的库文件是原理图文件，所以该列表框一般不需要设置。

底部各按钮的功能如下。

- Add(添加)按钮：为选定的元件添加其他模型。
- Delete(删除)按钮：删除选定的模型。
- Edit(编辑)按钮：编辑选定模型的属性。

## 6.1.2　工具栏介绍

对于原理图库文件编辑环境中的主菜单栏及标准工具栏，由于功能和使用方法与原理图编辑环境中基本一致，在此不再赘述。我们主要对实用工具中的原理图符号绘制工具栏、IEEE符号工具栏及模式工具栏进行简要介绍，具体的使用操作在后面的实例中可以逐步了解。

### 1. 原理图符号绘制工具栏

单击实用工具中的图标按钮 ，则会弹出相应的原理图符号绘制工具栏，如图 6.3 所示，其中各个按钮的功能与图 6.4 所示的 Place(放置)级联菜单中的各项命令具有对应的关系。这些命令中的大部分与前面介绍的实用工具操作一致，用户可以参考前面的内容。

### 2. 模式工具栏

模式工具栏用来控制当前元器件的显示模式，如图 6.5 所示。

(1) 单击 Mode 图标，可以为当前元器件选择一种显示模式，系统默认为 Normal(普通)模式，如图 6.6 所示。

(2) 单击加号图标，可以为当前元器件添加一种显示模式。

(3) 单击减号图标，可以删除元器件的当前显示模式。

(4) 单击左箭头图标，可以切换到前一种显示模式。

(5) 单击右箭头图标，可以切换到后一种显示模式。

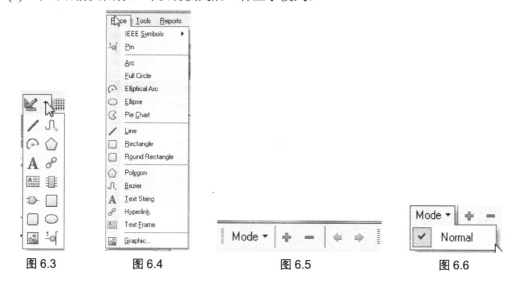

图 6.3　　　　图 6.4　　　　　　图 6.5　　　　　　图 6.6

### 3. IEEE 符号工具栏

单击实用工具中的图标 ，则会弹出相应的 IEEE 符号工具栏，如图 6.7 所示，这是符合 IEEE 标准的一些图形符号。同样，由于该工具栏中各个符号的功能与选择菜单栏中的 Place(放置) → IEEE Symbols(IEEE 符号)命令后弹出的菜单(如图 6.8、图 6.9 所示)中的各项操作具有对应的关系，所以不需要再逐项说明。

图 6.7　　　　　　　图 6.8　　　　　　　图 6.9

## 6.1.3　设置元件库编辑器的工作区参数

在原理图元件库文件的编辑环境中，选择菜单栏中的 Tool(工具) → Document Options(文档选项)命令，系统将弹出 Library Editor Options(元件库编辑器选项)界面，在该界面中，可以根据需要设置相应的参数，如图 6.10 所示。

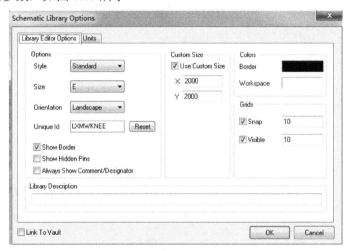

图 6.10

该界面与原理图编辑环境中的 Document Options(文档选项)对话框内容相似，所以这里只介绍其中个别选项的含义，对于其他选项，用户可以参考前面章节介绍的关于原理图编辑环境的 Document Options(文档选项)对话框的设置方法。

(1) Show Hidden Pins(显示隐藏引脚)复选框：用于设置是否显示库元件的隐藏引脚。若勾选该复选框，则元件的隐藏引脚将被显示出来。隐藏引脚被显示出来，并没有改变引脚的隐藏属性。要改变其隐藏属性，只能通过引脚属性对话框来完成。

(2) Custom Size(定义大小)选项组：用于用户自定义图纸的大小。勾选其中的复选框后，可以在下面的 X、Y 文本框中分别输入自定义图纸的高度和宽度。

(3) Library Description(元件库描述)文本框：用于输入原理图元件库文件的说明。用户应该根据自己创建的库文件，在该文本框中输入必要的说明，可以为系统进行元件库查找提供相应的帮助。

另外，选择菜单栏中的 Tools(工具) → Schematic Preferences(原理图参数)命令，系统将弹出如图 6.11 所示的 Preferences(参数选择)对话框，在该对话框中，可以对其他的一些有关选项进行设置，设置方法与原理图编辑环境中完全相同，这里不再赘述。

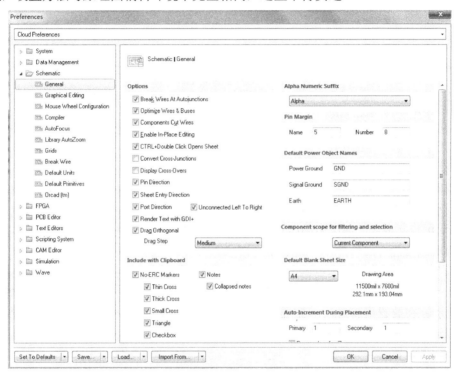

图 6.11

## 6.1.4　库元件的绘制

下面以绘制 HI10175 元器件为例，详细介绍原理图符号的绘制过程。

具体操作步骤如下。

Step 1 绘制库元件的原理图符号。选择菜单栏中的 File(文件) → New(新建) → Library(元件库) → Schematic Library(原理图元件库)命令，打开原理图元件库文件编辑器，创建一个新的原理图元件库文件，如图 6.12 所示。

Step 2 选择菜单栏中的 Tools(工具) → Document Options(文档选项)命令，在弹出的库编辑器工作区对话框中进行工作区参数设置。为新建的库文件原理图符号命名。在创建了一个新的原理图元件库文件的同时，系统已经自动地为该库添加了一个默认的原理图符号，即名为 Component-1 的库元件，在 SCH Library(SCH 元件库)面板中可以看到。通过以下两种方法，可以为该库元件重新命名：

- 单击原理图符号绘制工具中的 (创建新元件)按钮，系统将弹出原理图符号名称对话框，在该对话框中输入自己要绘制的库元件名称。
- 在 SCH Library(SCH 元件库)面板中，直接单击原理图符号名称栏下面的 Add(添加)按钮，也会弹出原理图符号名称对话框，如图 6.13 所示。在这里输入"HI10175"，单击 OK(确定)按钮，关闭该对话框。

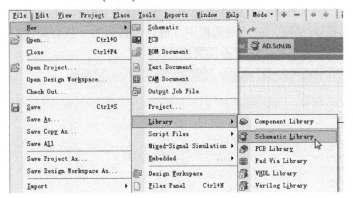

图 6.12

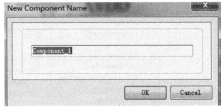

图 6.13

**Step 3** 单击原理图符号绘制工具中的□(放置矩形)按钮，光标变成十字形状，并附有一个矩形符号。单击两次，在编辑窗口的第四象限内绘制一个矩形。矩形用来作为库元件的原理图符号外形，其大小应根据要绘制的库元件引脚数的多少来决定。由于我们使用的 HI10175 采用 24 引脚 LQFP 封装形式，所以应画成正方形，并画得大一些，以便于引脚的放置。引脚放置完毕后，可以再调整成合适的尺寸，如图 6.14 所示。

**Step 4** 放置引脚。选择菜单栏中的 Place(放置) → Pin(放置引脚)命令，如图 6.15 所示，光标变成十字形状，并附有一个引脚符号。移动该引脚到矩形边框处，单击完成放置，具体如图 6.16 所示。在放置引脚时，一定要保证具有电气连接特性的一端(即带有数字号的一端)朝外，这可以通过在放置引脚时按 Space(空格)键旋转来实现。

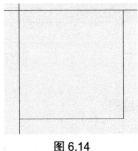

图 6.14

图 6.15

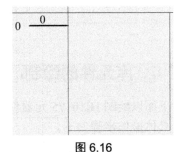

图 6.16

**Step 5** 在放置引脚时按 Tab(切换)键，或者双击已放置的引脚，系统将弹出如图 6.17 所示的 Pin Properties(引脚属性)对话框。在该对话框中，可以对引脚的各项属性进行设置。

Pin Properties(引脚属性)对话框中各项属性的含义如下。

- Display Name(显示名称)文本框：用于设置库元件引脚的名称。
- Designator(指定引脚标号)文本框：用于设置库元件引脚的编号，应该与实际的引脚编号相对应。

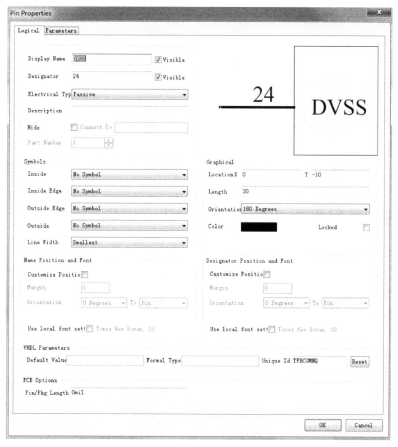

图 6.17

- Electrical Type(电气类型)下拉列表框：用于设置库元件引脚的电气特性。有 Input(输入)、IO(输入输出)、Output(输出)、OpenCollector(集电极开路)、Passive(中性的)、Hiz(脚)、Emitter(发射器)和 Power(激励)八个选项。在这里，我们选择 Passive(中性的)选项，表示不设置电气特性，如图 6.18 所示。

- Description(描述)文本框：用于填写库元件引脚的特性描述。

- Hidden(隐藏引脚)复选框：用于设置引脚是否为隐藏引脚。若勾选该复选框，则引脚将不会显示出来。此时，应在右侧的 Connect To(连接到)文本框中输入与该引脚连接的网络名称。

- Symbols(引脚符号)选项组：根据引脚的功能及电气特性，为该引脚设置不同的 IEEE符号，作为读图时的参考。可放置在原理图符号的内部、内部边沿、外部边沿或外部等不同位置，没有任何电气意义。

- VHDL Parameters(VHDL 参数)选项组：用于设置库元件的 VHDL 参数。

- Graphical(设置图形)选项组：该选项组用于设置该引脚的位置、长度、方向、颜色等基本属性。

Step 6 设置完毕之后，单击 OK(确定)按钮，关闭该对话框，设置好属性的引脚如图 6.19所示。

Step 7 按照同样的操作，或者使用阵列粘贴功能，完成其余 23 个引脚的放置，并设置好相应的属性。放置好全部引脚的库元件如图 6.20 所示。

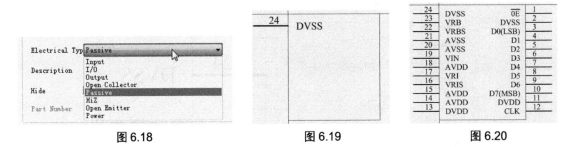

图 6.18　　　　　　　　图 6.19　　　　　　　　图 6.20

## 6.1.5　编辑元件属性

编辑元件属性的步骤如下。

**Step 1** 双击前面 SCH Library(SCH 元件库)面板原理图符号名称栏中的库元件名称 HI10175，系统弹出如图 6.21 所示的 Library Component Properties(库元件属性)对话框。在该对话框中，可以对自己所创建的库元件进行特性描述，并且设置其他属性参数。主要设置内容包括以下几项。

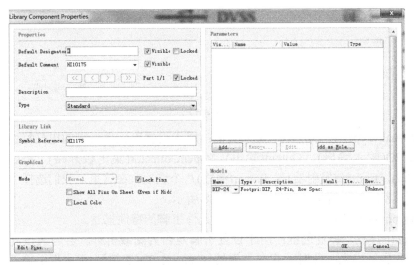

图 6.21

- Default Designator(默认符号)文本框：所谓默认库元件标号，即把该元件放置到原理图文件中时，系统最初默认显示的元件标号。这里设置为 U?，并勾选右侧的 Visible(可用)复选框，则放置该元件时，序号 U?会显示在原理图上。
- Default Comment(默认说明)下拉列表框：用于说明库元件的型号。在这里，设置为 HI10175，并勾选右侧的 Visible(可见)复选框，则放置该元件时，HI10175 会显示在原理图上。
- Description(描述)文本框：用于描述库元件的功能。这里输入"USBMCU"。
- Type(类型)下拉列表框：库元件符号的类型，可以选择设置。这里采用系统默认的设置 Standard(标准)。

- Library Link(元件库线路)选项组：库元件在系统中的标识符。这里输入"HI10175"。
- Show All Pins On Sheet(Even if Hidden)(在原理图中显示全部引脚)复选框：勾选该复选框后，在原理图上会显示该元件的全部引脚。
- Lock Pins(锁定引脚)复选框：勾选该复选框后，所有的引脚将与库元件成为一个整体，不能在原理图上单独移动引脚。建议用户勾选该复选框，这样，对电路原理图的绘制和编辑会有很大好处，可减少不必要的麻烦。
- 在 Parameters 列表框底部，单击 Add(添加)按钮，可以为库元件添加其他的参数，如版本、作者等。
- 在 Models 列表框底部，单击 Add(添加)按钮，可以为该库元件添加其他的模型，如 PCB 封装模型、信号完整性模型、仿真模型、PCB3D 模型。

Step 2 设置完毕后，单击 OK(确定)按钮，关闭该对话框。

 注意　　如果需要注释，可以选择菜单栏中的 Place(放置) → Text String(文本字符串)命令，或者单击原理图符号绘制工具栏中的 **A**(放置文本字符串)按钮进行注释。

## 6.1.6　子部件库元件的绘制

下面利用相应的库元件管理命令，绘制一个含有子部件的库元件 LF353。

LF353 是美国 TI 公司生产的双电源结型场效应管输入的双运算放大器，在高速积分、采样保持等电路设计中经常用到，采用 8 引脚的 DIP 封装形式。具体绘制步骤如下。

Step 1 选择菜单栏中的 File(文件) → New(新建) → Library(元件库) → Schematic Library(原理图元件库)命令，打开原理图元件库文件编辑器，创建新的原理图元件库文件。

Step 2 选择菜单栏中的 Tools(工具) → Document Options(文档选项)命令，在弹出的库编辑器选项界面中进行工作区参数的设置。

Step 3 为新建的库文件原理图符号命名。在创建了一个新的原理图元件库文件的同时，系统已自动为该库添加了一个默认原理图符号名为 Component 的库文件，在 SCH Library(SCH 元件库)面板中可以看到。可以为该库文件重新命名。

Step 4 单击原理图符号绘制工具栏中的 (创建新元件)按钮，系统将弹出如图 6.22 所示的 New Component Name(新元件名称)对话框，在该对话框中输入自己要绘制的库文件名称。

Step 5 单击原理图符号绘制工具中的 (放置多边形)按钮，光标变成十字形状，以编辑窗口的原点为基准，绘制一个三角形的运算放大器符号，如图 6.23 所示。

图 6.22

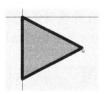

图 6.23

Step 6 单击原理图符号绘制工具栏中的 (放置引脚)按钮，光标变成十字形状，并附有一个引脚符号。移动该引脚到多边形边框处，单击完成放置。用同样的方法，放置引脚 2、3、

4、8 在三角形符号上，完成后如图 6.24 所示。设置好每一个引脚的属性，如图 6.25 所示。这样就完成了运算放大器原理图符号的绘制。

其中，1 引脚为输出端 OUT1，2、3 引脚为输入端 IN1(-)、IN1(+)，4、8 引脚为公共的电源引脚 VCC+、VCC-。对这两个电源引脚的属性可以设置为"隐藏"。选择菜单栏中的 View(察看) → Show Hidden Pins(显示隐藏引脚)命令，可以切换查看或隐藏。

**Step 7** 选择菜单栏中的 Edit(编辑) → Schematic(原理图) → Inside Area(选择区域内对象) 命令，或者单击 SchLib Standard(原理图元件库标准)工具栏中的区域内选择对象按钮，然后将图 6.26 中的子部件原理图符号选中。

**Step 8** 单击 SchLib Standard(原理图元件库标准)工具栏中的 📋(复制)按钮，复制选中的子部件原理图符号。

**Step 9** 选择菜单栏中的 Tools(工具) → New Part(新建部件)命令，在 SCH Library(SCH 元件库)面板上库元件 LF353 的名称前多了一个符号，单击符号，可以看到该元件中有两个子部件，刚才绘制的子部件原理图符号系统已经命名为 PartA，另一个子部件 PartB 是新创建的。

**Step 10** 单击 SchLib Standard(原理图元件库标准)工具栏中的 📋(粘贴)按钮，将复制的子部件原理图符号粘贴在 PartB 中，并改变引脚序号：7 引脚为输出端 OUT2，6、5 引脚为输入端 IN2(-)、IN2(+)，8、4 引脚仍为公共的电源引脚 VCC+、VCC-，如图 6.27 所示。

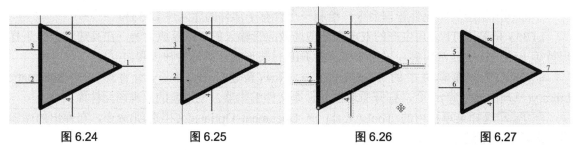

图 6.24          图 6.25                图 6.26          图 6.27

至此，一个含有两个子部件的库元件就创建好了。使用同样的方法，可以创建含有多个子部件的库元件。

## 6.2 创建原理图元件

Altium Designer 16.0 中提供的原理图库编辑器可以用来创建、修改原理图元件以及管理元件库。这个编辑器与原理图编辑器类似。使用同样的图形对象，比原理图编辑器多了引脚摆放工具。原理图元件可以由一个独立的部分或者几个同时装入一个指定 PCB 封装的部分组成，这些封装存储在 PCB 库或者集成库中。可以使用原理图库中的复制及粘贴功能，在一个打开的原理图库中创建新的元件，也可以用编辑器中的画图工具。

### 6.2.1 原理图

原理图库作为重要的部分被包含在存储于 Altium/Library(元件库)文件夹中的集成库内。要在集成库外创建原理图库，打开这个集成库，必须释放出源库，接下来就可以进行编辑。要了解更多的集成库信息，可参阅集成库指南。也可以从一个打开的项目中的原理图文件创建所有用到的元件的库，使用 Design(设计) → Make Schematic Library(制作原理图库)菜单命令。

## 6.2.2 创建新的原理图库

在开始创建新的元件前，先生成一个新的原理图库以用来存放元件。通过以下的步骤来建立一个新的原理图库。

**Step 1** 选择菜单栏中的 File(文件) → New(新建) → Library(库) → Schematic Library(原理图库)命令，一个新的名为 Schlib1.SchLib 的原理图库被创建，一个空的图纸在设计窗口中被打开，新的元件命名为Component_1，可以在 SCH Library 面板中看到，如图 6.28 所示。

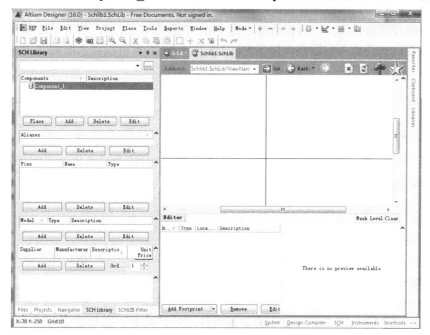

图 6.28

**Step 2** 选择菜单栏中的 File(文件) → Save As(保存)命令，将库文件更名为 Schematic Components.SchLib，如图 6.29 所示。

图 6.29

### 6.2.3 创建新的原理图元件

要在一个打开的库中创建新的原理图元件，通常要选择菜单栏中的 Tools(工具) → New Component(新器件)命令，但是，因为一个新的库都会带有一个空的元件图纸，只需简单地将 Component(元器件)重命名，然后开始创建第一个元件，一个 NPN 型三极管即可。

**Step 1** 在原理图库面板列表中选中 Component_1，选择菜单栏中的 Tools(工具) → Rename Component(重命名器件)命令。在 Rename Component(重命名器件)对话框中输入新的可以唯一确定元件的名字，如图 6.30 所示。

**Step 2** 择菜单栏中的 Tools(工具) → Document Options(文档选项)命令，打开库编辑器工作对话框，将捕捉栅格设为 1，可视栅格设为 10，如图 6.31 所示。单击 OK(确定)按钮，接受其他的默认设置。如果看不到栅格，按下 PageUp(向上翻页)键可以显示栅格。

图 6.30

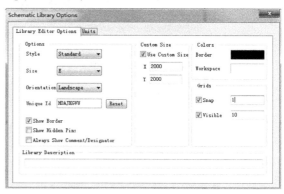

图 6.31

**Step 3** 画出 NPN 三极管，先要定义它的元件实体。选择菜单栏中的 Place(放置) → Line(放置线)命令(快捷键 P+L)或者单击 Place Line(放置线)工具条按钮。按下 Tab 键，弹出 PolyLine(折线)对话框，如图 6.32 所示。在框中设置线属性，然后单击 OK(确定)按钮。单击鼠标左键，从坐标(0，-1)开始到坐标(0，-19)结束画一条垂直的线。单击鼠标右键完成这条线的摆放。然后从坐标(0，-7)到坐标(10，0)，以及从坐标(0，-13)到坐标(10，-20)画其他两条线，使用 Shift+Space 组合键，可以将线调整到任意角度。单击右键或者按下 Esc(退出)按钮退出画线模式。画完后的效果如图 6.33 所示。如果要设置下端为箭头形状，则可以在画好的线上双击，会弹出 PolyLine(折线)对话框，在 End Line Shape(端线形状)和 Start Line Shape(启动线形)中，设定端点处的形状即可。

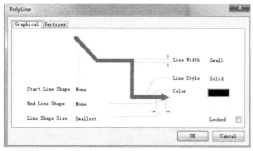

图 6.32

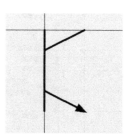

图 6.33

**Step 4** 保存元件。

## 6.2.4　给原理图元件添加引脚

元件引脚赋予元件电气属性并且定义元件连接点。引脚同样拥有图形属性。在原理图编辑器中为元件摆放引脚的步骤如下。

**Step 1** 选择菜单栏中的 Place(放置) → Pins(引脚)命令(快捷键 P+P)，或者单击 Place Pins(放置引脚)工具条按钮。引脚出现在指针上且随指针移动，与指针相连一端是与元件实体相接的非电气结束端。在放置的时候，按下 Space(空格)键可以改变引脚排列的方向。

**Step 2** 摆放过程中，放置引脚前，按下 Tab(切换)键编辑引脚属性。弹出引脚属性对话框，如图 6.34 所示。如果在放置引脚前定义引脚属性，定义的设置将会成为默认值，引脚编号以及那些以数字方式命名的引脚名在放置下一个引脚时会自动加 1。

图 6.34

**Step 3** 在上述引脚属性对话框中，在 Display Name(显示名字)栏中输入引脚的名字，在 Designator(标识符)栏输入可以确定的引脚编号。如果希望在原理图图纸上放置元件时引脚名及编号可见，则选中 Visible(可视)复选框。

**Step 4** 在 Electrical Type(电气类型)下拉框中选择选项来设置引脚连接的电气类型。当编译项目进行电气规则检查时，以及分析一个原理图文件检查器电气配线错误时，会用到这个引脚的电气类型。在这个元件的例子中，所有的引脚都是 Passive(中性的)电气类型。

**Step 5** 在 Lengh(长度)栏中设置引脚的长度，单位是"百分之几英寸"。这个元件中所有的引脚长度均设为 30，然后单击 OK(确定)按钮。

**Step 6** 当引脚出现在指针上时，按下空格键，可以以 90°为增量旋转调整引脚。记住，引脚上只有一端是电气连接点，必须将这一端放置在元件实体外。非电气端有一个引脚名字靠着它。

**Step 7** 放置这个元件所需要的其他引脚，并确认引脚名、编号、符号及电气类型正确。

**Step 8** 现在已经完成了元件的绘制，然后选择菜单栏中的 File(文件) → Save(保存)命令存储(快捷键 Ctrl+S)。

应注意：如果希望隐藏器件中的电源和地引脚，则应选中 Hide(隐藏)复选框，当这些引脚被隐藏时，这些引脚会被自动地连接到图中被定义的电源和地。

要查看隐藏的引脚，可以选择菜单栏中的 View(察看) → Show Hidden Pins(显示隐藏引脚)命令(快捷键 V+H)。所有被隐藏的引脚会在设计窗口中显示，引脚的显示名字和默认标识符也会显示。

可以在元件引脚编辑对话框中编辑引脚属性，而不用通过每一个引脚相应的引脚属性对话框。单击元件属性对话框中的 Edit Pins(编辑引脚)按钮，弹出元件引脚编辑对话框。可以通过点击鼠标右键，在弹出快捷菜单中选择 Tools(工具) → Component Properties(元件属性)命令打开库元件属性对话框，如图 6.35 所示。

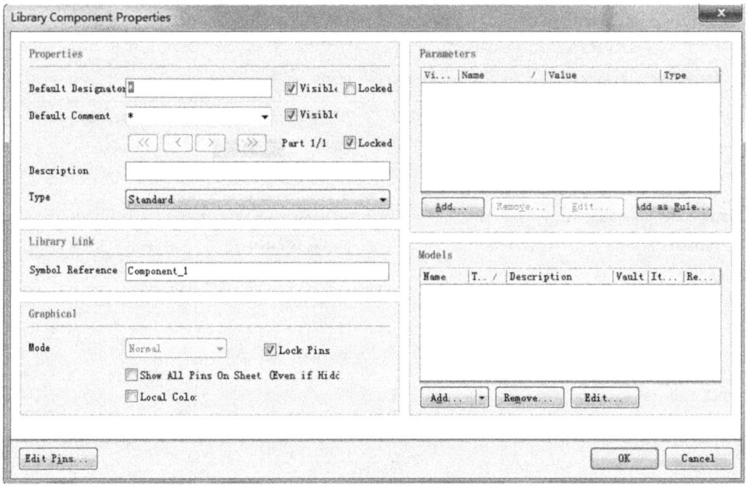

图 6.35

对于一个多部分的元件，被选择部件相应的引脚会在元件引脚编辑对话框中以白色为背景高亮显示。其他部件相应的引脚会变灰。但仍然可以编辑这些没有选中的引脚。选择一个引脚，然后单击 Edit(编辑)按钮，会弹出这个引脚的属性对话框。

## 6.2.5  设置原理图中元件的属性

每一个元件都有相对应的属性，例如默认的标识符、PCB 封装或其他的模型以及参数。当从原理图中编辑元件属性时，也可以设置不同的部件域和库域。设置元件属性的步骤如下。

图 6.36

**Step ❶** 从原理图库面板元件列表中选择元件，然后从右键快捷菜单中选择 Tools(工具) → Component Properties (元件属性)命令，如图 6.36 所示。弹出库元件属性对话框。

**Step ❷** 输入默认的标识符，例如"P?"以及当元件放置到原理图时显示的注释，如"NPN"。问号使得元件放置时标识符数字以自动增量改变，例如 Pl、P2。要确定 Visible (可视)选项被选中，如图 6.37 所示。

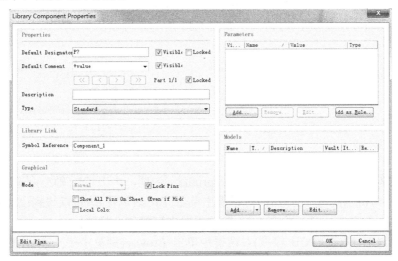

图 6.37

**Step ❸** 在添加模型或其他参数时，让其他选项栏保持默认值。

## 6.2.6　向原理图元件中添加模型

可以向原理图元件中添加任意数量的 PCB 封装，同样，也可以添加用于仿真及信号完整性分析的模型。这样，当在原理图中摆放元件时，可以从元件属性对话框中选择合适的模型。

有几种不同的向元件添加模型的方式。可以从网上下载一个厂家的模型文件，或者从已经存在的 Altium 库中添加模型。PCB 封装模型存放在 Altium\Library(元件库)\PCB(PCB 文件)路径里的 PCB 库文件(.pcblib files)中。电路仿真用的 SPICE 模型文件(.ckt 和.mdl)存放在 Altium\Library(元件库)路径里的集成库文件中。

如何查找定位模型文件呢？在原理图库编辑器中添加模型时，模型与元件的连接信息通过下面的正确方法搜索定位。

**Step ❶** 搜索当前集成库项目中的库。

**Step ❷** 搜索当前已加载的库列表中可视的 PCB 库(而不是集成库)，注意库列表可以定制排列顺序。

**Step ❸** 任何存在于项目搜索路径下的模型库都会被搜索，这个路径可以在项目选项对话框中定义(Project(项目)\Project Options(项目选项))，注意这个路径下的库不会被检索以定位模型，当搜索模型时，编译器会包含这些库。

在这里，我们使用将元件与模型连接的方法，也就是说，在将库项目编译成一个集成库前，将必需的模型文件加入到库项目中，并将其与原理图库关联起来。

## 6.2.7 向原理图元件添加 PCB 封装模型

当原理图同步到 PCB 文档时用到的封装。已经设计的元件用到的封装被命名为 BCY-W3。注意，在原理图库编辑器中，当将一个 PCB 封装模型关联到一个原理图元件时，这个模型必须存在于一个 PCB 库中，而不是一个集成库中。

**Step 1** 在元件属性对话框中，单击模型列表项底部的 Add(添加)按钮，如图 6.38 所示，弹出 Add New Model(添加新模型)对话框，如图 6.39 所示。可以在下拉列表中选择与该元件关联模型。

图 6.38

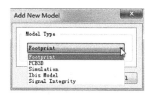

图 6.39

**Step 2** 在模型类型下拉列表中选择 Footprint(封装)项，单击 OK(确定)按钮，弹出 PCB 模型对话框，如图 6.40 所示。在弹出的对话框中单击 Brose(浏览)按钮以找到已经存在的模型(或者简单地写入模型的名字，稍后将在 PCB 库编辑器中创建这个模型)。

**Step 3** 在 PCB Model(PCB 模型)对话框中单击 Browse(浏览)按钮，弹出 Browse Libraries(浏览元件库)对话框，如图 6.41 所示。

图 6.40

图 6.41

**Step 4** 单击 Find(发现)按钮，弹出 Libraries Search(库搜索)对话框。选择 Libraries on Path (元件库路径)，单击 Path(路径)栏旁的 Browse Folder(浏览文件夹)按钮，定位到 D:\Users\Public \Documents\Altium\AD16\Library 路径下。确定搜索库对话框中的 Include Subdirectories(包含子目录)选项被选中。在名字栏输入"BCY-W3Q"，单击 Search(查找)按钮，如图 6.42 所示。

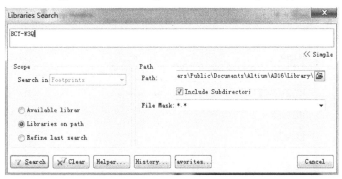

图 6.42

**Step 5** 可以找到对应这个封装的所有类似的库文件，如图 6.43 所示。如果确定找到了文件，则单击 Stop(停止)按钮停止搜索。选择找到的封装文件后，单击 OK(确定)按钮关闭该对话框，加载这个库在浏览库对话框中，回到 PCB 模型对话框。

**Step 6** 单击 OK(确定)按钮向元件加入这个模型。模型的名字列在元件属性对话框的模型列表中，如图 6.44 所示。

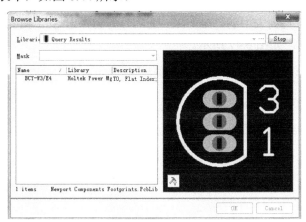

图 6.43

图 6.44

## 6.2.8　添加电路仿真模型

电路仿真用的 SPICE 模型文件(.ckt 和.mdl)存放在 Altium 的 Library(元件库)路径里的集成库文件中。如果在设计上需要进行电路仿真分析，就需要加入这些模型。

如果要将这些仿真模型用到我们的库元件中，建议打开包含了这些模型的集成库文件，选择菜单栏中的 File(文件) → Open(打开)命令，然后确认希望提取出这个源库。将所需的文件从输出文件夹(Output Folder(输出文件夹)，在打集成库时生成)复制到包含源库的文件夹中。

添加电路仿真模型的具体步骤如下。

Step ① 与添加 Footprint(封装)模型一样，在元件属性对话框中，单击模型列表项底部的 Add(添加)按钮，弹出 Add New Model(添加新模型)对话框。在模型类型下拉列表中选择 Simulation(仿真)，如图 6.45 所示，单击 OK(确定)按钮，弹出 Sim Model - General/Generic Editor(仿真模型常规编辑对话框)，如图 6.46 所示。

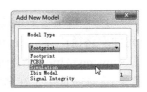

图 6.45

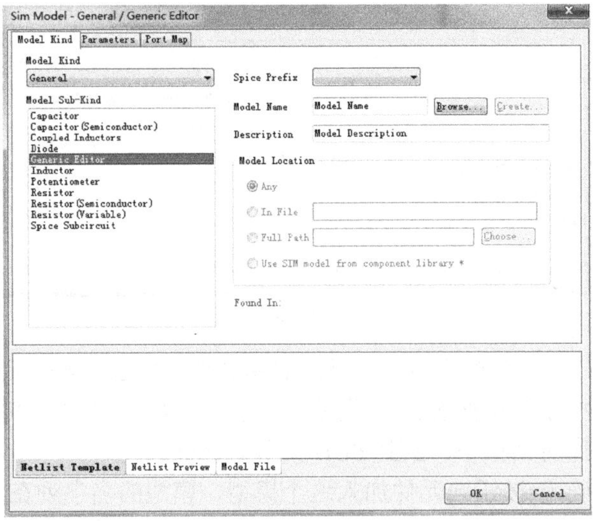

图 6.46

Step ② 选择 Model Kind(模型种类)下拉列表中的 Transistor 选项，将会弹出 Sim Model - Transistor/BJT(仿真模型三极管/BJT)对话框，如图 6.47 所示。

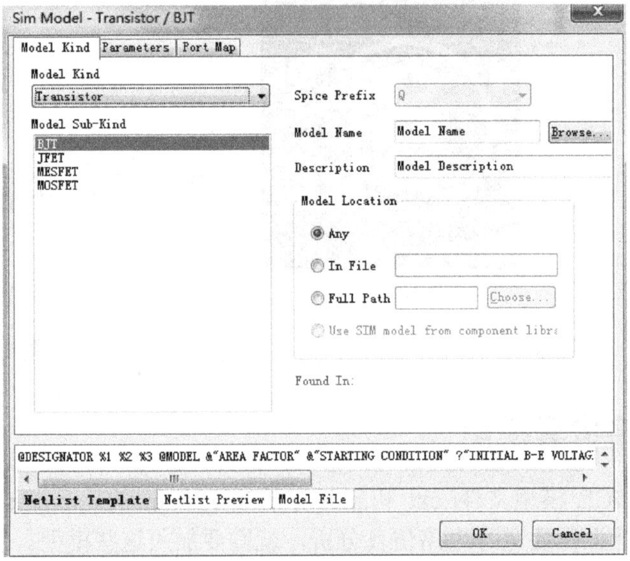

图 6.47

Step ③ 确定 BJT 被选中，作为模型的子类型。输入合法的模型名字，例如"NPN"，然后加一个描述，例如"NPNBJT"。单击 OK 按钮回到元件属性对话框，可以看到 NPN 模型已经被加到模型列表中。

## 6.2.9  加入信号完整性分析模型

信号完整性分析模型中使用引脚模型比元件模型更好。配置一个元件的信号完整性分析，可以设置用于默认引脚模型的类型和技术选项，或者导入一个 IBIS 模型，具体步骤如下。

**Step 1** 在元件属性对话框中，单击模型列表项底部的 Add(添加)按钮，弹出 Add New Model(添加新模型)对话框。在模型类型下拉列表中选择 Signal Integrity(信号完整性)，如图 6.48 所示，单击 OK(确定)按钮，弹出信号完整性模型对话框，如图 6.49 所示。

**Step 2** 导入一个 IBIS 文件。单击 Import IBIS(导入 IBIS)按钮，然后定位到所需的.ibs 文件。输入模型的名字和描述名称，然后选择一个 BJT 类型。单击 OK(确定)按钮，返回到元件属性对话框，可以看到，模型已经被添加到模型列表中，如图 6.50 所示。

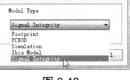

图 6.48　　　　　　　图 6.49　　　　　　　图 6.50

## 6.2.10  添加元件参数

参数的意义在于定义更多的有关于元件的附加信息。定义元件厂商或日期的数据字符串都可以被添加到文件中，一个字串参数也可以作为元件的值在应用时被添加，例如 100kΩ的电阻。参数被设置为当在原理图上摆放一个器件时，作为特殊字串显示。可以设置其他参数作为仿真需要的值，或在原理图编辑器中建立 PCB 规则。

添加一个原理图元件参数的步骤如下。

**Step 1** 打开任意元件的属性对话框。在原理图属性对话框的参数列表栏中单击 Add(添加)按钮，如图 6.51 所示，将弹出参数属性对话框。

**Step 2** 如图 6.52 所示，输入参数名及参数值。如果要用到文本串以及参数的值，要确定参数类型被选择为 STRING(字符串)，如果需要在原理图中放置元件时显示参数的值，应确认 Visible(可视)框被勾选，单击 OK(确定)按钮。参数已经被添加到元件属性对话框的参数列表中。

图 6.51

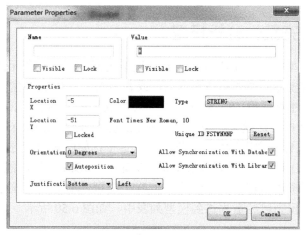

图 6.52

## 6.2.11　间接字符串

使用间接字符串，可以为元件设置各参数项。当摆放元件时，这个参数可以显示在原理图上，也可以在 Altium Designer 16.0 进行电路仿真时使用。所有添加的元件参数都可以作为间接字符串。当参数作为间接字符串时，参数名前面有一个"="号作为前缀。

值参数：一个值参数可以作为元件的普通信息，但是，对于分立式器件，如电阻和电容，值参数将用于仿真。

可以设置元件注释读取作为间接字符串加入的参数的值，注释信息会被绘制到 PCB 编辑器中。相对于两次输入这个值来说(就是说，在参数命名中输入一次，然后在注释项中再输入一次)，Altium Designer 16.0 支持利用间接参数的值替代注释项中的内容。

**Step ❶** 如图 6.53 所示，在元件属性对话框的参数列表中单击 Add(添加)按钮，弹出参数属性对话框，如图 6.54 所示。

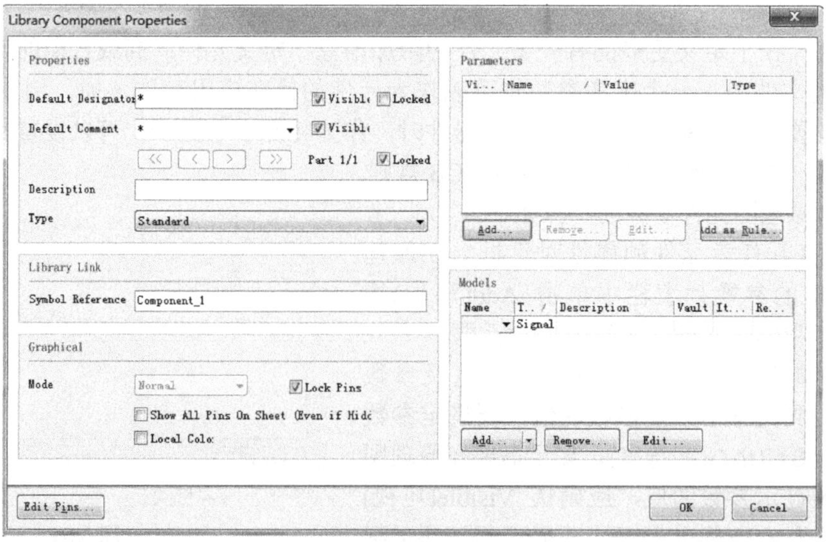

图 6.53

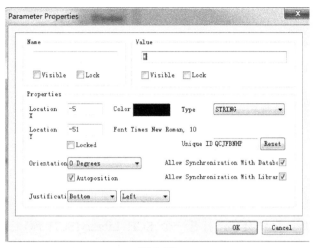

图 6.54

**Step 2** 输入名字为 "Value" (值)以及参数值 "100k"。当这个器件放置在原理图中后，运行原理仿真时，会用到这个值。确定参数类型被定为 STRING(字符串)，且值的 Visible(可视)框被勾选。设置字体，颜色以及方向选项，然后单击 OK 按钮，将新的参数加入到元件属性对话框的元件列表中，如图 6.55 所示。

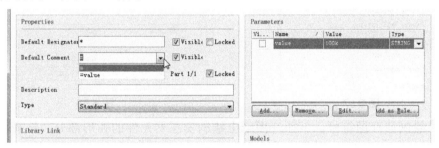

图 6.55

**Step 3** 在元件属性对话框的属性栏中，单击注释栏(Default Comment)，在下拉框中选择 "=Value" 选项，关掉可视属性。

**Step 4** 选择菜单栏中的 File(文件) → Save(保存)命令，存储元件的图纸及属性。

 注意　　当在原理图编辑器中查看特殊字符串时，确定属性对话框图形编辑标签下的转换特殊字符选项(Convert Special Strings)被启用。如果当从原理图转换到 PCB 文档时注释不显示，应确认是否封装器件对话框中的注释被隐藏。

## 6.2.12　实例——制作变压器元件

在本例中，将用绘图工具创建一个新的变压器元件。通过本例的学习，读者将了解在原理图元件编辑环境下新建原理图元件库、创建新的元件原理图符号的方法，同时学习绘图工具栏中绘图工具按钮的使用方法。操作步骤如下。

**Step 1** 创建工作环境。选择菜单栏中的 File(文件) → New(新建) → Library(库) → Schematic Library(原理图库)命令，如图 6.56 所示，启动原理图库文件编辑器，并创建一个新的原理图库文件。

图 6.56

Step **2** 管理元件库。系统会自动打开一个 SCH Library(SCH 库)工作面板，在该工作面板中可以对原理图元件库中的元件进行管理，在新建的原理图元件库中，包含了一个名为 Components 的元件。选择菜单栏中的 Tools(工具) → Rename Component(重命名元件)命令，如图 6.57 所示，打开 Rename Component(重命名元件)对话框，在该对话框中将元件重命名为 "BIANYAQI"，如图 6.58 所示。然后单击 OK(确定)按钮退出对话框。

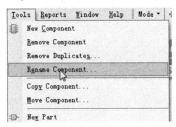

图 6.57

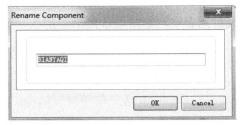

图 6.58

Step **3** 绘制原理图符号。下面在图纸上绘制变压器元件的弧形部分。选择菜单栏中的 Place(放置) → Drawing Tools(绘图工具) → Elliptical Arc(椭圆弧)命令，或者单击工具栏中的 按钮，这时鼠标变成十字形状。在图纸上绘制一个如图 6.59 所示的弧线。双击所绘制的弧线，打开 Elliptical Arc(椭圆弧)对话框，如图 6.60 所示。在该对话框中，设置所画圆弧的参数，包括弧线的圆心坐标、弧线的长度和宽度、椭圆弧的起始角度和终止角度、颜色等属性。

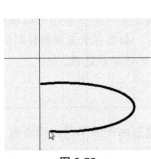

图 6.59

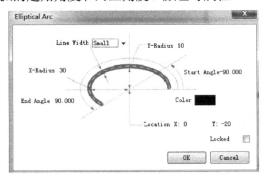

图 6.60

Step **4** 完成后如图 6.61 所示。因为变压器的左右线圈由 8 个圆弧组成，所以还需要另外 7 个类似的弧线。可以用复制、粘贴的方法放置其他的 7 个弧线，再将它们一一排列好。对于右侧的弧线，只需要在选中后按住鼠标左键，然后按 Space(空格)键即可左右旋转，如图 6.62 所示。下面继续绘制变压器中间的直线。

Step 5 绘制变压器中间的直线。选择菜单栏中的 Place(放置) → Drawing Tools(绘图工具) → Line(线)命令，或者单击工具栏中的 ✎ 按钮，这时鼠标变成十字形状。在线圈中间绘制一条直线，如图 6.63 所示。然后双击绘制好的直线，打开 PolyLine(折线)对话框，如图 6.64 所示，再在该对话框中将直线的宽度设置为 Medium(中型)。

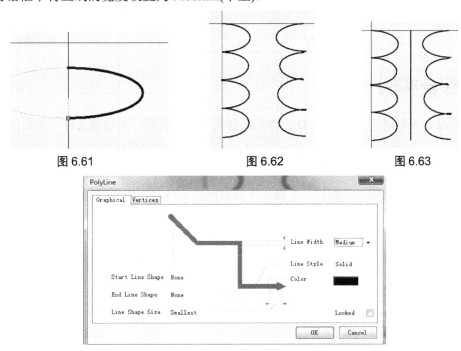

图 6.61　　　　　　　　　　图 6.62　　　　　　　　　　图 6.63

图 6.64

Step 6 完成后如图 6.65 所示。下面绘制线圈上的引出线。选择菜单栏中的 Place(放置) → Drawing Tools(绘图工具) → Line(线)命令，或者单击工具栏中的相应按钮，这时，鼠标变成十字形状，在线圈上绘制出 4 条引出线。单击原理图符号绘制工具栏中的放置引脚按钮，绘制 4 个引脚，如图 6.66 所示。双击所放置的引脚，打开 Pin Properties(引脚属性)对话框，如图 6.67 所示。在该对话框中，取消选中 Designator(标示)文本框后面的 Visible(可见)复选框，表示隐藏引脚编号。

Step 7 这样，变压器元件就创建完成了，如图 6.68 所示。保存文件即可。

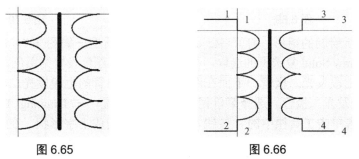

图 6.65　　　　　　　　　　　　　图 6.66

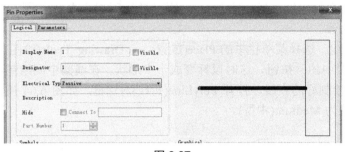

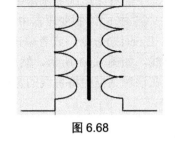

图 6.67                                         图 6.68

## 6.3 综合实例

本节通过七段数码管元件与 LCD 元件的具体制作方法实例，来说明元件库的创作方法。

### 6.3.1 实例——七段数码管元件

在本例中，将用绘图工具创建一个新的七段数码管元件。操作步骤如下。

**Step 1** 创建工作环境。选择菜单栏中的 File(文件) → New(新建) → Library(库) → Schematic Library(原理图库)命令，启动原理图库文件编辑器，并创建一个新的原理图库文件。

**Step 2** 管理元件库。系统会自动打开一个 SCH Library(SCH 库)工作面板，在该工作面板中，可以对原理图元件库中的元件进行管理，在新建的原理图元件库中包含了一个名为 Components 的元件。选择菜单栏中的 Tools(工具) → Rename Component(重命名元件)命令，打开 New Component Name(重命名元件)对话框，在该对话框中将元件重命名为 SHUMAGUAN，如图 6.69 所示。然后单击 OK 按钮退出对话框。

**Step 3** 绘制数码管元件的外形。选择菜单栏中的 Place(放置) → Rectangle(矩形)命令，或者单击工具栏上的□按钮，这时，鼠标变成十字形状，并带有一个矩形图形。在图纸上绘制一个如图 6.70 所示的矩形。

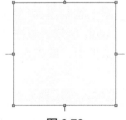

图 6.69                                       图 6.70

**Step 4** 双击所绘制的矩形，打开 Rectangle(矩形)对话框，如图 6.71 所示。在该对话框中，单击取消对 Draw Solid 复选框的选取，再将矩形的边框颜色设置为黑色。

**Step 5** 绘制七段发光二极管。下面在图纸上绘制数码管的七段发光二极管，在原理图符号中用直线来代替发光二极管。选择菜单栏中的 Place(放置) → Drawing Tools(绘图工具) → Line(线)命令，或者单击工具栏中的 ✏ 按钮，这时，鼠标变成十字形状。在图纸上绘制一个如图 6.72 所示的"日"字形七段发光二极管。双击放置的直线，打开 PolyLine(折线)对话框，在其中将直线的宽度设置为 Medium(中等)，如图 6.73 所示。

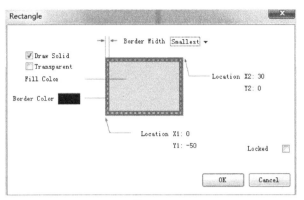

图 6.71

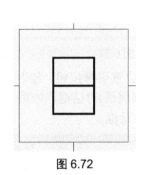

图 6.72

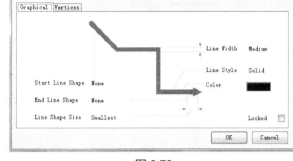

图 6.73

Step 6 选择菜单栏中的 Place(放置) → Drawing Tools(绘图工具) → Rectangle(矩形)命令或者单击工具栏中的□按钮，这时鼠标变成十字形状，并带有一个矩形图形。在图纸上绘制如图 6.74 所示的小矩形作为小数点。双击放置的矩形，打开 Rectangle(矩形)对话框，在其中将矩形的填充色和边框都设置为黑色，如图 6.75 所示，然后单击 OK(确定)按钮退出对话框。

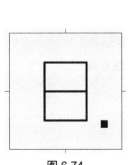

图 6.74

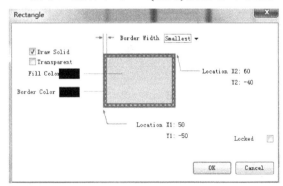

图 6.75

Step 7 放置数码管的标注。选择菜单栏中的 Place(放置) → Text Frame(文本框架)命令，或者单击工具栏中的相应按钮，这时鼠标变成十字形状。在图纸上放置如图 6.76 所示的数码管标注。双击放置的文字，打开 Anotation(标注)对话框，在其中，将标注的颜色设置为黑色，如图 6.77 所示，然后单击 OK 按钮退出对话框。

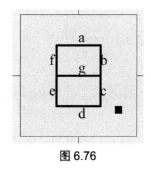

图 6.76 图 6.77

Step **8** 放置数码管的引脚。单击原理图符号绘制工具栏中的放置引脚按钮，绘制 7 个引脚，如图 6.78 所示。双击所放置的引脚，打开 Pin Properties(引脚属性)对话框，如图 6.79 所示。在该对话框中设置引脚的编号，然后单击 OK(确定)按钮退出对话框。

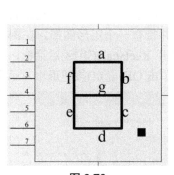

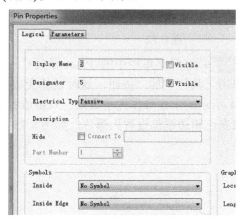

图 6.78 图 6.79

Step **9** 保存文件。快捷键为 Ctrl+S。

## 6.3.2　实例——制作 LCD 元件

制作 LCD 元件的具体操作步骤如下。

Step **1** 绘制库元件的原理图符号。选择菜单栏中的 File(文件) → New(新建) → Library (元件库) → Schematic Library(原理图元件库)命令，打开原理图元件库文件编辑器，创建一个新的原理图元件库文件，如图 6.80 所示。

Step **2** 选择菜单栏中的 Tools(工具) → Document Options(文档选项)命令，在弹出的库编辑器工作区对话框中进行工作区参数设置，为新建的库文件原理图符号命名。在创建了一个新的原理图元件库文件的同时，系统已自动为该库添加了一个默认的符号名为 Component-1 的库元件，在 SCH Library(SCH 元件库)面板中可以看到，如图 6.81 所示。

Step **3** 单击原理图符号绘制工具栏中的■(创建新元件)按钮，系统将弹出原理图符号名称对话框，如图 6.82 所示，在该对话框中输入自己要绘制的库元件名称。或在 SCH Library(SCH 元件库)面板中，直接单击原理图符号名称栏下面的 Add(添加)按钮，也会弹出原理图符号名称对话框。在这里，输入"LCD"，单击 OK(确定)按钮，关闭该对话框。

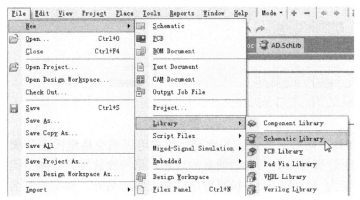

图 6.80

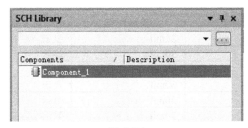

图 6.81

图 6.82

Step **4** 单击原理图符号绘制工具栏中的□(放置矩形)按钮，光标变成十字形状，并附有一个矩形符号。单击两次，在编辑窗口的第四象限内绘制一个矩形。矩形用来作为库元件的原理图符号外形，如图 6.83 所示。

Step **5** 放置引脚。选择菜单栏中的 Place(放置) → Pin(放置引脚)按钮，光标变成十字形状，并附有一个引脚符号，如图 6.84 所示。移动该引脚到矩形边框处，单击完成放置，在放置引脚时，可以按 Space(空格)键旋转方向。

图 6.83

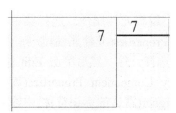

图 6.84

Step **6** 在放置引脚时按 Tab(切换)键，或者双击已放置的引脚，系统将弹出如图 6.85 所示的 Pin Properties(引脚属性)对话框，在该对话框中可以对引脚的各项属性进行设置。

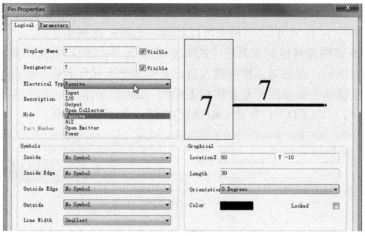

图 6.85

**Step 7** 鼠标指针上附着一个管脚的虚影，用户可以按空格键改变管脚的方向，然后单击鼠标放置管脚，由于管脚号码具有自动增量的功能，第一次放置的管脚号码为 1，紧接着放置的管脚号码会自动变为 2，所以最好按照顺序放置管脚。另外，如果管脚名称的后面是数字的话，同样具有自动增量的功能。各管脚如表 6.1 所示。

表 6.1 元件管脚

| 管脚号码 | 管脚名称 | 信号种类 | 管脚种类 | 其 他 |
|---|---|---|---|---|
| 1 | VSS | Passive | 30mil | 显示 |
| 2 | VDD | Passive | 30mil | 显示 |
| 3 | V0 | Passive | 30mil | 显示 |
| 4 | RS | Input | 30mil | 显示 |
| 5 | R/W | Input | 30mil | 显示 |
| 6 | EN | Input | 30mil | 显示 |
| 7 | DB0 | 10 | 30mil | 显示 |
| 8 | DR1 | 10 | 30mil | 显示 |
| 9 | DB2 | 10 | 30mil | 显示 |
| 10 | DB3 | 10 | 30mil | 显示 |
| 11 | DB4 | 10 | 30mil | 显示 |
| 12 | DB5 | 10 | 30mil | 显示 |
| 13 | DB6 | 10 | 30mil | 显示 |
| 14 | DB7 | 10 | 30mil | 显示 |

**Step 8** 设置完各个管脚后，如图 6.86 所示。

**Step 9** 编辑元件属性。选择菜单栏中的 Tools(工具) → Component Properties(元件属性)命令，或从原理图库面板里的元件列表中选择元件，然后单击 Edit 按钮，弹出如图 6.87 所示的 Library Component Properties(库元件属性)对话框。在 Default Designer(默认的标识符)栏中输入预置的元件序号前缀(在此为"U?")。单击 Edit Pin(编辑引脚)按钮，将会弹出 Component Pin Editor(元件引脚编辑)对话框，如图 6.88 所示。单击 OK(确定)按钮关闭对话框。

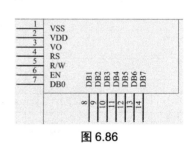

图 6.86

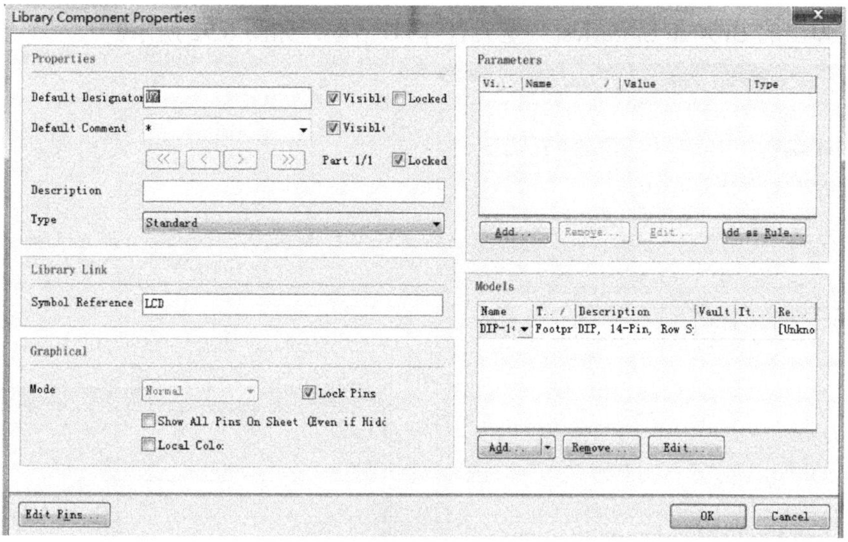

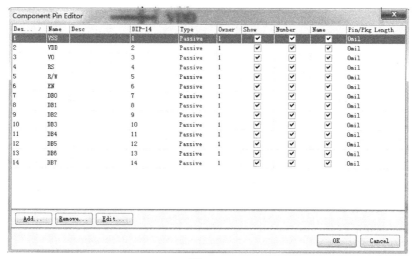

图 6.87

图 6.88

Step 10 在元件属性对话框中，如图 6.89 所示，单击模型列表项底部的 Add(添加)按钮，弹出 Add New Model(添加新模型)对话框，如图 6.90 所示。

图 6.89

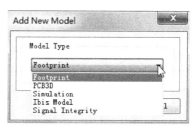

图 6.90

Step 11 在模型类型下拉列表中选择 Footprint(封装)项。单击 OK(确定)按钮，弹出 PCB 模型对话框，如图 6.91 所示。在对话框中单击 Browse(浏览)按钮，以找到已经存在的模型。

**Step 12** 弹出的 Browse Libraries(浏览元件库)对话框，如图 6.92 所示。

图 6.91

图 6.92

**Step 13** 单击 Find(发现)按钮，弹出 Libraries(搜索库)对话框。选择 Libraries on Path 单选项，单击 Path(路径)栏旁的 Browse Folder(浏览文件夹)按钮，定位到 D:\Users\Public\Documents\Altium\AD16\Library 路径下。确定搜索库对话框中的 Include Subdirectories(包含子目录)选项被选中。在名字栏输入"DIP-14"，然后单击 Search(查找)按钮，如图 6.93 所示。

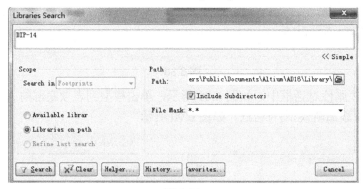

图 6.93

**Step 14** 可以找到对应这个封装所有的类似的库文件，如图 6.94 所示。如果确定找到了文件，则单击 Stop(停止)按钮停止搜索。单击选择找到的封装文件后，再单击 OK(确定)按钮关闭该对话框，并加载这个库在浏览库的对话框中。回到 PCB Model(PCB 模型)对话框，如图 6.95所示。

**Step 15** 完成的 LCD 元件如图 6.96 所示。最后保存元件库文件，即可完成该实例。

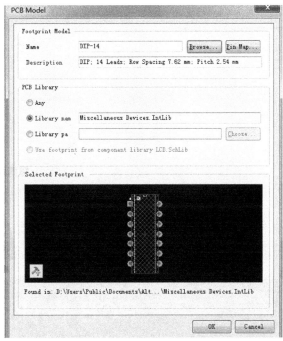

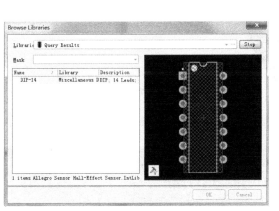

图 6.94

图 6.95

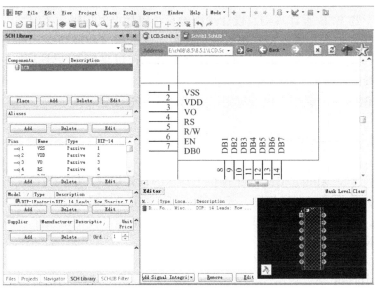

图 6.96

# 第 7 章

## PCB 设计规则的设置

本章将介绍一些 PCB 设计规则及设计规则检查，包括电气规则、布线规则、设计规则向导等。其中，设计规则是否合理，将直接影响电路板布线的质量和成功率。对于具体的电路，可以采用不同的设计规则，如果是设计双面板，很多规则可以采用系统默认值，系统默认值就是对双面板进行布线的设置。

本章主要对 PCB 设计规则、电气规则、布线规则等进行学习。

### 7.1 PCB 设计规则简述

对于 PCB 的设计，Altium Designer 提供了详尽的设计规则，这些设计规则包括导线放置、导线布线方法、元件放置、布线规则、元件移动和信号完整性等规则。根据这些规则进行自动布局和自动布线。在很大程度上，布线是否成功和布线质量的高低取决于设计规则的合理性，也依赖于读者的设计经验。

### 7.2 电气规则

电气规则主要用来设置 PCB 设计中导线、焊盘、过孔及敷铜等导电对象之间的最小安全间距，使彼此之间不会因为过近而产生相互干扰，其中包括 Clearance(安全距离)、Short-circuit(短路规则)、Un-Routed Net(未布线网络规则)、Un-Connected Pin(未连接引脚)、Modified Polygon(修改多边形)五个方面的设置。

## 7.2.1　安全间距

这里介绍 Clearance(安全距离)子规则的设置。

从菜单栏中选择 Design(设计) → Rule(规则)命令，将会弹出 PCB Rules and Constraints Editor(PCB 规则和约束编辑器)对话框窗口，如图 7.1 所示。

图 7.1

单击 Clearance(安全距离)规则，安全距离的各项规则名称以树形结构形式展开。系统默认的有一个名称为 Clearance(安全距离)的安全距离规则设置。以鼠标左键单击这个规则名称，对话框的右边区域将显示这个规则使用的范围和规则的约束性，默认情况下，整个板面的安全距离为 10mil。

由于间距是相对于两个对象而言，因此，该窗口中相应地有两个规则匹配对象的范围设置。在 Constraints(约束)区域内，需要设置该项规则适用的网络范围。

下面以某两个网络的安全间距设置 15mil 为例，说明新规则的建立方法，具体步骤如下。

Step 1 选择菜单栏中的 Design(设计) → Rule(规则)命令，弹出对话框，在 Clearance(安全距离)上单击鼠标右键，弹出快捷菜单，如图 7.2 所示。

Step 2 在快捷菜单中选择 New(新建) → Rule(规则)命令，则系统自动在 Clearance(安全距离)的上面增加一个名称为 Clearance_1 的规则，单击 Clearance_1，出现建立新规则设置界面，如图 7.3 所示。

Step 3 在 Where The First Object Matches(第一匹配对象)选项区域中选定一种电气类型。在这里选定 Net(网络)。同样地，在 Where The Second Object Matches(第二匹配对象)选项区域中也选定 Net。

Step 4 将光标移到 Constraints(约束)单元，将 Minimum Clearance(最小安全距离)修改为 15mil，如图 7.4 所示。

Step 5 在 PCB 的设中，同时有两个电气安全距离规则，因此，必须设置它们之间的优先权。单击对话框中左下角的优先权设置按钮 Priorities(优先权)，打开规则优先权编辑对话框，如图 7.5 所示。

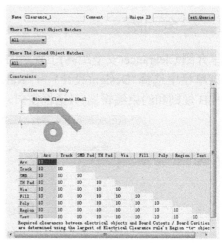

图 7.2                                              图 7.3

图 7.4

图 7.5

**Step ❻** 通过 Increase Priority(增加优先权)和 Decrease Priority(下降优先权)按钮，可改变布线中规则的优先次序。设置完毕后，依次关闭设置对话框，新的规则和设置自动保存并在布线时起到约束作用。

## 7.2.2  允许短路

Short-Circuit(短路)子规则主要用于设置是否允许 PCB 上的导线短路，如图 7.6 所示。

图 7.6

在 Constraints(约束)区域内，只有一个 Allow Short Circuit(允许短路)复选框。若选中该复选框，则意味着允许上面所设置的两个匹配对象中的导线短路；若不选中，则不允许，系统默认状态为不选中。

### 7.2.3　未布线网络

Un-Routed Net(未布线网络)子规则主要用于检查 PCB 中指定范围内的网络是否已布线成功，对于未布线的网络，将使其仍保持飞线连接。该规则不需要设置其他约束，只需创建规则，为其命名并设定适用范围即可，如图 7.7 所示。

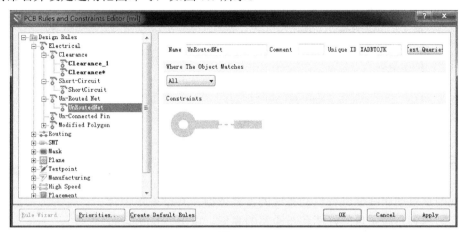

图 7.7

### 7.2.4　未连接引脚

Un-Connected Pin(未连接引脚)子规则主要用于检查指定范围内的元器件引脚是否均已连接到网络，对于未连接的引脚，给予警告提示，显示为高亮状态。该规则也不需要设置其他的约束，只需为其命名并设定适用范围即可，如图 7.8 所示。

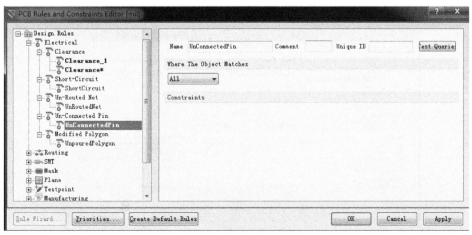

图 7.8

### 7.2.5 修改多边形

Modified Polygon(修改多边形)子规则用于显示修改后的多边形，展示出两个多边形的前编辑和后编辑状态的新模式，如图 7.9 所示。

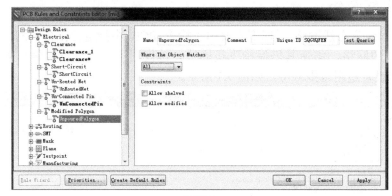

图 7.9

## 7.3 PCB 布线规则

布线规则是自动布线器进行自动布线的重要依据，其设置是否合理，将直接影响到布线质量的好坏和布通率的高低。单击 Routing(布线)前面的加号，展开布线规则，可以看到有 8 项子规则，如图 7.10 所示。

图 7.10

### 7.3.1 布线线宽

布线线宽 Width(线宽)规则主要用于设置 PCB 布线时允许采用的导线宽度，有最大、最小和优选之分。最大宽度和最小宽度确定了导线的宽度范围，而优选尺寸则为导线放置时系统默认采用的宽度值，它们的设置都是在 Constraints(约束)区域内完成的，如图 7.11 所示。

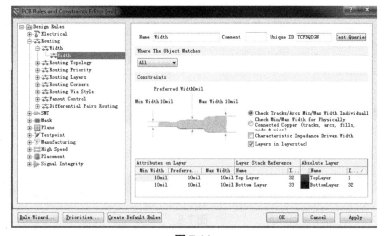

图 7.11

Constraints(约束)区域内有两个复选框，如图 7.12 所示。

- Characteristic Impedance Driven Width(特征阻抗驱动宽度)：选中该复选框后，将显示铜膜导线的特征阻抗值，设计者可以对最大、最小及优选阻抗进行设置。
- Layers in layerstack(图层堆栈中的层)：选中该复选框后，意味着当前的宽度规则仅应用于在图层堆栈中所设置的工作层，否则将适用于所有的电路板层。系统默认选中。

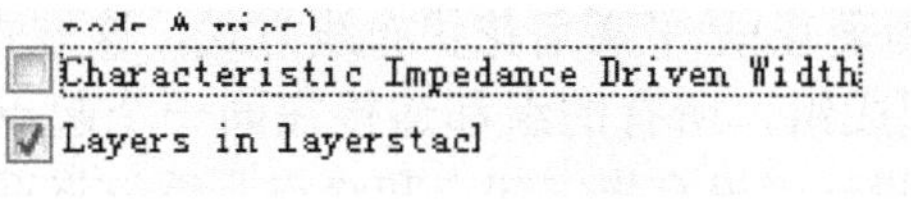

☐ Characteristic Impedance Driven Width
☑ Layers in layerstack

图 7.12

在 Constraints(约束)区域有布线的三个宽度约束 Preferred Width(首选宽度)、Min Width(最小宽度)和 Max Width(最大宽度)。

## 7.3.2　布线拓扑

布线方式规则用于定义引脚到引脚间的布线方式规则，此规则有 7 种方式，在 Constraints (约束)区域中单击 Topology(拓扑)栏的下拉式按钮，弹出布线方式列表，如图 7.13 所示。

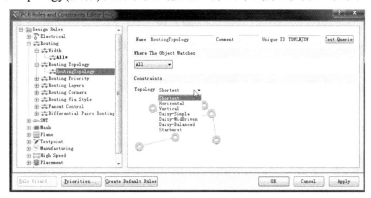

图 7.13

(1) Shortest(最短)是以最短路径布线方式，是系统默认使用的拓扑规则，如图 7.14 所示。

(2) Horizontal(水平)是以水平方向为主的布线方式，水平垂直比为 5:1，如图 7.15 所示。

(3) Vertical(垂直)是以垂直方向为主的布线方式，垂直水平比为 5:1，如图 7.16 所示。

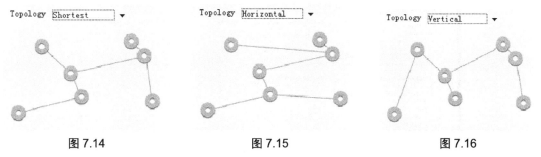

图 7.14　　　　　　　　　图 7.15　　　　　　　　　图 7.16

(4) Daisy-Simple(简易菊花)是简易菊花状布线方式，如图 7.17 所示。该方式要指定起点和终点，其含义是在起点和终点之间连通网络上的各个节点，并且使连线最短，如果设计者没有指定起点和终点，则此方式与 Shortest(最短)方式是相同的。

(5) Daisy-MidDriven(中间驱动的菊花状)是中间驱动的菊花状布线方式。该方式也需要指定起点和终点，其含义是以起点为中心向两边的终点连通网络上的各个节点，起点两边的中间节点数目不一定要相同，但要使连线最短。如果设计者没有指定起点和两个终点，系统将采用 Shortest(最短)方式布线，如图 7.18 所示。

(6) Daisy-Balanced(平衡菊花)是平衡菊花状布线方式，该方式也要指定起点和终点，其含义是将中间节点数平均分配成组，所有的组都连接在同一个起点上，起点间用串联的方法连接，并且使连线最短，如果设计者没有指定起点和终点，系统将采用 Shortest(最短)拓扑规则布线，如图 7.19 所示。

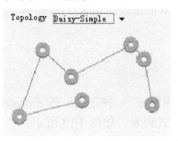
图 7.17

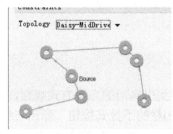
图 7.18

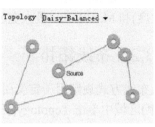
图 7.19

(7) Starburst(放射状布线)是放射状布线方式。该方式是指网络中的每个节点都直接与起点相连接，如果设计者指定了终点，那么，终点不直接与起点连接。如果没有指定起点，那么系统将试着轮流以每个节点作为起点去连接其他各个节点，找出连线最短的组连接作为网络的布线方式，如图 7.20 所示。

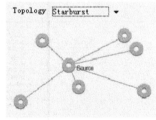
图 7.20

## 7.3.3 优先布线

布线优先级别规则用于设置布线的优先次序，优先级别高的网络或对象会被优先布线。优先级别可以设置的范围是 0~100，数值越大，则级别越高。优先级别在 Constraints(约束)区域的 Routing Priority(优先布线)选项中设置，可以直接输入数值，也可以用增减按钮调节，如图 7.21 所示。

图 7.21

### 7.3.4　布线层

如图 7.22 所示的 PCB 布线板层规则用于设置允许自动布线的板层。通常，为了降低布线间的耦合面积，减少干扰，不同层的布线需要设置成不同的走向。如对于双层板，默认状态下，顶层为垂直走向，底层为水平走向。如果用户需要更改布线走向，可打开 Layer Directions (层布线方向)对话框进行设置。设置方法如下。

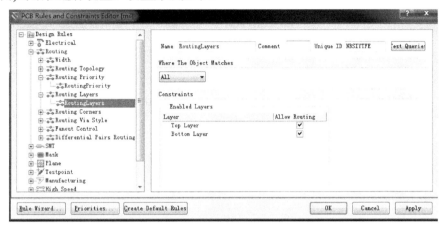

图 7.22

Step ① 选择菜单栏中的 Auto Route(自动布线) → Setup(设置)命令，如图 7.23 所示，打开 Situs Routing Strategies(自动布线设置)对话框，如图 7.24 所示。

Step ② 单击 Edit Layer Directions(编辑层方向)按钮，打开 Layer Directions(层布线方向)设置对话框，如图 7.25 所示。单击每层的 Current Setting(当前设置)栏，激活下拉按钮，单击下拉按钮，从下拉列表框中选择合适的布线走向。

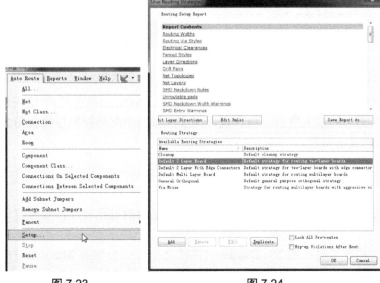

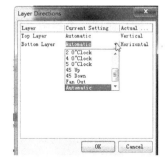

图 7.23　　　　　　　　　　　图 7.24　　　　　　　　　　　图 7.25

### 7.3.5　布线转角

Routing Corners(布线转角)规则主要用于设置自动布线时的导线拐角模式，其设置窗口界面如图 7.26 所示。

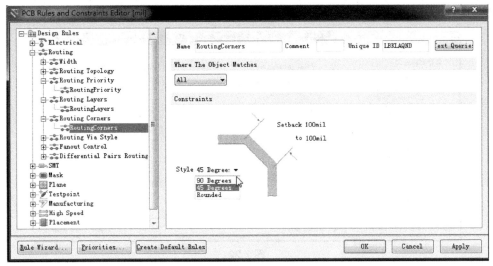

图 7.26

在 Constraints(约束)区域内，系统提供了三种可选的拐角风格，即 45°、90°和圆弧形，如图 7.27、图 7.28、图 7.29 所示。

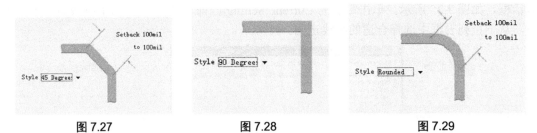

图 7.27　　　　　　　　　　图 7.28　　　　　　　　　　图 7.29

其中，45 度和圆弧形两种拐角风格需要设置拐角尺寸的范围，在 Setback(缩进栏)中填入拐角的最小值，在 To(到)栏中输入拐角的最大值。一般来说，为了保持整个电路板的导线拐角大小一致，在这两个栏中，应输入相同的数值。

### 7.3.6　过孔类型

Routing Via Style(布线过孔风格)规则主要用于设置自动布线时采用的过孔尺寸，设置窗口如图 7.30 所示。

在 Constraints(约束)区域内，需定义过孔的 Via Diameter(直径及孔径)，分别有 Maximum(最大值)、Minimum(最小值)和 Preferred(优先值)三项设置。最大值和最小值是过孔的极限值，而优先值将作为系统放置过孔时使用的默认尺寸。

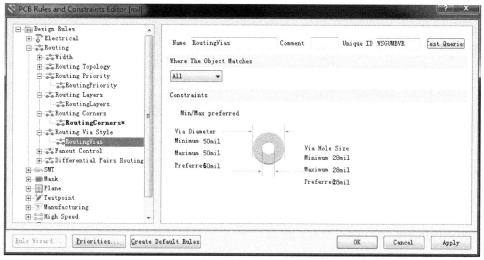

图 7.30

## 7.3.7 扇出类型

Fanout Control(扇出控制)规则是一项用于对表贴式元器件进行扇出式布线的规则。所谓扇出，就是把表贴式元器件的焊盘通过导线引出并加以过孔，使其可以在其他层面上继续布线。扇出布线大大提高了系统自动布线成功的概率。系统提供了几种默认的扇出规则，分别对应于不同封装的元器件，即 BGA、LCC、SOIC、Small (引脚数小于 5 的元器件)和 Default(所有元器件)，如图 7.31 所示。

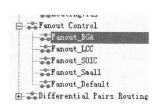

图 7.31

在 Constraints(约束)区域的 Funout Options(扇出选项)中有 4 个下拉菜单选项，即 Fanout Style(扇出风格)和 Fanout Direction(扇出方向)、Direction From Pad(从焊盘扇出的方向)和 Via Placement mode(过孔放置模式)，如图 7.32 所示。

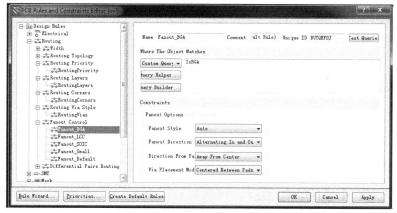

图 7.32

(1) Fanout Style(扇出风格)下拉菜单中有 5 个选项，如图 7.33 所示。

- Auto：自动扇出。
- Inline Rows：同轴排列。
- Staggered Rows：交错排列。
- BGA：BGA 形式。
- Under Pads：从焊盘下方扇出。

(2) Fanout Direction(扇出方向)下拉菜单中有 6 个选项，如图 7.34 所示。

- Disable：不设定扇出方向。
- In Only：输入方向。
- Out Only：输出方向。
- In Then Out：先进后出。
- Out Then In：先出后进。
- Alternating In and Out：交互式进出。

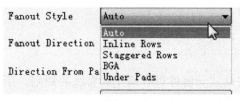

图 7.33

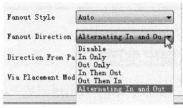

图 7.34

(3) Direction From Pad(从焊盘扇出的方向)下拉菜单中有 6 个选项，如图 7.35 所示。

- Away From Center：偏离焊盘中心扇出。
- North-East：焊盘的东北方扇出。
- South-East：焊盘的东南方扇出。
- South-West：焊盘的西南方扇出。
- North-West：焊盘的西北方扇出。
- Towards Center：正对焊盘中心扇出。

(4) Via Placement Mode(过孔放置模式)下拉菜单中有两个选项，如图 7.36 所示。

- Close To Pad(Follow Rules)：遵从规则的前提下，过孔靠近焊盘放置。
- Centered Between Pads：过孔放置在焊盘之间。

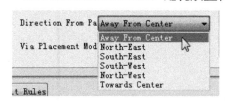

图 7.35

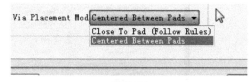

图 7.36

## 7.4　PCB 设计规则向导

　　Altium Designer 16.0 提供了设计规则向导，以帮助用户建立新的设计规则。一个新设计规则向导，总是针对某一个特定的网络或对象而设置的。具体步骤如下。

Step ① 选择菜单栏中的 Design(设计) → Rule Wizard(规则向导)命令，启动设计规则向导，打开如图 7.37 所示的 New Rule Wizard(新建规则向导)对话框，显示 Design Rule Wizard(设计规则向导)视图。

Step ② 单击 Next(下一步)按钮，显示如图 7.38 所示的 Choose the Rule Type(选择规则类型)视图。在 Choose the Rule Type(选择规则类型)视图内的 Name(名称)栏中输入规则的名称，在 Comment(注释)栏中输入规则的特性描述。选择需要设置的规则类型后，单击 Next(下一步)按钮，显示如图 7.39 所示的 Choose the Rule Scope(选择规则范围)视图。

Step ③ 在如图 7.39 所示的规则适用范围设置对视图中选择规则适用的范围，如果选中的不是 Whole Board(整个板)项，单击 Next(下一步)按钮，将显示如图 7.40 所示的 Advanced Rule Scope(高级规则范围)视图。

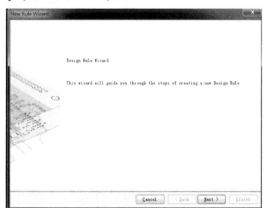

图 7.37

图 7.38

图 7.39

图 7.40

Step ④ 在 Condition Type / Operator(条件类型/操作)和 Condition Value(条件值)列中，设置规则的范围和条件。完成适用范围的高级设置后，单击 Next(下一步)按钮，显示如图 7.41 所示的 Choose the Rule Priority(选择规则优先级)视图。通过单击 Decrease Priority(下降优先级)按钮，可将所选的规则优先级下降一级，通过单击 Increase Priority(增长优先级)按钮，可将所选的规则优先级升高一级。单击 Next(下一步)按钮，显示如图 7.42 所示的 The New Rule is Complete (新规则完成)视图。

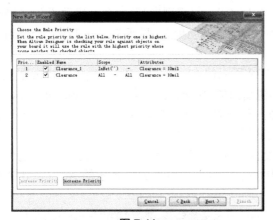

图 7.41                                               图 7.42

**Step 5** 设置完毕后，单击 Finish(完成)按钮，系统弹出 7.43 所示的 PCB Rules and Constraints Editor(PCB 规则和约束编辑器)对话框，单击 OK(确定)按钮关闭该对话框，即可将规则设置保存起来。

图 7.43

## 7.4.1 PCB 设计规则检查

在 PCB 设计中，同一个板卡中需要定义的规则可能不止一两个，特别是复杂的设计，这时就需要随时检查已定义的设计规则，能有效解决潜在的错误或遗漏。检查设计规则的方法有两个，一种是选中某一规则，察看它的全部作用对象；另一种是选择某一对象，察看作用于它的全部规则。

### 1. 从设计规则面板中察看

从设计规则面板察看，是指设计者选择一条规则，可以查看它所包括的全部子规则，以及这些子规则起作用的对象与约束条件。将编辑区左侧的 PCB 面板中显示的内容定义成 Rules

类，就可以实现该功能，先单击面板中显示的某一规则，再单击属于该规则的一条子规则，就会将它起作用的 PCB 对象突出显示。

### 2. 从 PCB 对象中察看

除了在规则面板中察看规则，还有一种方式是从对象中察看。该察看方法很简单，只需将光标置于某个 PCB 对象，比如一条走线或一个焊盘，单击鼠标右键，从弹出的快捷菜单中选择 Applicable Unary Rules(适用一元规则)命令，就会出现如图 7.44 所示的 Applicable Rules(适用规则)对话框。在 Applicable Rules(适用规则)对话框中可以看到，作用于被选中对象的所有规则都会被显示。如果有两个以上同类规则存在，还会显示哪一个规则在起作用，并且用 ✔ 符号指明，而优先级别较低的规则则用 ✖ 符号指明，表示该规则对被选中对象不起作用。

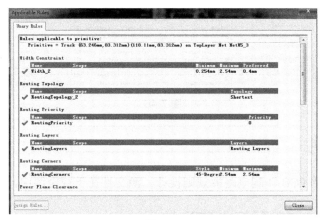

图 7.44

系统还提供另一种从对象察看规则的方式。将光标置于某对象之上，单击鼠标右键，从快捷菜单中选择 Applicable Binary Rules(适用二进制规则)命令，根据提示，两个 PCB 对象被选定后，也会出现 Applicable Rules(适用规则)对话框，但区别在于，这里显示的是对两个对象都起作用的那些规则。

## 7.4.2 取消错误标记

在设计 PCB 的过程中，难免会有与设计相违背的情况发生，这时，系统会以绿色高亮的状态显示出来，如果确认该违例可以忽略，可以选择菜单栏中的 Tools(工具) → Reset Error Markers(取消错误标记)命令取消错误标记的显示，如图 7.45 所示。

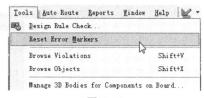

图 7.45

## 7.4.3 导入与导出设计规则

一般情况下，我们可以制定一套能通用大多数设计的规则，包括走线的宽度、过孔的尺寸与元件间的安全间距等，然后导出该设计规则，为将来的设计而用。如图 7.46 所示，在 PCB 规则和约束编辑器中，单击鼠标右键，出现快捷菜单，选择 Export Rules(输出规则)命令，可以导出设计规则，该规则可以保存到指定位置上面，而选择 Import Rules(输入规则)命令，则可以导入设计规则。设计规则可以作为 PCB 布局和布线时的约束，自动布线引擎也会根据用户制定的规则来决定如何走线。而且需要花一定的时间去制定一套完整的设计规则，对后续的布局布线工作是很有必要的。当设计者违反制定的规则的时候，Altium Designer 会在第一时间干预违例行为，包括进行在线 DRC 检查等。

图 7.46

# 7.5 综合实例

本节通过实例介绍 PCB 印制电路板规则设计。源文件在下载资源中，读者也可自己绘制。

## 7.5.1 实例——USB 鼠标电路设计

USB 鼠标电路的原理图文件如图 7.47 所示，我们对电路板外形尺寸进行规划，实现元件的布局和布线，主要学习多层板和双层板的设计过程。

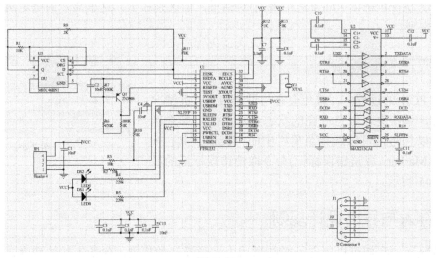

图 7.47

Step ① 打开本书下载资源中的源文件"\ch7\7.5.1\USB 鼠标电路.PrjPcb"，使之处于当前的工作窗口中。

**Step 2** 选择菜单栏中的 File(文件) → New(新建) → PCB(PCB 文件)命令，新建 PCB 文件。在 PCB 文件上单击鼠标右键，在快捷菜单中选择 Save As(另存为)命令，在弹出的保存文件对话框中输入"USB 鼠标电路"文件名，并保存在指定的位置。

**Step 3** 在将原理图设计转换为 PCB 设计之前，需要创建一个有最基本的板子轮廓的空白 PCB。在 Files 面板底部的 New from template(从模板新建)单元中单击 PCB Board Wizard(PCB 板向导)，创建新的 PCB，如图 7.48 所示；PCB 板向导被打开，如图 7.49 所示。

图 7.48　　　　　　　　　　　　　　　　　图 7.49

**Step 4** 设计者首先看见的是说明界面，单击 Next(下一步)按钮继续。在界面中设置度量单位为英制(Imperial)，如图 7.50 所示。应注意：1000mils = 1 inch(英寸)、1 inch = 2.54cm(厘米)。

**Step 5** 继续单击 Next(下一步)按钮，进入到电路板类型选择步骤，在这一步选择自定义电路板，即 Custom 类型，如图 7.51 所示。

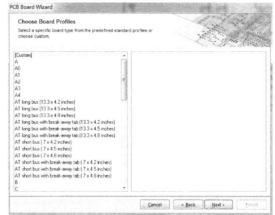

图 7.50　　　　　　　　　　　　　　　　　图 7.51

**Step 6** 继续单击 Next(下一步)按钮，进入了自定义板选项界面。选择 Rectangular(矩形)并在 Width 和 Height 栏分别键入 3000，4000。勾选 Title Block and Scale(标题栏和范围)、Legend String(图例字符串)和 Dimension Lines(尺寸线)，如图 7.52 所示。

**Step 7** 单击 Next(下一步)按钮继续，在界面中允许选择板子的层数。本例中需要两个

Signal Layers(信号层)，两个 Power Planes(电源层)，所以选择框都改为2，如图 7.53 所示。

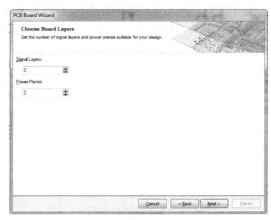

图 7.52　　　　　　　　　　　　　　　图 7.53

Step 8 单击 Next(下一步)按钮，选择设计中使用的过孔样式，选择 Thruhole Vias only(仅通过过孔)，如图 7.54 所示。

Step 9 单击 Next(下一步)按钮，在下一界面中允许设计者设置元件/导线的技术(布线)选项。选择 Surface-mount components(表面贴装元件)选项，如图 7.55 所示。

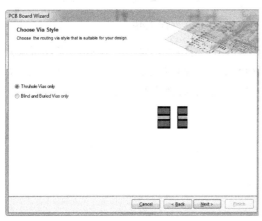

图 7.54　　　　　　　　　　　　　　　图 7.55

Step 10 单击 Next(下一步)按钮，设置一些设计规则，如线的宽度、焊盘的大小、焊盘孔的直径、导线之间的最小距离，这里设为默认值，如图 7.56 所示。

Step 11 继续单击 Next(下一步)按钮，出现如图 7.57 所示的界面，单击 Finish(完成)按钮。PCB Board Wizard(PCB 板向导)已经设置完成了创建新 PCB 板所需的一切信息。PCB 编辑器现在将显示一个新的 PCB 文件，名为 PCB1.PcbDoc，如图 7.58 所示。

Step 12 选择菜单栏中的 Design(设计) → Layer Stack Manager(层栈管理器)命令，打开 Layer Stack Manager(层栈管理器)对话框，如图 7.59 所示。在该对话框中修改，例如将两个 Internal Plane(内部平面)工作层的名称分别设置为 Power(电源)、GND(接地)，如图 7.60 所示。

Step 13 选择菜单栏中的 Project(项目) → Compile PCB Project USB 鼠标电路.PrjPCB(编译 PCB 项目 USB 鼠标电路.PrjPCB)命令，系统编译设计项目。编译结束后，打开 Messages(信息)面板，查看有无错误信息，若有，则修改电路原路图。

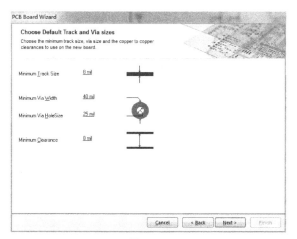

图 7.56

图 7.57

图 7.58

| Layer Name | Type | Material | Thickness (mil) | Dielectric Material | Die Con |
|---|---|---|---|---|---|
| Top Overlay | Overlay | | | | |
| Top Solder | Solder Mask/... | Surface Mate... | 0.4 | Solder Resist | 3.5 |
| Top Layer | Signal | Copper | 1.4 | | |
| Internal Plane 1 | Internal Plane | Copper | 1.4 | | |
| Internal Plane 2 | Internal Plane | Copper | 1.4 | | |
| Dielectric 1 | Dielectric | None | 12.6 | FR-4 | 4.8 |
| Bottom Layer | Signal | Copper | 1.4 | | |
| Bottom Solder | Solder Mask/... | Surface Mate... | 0.4 | Solder Resist | 3.5 |
| Bottom Overlay | Overlay | | | | |

图 7.59

| Layer Name | Type | Material |
|---|---|---|
| Top Overlay | Overlay | |
| Top Solder | Solder Mask/... | Surface M... |
| Top Layer | Signal | Copper |
| Dielectric1 | Dielectric | Core |
| Power | Internal Plane | Copper |
| Dielectric2 | Dielectric | Prepreg |
| GND | Internal Plane | Copper |
| Dielectric3 | Dielectric | Core |
| Bottom Layer | Signal | Copper |
| Bottom Solder | Solder Mask/... | Surface M... |
| Bottom Overlay | Overlay | |

图 7.60

Step 14 选择菜单栏中的 Design(设计) → Update PCB Document USB 鼠标电路.PcbDoc(更新 PCB 文件 USB 鼠标电路.PcbDoc)命令，系统将对原理图和 PCB 图的网络报表进行比较并弹出一个 Engineering Change Order(工程变更规则)对话框，单击 Validate Changes(确认变更)按钮，检查文件，完成后如图 7.61 所示。

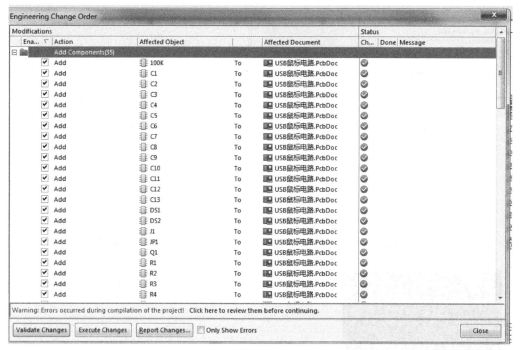

图 7.61

Step 15 进行合法性校验后，单击 Execute Changes(执行变更)按钮，系统将完成网络表的导入，如图 7.62 所示。

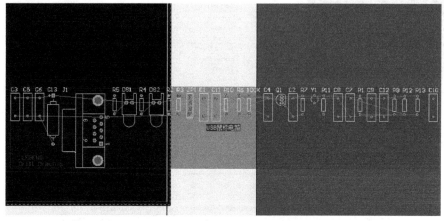

图 7.62

Step 16 元件布局。与原理图中元件的布局一样，用拖动的方法来移动元件的位置。PCB 布局完成的效果如图 7.63 所示。

Step 17 设置布线规则，设置完成后，选择菜单栏中的 Auto Route(自动布线) → Setup(设置)命令，在弹出的对话框中设置布线策略。设置完成后，选择菜单栏中的 Auto Route(自动布线) → All(全局)命令，系统开始自动布线，并同时出现一个 Messages 布线信息对话框，布线完成后，结果如图 7.64 所示。

Step 18 对布线不合理的地方进行手工调整并保存文件。

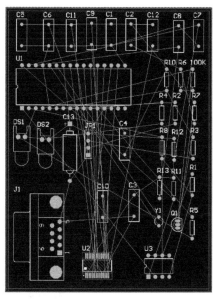

图 7.63

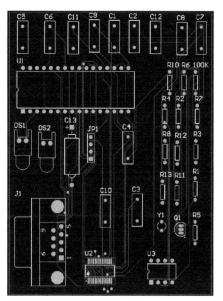

图 7.64

## 7.5.2　实例——窃听器电路板的设计

窃听器的电路原理图文件如图 7.65 所示。

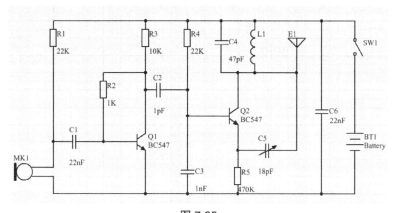

图 7.65

Step 1 打开本书下载资源中的源文件 "\ch7\7.5.2 窃听器电路.PrjPcb"，使之处于当前的工作窗口中。

Step 2 选择菜单栏中的 File(文件) → New(新建) → PCB(PCB 文件)命令，新建 PCB 文件。在 PCB 文件上单击鼠标右键，选择快捷菜单中的 Save As(另存为)命令，在弹出的保存文件对话框中，输入"窃听器电路"文件名，并保存在指定位置。

Step 3 创建一个有最基本的板子轮廓的空白 PCB。在 Files 面板的底部的 New from template(从模板新建)单元中单击 PCB Board Wizard(PCB 板向导)，创建新的 PCB，即创建一个长宽为 1800mil×1800mil 的板子，如图 7.66 所示。

Step ④ 在左侧的 Project(项目)上选择 PCB1，单击鼠标右键，从快捷菜单中选择 Save As(另存为)命令，在弹出的保存文件对话框中输入"窃听器电路"文件名，并保存在指定位置，如图 7.67 所示。

Step ⑤ 选择菜单栏中的 Project(项目) → Compile PCB Project 窃听器电路.PrjPCB(编译 PCB 项目窃听器电路.PrjPCB)命令，如图 7.68 所示，系统编译设计项目。编译结束后，打开 Messages 面板，查看有无错误信息，若有，则修改电路原路图。

图 7.66　　　　　　　　　　图 7.67　　　　　　　　　　图 7.68

Step ⑥ 选择菜单栏中的 Design(设计) → Update PCB Document 窃听器电路.PcbDoc(更新 PCB 文件窃听器电路.PcbDoc)命令，系统将对原理图和 PCB 图的网络报表进行比较，并弹出一个 Engineering Change Order(工程变更规则)对话框，单击 Validate Changes(确认变更)按钮，在每一项所对应的 Check(检查)栏中将显示✓标记，说明这些改变都是合法的，如图 7.69 所示。反之则说明此改变是不可执行的，需要回到以前的步骤中进行修改，然后重新进行更新。

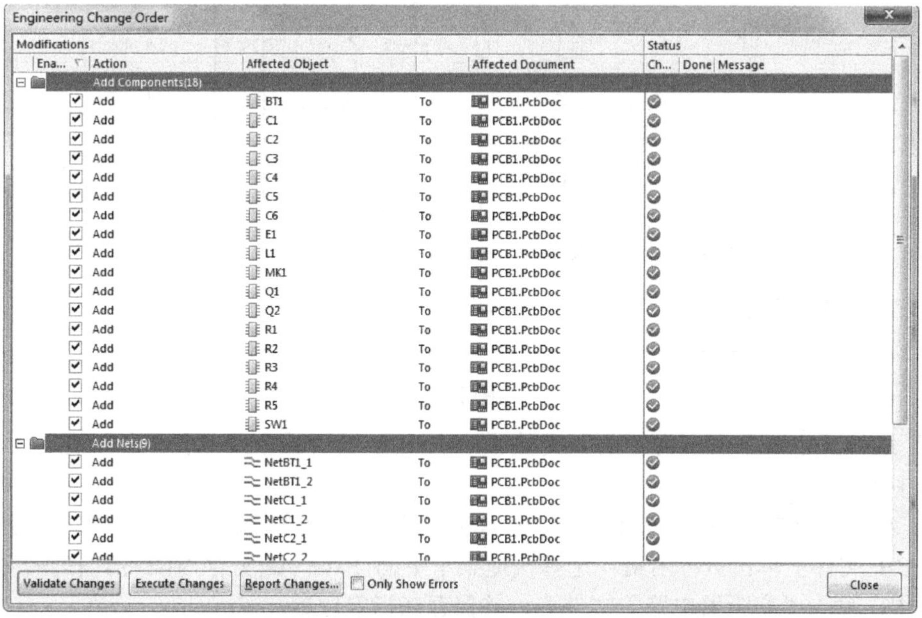

图 7.69

Step ⑦ 进行合法性校验后，单击 Execute Changes(执行变更)按钮，系统将完成网络表的导入，如图 7.70 所示。

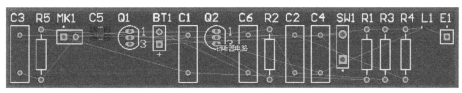

图 7.70

**Step 8** 元器件布局。在编辑窗口中显示整个 PCB 和所有元器件,将整体拖至 PCB 板的上面。然后手工调整所有的元器件,以拖动的方法,来移动元件的位置,PCB 布局完成后的效果如图 7.71 所示。

**Step 9** 设置布线规则,设置完成后,选择菜单栏中的 Auto Route(自动布线) → Setup(设置)命令,在弹出的对话框中设置布线策略。如图 7.72 所示,在 Routing Strategy 中选择 Default 2 Layer Board(默认双层板)。设置完成后,选择菜单栏中的 Auto Route(自动布线) → All(全局)命令,系统开始自动布线,并同时出现一个 Messages(信息)布线信息对话框,布线完成后,结果如图 7.73 所示。

**Step 10** 对布线不合理的地方进行手工调整。选择菜单栏中的 Tools(工具) → Legacy Tools (遗留工具) → Legacy 3D View(遗留 3D 显示)命令,查看 3D 效果图,以检查布局是否合理,如图 7.74 所示。

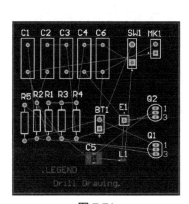

图 7.71

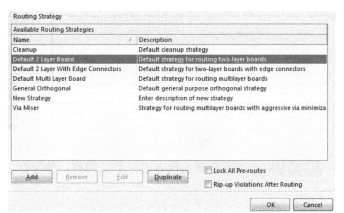

图 7.72

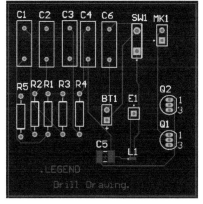

图 7.73

图 7.74

**Step 11** 选择菜单栏中的 Place(放置) → Polygon Plane(敷铜)命令，也可以单击组件放置工具栏中的 Place Polygon Plane 按钮 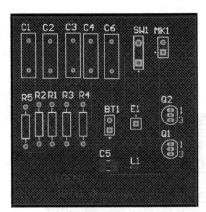 。进入敷铜的状态后，系统将会弹出 Polygon Pour(敷铜属性)设置对话框。在覆铜属性设置对话框中，选择 Hatched(影线化填充)，45°填充模式，层面设置为 Keep-Out Layer(层外)，且选中 Lock Primitives(锁定串)，设置如图 7.75 所示。

**Step 12** 设置完成后，单击 OK(确定)按钮，光标变成十字形。用光标沿 PCB 板的电气边界线，绘制出一个封闭的矩形，系统将在矩形框中自动建立覆铜，如图 7.76 所示。

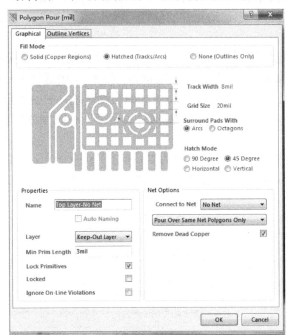

图 7.75

图 7.76

**Step 13** 对布线不合理的地方进行手工调整，并保存文件。

# 第 8 章

## 元器件封装的制作与管理

元器件封装就是指元器件实际的外形和引脚分布，它不仅起着安放、固定、密封、保护内部芯片和增强电热性能的作用，而且还是内部芯片与外部电路沟通的桥梁，芯片上的节点用导线连接到封装的引脚上，这些引脚又通过 PCB 上的导线与其他元器件建立起连接。实际中，同一种元器件往往有多种封装形式，以适应不同的设计需要，而不同的元器件也可以有相同的封装，应根据设计者的具体要求慎重选择。

本章主要介绍如何创建元器件封装、创建元件外形、设计元件属性以及元件报告等，最后通过几个综合实例巩固所学的知识。

## 8.1 元器件封装简介

元器件的封装信息主要包括两个部分，即外形和焊盘。焊盘代表了实际元器件的引脚，与原理图符号的引脚是一一对应的。但与原理图符号不同的是，元器件封装代表了放置在 PCB 上的实际元器件，因此制作时应严格按照尺寸进行，包括元器件外形、引脚间距等，否则装配电路板时，就会因尺寸不正确而导致元器件无法安装使用。

在 Altium Designer 16.0 中，制作元器件封装可以采用以下三种方法：

- 使用 PCB 元器件向导创建新的元器件封装。
- 手工绘制新的元器件封装。
- 利用系统丰富的库资源，对现有封装加以编辑、修改，使之成为新的元器件封装。

不管采用哪一种方法，在具体制作元器件封装之前，首先都必须掌握元器件封装的外形尺寸、焊盘类型、引脚排列、安装方式等信息，这些信息可以通过阅读相关的数据手册，或者仔细测量实际的元器件而得到。

## 8.2 常用元器件封装介绍

根据元件所采用安装技术的不同，可分为通孔安装技术(Through Hole Technology，THT)和表面安装技术(Surface Mounted Technology，SMT)。

(1) 使用通孔安装技术安装元件时，元件安置在电路板的一面，元件引脚穿过 PCB 板焊接在另一面上。通孔安装元件需要占用较大的空间，并且要为所有引脚在电路板上钻孔，所以它们的引脚会占用两面的空间，而且焊点也比较大。但从另一方面来说，通孔安装元件与 PCB 连接较好，机械性能好。例如，排线的插座、接口板插槽等类似接口都需要一定的耐压能力，因此，通常采用 THT 安装技术。

(2) 对于表面安装元件来说，引脚焊盘与元件在电路板的同一面。表面安装元件一般比通孔元件体积小，而且不必为焊盘钻孔，甚至还能在 PCB 板的两面都焊上元件。因此，与使用通孔安装元件的 PCB 板比起来，使用表面安装元件的 PCB 板上元件布局要密集很多，体积也小很多。此外，应用表面安装技术的封装元件也比通孔安装元件要便宜一些，所以目前的 PCB 设计广泛采用了表面安装元件。

(3) 常用元件封装分类如下。

- BGA(Ball Grid Array)：球栅阵列封装，因其封装材料和尺寸的不同，还细分成不同的 BGA 封装，如陶瓷球栅阵列封装 CBGA、小型球栅阵列封装等。
- PGA(Pin Grid Array)：插针栅格阵列封装。这种技术封装的芯片内外有多个方阵形的插针，每个方阵形插针沿芯片的四周间隔一定距离排列，根据引脚数目的多少，可以围成 2~5 圈。安装时，将芯片插入专门的 PGA 插座。该技术一般用于插拔操作比较频繁的场合。
- QFP(Quad Flat Package)：方形扁平封装，是当前芯片使用较多的一种封装形式。
- PLCC(Plastic Leaded Chip Comer)：塑料引线芯片载体。
- DIP(Dual In-line Package)：双列直插封装。
- SIP(Single In-line Package)：单列直插封装。
- SOP(Small Out-line Package)：小外形封装。
- SOJ(Small Out-line J-Leaded Package)：J 形引脚小外形封装。
- CSP(Chip Scale Package)：芯片级封装，这是一种较新的封装形式，常用于内存条。在 CSP 方式中，芯片是通过一个个锡球焊接在 PCB 板上的，由于焊点与 PCB 板的接触面积较大，所以内存芯片在运行中所产生的热量可以很容易地传导到 PCB 板上，并散发出去。另外，CSP 封装芯片采用中心引脚形式，有效地缩短了信号的传输距离，其衰减随之减少，芯片的抗干扰、抗噪性能也能得到大幅提升。
- COB(Chip on Board)：板上芯片封装，即芯片被绑定在 PCB 板上。这是一种现在比较流行的生产方式。COB 模块的生产成本比 SMT 低，还可以减小封装体积。

### 8.2.1 元件封装编辑器

进入 PCB 库文件编辑环境的操作步骤如下。

Step ① 选择菜单栏中的 File(文件) → New(新建) → Library(元件库) → PCB Library

(PCB 库文件)命令，如图 8.1 所示，将会打开 PCB 库编辑环境，可以新建一个空白的 PCB 库文件，保存并更改该 PCB 库文件名称为"PcbLib1.PcbLib"，可以看到，在 Projects(项目)面板的 PCB 库管理文件夹中出现了所需要的 PCB 库文件，如图 8.2 所示。

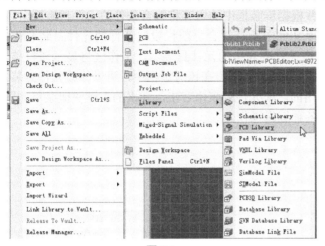

图 8.1

图 8.2

**Step 2** 双击该库文件，即可进入 PCB 库编辑器，如图 8.3 所示。

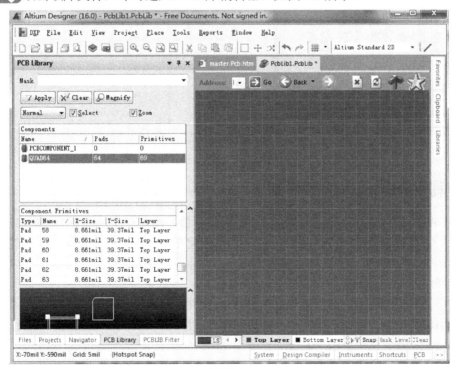

图 8.3

PCB 库编辑器的设置与 PCB 编辑器的设置基本相同，只是菜单栏中少了 Design(设计)和 Auto Route(自动布线)命令。工具栏中也少了相应的工具按钮。另外，在这两个编辑器中，可用的控制面板也有所不同。在 PCB 库编辑器中独有的 PCB Library(PCB 元件库)面板，提供了对封装库内元件封装进行统一编辑、管理的界面。

PCB Library(PCB 元件库)面板如图 8.4 所示，分为 Mask(屏蔽查询栏)、Components(元件封装列表)、Component Primitives(封装图元列表)和缩略图显示框 4 个区域。Mask(屏蔽查询栏)对该库文件内的所有元件封装进行查询，并根据屏蔽框中的内容将符合条件的元件封装列出。

Components(元件封装列表)列出该库文件中所有符合屏蔽栏设定条件的元件封装名称，并注明其焊盘数、图元数等基本属性。单击元件列表中的元件封装名，工作区将显示该封装，并弹出 PCB Library Component(PCB 元件库元件)对话框，在该对话框中，可以修改元件封装的名称和高度。高度是供 PCB 3D 显示时使用的。在元件列表中右击，弹出的右键快捷菜单如图 8.5 所示。通过该菜单，可以进行元件库的各种编辑操作。

图 8.4

图 8.5

## 8.2.2 利用向导创建元器件封装

下面用 PCB 元件向导来创建规则的 PCB 元件封装。由用户在一系列对话框中输入参数，然后根据这些参数自动创建元件封装。这里要创建的封装尺寸信息为：外形轮廓为矩形 8mm×8mm，引脚数为 16×8，引脚宽度为 0.22mm，引脚长度为 1mm，引脚间距为 0.5mm，引脚外围轮廓为 12mm×12mm。具体的操作步骤如下。

**Step 1** 创建工作环境。选择菜单栏中的 File(文件) → New(新建) → Library(库) → PCB Library(原理图库)命令，如图 8.6 所示，将启动原理图库文件编辑器，并创建一个新的原理图库文件。

**Step 2** 选择菜单栏中的 Tools(工具) → Component Wizard(元件封装向导)命令，如图 8.7 所示，系统将弹出如图 8.8 所示的 Component Wizard(元件向导)对话框。

**Step 3** 单击 Next(下一步)按钮，进入元件封装模式选择界面。在模式列表中，列出了各种封装模式，如图 8.9 所示。这里选择 Quad Packs (QUAD)封装模式，在 Select a unit(选择单位)下拉列表框中，选择公制单位 Metric(mm)(毫米)。

**Step 4** 单击 Next(下一步)按钮，进入焊盘尺寸设定界面。在这里设置焊盘的长为 1mm、宽为 0.22mm，如图 8.10 所示。

**Step 5** 单击 Next(下一步)按钮，进入焊盘形状设定界面，如图 8.11 所示。在这里，使用默认设置：For the first pad(第一脚为圆形)，For the other pads(其余脚为方形)，以便于区分。

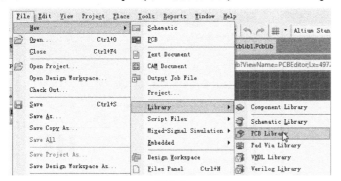

图 8.6 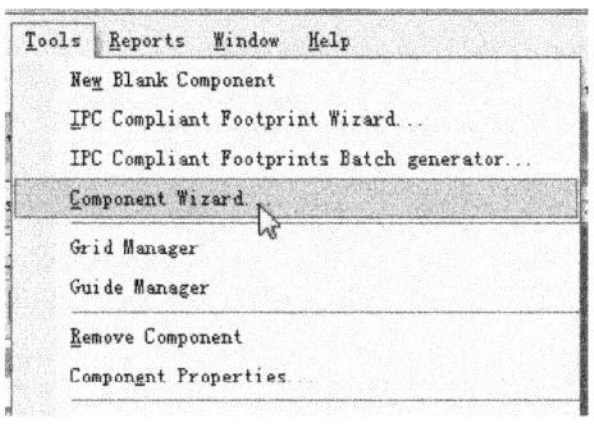　　　　　　　　　　　　　　　　　　　　　图 8.7

图 8.8

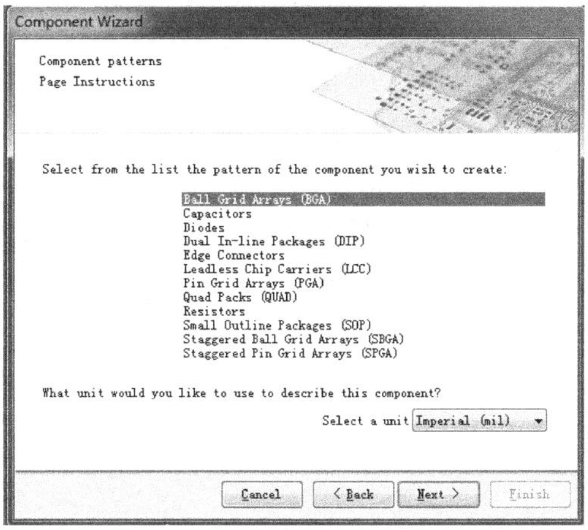

图 8.9

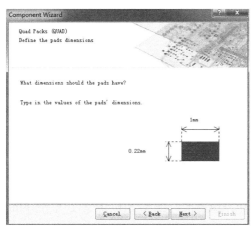

图 8.10

图 8.11

**Step 6** 单击 Next(下一步)按钮，进入轮廓宽度设置界面，如图 8.12 所示。这里使用默认设置 0.2mm。

**Step 7** 单击 Next(下一步)按钮，进入焊盘间距设置界面。在这里，将焊盘间距设置为 0.5mm，根据计算，将行、列间距均设置为 1.75mm，如图 8.13 所示。

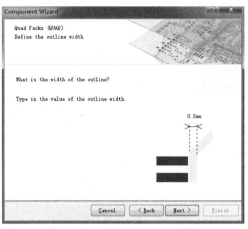
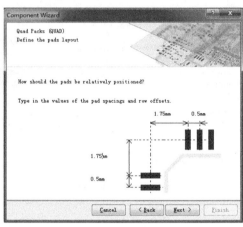

图 8.12                       图 8.13

**Step 8** 单击 Next(下一步)按钮，进入焊盘起始位置和命名方向设置界面，如图 8.14 所示。选择单选按钮可以确定焊盘的起始位置，单击箭头可以改变焊盘的命名方向。采用默认设置，将第一个焊盘设置在封装左上角，命名方向为逆时针方向。

**Step 9** 单击 Next(下一步)按钮，进入焊盘数目设置界面，如图 8.15 所示，将 X、Y 方向的焊盘数目均设置为 16。

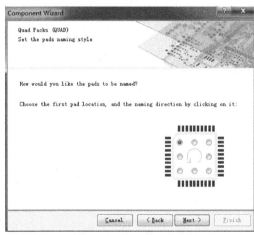
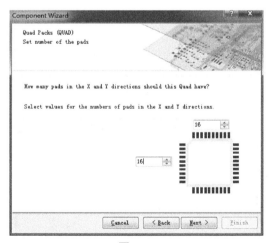

图 8.14                       图 8.15

**Step 10** 单击 Next(下一步)按钮，进入封装命名界面。默认的封装名为 Quad64，如图 8.16 所示。

**Step 11** 单击 Next(下一步)按钮，进入封装制作完成界面，如图 8.17 所示。单击 Finish(完成)按钮，退出封装向导。

图 8.16　　　　　　　　　　　　　　　图 8.17

**Step 12** 完成后，保存文件(快捷键 Ctrl+S)，封装图形如图 8.18 所示。

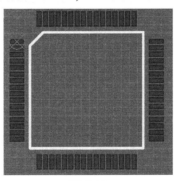

图 8.18

## 8.2.3　手工创建元器件封装

使用 PCB 元器件向导，可以直接创建大多数常用的标准元器件封装，基本上满足了设计的需求。但有时也会遇到一些特殊的、非标准的元器件，无法使用 PCB 元器件向导来创建封装，此时，就需要手工进行绘制了。

手工创建元器件封装的具体步骤如下。

**Step 1** 创建工作环境。选择菜单栏中的 File(文件) → New(新建) → Library(库) → PCB Library(PCB 库)命令，启动原理图库文件编辑器，并创建一个新的原理图库文件。

**Step 2** 在 PCB Library 操作界面的元件框内，会出现一个新的 PCBCOMPONENT_1 空文件。双击 PCBCOMPONENT_1，在弹出的命名对话框中，将元件名称改为 NewJP，如图 8.19 所示。

**Step 3** 编辑工作环境设置。选择菜单栏中的 Tools(工具) → Library Options(库文件选项)命令，或者在工作区单击鼠标右键，在弹出的快捷菜单中选择 Library Options(库文件选项)命令，即可打开 Board Options(板选项)设置对话框，如图 8.20 所示。这里设置 Measurement Unit(测量单位)为 Imperial。其他保持默认设置，单击 OK(确定)按钮退出对话框，完成 Library Options(库文件选项)对话框的属性设置。

**Step 4** Preferences(参数选择)设置。选择菜单栏中的 Tools(工具) → Preferences(参数选择)命令，或者在工作区单击鼠标右键，在弹出的快捷菜单中选择 Preferences(参数选择)命令，即可打开 Preferences(参数选择)对话框，如图 8.21 所示。各项使用默认设置即可。

图 8.19　　　　　　　　　　　　　图 8.20

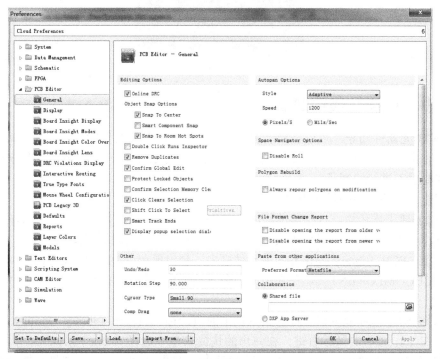

图 8.21

**Step 5** 单击板层标签中的 Top Overlay(顶层丝印层)，将顶层丝印层设置为当前层，选择菜单栏中的 Place(放置) → Line(线)命令，或者单击"PCB 库放置"工具栏中的 ╱ 按钮，绘制出元器件的外形轮廓，即 300mil×100mil 的矩形，如图 8.22 所示。

Step 6 选择菜单栏中的 Edit(编辑) → Set Reference(设置参考) → Location(位置)命令，将参考点设置在轮廓线的左下角，如图 8.23 所示。

图 8.22

图 8.23

Step 7 放置焊盘。在 Top-Layer(顶层)选择菜单栏中的 Place(放置) → Pad(焊盘)命令，鼠标指针上悬浮一个十字光标和一个焊盘，移动鼠标，以左键确定焊盘的位置。双击焊盘，即可进入设置焊盘属性的界面，如图 8.24 所示。这里，Designator(标示)编辑框中的引脚名称为 3，Location(位置)相对于参考点为(50，50)，设置完毕后，单击 OK(确定)按钮完成，结果如图 8.25 所示。

图 8.24

图 8.25

Step 8 同样，借助于参考点，在 Location(位置)设置相对于参考点为(150，50)，Designator(标示)文本框中引脚名称为 2 的焊盘，如图 8.26 所示。

图 8.26

Step 9 继续放置焊盘。选择菜单栏中的 Place(放置) → Pad(焊盘)命令，移动鼠标，单击

左键确定焊盘的位置。双击焊盘，即可进入设置焊盘属性设置对话框，如图 8.27 所示。这里
Designator(标示)编辑框中的引脚名称为 1，Location(位置)相对于参考点为(250，50)，在 Size
and Shape(尺寸和形状)选项中设置 Shape(形状)为 Rectangular(矩形)，设置完毕后单击 OK(确定)
按钮，完成后如图 8.28 所示。

图 8.27                                            图 8.28

Step 10 完成后保存文件即可。

## 8.3 创建含有多个部件的原理图元件

本节创建一个新的包含 4 个部件的元器件，两输入与门，命名为 74F08SJX。利用一个
IEEE 标准符号为例子，创建一个可替换的外观模式。

### 8.3.1 创建元件的外形

创建元件外形的具体步骤如下。

Step 1 创建工作环境。选择菜单栏中的 File(文件) → New(新建) → Library(库) →
Schematic Library(原理图库)命令，启动原理图库文件编辑器，并创建一个新的原理图库文件。

Step 2 在 Schematic Library(原理图库文件)操作界面的元件框内，会出现一个新的
Component_1 空文件。选择 Tools(工具) → Rename(重命名)菜单命令，在弹出的命名对话框
中，输入新元器件的名字"74F08SJX"，单击 OK(确定)按钮，如图 8.29 所示。

Step 3 新的元器件名字出现在原理图库面板的元器件列表中，同时，一个新的元器件图
样打开，一条十字线穿过图样原点。

Step 4 选择菜单栏中的 Place(放置) → Line(线)命令，或者单击工具栏中的 ✓ 按钮。光标
变为十字形状，进入多重布线模式。按下 Tab 键设置线属性。在线型对话框中设置线宽为
Small (小)。如图 8.30 所示。

Step 5 单击鼠标左键，绘制一个所需的大致图形，如图 8.31 所示。

Step 6 双击直线，设置线属性。在线型对话框的 Vertices(顶点)选项中设置起点坐标为
(25，−5)；其他线段顶点为(0，−5)；(0，−35)；(25，−35)，如图 8.32 所示，单击 OK(确定)按钮
退出。

图 8.29

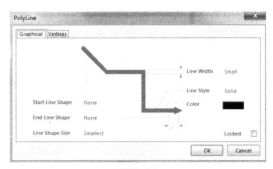

图 8.30

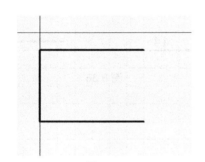

图 8.31

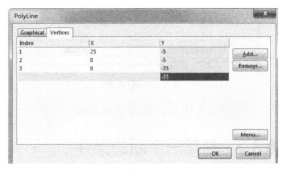

图 8.32

**Step 7** 绘制圆弧。选择 Place(放置) → Arc(圆弧)菜单命令。之前最后一次画的圆弧出现在指针上，现在处于圆弧摆放模式。按下 Tab(切换)键设置圆弧的属性。将会弹出 Arc(圆弧)对话框，如图 8.33 所示。设置 Radius(半径)为 15，Line Width(线宽)为 Small(小)。

**Step 8** 移动鼠标，定位到圆弧的圆心(25，−20)，同时在 Start Angle(起始角度)中设置为270，End Angle(终止角度)中设置为 90，单击鼠标。光标跳转到先前已经在圆弧对话框中设置的当前默认半径上。左击设置好半径。光标跳转到圆弧的起始点。移动鼠标定位到起点，单击起点。光标这时跳转到圆弧终点。移动鼠标定位到终点，单击终点，完成这个圆弧，如图 8.34所示。

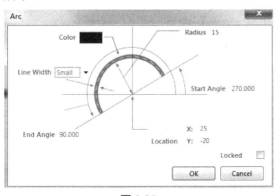

图 8.33

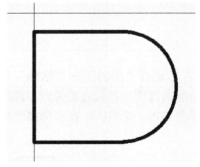

图 8.34

**Step 9** 添加引脚。选择菜单栏中的 Place(放置) → Pins(引脚)命令(快捷键 P+P)，或者在工具栏中单击 Place Pins(放置引脚)按钮。引脚出现在光标上，且随光标移动，与光标相连的一端是与元件实体相接的非电气结束端。放置时，按 Space(空格)键，可以改变引脚排列的方向。

按 Tab(切换)键，可编辑引脚属性。将弹出 Pin Properties(引脚属性)对话框，如图 8.35 所示。

Step **10** 引脚 1 和 2 是输入特性，引脚 3 是输出特性。电源引脚是隐藏引脚，也就是说 GND(第 7 脚)和 VCC(第 14 脚)是隐藏引脚，如图 8.36 所示。

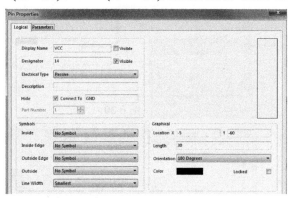

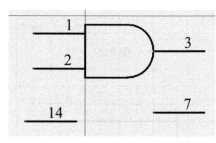

图 8.35 图 8.36

Step **11** 完成后，保存文件即可。

## 8.3.2 创建一个新的部件

创建一个新部件的具体步骤如下。

Step **1** 选择菜单栏中的 Edit(编辑) → Select(选取) → All(全部)命令，将元件全部选中。选择"编辑"→"复制"菜单命令。光标会变成十字形状。单击原点或者元件的左上角确定复制的参考点，复制选中对象到粘贴板上。

Step **2** 选择菜单栏中的 Tools(工具) → New Part(新建部件)命令。一个新的空白元件图纸被打开，如果单击打开原理图库面板中元件列表里元件名字旁边的"+"号，可以看到原理图库面板中的部件计数器会更新元件，使其拥有 Part A 和 Part B 两个部件，如图 8.37 所示。

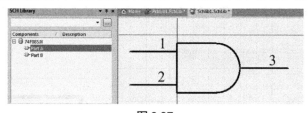

图 8.37

Step **3** 选择"编辑"→"粘贴"菜单命令。一个部件外形以参考点为参考附在指针上，移动被复制的部件，直到它定位到与源部件相同的位置。单击粘贴这个部件，如图 8.38 所示。双击新部件的每一个引脚，在引脚属性对话框中修改引脚名和编号以更新部件的引脚信息。

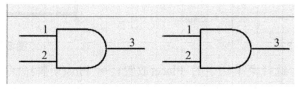

图 8.38

### 8.3.3 创建部件的另一个可视模型

对一个部件可以加入 255 种可视模型，这些可视模型可以包含任何不同的元件图形表达方式。如果添加了任何同时存在的可视模型，这些模型可以通过选择原理图库编辑器中的 Mode(模式)按钮中的下拉框里另外的外形选项来显示。当已经将这个器件放置在原理图中时，通过元件属性对话框中图形栏的下拉框选择元件的可视模型。

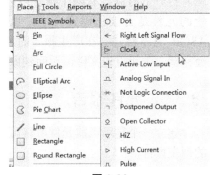

图 8.39

当被编辑元件出现在原理图库编辑器的设计窗口时，按下面的步骤，可以添加新的原理图部件可视模型。

Step 1 选择菜单栏中的 Tools(工具) → Mode(模式) → Add(添加)命令，出现用于画新模型的空白图纸。

Step 2 为已经建好的且存储的库放置一个可行的 IEEE 符号，如图 8.39 所示。

### 8.3.4 从其他库中添加元件

可以将其他打开的原理图库中的元件加入到自己的原理图库中，然后编辑其属性。如果元件是一个集成库的一部分，需要打开这个.IntLib，单击 Yes(是)按钮提出源库，然后从项目面板中打开产生的库。

Step 1 在原理图库面板中的元件列表里选择需要复制的元件，它将显示在设计窗口中。

Step 2 选择菜单栏中的 Tools(工具) → Copy Component(复制元件)命令，将元件从当前库复制到另外一个打开的库，将会弹出文件目标库对话框，并列出所有当前打开的库文件，如图 8.40 所示。

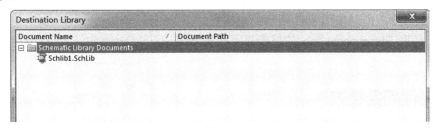

图 8.40

Step 3 选择需要复制文件的目标库。单击 OK(确定)按钮，一个元件的副本将放置到目标库中，可以在这里进行编辑。

### 8.3.5 复制多个元件

使用原理图库面板，我们可以复制一个或多个库元件到一个库中，或者复制到其他打开的原理图库中。

Step 1 用典型的 Windows 选择方法，在原理图库面板中的元件列表里，可以选择一个或多个元件。然后右击，从弹出的快捷菜单中选择 Copy(复制)命令。

**Step ❷** 切换到目标库，在原理图库面板的元件列表中右击鼠标，从快捷菜单中选择 Paste(粘贴)命令，将元件添加到列表中，如图 8.41 所示。

**Step ❸** 使用原理图库报告检查元件。在原理图库打开的时候，有两个报告可以产生，用以检查新的元件是否被正确建立了。所有的报告均使用 ASCII 文本格式。在产生报告时，应确信库文件已经存储。关闭报告文件，返回到原理图库编辑器。

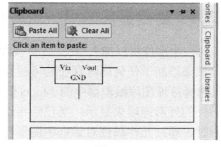

图 8.41

### 8.3.6　元件报告

建立一个显示当前元件所有可用信息的列表报告。

**Step ❶** 选择菜单栏中的 Reports(报告) → Component(元件)命令。

**Step ❷** 名为 libraryname.cmp 的报告文件显示在文本编辑器中，包含元件中的部件编号以及部件相关引脚的详细信息，如图 8.42 所示。

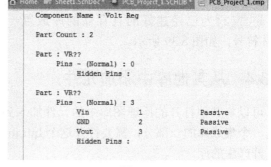

图 8.42

### 8.3.7　库报告

建立一个显示库中器件及器件描述的报告。

**Step ❶** 选择菜单栏中的 Reports(报告) → Library Report(库报告)命令，出现如图 8.43 所示的对话框。

**Step ❷** 名为 libraryname.doc 的报告显示在文本编辑器中。

### 8.3.8　元件规则检查

元件规则检查器可以检查测试重复的引脚及缺少的引脚等。

**Step ❶** 选择 Reports(报告) → Component Rule Check(元件规则检查)菜单命令。弹出库元件规则检查对话框，如图 8.44 所示。

**Step ❷** 设置需要检查的属性，单击 OK(确定)按钮，名为 libraryname.err 的文件显示在文本编辑器中，显示出任何与规则检查冲突的元件，如图 8.45 所示。

**Step ❸** 根据建议对库做必要的修改，再重新执行该命令。

图 8.43

图 8.44

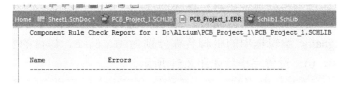

图 8.45

## 8.3.9 实例——制作三极管 2N3094 元件

手工创建三极管 2N3094 封装的具体步骤如下。

**Step 1** 创建工作环境。选择菜单栏中的 File(文件) → New(新建) → Library(库) → PCB Library(PCB 库)命令，如图 8.46 所示。将启动原理图库文件编辑器，并创建新的 PCB 库文件。

**Step 2** 在 PCB Library 操作界面的元件框内，出现一个新的 PCBCOMPONENT_1 空文件。双击该文件，在弹出的命名对话框中，把元件名称改为 2N3094，如图 8.47 所示。

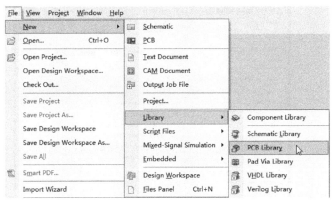

图 8.46                                     图 8.47

**Step 3** 编辑工作环境设置。选择菜单栏中的 Tools(工具) → Library Options(库文件选项)命令，或者在工作区单击鼠标右键，在弹出的快捷菜单中选择 Library Options(库文件选项)命令，即可打开 Board Options(板选项)设置对话框，如图 8.48 所示。设置 Measurement Unit(测量单位)为 Imperial(英制)。其他保持默认设置，单击 OK(确定)按钮，退出对话框。

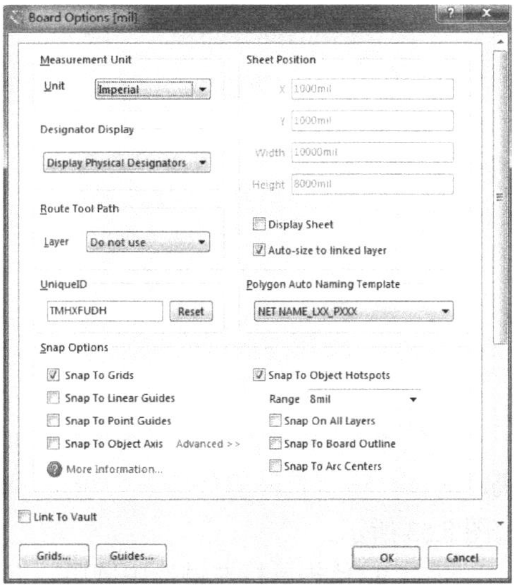

**Step 4** Preferences(参数选择)设置。选择菜单栏中的 Tools(工具) → Preferences(参数选择)命令，或者在工作区单击鼠标右键，在弹出的快捷菜单中选择 Preferences(参数选择)命令，可打开对话框。各项使用默认设置即可。

**Step 5** 放置焊盘。在 TopLayer(顶层)选择菜单

图 8.48

栏中的 Place(放置) → Pad(焊盘)命令，鼠标指针上悬浮一个十字光标和一个焊盘，移动鼠标，单击左键确定焊盘的位置。按照同样的方法放置另外两个焊盘。完成后如图 8.49 所示。

Step 6 编辑焊盘属性。双击焊盘即可进入设置焊盘属性的对话框，如图 8.50 所示。Designator 编辑框中的引脚名称分别为 b、c、e。焊盘的坐标分别为 b(0，100)，c(-100，0)，e(100，0)。设置完毕后如图 8.51 所示。

Step 7 绘制直线，单击工作区窗口下方标签栏中的 Top Overlay 项，将活动层设置为顶层丝印层。选择菜单栏中的 Place(放置) →Line(线)命令，此时，光标变为十字形状，单击鼠标左键确定直线的起点，并移动鼠标，就可以拉出一条直线。用鼠标将直线拉到合适位置，确定直线终点。单击鼠标右键或者按 Esc 键结束绘制直线，结果如图 8.52 所示。

图 8.50

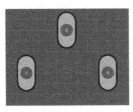

图 8.49

图 8.51

图 8.52

Step 8 绘制圆弧。选择菜单栏中的 Place(放置) → Arc(Edge)(弧)命令，光标变为十字形状，将鼠标移至直线的任何一个端点，在直线的两个端点分别单击鼠标左键确定该弧线，结果如图 8.53 所示。

Step 9 单击鼠标左键选中圆弧，向上移动到适当位置，完成后如图 8.54 所示。

图 8.53

图 8.54

Step 10 保存文件到指定的位置。

# 8.4 综合实例

下面以两个元器件的绘制为例，来说明 PCB 元器件封装与制作的步骤。

## 8.4.1 实例——U 盘电路的 IC1114 元器件

U 盘电路的 IC1114 元器件的具体绘制步骤如下。

Step 1 创建工作环境。选择菜单栏中的 File(文件) → New(新建) → Library(库) → PCB Library(PCB 库)命令。启动原理图库文件编辑器，并创建一个新的 PCB 库文件。

Step 2 在 PCB Library 操作界面的元件框内，会出现一个新的 PCBCOMPONENT_1 空文件。双击该文件，在弹出的命名对话框中，将元件名称改为 IC1114，如图 8.55 所示。

Step 3 在工作区单击鼠标右键，在菜单中选择 Library Options(库文件选项)命令。将 Board Options(板选项)对话框的 Unit(单位)设置为 Imperial(英制)，然后单击 OK 按钮完成设置。

Step 4 放置焊盘。在 TopLayer(顶层)选择菜单栏中的 Place(放置) → Pad(焊盘)命令，鼠标箭头上悬浮一个十字光标和一个焊盘，移动鼠标，单击左键确定焊盘的位置。

Step 5 编辑焊盘属性。双击焊盘，即可进入设置焊盘属性的对话框。这里 Designator(标示)编辑框中的引脚名称为 1，其他尺寸设置如图 8.56 所示。

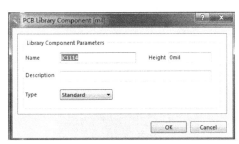

图 8.55

图 8.56

Step ⑥ 选择菜单栏中的 Edit(编辑) → Set Reference(设置参考) → Location(位置)命令，将参考点设置在焊盘的中心，如图 8.57 所示。

Step ⑦ 继续单击工具栏中的布置焊盘按钮 ◎，在 Location(位置)中设置坐标为(0，−50)，Rotation(角度)为 90，在 Size and Shape(尺寸和形状)中设置 Shape(形状)为 Rectangular(矩形)，X-Size(X-尺寸)为 25，Y-Size(Y-尺寸)为 100。其他设置如图 8.58 所示。

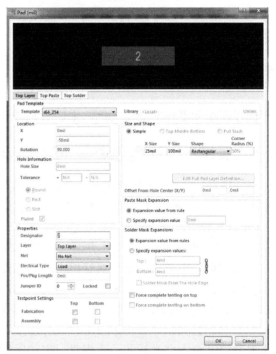

图 8.57                                          图 8.58

Step ⑧ 用同样的方法，单击工具栏中的布置焊盘工具按钮，依次在工作区中放置坐标为(0，−100)，(0，−150)，(0，−200)，(0，−250)，(0，−300)，(0，−350)，(0，−400)，(0，−450)，(0，−500)，(0，−550)的焊盘，共 12 个，完成后如图 8.59 所示。

Step ⑨ 用同样的方法，继续单击工具栏中的布置焊盘工具按钮 ◎，设置 Rotation(旋转)为 0，依次在工作区放置坐标为(150，−700)，(200，−700)，(250，−700)，(300，−700)，(350，−700)，(400，−700)，(450，−700)，(500，−700)，(550，−700)，(600，−700)，(650，−700)，(700，−700)的焊盘，共 12 个，完成后如图 8.60 所示。

图 8.59                                          图 8.60

Step 10 继续单击工具栏中的布置焊盘工具按钮 ⊚，设置 Rotation(角度)为 90，依次在工作区放置坐标为(850，−550)，(850，−500)，(850，−450)，(850，−400)，(850，−350)，(850，−300)，(850，−250)，(850，−200)，(850，−150)，(850，−100)，(850，−50)，(850，0)的焊盘，共 12 个，完成后如图 8.61 所示。

Step 11 继续单击工具栏中的布置焊盘工具按钮 ⊚，设置 Rotation(角度)为 0，依次在工作区中放置坐标为(700，150)，(650，150)，(600，150)，(550，150)，(500，150)，(450，150)，(400，150)，(350，150)，(300，150)，(250，150)，(200，150)，(150，150)的焊盘，共 12 个，完成后如图 8.62 所示。

Step 12 单击工作区下部的 Top Overlay(顶层丝印层)标签，选择菜单栏中的 Place(放置) → Line(线)命令，启动绘制直线命令。依次在工作区坐标分别为(70，10)，(140，80)，(780，80)，(780，−630)，(70，−630)，(70，10)的点上单击鼠标，绘制如图 8.63 所示的线框，然后单击鼠标右键，结束直线的绘制。

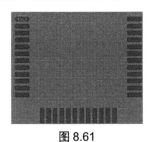
图 8.61

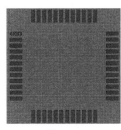
图 8.62

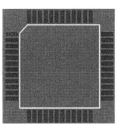
图 8.63

Step 13 选择菜单栏中的 File(文件) → Save(保存)命令，保存元件。

## 8.4.2 实例——制作 LED 元器件

制作 LED 元器件的具体步骤如下。

Step 1 创建工作环境。选择菜单栏中的 File(文件) → New(新建) → Library(库) → PCB Library(PCB 库)命令，启动原理图库文件编辑器，并创建一个新的 PCB 库文件。

Step 2 在 PCB Library(PCB 库文件)操作界面的元件框内，将会出现一个新的 PCBCOMPONENT_1 空文件。双击该文件，在弹出的命名对话框中，将元件名称改为 LED，如图 8.64 所示。

Step 3 放置焊盘。在 TopLayer(顶层丝印层)选择菜单栏中的 Place(放置) → Pad(焊盘)命令，鼠标指针上悬浮一个十字光标和一个焊盘，移动鼠标，单击左键确定焊盘的位置。按照同样的方法，放置另外一个焊盘，如图 8.65 所示。

图 8.64

图 8.65

Step ④ 编辑焊盘属性。双击焊盘，即可进入设置焊盘属性对话框，如图 8.66 所示，继续单击工具栏中的布置焊盘工具按钮 ⊚，在 Location(位置)中设置坐标为 (50，0)，Rotation(角度)为 180，在 Size and Shape(尺寸和形状)中设置 Shape(形状) 为 Round(圆)，X-Size(X 尺寸)为 70、Y-Size(Y 尺寸)为 70，其他设置如图 8.66 所示。这里，Designator(标示)编辑框中的引脚名称分别为 1、2。两个焊盘的坐标分别为 1(50，0)，2(-50，0)。

Step ⑤ 绘制直线。单击工作区窗口下方标签栏中的 Top Overlay 项，将活动层设置为顶层丝印层。选择菜单栏中的 Place(放置) → Line(线)命令，光标变为十字形状，单击鼠标左键确定直线的起点，移动鼠标，就可以拉出一条直线。用鼠标将直线拉到合适位置，确定直线终点。单击鼠标右键或者按 Esc 键结束绘制直线。双击直线，弹出 Track(追踪)对话框，如图 8.67 所示。在这里，设置 Width

**图 8.66**

(宽度)为 5mil，Start(起始)为(-75，50)，End(终止)为(75，50)，结果如图 8.68 所示。

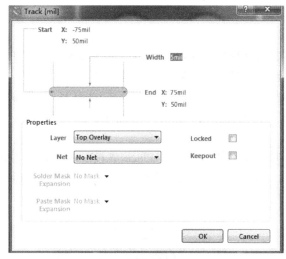

**图 8.67**

**图 8.68**

Step ⑥ 继续绘制直线，依次选取坐标为(75，50)，(75，150)，(120，150)，(120，-205)，(-120，-205)，(-120，150)，(-75，150)，(-75，50)的点，如图 8.69 所示。

Step ⑦ 绘制直线，如图 8.70 所示。这两条直线的起点和终点的坐标分别为(-95，-305)，

(−95，−205)，以及(95，−305)，(95，−205)，如图 8.70 所示。

**Step 8** 绘制圆弧。选择菜单栏中的 Place(放置) → Arc(Edge)(弧)命令，光标变为十字形状，将鼠标移至直线的任一个端点，单击鼠标左键，在直线两个端点分别单击鼠标左键确定该弧线，结果如图 8.71 所示。

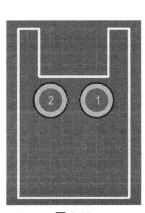

图 8.69

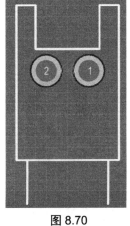

图 8.70

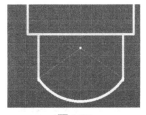

图 8.71

**Step 9** 双击圆弧，弹出 Arc(圆弧)属性对话框，设置 Width(宽度)为 5mil，Start Angle(起始角度)为 180，End Angle(终止角度)为 360，Radius(半径)为 95mil，其他设置如图 8.72 所示。

**Step 10** 完成后如图 8.73 所示。选择菜单栏中的 File(文件) → Save(保存)命令保存元件。

图 8.72

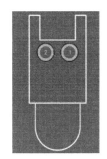

图 8.73

# 第 9 章

## PCB 元器件库的管理

为方便用户处理设计中的 PCB 元件封装，Altium Designer 提供了 PCB 元件封装编辑器，用户可以在该编辑器中，对 PCB 元件封装库进行编辑操作，包括复制 PCB 元件封装、删除 PCB 元件封装、新建自定义的 PCB 元件封装，以及修改 PCB 元件封装等操作。本章将简单介绍 PCB 元件封装编辑器，然后通过两个具体实例，介绍使用元件封装编辑器自定义 PCB 元件封装的具体步骤。

## 9.1 PCB 元件封装的管理

在 PCB 元件封装编辑器的 PCB Library(PCB 库文件)工作面板中，用户可对 PCB 元件封装库中的 PCB 元件封装进行管理，包括复制、粘贴、导入、删除 PCB 元件封装的操作。

### 9.1.1 复制 PCB 元件封装

PCB 元件封装的复制过程比较简单，这里通过复制名为 D008_N 的 PCB 元件封装到用户自定义的 PCB 元件封装库中的实例，介绍复制 PCB 元件封装的方法。

Step 1 打开包含有需要复制的 PCB 元件封装的 PCB 元件封装库文件，如图 9.1 所示，启动 PCB 元件封装编辑器。

Step 2 单击工作区左侧的 PCB Library(PCB 库文件)工作面板标签，打开如图 9.2 所示的 PCB Library 工作面板。

Step 3 在 PCB Library(PCB 库文件)工作面板中的 Components(元件)列表里面，选择名为 D008_N 的 PCB 元件封装，单击鼠标右键，弹出如图 9.3 所示的右键菜单。

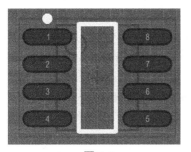

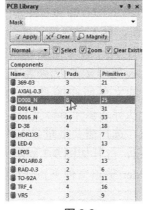

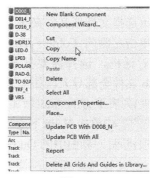

图 9.1　　　　　　　　　　　图 9.2　　　　　　　　　　图 9.3

Step 4 在右键快捷菜单中，选择 Copy(复制)命令，复制已选中的名为 D008_N 的 PCB 元件封装。

Step 5 选择菜单栏中的 File(文件) → New(新建) → Library(库) → PCB Library(PCB 库文件)命令，新建一个默认名称为 PcbLib1.PcbLib 的新 PCB 元件封装库。

Step 6 在新 PCB 元件封装库的 PCB Library(PCB 库文件)工作面板中的 Components(元件)列表里面，单击鼠标右键，在弹出的快捷菜单中选择 Paste component_1(粘贴 component_1)命令，将名为 D008_N 的 PCB 元件封装复制到新的 PCB 元件封装库中。

Step 7 单击工具栏中的"保存"按钮，保存该 PCB 元件封装库文件。

## 9.1.2　导入旧版本的 PCB 封装

本小节将通过一个导入 Protel 99 版本的 PCB 元件库的实例，介绍使用旧版本 PCB 封装文件的方法。

Step 1 选择菜单栏中的 File(文件) → Import Wizard(导入向导)命令，打开导入向导，进入导入界面，如图 9.4 所示；单击 Next(下一步)按钮，进入如图 9.5 所示的导入文件类型界面。

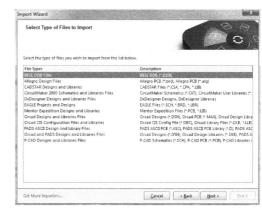

图 9.4　　　　　　　　　　　　　　　　　图 9.5

Step 2 选择 99SE DDB files(99SE DDB 文件)，再依次添加 Protel 99se 格式文档，系统自

动转换成 AD Project(AD 项目)文档。

Step ③ 单击 Next(下一步)按钮，导入向导显示如图 9.6 所示的 Choose files or folders to import(选择文件或文件夹导入)界面，用于设置需要导入的文件。如果用户需要批量导入文件，可以单击左侧的 Folders To Process(处理文件夹)列表下方的 Add(增加)按钮，打开"浏览文件夹"对话框，选择需要批量导入的文件所在的目录，这样，可以一次性将所选目录下的所有.ddb 文件全部导入。如果需要一次导入多个.ddb 文件，可以单击右侧的 Files To Process(处理文件夹)列表下方的 Add(增加)按钮，选择需要批量导入的文件。

Step ④ 单击 Next(下一步)按钮，打开如图 9.7 所示的 Set file extraction options(设置文件提取选项)界面。界面中的 Output Folder(输出文件夹)编辑框用于设置导入后的文件保存的路径。

图 9.6             图 9.7

Step ⑤ 在 Set file extraction options(设置文件提取选项)界面中，单击 Output Folder(输出文件夹)编辑框右侧的"浏览"按钮，打开"浏览文件夹"对话框，在对话框内选择导入文件的保存路径，单击"确定"按钮，然后单击 Set file extraction options(设置文件提取选项)界面中的 Next(下一步)按钮，打开如图 9.8 所示的 Set Schematic conversion options(设置原理图转换选项)界面。

Step ⑥ 单击 Next(下一步)按钮，打开如图 9.9 所示的 Set import options(设置导入选项)界面。

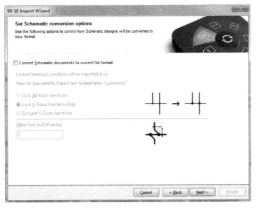

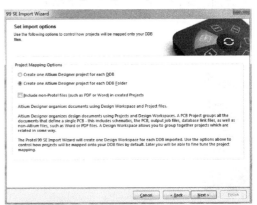

图 9.8             图 9.9

Set import options(设置导入选项)界面用于设置导入过程选项，其中，Project Mapping Options(项目映射选项)选项区域中的选项含义如下。

- Create one Altium Designer project for each DDB 单选项：表示针对每个 DDB 文件都创建一个 Altium Designer 项目。
- Create one Altium Designer project for each DDB Folder 单选项：表示对每个 DDB 文件的文件夹，将其中的 DDB 文件内容都包含在同一个 Altium Designer 16.0 项目中。
- Include non-Protel files (such as PDF or Word) in created Projects 复选项：表示将原 DDB 文件中包含的非 Protel 格式的其他文件，如 PDF 或 Word 文件也包含在转换后的 Altium Designer 16.0 项目中。

Step 7 选中 Create one Altium Designer project for each DDB(针对每个 DDB 文件都创建一个 Altium Designer 项目)单选项和 Include non-Protel files (such as PDF or Word) in created Projects (包含原 DDB 文件中包含的非 Protel 格式的其他文件，如 PDF 或 Word 文件)复选项，单击 Next(下一步)按钮，打开如图 9.10 所示的 Analyzing DDBs(分析 DDBs)界面。

Step 8 当分析结束后，系统自动打开如图 9.11 所示的 Select design files to import(选择设计文件导入)界面。Select design files to import(选择设计文件导入)界面的列表中包含 Designs to import(要导入的设计)中所有的 DDB 文件。

图 9.10                          图 9.11

Step 9 勾选需要的 DDB 文件，单击 Next(下一步)按钮，打开如图 9.12 所示的 Review project creation(审查项目创建)界面。

Step 10 单击 Review project creation(审查项目创建)界面中的 Next(下一步)按钮，将会打开如图 9.13 所示的 Import summary(导入摘要)界面。

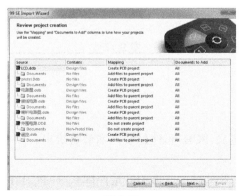 

图 9.12                          图 9.13

Step 11 确认 Import summary(导入摘要)界面中显示的先前设置的导入过程选项信息，单击 Next(下一步)按钮，开始导入过程，如图 9.14 所示。导入完成后，显示如图 9.15 所示的 Importing is done. Choose workspace to open(导入完成，选择工作空间打开)界面。

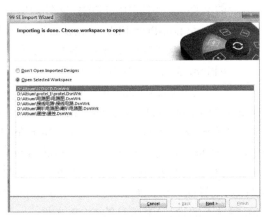

图 9.14                                    图 9.15

Step 12 选择 Importing is done. Choose workspace to open(导入完成，选择工作空间打开)界面中列表内新建的工作空间，单击 Next(下一步)按钮，打开如图 9.16 所示的 Protel 99 SE DDB Import Wizard is complete(Protel 99 SE DDB 导入向导完成)界面。

Step 13 单击 Protel 99 SE DDB Import Wizard is complete(Protel 99 SE DDB 导入向导完成)界面中的 Finish(完成)按钮，完成导入过程。系统会自动打开导入后生成的 Altium Designer 16.0 项目，如图 9.17 所示。

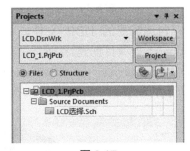

图 9.16                                    图 9.17

## 9.2 自定义 PCB 元件封装

在 PCB 元件封装编辑器环境中，用户可手工定义 PCB 元件封装，本节将给出一个手工定义 PCB 元件封装的实例。

Step 1 选择菜单栏中的 File(文件) → New(新建) → Library(元件库) → PCB Library (PCB 库文件)命令，打开 PCB 库编辑环境。

Step 2 在 PCB Library(PCB 库文件)操作界面的元件框内出现一个新的 PCBCOMPONENT_1 空文件。双击该文件，在弹出的命名对话框中，将元件名称改为 New Connector(新连接器)，如图 9.18 所示。

Step 3 在工作区单击鼠标右键，在快捷菜单中选择 Library Options(库文件选项)命令，打开如图 9.19 所示的 Board Options(板选项)对话框。将 Board Options(板选项)对话框的 Unit(单位)设置为 Imperial(英制)，然后单击 OK(确定)按钮完成设置。

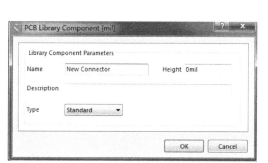

图 9.18

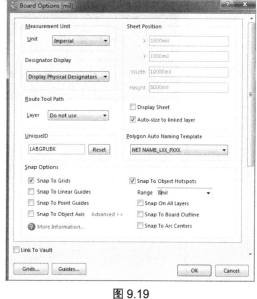

图 9.19

Step 4 单击工作区下部的 Mechanical(机械层)标签，选择顶层 Mechanical(机械层)为当前编辑层，如图 9.20 所示。

Step 5 选择菜单栏中的 Place(放置) → Line(线)或者单击"PCB 库放置"工具栏中的 ✐ 按钮，绘制十字外形轮廓，如图 9.21 所示。

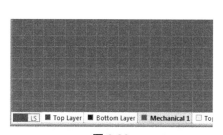

图 9.20

图 9.21

Step 6 选择菜单栏中的 Edit(编辑) → Set Reference(设置参考) → Location(位置)命令，将参考点设置在两条直线的交点，如图 9.22 所示。

Step 7 单击工作区下部的 Top Layer(顶层)标签，选择 Top Layer(顶层)为当前编辑层，选择菜单栏中的 Place(放置) → Pad(焊盘)命令，鼠标指针上悬浮一个十字光标和一个焊盘，移动鼠标，单击左键确定焊盘的位置。双击焊盘，即可弹出设置焊盘属性对话框。这里，Designator(标

图 9.22

示符)编辑框中的引脚名称为 1，而 Location(位置)相对于参考点为(-95，75)，其他选项的设置如图 9.23 所示，单击 OK(确定)按钮完成设置，结果如图 9.24 所示。

Step 8 用同样的方法，单击工具栏中的布置焊盘工具按钮，然后依次在工作区布置坐标为(-95，25)，(-95，-25)，(-95，-75)，(95，75)，(95，25)，(95，-25)，(95，-75)的焊盘，共 8 个，完成后如图 9.25 所示。

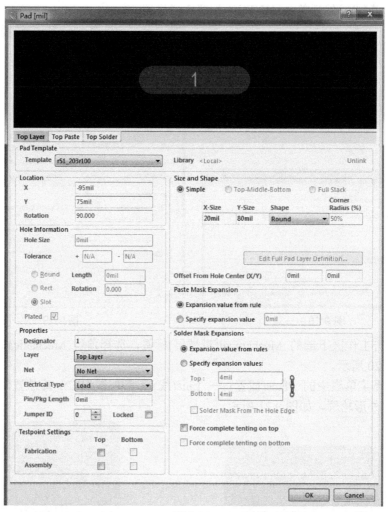

图 9.23

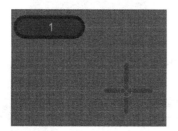

图 9.24

图 9.25

**Step 9** 单击工作区下部的 Top Overlay(顶部丝印层)标签，在主菜单中选择 Place(放置) → Line(线)命令，启动绘制直线的操作。依次在工作区坐标分别为(-35，-100)，(-35，100)，(35，-100)，(35，100)的点上单击鼠标，绘制出如图 9.26 所示的线框，然后单击鼠标右键，结束直线的绘制。

**Step 10** 选择菜单栏中的 File(文件) → Save(保存)命令，保存新建的元件。

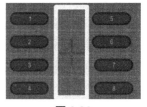

图 9.26

## 9.3 利用向导生成 PCB 元件封装

对于符合标准的 PCB 元件封装，如果采用手工方式定义，定义的过程比较繁琐，容易出现错误，Altium Designer 16.0 为用户提供了 PCB 元件封装向导，帮助用户完成焊盘较多的 PCB 元件封装的制作。本节将通过一个实例，介绍使用 PCB 元件封装向导生成 PCB 元件封装的具体步骤。

**Step 1** 选择菜单栏中的 File(文件) → New(新建) → Library(元件库) → PCB Library(PCB 库文件)命令，打开 PCB 编辑环境，新建一个空白 PCB 库文件 PcbLibl.PcbLib。

**Step 2** 选择菜单栏中的 Tools(工具) → Component Wizard(元件向导)命令，或者直接在 PCB Library(PCB 库文件)工作面板的 Component(元件)列表中单击右键，在弹出的快捷菜单中选择 Component Wizard(元件向导)命令，打开如图 9.27 所示的 Component Wizard(元件向导)对话框，显示 PCB Component Wizard(PCB 元件向导)。

**Step 3** 单击 Component Wizard(元件向导)对话框中的 Next(下一步)按钮，显示如图 9.28 所示的 Component patterns(元件模式)界面。

图 9.27　　　　　　　　　　图 9.28

**Step 4** 在 Component patterns(元件模式)界面中选择 Dual In-line Packages(DIP)(双列直插封装(DIP))项，在 Select a unit(选择单位)下拉列表中选择 Imperial(mil)，单击 Next(下一步)按钮，打开如图 9.29 所示的 Dual In-line Packages(DIP)(双列直插封装(DIP))界面，呈现 Define the pads dimensions(定义焊盘尺寸)视图，用于设置焊盘的尺寸，在示意图左侧的焊盘尺寸编辑框中设置

焊盘的纵向尺寸为 60mil，设置焊盘中孔的直径为 25mil，设置焊盘横向外径为 60mil。

**Step 5** 单击 Next(下一步)按钮，显示如图 9.30 所示的 Define the pads layout(定义焊盘布局)视图，用于设置焊盘之间的间距，接受默认间距。

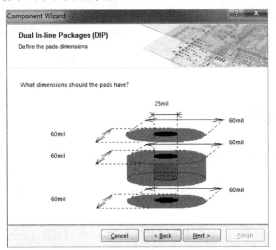

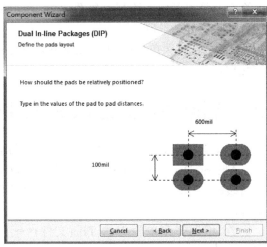

图 9.29          图 9.30

**Step 6** 单击 Next(下一步)按钮，显示如图 9.31 所示的 Define the outline width(定义轮廓宽度)视图，用于设置丝印线框中线的宽度。单击线框的导线宽度尺寸标注，将其文字改为 8mil，即设置轮廓线的宽度为 8mil。

**Step 7** 单击 Next(下一步)按钮，显示如图 9.32 所示的 Set number of the pads(设置焊盘数量)视图，用于设置元件封装中引脚焊盘的数量，在编辑框中输入 12，即设置焊盘总数为 12 个。

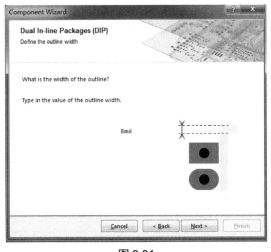

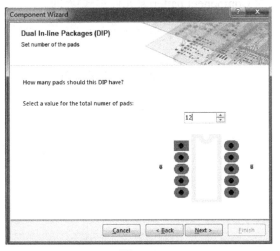

图 9.31          图 9.32

**Step 8** 单击 Next(下一步)按钮，显示如图 9.33 所示的 Set the component name(设置元件名称)界面，用于设置元件封装的名称。在编辑框中输入"DIP12"，作为 PCB 元件封装的名称。

**Step 9** 单击 Next(下一步)按钮，显示如图 9.34 所示的结束视图，创建的 PCB 元件封装如图 9.35 所示。

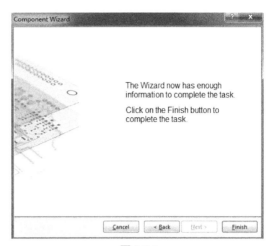

| 图 9.33 | 图 9.34 |

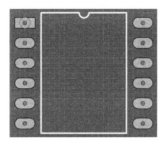

图 9.35

Step ⑩ 选择菜单栏中的 File(文件) → Save(保存)命令，保存该 PCB 元件封装库。

# 9.4　综合实例

本节通过两个实例来说明创建元件集成库的方法。

## 9.4.1　实例——创建计时器集成元器件库

计时器元件集成库的创建方法如下。

Step ① 新建项目。启动 Altium Designer 16.0，选择菜单栏中的 File(文件) → New(新建) → Project(项目)命令。如图 9.36 所示，此时弹出 New Project(新建项目)对话框，在 Project Types(项目类型)中选择 Integrated Library(集成库)，在 Location(位置)中选择合适的存储位置，单击 OK(确定)按钮完成。

Step ② 完成上面的操作后，即可看到新建的一个空的集成库，如图 9.37 所示。

Step ③ 创建工作环境。选择菜单栏中的 File(文件) → New(新建) → Library(库) → Schematic Library(原理图库)命令，启动原理图库文件编辑器，并创建一个新的原理图库文件，在 Projects(项目)面板的 Schlib1.SchLib 项目文件上右击，从弹出的快捷菜单中，保存项目文件，将该原理图文件另存为 NE555D.SchLib。保存后，Projects(项目)面板中将显示出用户设置的名称，如图 9.38 所示。

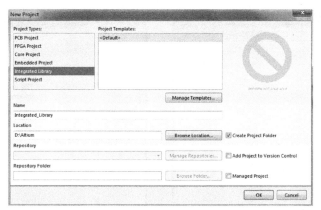

图 9.36

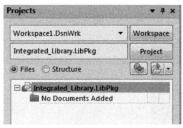

图 9.37

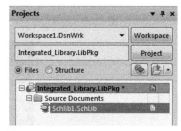

图 9.38

Step **4** 在集成库的原理图库中绘制元器件的原理图。因前面已经讲述过，不再详述。这里绘制完成的 NE555D 原理图如图 9.39 所示。

Step **5** 创建工作环境。选择菜单栏中的 File(文件) → New(新建) → Library(库) → PCB Library(PCB 库文件)命令。启动 PCB 库文件编辑器，并创建一个新的 PCB 库文件，在 Projects (项目)面板的 PcbLib1.PcbLib 项目文件上右击，在弹出的快捷菜单中，保存项目文件，将该 PCB 库文件另存为 NE555D。

Step **6** 在 PCB 元件库中绘制元件的封装。这里以绘制 NE555D 封装为例，绘制完成的效果如图 9.40 所示。

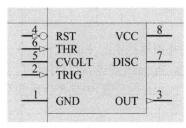

图 9.39

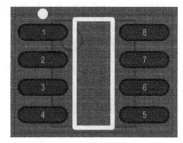

图 9.40

Step **7** 在原理图库中，单击工具栏中 Model Manager(模式管理器)按钮 📠，如图 9.41 所示。选择 Component_1，单击 Add Footprint(添加封装)按钮，此时弹出 PCB Model 对话框，如图 9.42 所示。

Step **8** 单击 Browse(浏览)按钮。在弹出的对话框中选择 NE555D 封装，如图 9.43 所示。单击 OK(确定)按钮将 NE555D 封装添加到 PCB Model(PCB 模型)，如图 9.44 所示。

图 9.41　　　　　　　　　　　　　　　　　　图 9.42

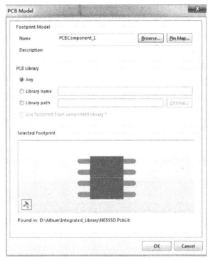

图 9.43　　　　　　　　　　　　　　　　　　图 9.44

Step 9 最后单击 PCB Model(PCB 模型)对话框中的 OK(确定)按钮，则计时器集成库制作完成，如图 9.45 所示。

图 9.45

## 9.4.2 实例——绘制运算单元

在本例中，将设计一个运算单元，学习矩形和引脚两种元素的绘制方法。

**Step ①** 创建工作环境。选择菜单栏中的 File(文件) → New(新建) → Library(库) → Schematic Library(原理图库)命令，启动原理图库文件编辑器，并创建一个新的原理图库文件。

**Step ②** 管理元件库。系统会自动打开一个 SCH Library(SCH 库)工作面板，选择菜单栏中的 Tools(工具) → Rename Component(重命名元件)命令，打开 New Component Name(重命名元件)对话框，在该对话框中将元件重命名为 yunsuan，如图 9.46 所示。然后单击 OK(确定)按钮退出对话框。

图 9.46

**Step ③** 绘制数码管元件的外形。选择菜单栏中的 Place(放置) → Drawing Tools(绘图工具) → Rectangle(矩形)命令，或者单击工具栏中的□按钮，这时，鼠标指针变成十字形状，并带有一个矩形图形。在图纸上绘制一个如图 9.47 所示的矩形。

**Step ④** 双击所绘制的矩形，打开 Rectangle(矩形)对话框，如图 9.48 所示。在该对话框中，勾选 Draw Solid(绘制实体)复选框，再将矩形的边框颜色设置为黑色，把边框的宽度设置为 Smallest(最小)。

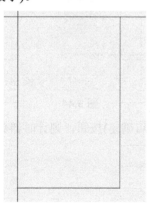

图 9.47

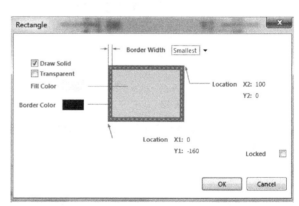

图 9.48

**Step ⑤** 放置引脚。选择菜单栏中的 Place(放置) → Pin(引脚)按钮，光标变成十字形状，并附有一个引脚符号，如图 9.49 所示。移动该引脚到矩形边框处，单击完成放置。可以在放置引脚时按 Space(空格)键来旋转。

**Step ⑥** 在放置引脚时按 Tab 键，或者双击已放置的引脚，系统将弹出如图 9.50 所示的 Pin Properties(引脚属性)对话框，在该对话框中，可以对引脚的各项属性进行设置。

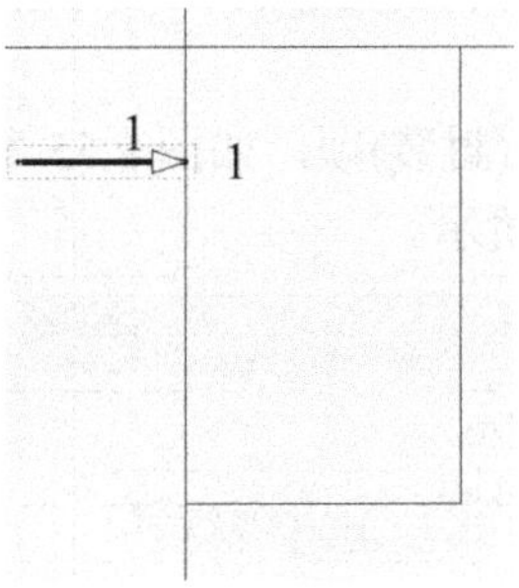

图 9.49 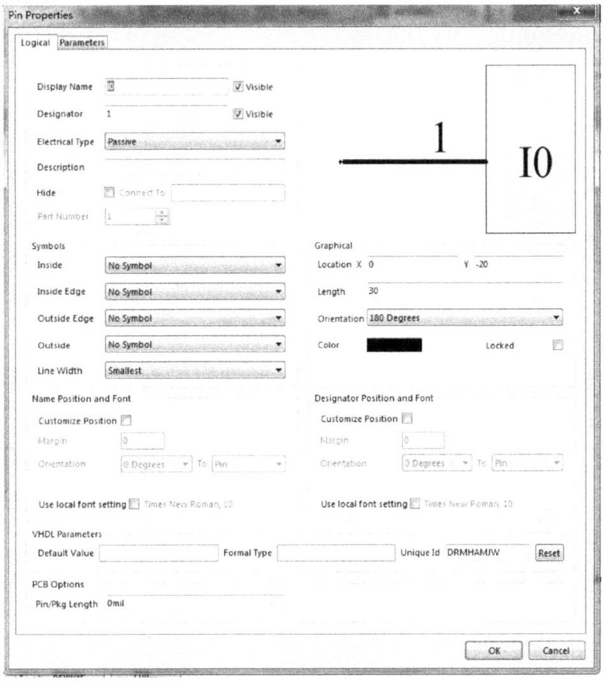　　　　　　　　　　　　　　　　图 9.50

Step **7** 编辑元件属性。选择菜单栏中的 Tools(工具) → Component Properties(元件属性)命令，或从原理图库面板里的元件列中选择元件，然后单击 Edit(编辑)按钮，打开如图 9.51 所示的 Library Component Properties(库元件属性)对话框，在 Default Designator(默认的标识符)栏输入预置的元件序号前缀(在此为"U?")。单击 Edit Pins(编辑引脚)按钮，弹出元件引脚编辑对话框，设置如图 9.52 所示。单击 OK 按钮关闭该对话框。

Step **8** 用同样方法，设置其他引脚的属性，设置完属性的元件符号图如图 9.53 所示。

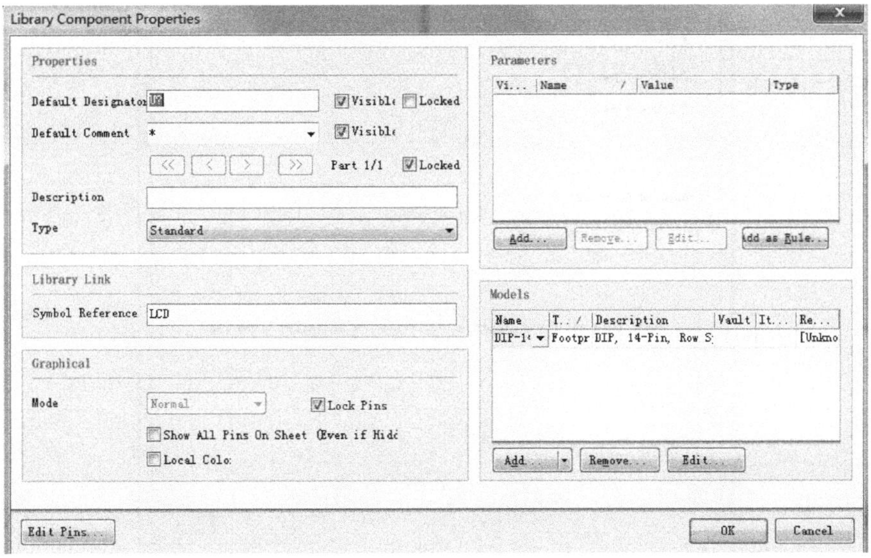

图 9.51

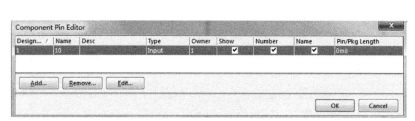

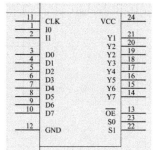

图 9.52
图 9.53

**Step 9** 如图 9.54 所示，在元件属性对话框中，单击模型列表项底部的 Add(添加)按钮，弹出 Add New Model(添加新模型)对话框。

**Step 10** 在 Model Type(模型类型)下拉列表中选择 Footprint(封装)项，如图 9.55 所示。单击 OK(确定)按钮，弹出 PCB Model(PCB 模型)对话框，如图 9.56 所示。

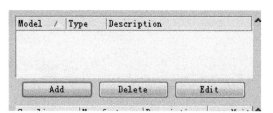

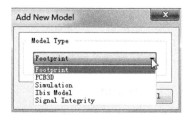

图 9.54
图 9.55

图 9.56

Step ⑪ 在 PCB Model(PCB 模型)对话框中单击 Browse(浏览)按钮，将弹出 Browse Libraries(浏览库文件)对话框，如图 9.57 所示。

Step ⑫ 单击 Find(查找)按钮，弹出 Libraries Search(搜索库)对话框。选择 Libraries on path (库文件路径)，单击 Path(路径)栏旁的 (浏览)按钮，定位到 D:\Users\Public\Documents\Altium\ AD16\Library 路径下。确定搜索库对话框中的 Include Subdirectories(包含子目录)选项被选中。在名字栏中输入"DIP-24"，然后单击 Search(查找)按钮，如图 9.58 所示。

图 9.57

9.58

Step ⑬ 可以找到对应这个封装的所有类似的库文件，如图 9.59 所示。如果确定找到了文件，则应停止搜索。单击选中找到的封装文件后，单击 OK(确定)按钮关闭该对话框。加载这个库在浏览库对话框中。回到 PCB Model(PCB 模型)对话框，如图 9.60 所示。

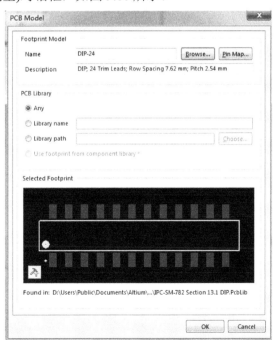

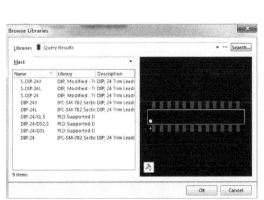

图 9.59

图 9.60

Step ⑭ 单击 OK(确定)按钮。最后保存元件库文件，即可完成该实例。

注意

这里面的 1 号引脚 $\overline{\text{OE}}$ 设置如图 9.61 所示，在 Display Name(显示名称)栏中输入名称为 "O\E\"，即可显示 $\overline{\text{OE}}$ 上面的横线。

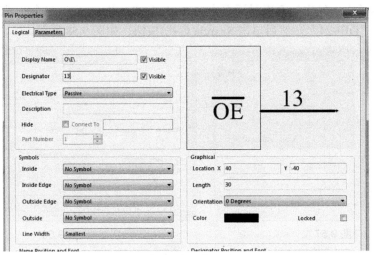

图 9.61

# 第10章

## 信号完整性

在高速电路设计的整个流程中，电路板上的导线阻抗、传输时延、信号反射、网络间的窜扰及电源/地噪声等一系列由于高频所引发的问题，是每一个电路设计者都必须面对和考虑的。因此，为了保证产品的可靠运行，信号的完整性分析已成为一个必不可少的、重要的辅助设计手段。

## 10.1 信号完整性概述

信号完整性，就是指信号通过信号线传输后仍能保持完整，即仍能保持其正确的功能而未受到损伤的一种特性，具体地说，是指信号在电路中以正确的时序和电压做出响应的能力。当电路中的信号能够以正确的时序、要求的持续时间和电压幅度进行传送，并到达输出端时，说明该电路具有良好的信号完整性，而当信号不能正常响应时，就出现了信号完整性问题。

### 10.1.1 信号完整性简介

常见的信号完整性问题主要有以下几种。

#### 1. 传输延迟

传输延迟(Transmission Delay)表明数据或时钟信号没有在规定的时间内以一定的持续时间和幅度到达接收端。信号延迟是由驱动过载、走线过长的传输线效应引起的，传输线上的等效电容、电感会对信号的数字切换产生延时，影响集成电路的建立时间和保持时间。集成电路只能按照规定的时序来接收数据，而延时足够长时，就会导致集成电路无法正确判断数据，则电路将工作不正常，甚至完全不能工作。

在高频电路设计中，信号的传输延迟是一个无法完全避免的问题，为此引入了一个延迟容限的概念，即在保证电路能够正常工作的前提下，所允许的信号最大时序变化量。

### 2. 串扰

串扰(Crosstalk)是没有电气连接的信号线之间的感应电压和感应电流所导致的电磁耦合。这种耦合会使信号线起着天线的作用，其容性耦合会引发耦合电流，感性耦合会引发耦合电压，并且随着时钟速率的升高和设计尺寸的缩小而加大。这是由于信号线上有交变的信号电流通过时，会产生交变的磁场，处于该磁场中的其他信号线会感应出信号电压。

印制电路板层的参数、信号线的间距、驱动端和接收端的电气特性及信号线的端接方式等，都对串扰有一定的影响。

### 3. 电磁兼容

电磁干扰(Electro Magnetic Interference，EMI)或者电磁兼容是从一个传输线(Transmission Line)(如电缆、导线或封装的引脚)得到的具有天线特性的结果。印制电路板、集成电路和许多电缆存在电磁辐射，因而会影响电磁兼容问题。

### 4. 时域和频域

时域(Time Domain)是一个示波器显示的波形，它通常用于找出引脚到引脚的延时(Delays)、偏移(Skew)、过冲(Overshoot)、下冲(Undershoot)及设置时间(Setting Time)。

频域(Frequency Domain)是一个频谱分析仪显示的波形，通常用于波形与 FCC 和其他 EMI 控制限制之间的比较。

### 5. 接地反弹

接地反弹(Ground Bounce)是指由于电路中较大的电流涌动而在电源与接地平面间产生大量噪声的现象。如大量芯片同步切换时，会产生一个较大的瞬态电流，从芯片与电源平面间流过，芯片封装与电源间的寄生电感、电容和电阻会引发电源噪声，使得零电位平面上产生较大的电压波动(可能高达 2V)，足以造成其他元器件的误动作。由于接地平面的分割(分为数字接地、模拟接地、屏蔽接地等)，可能引起数字信号传到模拟接地区域时，产生接地平面回流反弹；同样，电源平面分割也可能出现类似的危害。负载容性的增大，阻性的减小，寄生参数的增大，切换速度的增高，以及同步切换数目的增加，均可能导致接地反弹增加。

除此而外，还有其他一些与电路功能本身无关的信号完整性问题，如高速、高密元器件的封装互连延迟，电路板上的网络阻抗，电磁兼容性等。因此，掌握信号完整性分析的基本运行方式，并将其紧密地贯穿在高速电路的整体设计流程中，对于提高设计的可靠性，降低设计的成本，应该说是非常重要和必要的。

### 6. 反射

反射(Reflection)就是传输线上的回波，信号功率的一部分经传输线传给负载，另一部分则向源端反射。在高速设计中，可以把导线等效为传输线，而不再是电路中的导线。若阻抗匹配(源端阻抗、传输线阻抗与负载阻抗相等)，则反射不会发生；反之，若负载阻抗与传输线阻抗失配，就会导致接收端的反射。

布线的某些几何形状，不适当的端接，经过连接器的传输，及电源平面不连续等因素，均会导致信号的反射。反射会导致传送的信号出现严重的过冲或下冲现象，致使波形变形，出现逻辑混乱。

### 10.1.2　自动信号分析器

在一个已经制作好的 PCB 板上检测信号的完整性是一件非常困难的事情，即使找到了信号完整性方面的问题，要修改一个已经制作成型的 PCB 板也不太实际，因此，信号完整性必须在 PCB 制作之前进行。

Altium Designer 16.0 系统引进了 EMC 公司的 INCASES 技术，在 Altium 系统中集成了信号完整性分析工具，以帮助用户在分析信号完整性时，方便快捷地得到结果，缩短 PCB 的研发周期。

(1) Altium Designer 16.0 的信号完整性分析模块具有下列优点：
- 设置简单，可以与在 PCB 中定义设计规则一样定义设计参数。
- 可以在 PCB 中直接进行信号完整性分析。
- 提供快速准确的反射和串扰分析。
- 采用示波器形式来显示分析结果，一目了然。
- 有成熟的并发仿真算法和传输线特性计算。
- 可以利用 I/O 缓冲器模型。

(2) 在使用 Altium Designer 16.0 进行信号完整性分析时，必须注意以下几点：
- 无论是在 PCB 编辑环境下，还是在原理图编辑环境下，要进行完整性分析的文档必须属于某一个项目。如果该设计文档属于"自由文档"，则不能进行信号完整性分析。
- 电路中至少需要有一块集成电路，因为集成电路的管脚可以作为激励源输出到被分析的网络上，如果没有源的驱动，则无法给出仿真结果。
- 每个元件的信号完整性模型必须正确。
- 在规则中必须设置电源网络和地网络。
- 设定激励源。
- 用于 PCB 的层堆栈必须设置正确，电源平面必须连续，正确设置所有层的厚度。

## 10.2　信号完整性分析

完成了信号完整性分析的规则设置和模型设置后，就可以使用系统提供的信号完整性分析器进行分析了。

信号完整性分析可以分为两步进行：第一步是对所有可能需要进行分析的网络进行一次初步的分析，从中可以了解到哪些网络的信号完整性最差；第二步是筛选出一些关键信号进行进一步的分析，以达到设计优化的目的，这两步的具体实现都是在信号完整性分析器中进行的。

### 10.2.1　启动信号完整性分析器

Altium Designer 16.0 系统提供了一个高效的信号完整性分析器，采用成熟的传输线计算方法及 IBIS 模型进行仿真，可进行布线前和布线后的信号完整性分析，能够产生准确的仿真结果，并且以波形的形式直观显示在图形界面下。

Step ① 在 PCB 编辑环境中，设置了信号完整性分析的有关规则后，选择菜单栏中的 Tools(工具) → Signal Integrity(信号完整性)命令，弹出如图 10.1 所示的错误信息提示框。

Step ② 单击 Continue(继续)按钮，不管错误设置，继续进行分析，不过分析结果可能出现较大的误差。单击 Model Assignments(模型分配)按钮，打开 Signal Integrity Model Assignments (信号完整性模型分配)配置对话框，如图 10.2 所示，配置元件模型，达到正确分析的目的。

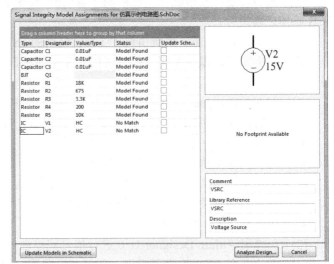

图 10.1　　　　　　　　　　　图 10.2

Step ③ 更新到原理图中后，单击图 10.2 中的 Analyze Design(分析设计)按钮，则会打开如图 10.3 所示的 SI Setup Options(SI 设置选项)对话框。

图 10.3

Step ④ 单击 SI Setup Options(SI 设置选项)对话框中的 Analyze Design(分析设计)按钮，系统即开始进行信号完整性分析。分析完毕，会打开如图 10.4 所示的 Signal Integrity(信号完整性)窗口。

Step ⑤ 在该窗口中，显示了进行信号完整性初步分析的结果，包括各网络的状态及是否通过了相应的规则检测，如上冲幅度、下冲幅度等。通过相应的设置，可以对设计进行进一步的分析和优化。

图 10.4

## 10.2.2 信号完整性分析工具

信号完整性分析工具通过在原理图或 PCB 上使用 Tools(工具) → Signal Integrity(信号完整性)菜单命令来访问。如果没有为所有组件定义模型,则分析仪会尝试猜测使用哪个模型。如果有未定义模型,则会弹出警告对话框。取决于我们所感兴趣的信号分析,这时可以继续分析或停下来修整一下模型定义,只须单击 Continue(继续)或 Model Assignments(模型分配)按钮即可。

### 1. 设置默认的布线特性

对一个项目首次运行信号完整性分析时,无论是否存在 PCB 文档,都会出现 SI Setup Options(SI 设置选项)对话框。使用该对话框可定义 Track Impedance(走线阻抗)和 Average Track Length(平均走线长度)的默认值。

(1) PCB 不存在时(版图前分析),分析仪使用这些值获得设计可能的信号完整性性能数值。因此,长度值应理想地反映出板卡的尺寸。对于版图前的分析,任何时候在 Signal Integrity 面板都可以访问 SI Setup Options(SI 设置选项)。如果原理图上没有定义,则该对话框将包括定义 Supply Net(供应网络)和 Stimulus(仿真)规则的标签。

(2) PCB 存在时(版图前分析),Track Impedance(走线阻抗)仅用于不跨越 PCB 的网络。已经转换的未布线网络都会使用合适的宽度/阻抗规则。Average Track Length(平均走线长度)将应用于未布线网络。然而如果我们放置了组件,也可以对这些网络使用 Manhattan(曼哈顿)长度。

### 2. 最初的筛选分析

信号完整性面板列出了设计中的所有网络(不包括电源网络)。分析仪对设计中的所有网络进行初始的快速分析,这称作筛选分析,结果列在面板左侧,包括网络数据(如线轨的总长度以及网络是否布线)、阻抗数据、电压数据(如上升和下降电压)、定时数据(如飞行数据)。

可从右键菜单的 Show/Hide Columns(显示/隐藏列)子菜单确定面板上显示哪个数据。默认情况下只显示上升电压和下降电压。这是判断哪个网络最有问题的最佳特性,如图 10.5 所示。

调查最初的筛选分析结果,确定设计中的问题网络。

筛选分析是一种粗线条的分析,用于快速确定有问题的网络,然后再做详细分析。如果要进一步分析一个或多个网络,需要拖它们到右边的面板做反射或串扰分析。通过双击或单击箭头按钮可移动网络。

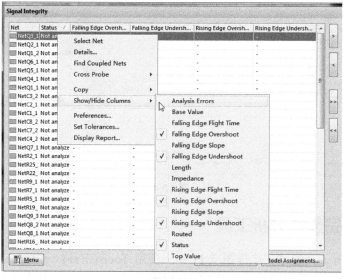

图 10.5

### 3. 反射分析

作为分析工具的一部分，信号完整性分析带有反射模拟器。模拟器通过来自 PCB 或指定的默认布线特性和层信息，以及相应的驱动和接收 I/O 缓冲模型来计算网络节点电压。一个二维现场解析器会自动计算传输线的电气特性。建模时，假定 DC 路径损失可以忽略不计。可仿真一个或多个网络。

### 4. 串扰分析

信号完整性分析仪具有专门的串扰仿真器，可分析耦合网络间的干扰。只能从 PCB 进行串扰分析，因为布线网络需要这种类型的分析。

进行串扰分析时，一般要考虑两个或三个网络——通常是一个网络及其相邻的两个。信号完整性面板可快速判定哪个网络与我们选定的网络耦合。它具有以下几种功能：

- 查找耦合网络。
- 找出哪些网络可能发生串扰。
- 根据定义的耦合选项分析 PCB 且确定并行运行的线轨。

仿真器可指定受害者或入侵者网络。如果要分析一个网络是否受到其相邻网络的干扰，则只需将其指定为受害者网络即可。如果要分析一个网络对其耦合网络的干扰，将其指定为入侵者即可。选中 Signal Integrity(信号完整性)对话框左侧的分析网络，单击鼠标右键，在快捷菜单中选择 Preferences(参数选择)命令，弹出如图 10.6 所示的对话框，可选择要分析的网络。

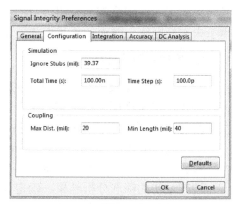

图 10.6

### 5. 显示分析结果

单击 Signal Integrity(信号完整性)对话框中的反射(Reflections)按钮开始分析，分析结束后，会生成一个仿真数据文件(*.sdf)，并在 Simulation Data Editor(仿真数据编辑器)的波形显示窗口中显示。对于反射分析来说，SDF 文件包括每个分析网络的图表、网络中每个管脚状态的波形(点状)图。串扰分析表的数据显示和反射分析表的显示同样重要。唯一区别是，这种分析类型只有一个单个的图表，每个被分析网络的每个管脚都有绘图显示。

### 6. 虚拟传输线阻抗

在信号完整性方面，成功设计的关键，是在载入的时候就获得较好的信号质量。这在理想情况下意味着零反射。在现实中，不可能总是有零反射，但振铃的级别可以通过端接减小到设计可接受的范围。

### 7. 板卡布线线轨上的阻抗控制

反射由不匹配的阻抗导致。到目前为止都在讨论在组件管脚级别解决阻抗不匹配问题，但添加合适的终端，可以使接收管脚的阻抗更好地匹配驱动管脚的阻抗。

## 10.2.3　信号完整性分析器的设置

Altium Designer 16.0 提供了一个高级的信号完整性分析器，能精确地模拟分析已布好线的PCB，可以测试网络阻抗、下冲、过冲、信号斜率等，其设置方式与 PCB 设计规则一样容易实现。首先启动信号完整性分析器。

打开某项目的某个 PCB 文件，选择菜单栏中的 Tools(工具) → Signal Integrity(信号完整性)命令，系统开始运行信号完整性分析器。

信号完整性分析器的界面主要由以下几个部分组成(如图 10.7 所示)。

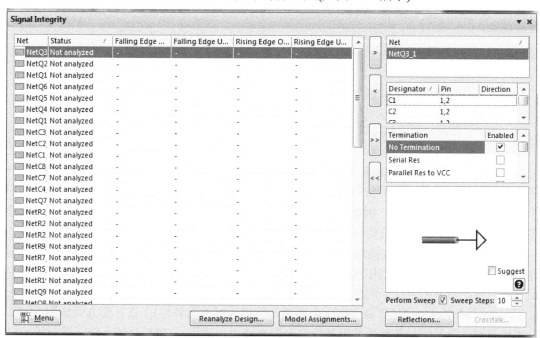

图 10.7

### 1. Net(网络)

Net(网络)栏中列出了 PCB 文件中所有可能需要进行分析的网络。在分析前，可以选中需要进一步分析的网络，单击 > 按钮添加到右边的 Net(网络)栏中。

### 2. Status(状态)

用来显示相应网络进行信号完整性分析后的状态。

● Passed(通过)：表示没有问题。
● Not analyzed(无法分析)：表明由于某种原因导致对该信号的分析无法进行。
● Failed(失败)：分析失败。

### 3. Designator(标示符)

显示 Net(网络)栏中所选中网络的连接元件引脚及信号的方向。

### 4. Termination(终端补偿)

对 PCB 板进行信号完整性分析时，还需要对线路的信号进行终端补偿的测试，目的是测试传输线中信号的反射与串扰，以便使 PCB 印制板中的线路信号达到最优。

在 Termination(终端补偿)栏中，系统提供了 8 种信号终端补偿方式，相应的图示则显示在下面的图示栏中。

(1) No Termination(无终端补偿)：该补偿方式如图 10.8 所示，即直接进行信号传输，对终端不进行补偿，是系统的默认方式。

(2) Serial Res(串阻补偿)：该补偿方式如图 10.9 所示，即在点对点的连接方式中，直接串入一个电阻，以减少外来电压波形的幅值，合适的串阻补偿将使得信号正确终止，消除接收器的过冲现象。

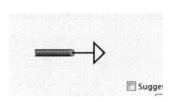

图 10.8

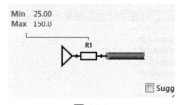

图 10.9

(3) Parallel Res to VCC(电源 VCC 端并阻补偿)。在电源 VCC 输入端并联的电阻是与传输线阻抗相匹配的，对于线路的信号反射，这是一种比较好的补偿方式，如图 10.10 所示。只是由于该电阻上会有电流流过，因此，将增加电源的消耗，导致低电平阈值的升高，该阈值会根据电阻值的变化而变化，有可能会超出在数据区定义的操作条件。

(4) Parallel Res to GND(接地 GND 端并阻补偿)：该补偿方式如图 10.11 所示，在接地输入端并联的电阻是与传输线阻抗相匹配的，与电源 VCC 端并阻补偿方式类似，这也是终止线路信号反射的一种比较好的方法。同样，由于有电流流过，会导致高电平阈值的降低。

(5) Parallel Res to VCC & GND(电源端与地端同时并阻补偿)：该补偿方式如图 10.12 所示，将电源端并阻补偿与接地端并阻补偿结合起来使用，适用于 TTL 总线系统，而对于 CMOS 总线系统则一般不建议使用。由于该方式相当于在电源与地之间直接接入了一个电阻，流过的电流将比较大，因此，对于两电阻的阻值分配成折中选择，以防电流过大。

(6) Parallel Cap to GND(地端并联电容补偿)：该补偿方式如图 10.13 所示，即在接收输入端对地并联一个电容，可以减少信号噪声。该补偿方式是制作 PCB 印制板时最常用的方式，能够有效地消除铜膜导线在走线的拐弯处所引起的波形畸变。最大的缺点是，波形的上升沿或下降沿会变得太平坦，导致上升时间和下降时间的增加。

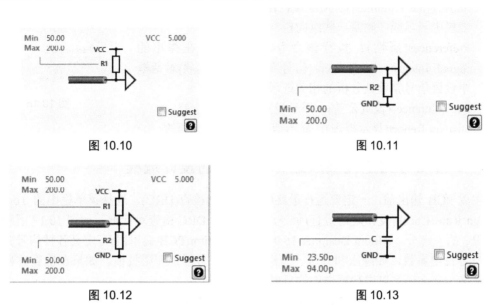

图 10.10　　　　　　　　　　　　　图 10.11

图 10.12　　　　　　　　　　　　　图 10.13

(7) Res and Cap to GND(地端并阻、并容补偿)：该补偿方式如图 10.14 所示，即在接收输入端对地并联一个电容和一个电阻，与地端仅仅并联电容的补偿效果基本一样，只不过在终结网络中不再有直流电流流过。而且与地端仅仅并联电阻的补偿方式相比，能够使得线路信号的边沿比较平坦。

(8) Parallel Schottky Diode(并联肖特基二极管补偿)：该补偿方式如图 10.15 所示，在传输线终结的电源和地端并联肖特基二极管，可以减少接收端信号的过冲和下冲值。大多数标准逻辑集成电路的输入电路都采用了这种补偿方式。

图 10.14　　　　　　　　　　　　　图 10.15

### 5. Perform Sweep(执行扫描)

选中该复选框，则信号分析时，会按照用户所设置的参数范围，对整个系统的信号完整性进行扫描，类似于电路原理图仿真中的参数扫描方式。扫描步数可以在后面进行设置，一般选中该复选框，扫描步数采用系统默认值即可。

### 6. Menu(菜单)按钮

单击 Menu(菜单)按钮，则系统会弹出如图 10.16 所示的菜单命令。

- Copy(复制)：复制所选中的网络纵向栏的内容。
- Show/Hide Columns(显示/隐藏栏)：该命令用于在网络列表栏中显示或者隐藏一些纵向栏。
- Preferences(属性)：执行该命令，用户可以在弹出的 Signal Integrity Preferences(信号完整性优先选项)对话框中设置信号完整性分析的相关选项。
- Set Tolerances(设置公差)：用于设置屏蔽分析公差。
- Display Report(显示报表)：显示信号完整性分析报表。

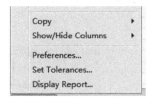

图 10.16

## 10.2.4 将信号完整性集成进标准板卡的设计流程

在生成 PCB 输出前，一定要运行最终的设计规则检查(DRC)。选择菜单栏中的 Tools(工具) → Design Rule Check(设计规则检查)命令，可以打开 DRC 检查对话框，如图 10.17 所示。作为 Batch DRC 的一部分，Altium Designer 16.0 的 PCB Editor(PCB 编辑器)可定义各种信号完整性规则。用户可设定参数，如降压和升压、边沿斜率、信号级别和阻抗值。如果在检查过程中发现了问题网络，那么还可以进行更详细的反射或串扰分析。

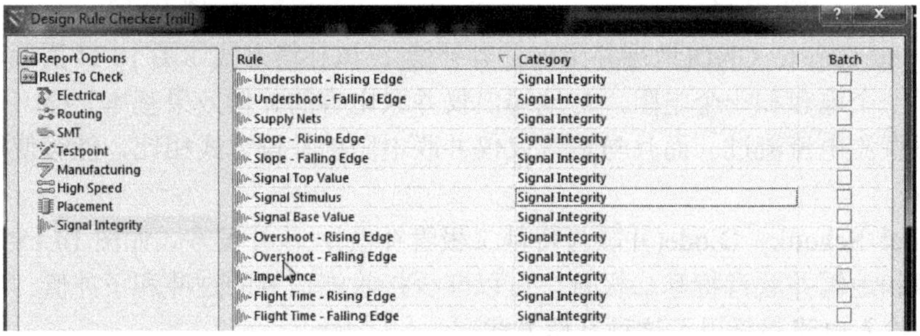

图 10.17

建立可接受的信号完整性参数成为正常板卡定义流程的一部分，与日常定义对象间隙和布线宽度一样。然后确定物理版图导致的信号完整性问题就自然成为完成板卡全部 DRC 的一部分。将信号完整性设计规则作为补充检查，而不是分析设计的唯一途径来考虑。

# 10.3 综合实例

本节通过两个实例，来说明信号完整性分析的步骤。

## 10.3.1 实例——计数器的完整性分析

计数器的完整性分析步骤如下。

Step 1 打开本书下载资源中的源文件"\ch10\10.4.1\计数器电路.PrjPcb"，选择原理图文件，使其处于当前的工作窗口中，如图 10.18 所示。

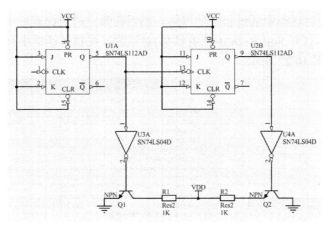

图 10.18

Step **2** 在原理图编辑环境中，设置了信号完整性分析的有关规则后，选择菜单栏中的 Tools(工具) → Signal Integrity(信号完整性)命令，出现 Messages(信息)与 Signal Integrity(信号完整性)配置对话框，如图 10.19、图 10.20 所示，来配置元件模型。

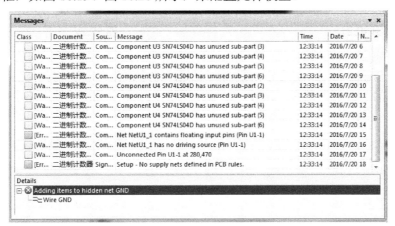

图 10.19

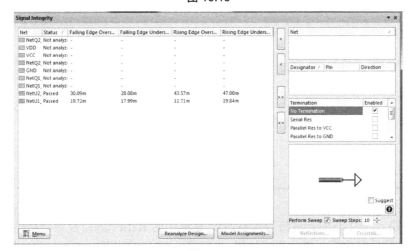

图 10.20

**Step 3** 右键单击对话框中通过验证的网络，然后在弹出的快捷菜单中选择 Details(细节)命令，如图 10.21 所示，打开 Full Results(所有结果)对话框。在该对话框中列出了该网络各个不同规则的分析结果，如图 10.22 所示。

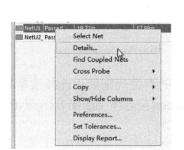

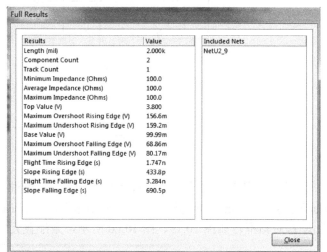

图 10.21                          图 10.22

**Step 4** 在 Signal Integrity(信号完整性)对话框中选中网络 NetU1_5，然后单击 ⫸ 按钮将该网络添加到右边的 Net 列表框中，此时，在 Net(网络)列表框中列出了该网络中含有的元件，如图 10.23 所示。

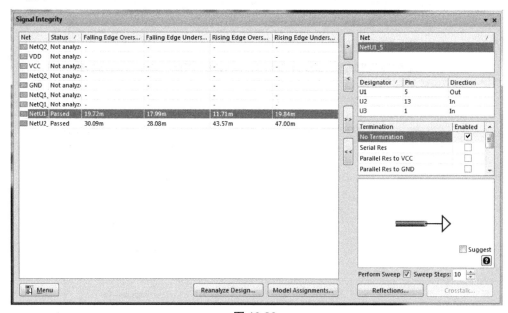

图 10.23

**Step 5** 单击 Signal Integrity(信号完整性)对话框中的 Reflections(反射分析)按钮，系统就会进行该网络信号的反射分析，最后生成如图 10.24 所示的分析波形。

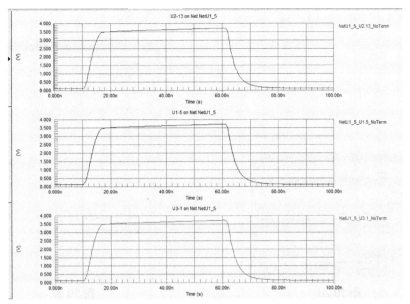

图 10.24

Step 6 在 PCB 编辑环境中，选择菜单栏中的 Tools(工具) → Signal Integrity(信号完整性)命令，打开 Signal Integrity(信号完整性)对话框。在 Signal Integrity(信号完整性)对话框中，选中网络 NetU2_9，然后单击 按钮，将该网络添加到右边的 Net 列表框中，如图 10.25 所示。在该对话框右侧的 Designator(标示符)列表框中右键单击元件 U2，在弹出的快捷菜单中选择 Edit Buffer(编辑缓冲器)命令，如图 10.26 所示，打开 Integrated Circuit(集成电路)对话框。

Step 7 如图 10.27 所示的 Integrated Circuit(集成电路)对话框中显示了该元件的参数及编号信息。在 Technology(工艺)下拉列表框中，可以选择元件的制造工艺，在 Pin 选择区域中显示了该缓冲器对应元件引脚的信息。在 Technology(工艺)下拉列表框中选择该缓冲器的另一种工艺，在 Direction(方向)下拉列表中可以为缓冲器指定该引脚的电气方向。在 Output Model(输出模型)下拉列表框中，可以选择输出模型。这里选择默认的对话框设置。

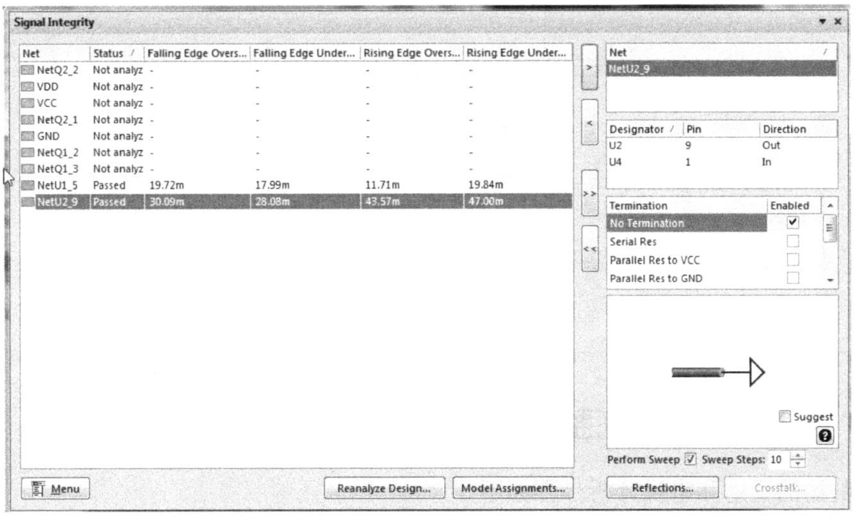

图 10.25

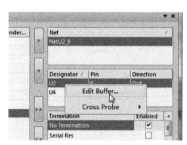

图 10.26 图 10.27

**Step 8** 选中 Parallel Res to GND(并联电阻到 GND)复选框,然后单击 Reflections(反射分析)按钮,得到信号完整性分析的波形图,如图 10.28 所示。

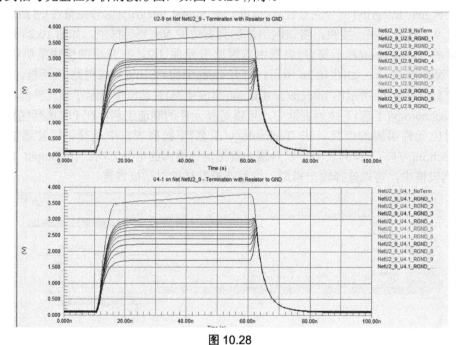

图 10.28

**Step 9** 保存文件即可。

## 10.3.2 实例——信号完整性中的反射和串扰分析

彩灯控制器的反射和串扰分析步骤如下。

**Step 1** 打开本书下载资源中的源文件"\ch10\10.4.2\彩灯控制器.PrjPcb",选择 PCB 文件，使其处于当前的工作窗口中，如图 10.29 所示。

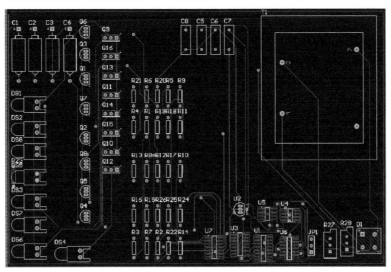

图 10.29

Step 2 选择菜单栏中的 Design(设计) → Rule(规则)命令，打开 PCB Rules and Constraints Editor(PCB 规则与约束编辑器)。选中 Signal Integrity(信号完整性)下的 Signal Stimulus(信号仿真)规则，执行 New Rule(新建规则)命令，新建一个 Signal Stimulus(信号仿真)子规则，如图 10.30 所示。

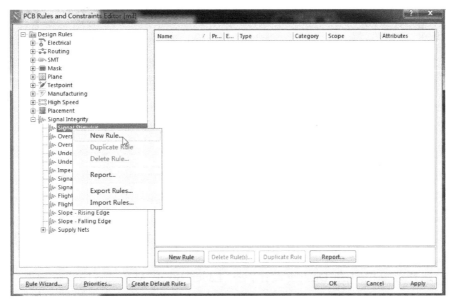

图 10.30

Step 3 单击新建的 Signal Stimulus(信号仿真)子规则，打开设置窗口，设置 Stimulus Kind(信号种类)为 Periodic Pulse(周期脉冲)，其余采用系统的默认设置即可，如图 10.31 所示。

Step 4 选中 Signal Integrity(信号完整性)下的 Supply Nets(电源网)规则，执行 New Rule(新建规则)命令，新建一个 SupplyNets(电源网)子规则。打开设置窗口，设置规则匹配对象为

Net(网)，单击 ▾ 按钮，在下拉列表框中选择 VCC(电源)，在 Constraints(约束)区域内设定
Voltage(电压)值为 5V，如图 10.32 所示。

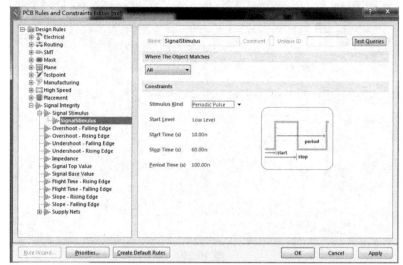

图 10.31

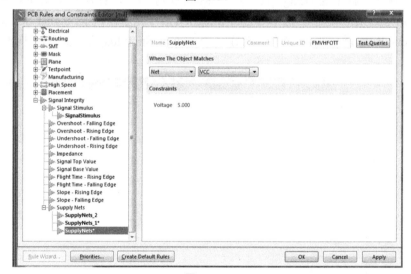

图 10.32

**Step 5** 同样，新建一个 SupplyNets(电源网)子规则，设置接地网络，如图 10.33 所示，单
击 OK 按钮。

**Step 6** 选择菜单栏中的 Design(设计) → Layer Stack Manager(层栈管理器)命令，打开
Layer Stack Manager(层栈管理器)，进行 PCB 板层结构及参数的有关设置，如工作层面的厚
度、导线的阻抗特性等，如图 10.34 所示。这里采用系统的默认设置即可。

**Step 7** 选择菜单栏中的 Tools(工具) → Signal Integrity(信号完整性)命令，弹出 Errors or
warnings found(发现错误或警告)对话框，如图 10.35 所示。单击 Model Assignments(模型分配)
按钮，打开 Signal Integrity Model Assignments(信号完整性模型分配)配置对话框，如图 10.36 所
示，配置元件模型，达到正确的分析目的。

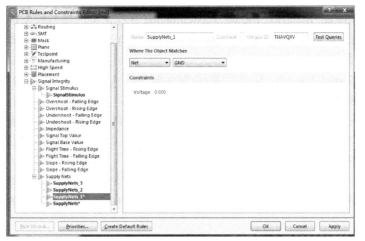

图 10.33

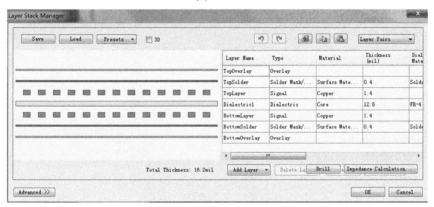

图 10.34

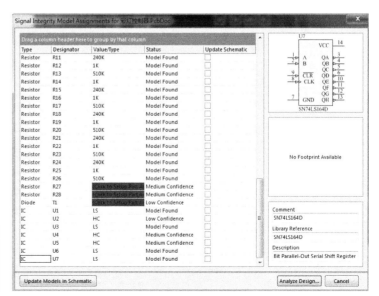

图 10.35

图 10.36

Step 8 单击 Signal Integrity Model Assignments(信号完整性模型分配)对话框中的 Analyze Design(分析设计)按钮，打开 Signal Integrity(信号完整性)对话框，进行选项的设定。本例中，采用系统默认的设置即可。

Step 9 单击 Signal Integrity(信号完整性)对话框中的 Analyze Design(分析设计)按钮，系统即开始进行信号完整性分析。

Step 10 分析完毕，则 Signal Integrity(信号完整性)对话框将被打开。选中某一网络，如图 10.37 所示，单击 Menu(菜单)按钮，执行 Details(细节)菜单命令，如图 10.38 所示。查看相关 Full Results(全部结果)的详细信息，如图 10.39 所示。

Step 11 在 Signal Integrity(信号完整性)对话框中选中网络 NetU3_14，然后单击▷按钮，将该网络添加到右边的 Net 列表框中，此时，在 Net 列表框中，列出了该网络中含有的元件，如图 10.40 所示。

Step 12 单击 Signal Integrity(信号完整性)对话框中的 Reflections(反射分析)按钮，系统就会进行该网络信号的反射分析，最后生成如图 10.41 所示的分析波形。

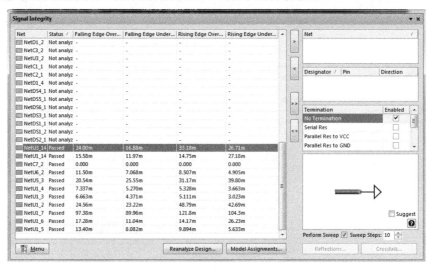

图 10.37

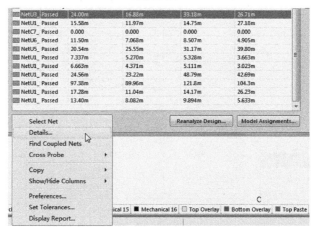

图 10.38

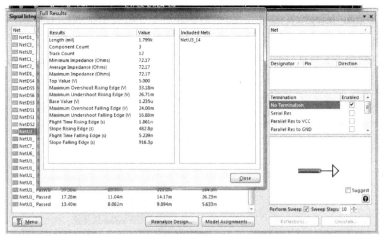

图 10.39

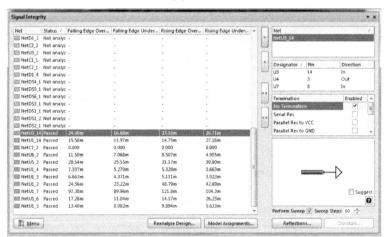

图 10.40

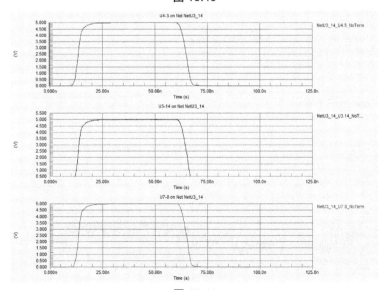

图 10.41

Step **13** 在 Signal Integrity(信号完整性)对话框中，双击网络 NETU1_14，将其移入右侧的 Net(网络)栏中。

Step **14** 选中网络 NETU1_14，单击鼠标右键，在弹出的快捷菜单中选择 Set Agressor(设置入侵者)命令，进行干扰源的设置，如图 10.42 所示。

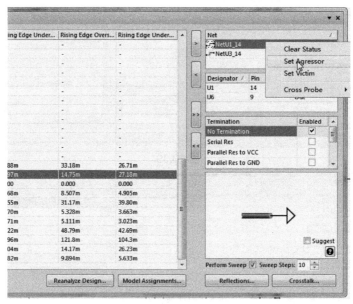

**图 10.42**

Step **15** 单击 Crosstalk Waveform(串扰波形)按钮，系统开始运行窜扰分析，分析后的波形如图 10.43 所示。

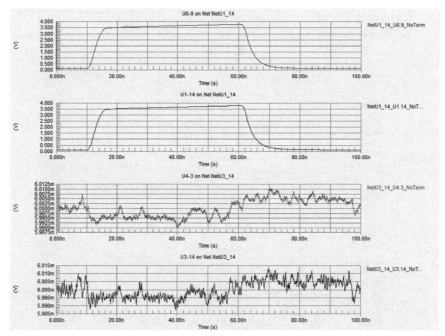

**图 10.43**

# 第11章

## 原理图与 PCB 图的交互验证

Altium Designer 16.0 为设计者提供了友好的原理图和 PCB 图的编辑环境，还增加了 PCB 图与原理图之间的同步功能。本章详细介绍原理图与 PCB 图之间的同步工具和用法。包括输出 PDF 文件，原理图与 PCB 关联、交互，以及相互更新等。

### 11.1 从原理图和 PCB 图输出 PDF 文件

Altium Designer 16.0 系统提供了强大的 Smart PDF(智能 PDF)向导，用以创建完全可移植、可导航的原理图和 PCB 数据视图。通过 Smart PDF(智能 PDF)向导，设计者可以把整个项目或选定的某些设计文件打包成 PDF 文档。

本例中，将利用智能 PDF 向导，为项目"彩灯控制器.PrjPCB"建立可移植的 PDF 文档。

**Step 1** 打开本书下载资源中的源文件"\ch11\11.1\彩灯控制器.PrjPCB"，然后在原理图编辑环境中，选择菜单栏中的 File(文件) → Smart PDF(智能 PDF)命令，或者在 PCB 编辑环境中，选择 File(文件) → Smart PDF(智能 PDF)命令，都能打开 Smart PDF(智能 PDF)向导，具体如图 11.1 所示。

**Step 2** 单击 Next(下一步)按钮，进入如图 11.2 所示的界面，用于选择设置是将当前项目输出为 PDF，还是只将当前文档输出为 PDF。这里，选择 Current Project(彩灯控制器.PrjPcb)(当前项目(彩灯控制器.PrjPcb))。

**Step 3** 单击 Next(下一步)按钮，进入如图 11.3 所示的界面，此界面用于选择项目中的设计文件。

**Step 4** 单击 Next(下一步)按钮，进入如图 11.4 所示的界面，此界面用于对项目中 PCB 文件的打印输出进行必要的设置。

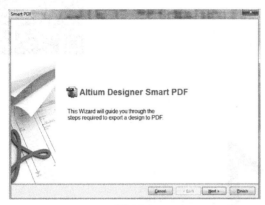

图 11.1

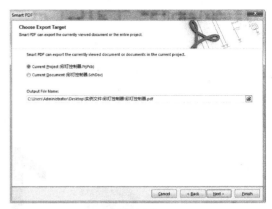

图 11.2

图 11.3

图 11.4

Step 5 单击 Next(下一步)按钮，进入如图 11.5 所示的界面，用于对生成的 PDF 进行附加设置，包括图元的缩放、附加书签的生成，以及原理图和 PCB 图的输出显示模式等。

Step 6 单击 Next(下一步)按钮，进入如图 11.6 所示的界面，设置输出后是否被默认的软件打开。

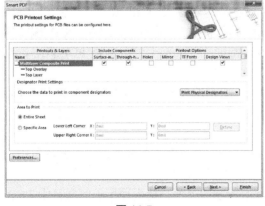

图 11.5

图 11.6

Step 7 单击 Finish(完成)按钮后，系统即生成了相应的 PDF 文档，并被 Acrobat Reader (PDF 文件阅读软件)打开，显示在工作窗口中，如图 11.7 所示。

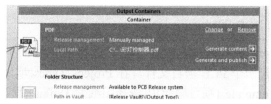

图 11.7

Step 8 完成的 PDF 文件如图 11.8 和图 11.9 所示。

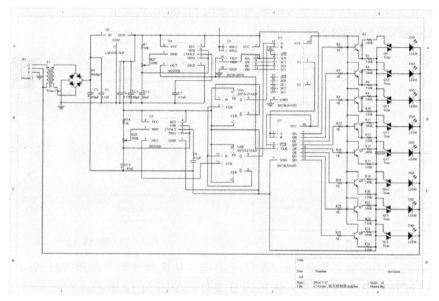

图 11.8

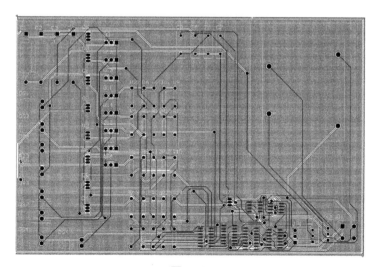

图 11.9

## 11.2 原理图与 PCB 图关联

### 1. 在还没有原理图和 PCB 图时

Step 1 新建项目。启动 Altium Designer 16.0，选择菜单栏中的 File(文件) → New(新建) → Project(项目)命令，创建一个 PCB 项目文件。在 Project Types(项目类型)中选择 PCB Project (PCB 项目)，在 Project Templates(项目模板)中选择图纸为 Default(默认)，在 Name 文本框中填写名称(这里选择默认的)，如图 11.10 所示，单击 OK(确定)按钮完成。

Step 2 在左侧的刚建立的 Project 上右击，从快捷菜单中选择 Add New to Project(添加新项目) → Schematic(原理图)命令，添加原理图，如图 11.11 所示。

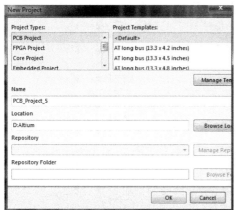

图 11.10

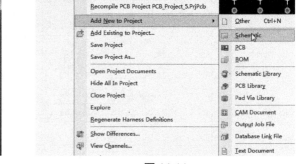

图 11.11

Step 3 在左栏的刚建立的 Project(项目)上右击，从快捷菜单中选择 Add New to Project(添加新项目) → PCB(PCB 文件)命令，建立 PCB 文件，如图 11.12 所示。

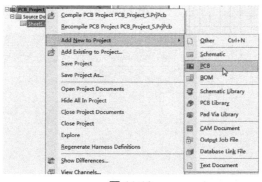

图 11.12

### 2. 在已有原理图和 PCB 时

Step 1 原理图和 PCB 都已有，如图 11.13 所示，只是没有关联，只须建立工程。选择菜单栏中 File(文件) → New(新建) → Project(项目)命令，选择 PCB Project(PCB 项目)，建立完成的项目如图 11.14 所示。

Step 2 单击鼠标左键，将原理图和 PCB 拖到 Project(项目)下，如图 11.15 所示。

图 11.13

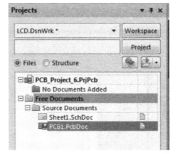
图 11.14

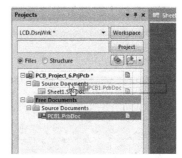
图 11.15

## 11.3 原理图与 PCB 的交互

本节主要介绍 Altium Designer 中如何进行原理图与 PCB 的交互，这些在学习和工程实践中，都是十分有用的技能。具体步骤如下。

**Step 1** 打开本书下载资源中的源文件"\ch11\11.3\彩灯控制器.PrjPcb"，选择 PCB 与原理图文件，使之处于当前的工作窗口中，如图 11.16 所示。

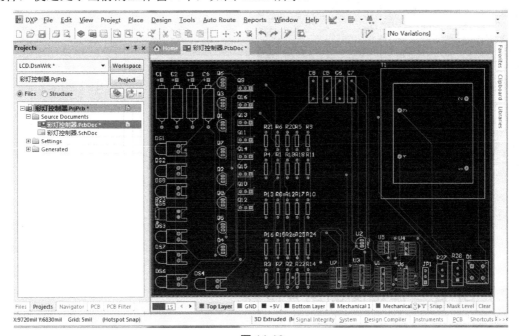
图 11.16

**Step 2** 选择菜单栏中的 Window(窗口) → Tile Vertically(垂直平铺)命令，使得原理图和 PCB 并行排列在工作窗口中，如图 11.17 所示。

**Step 3** 选择菜单栏中的 Tools(工具) → Cross Probe(交叉探针)命令，进入交互控制指令范围。在原理图中单击器件，在 PCB 中高亮显示，在 PCB 中单击器件，在原理图中高亮显示，如图 11.18 所示。

这是由 PCB 与原理图相互映射的情形，这种交互式的方式在使用时十分方便，对于工程项目的管理和认识具有十分重要的意义。

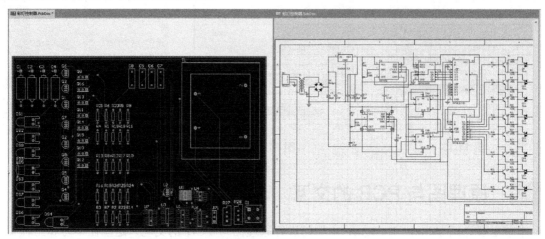

**图 11.17**

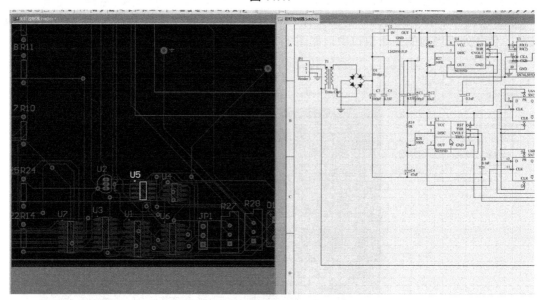

**图 11.18**

## 11.4 PCB 与原理图的相互更新

新建 PCB 工程后，PCB 的个别元件标号后期做了修改，要使原理图的器件标号自动与 PCB 对应更改，就需要 PCB 与原理图的相互更新。

### 11.4.1 由 PCB 原理图更新 PCB

由 PCB 原理图更新 PCB 的步骤如下。

Step 1 打开本书下载资源中的源文件"\ch11\11.4.1\实用门铃电路.PrjPcb"，选择 PCB 与原理图文件，使之处于当前的工作窗口中。原理图如图 11.19 所示。

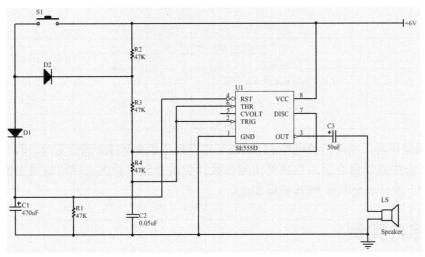

图 11.19

**Step 2** 对 PCB 原理图进行了部分更改后，在原理图编辑环境下，选择菜单栏中的 Design(设计) → Update PCB Document 实用门铃电路.PcbDoc(更新 PCB 文档实用门铃电路. PrjPCB)，如图 11.20 所示，即可完成从 PCB 原理图对 PCB 电路图的更新。

例如，在 PCB 原理图中，将电阻 R3 的电阻值从 47K 更改为 100K，执行 Update PCB Document 实用门铃电路.PcbDoc(更新 PCB 文档实用门铃电路.PrjPCB)命令后，将弹出项目设计更改管理对话框，如图 11.21 所示。

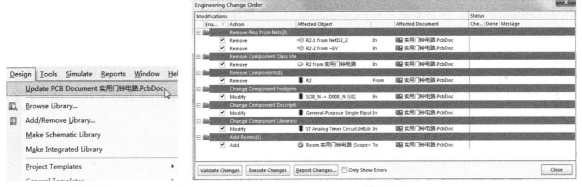

图 11.20

图 11.21

**Step 3** 在项目设计更改管理对话框中，单击 Validate Changes(确认变更)按钮，检查更改，然后单击 Execute Changes(执行变更)按钮，执行更改。如果没有错误，PCB 原理图的更改将自动更新到 PCB 电路板上。

## 11.4.2　由 PCB 更新原理图

由 PCB 图更新 PCB 原理图与由 PCB 原理图更新 PCB 的操作是类似的。在 PCB 设计环境下，选择菜单栏中的 Design(设计) → Update Schematic in 实用门铃电路.PrjPCB(更新原理图在实用门铃电路.PrjPCB)命令，如图 11.22 所示。

图 11.22

例如，在这里对"实用门铃电路.PCBDoc"电路板中的电阻 R2 进行更改，将电阻值从 47K 改为 100K。选中菜单命令后，也将弹出项目设计更改管理对话框。使用与前面操作相同的方法，可以将 R2 的更改反映到 PCB 原理图上。

# 11.5 综合实例

本节将介绍风扇电路的原理图与 PCB 电路板的设计。

## 11.5.1 实例——风扇电路原理图的设计

风扇电路原理图具体的设计步骤如下。

Step **1** 新建项目。启动 Altium Designer 16.0，选择菜单栏中的 File(文件) → New(新建) → Project(项目)命令，创建一个 PCB 项目文件，此时弹出 New Project(新建项目)对话框，在 Project Types(项目类型)中选择 PCB Project(PCB 项目)，在 Project Templates(项目模板)中选择图纸为 Default(默认)，在 Name(名称)文本框中填写"风扇电路"，如图 11.23 所示，单击 OK(确定)按钮完成。

Step **2** 选择菜单栏中的 File(文件) → New(新建) → Schematic(原理图)命令，在 Projects (项目)面板的 Sheet1.SchDoc 项目文件上右击，从弹出的右键快捷菜单中保存项目文件，将该原理图文件另存为"风扇电路.SchDoc"。保存后，Projects(项目)面板中将显示出用户设置的名称，如图 11.24 所示。

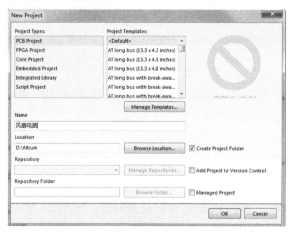

图 11.23

图 11.24

Step **3** 设置图纸参数。选择菜单栏中的 Design(设计) → Document Options(文档选项)命

令，或者在编辑窗口内单击鼠标右键，从快捷菜单中选择 Options(选项) → Document Options (文档选项)或 Sheet(图纸)命令，弹出 Document Options(文档选项)对话框，如图 11.25 所示。在此对话框中，对图纸参数进行设置。这里，图纸的尺寸设置 A4，放置方向设置为 Landscape (横向)，图纸标题栏设为 Standard(标准)，其他采用默认设置。单击 OK(确定)按钮，完成图纸属性的设置。

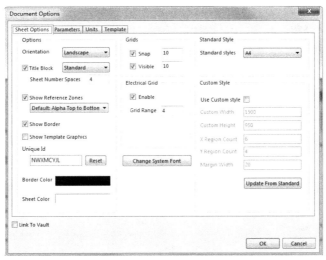

图 11.25

Step ④ 查找元器件。首先加载元件库。选择菜单栏中的 Design(设计) → Add/Remove Library(添加/移去库)命令，打开 Available Libraries(可利用的库)对话框，然后在其中加载需要的元件库。本实例中 LM393AD 元器件在 ST Analog Comparator.IntLib 库中。或者打开 Libraries 面板，如图 11.26 所示。单击 Search(查找)按钮，在弹出的查找元器件对话框中的输入 "LM393AD"，如图 11.27 所示。单击 Search(查找)按钮后，系统开始查找此元器件。查找到的元器件将显示在 Libraries 面板中。单击 Place LM393AD(放置 LM393AD)按钮，然后将光标移动到工作窗口。

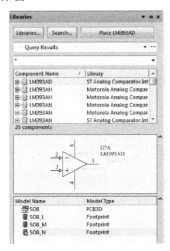

图 11.26

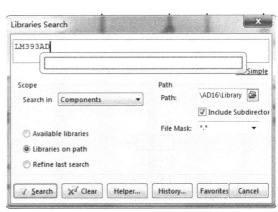

图 11.27

Step **5** 在放置过程中，按 Tab 键，在弹出的 Properties for Schematic Component in Sheet (原理图元件属性)对话框中修改元件属性。将 Designator(指示符)设为 U2，将 Comment(注释)设为不可见，参数设置如图 11.28 所示。

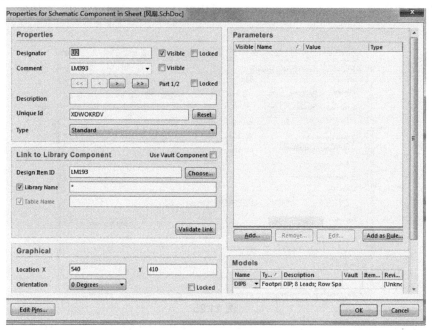

图 11.28

Step **6** 在原理图设计界面中打开 Libraries(元件库)面板，在当前元件库下拉列表中选择 Miscellaneous Devices.IntLib 元件库，然后在元件过滤栏的文本框中输入"*Res2"，如图 11.29 所示。在元件列表中查找电阻，并将查找所得电阻放入原理图中，元器件将显示在 Libraries(库) 面板中，单击 Place Res2(放置 Res2)按钮，然后将光标移动到工作窗口，如图 11.30 所示，本例中，共需要 9 个电阻。

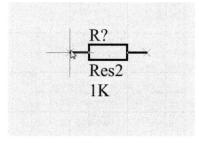

图 11.29                    图 11.30

**Step 7** 采用同样的方法，选择 Miscellaneous Devices.IntLib 元件库，放置一个 Diode 1N4007、两个 Cap Pol1、三个 LED1、一个 Diode 1N4148、一个 TLP521-1。

**Step 8** 采用同样的方法，选择 Miscellaneous Connectors.IntLib 元件库，放置 SIP20，单排弯针，同时编辑元件属性。双击一个电阻元件，打开 Component Properties(元件属性)对话框，在 Designator(标示)文本框中输入元件的编号，并选中其后的 Visible(可视)复选框。在右边的参数设置区，将 Value(值)改为 10K，如图 11.31 所示。重复上面的操作，编辑所有元件的编号、参数值等属性，完成这一步的原理图，如图 11.32 所示。

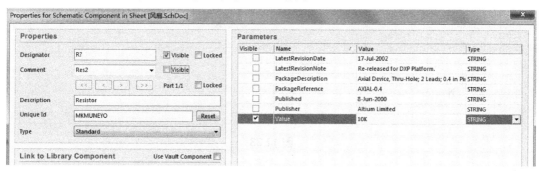

图 11.31

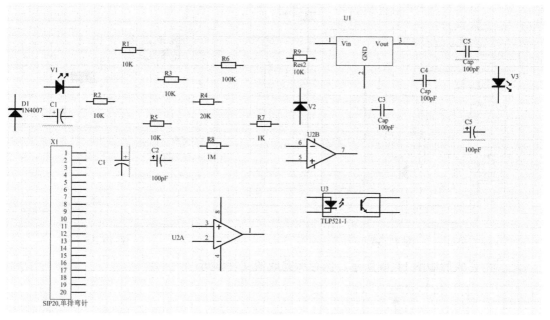

图 11.32

**Step 9** 元器件布局。按照电路中元件的大概位置摆放元件。用拖动的方法来改变元件的位置，如果需要改变元件的方向，则可以按空格键。布局好元件后，选择菜单栏中的 Place(放置) → Wire(导线)命令，或者单击工具栏中的 ≋ 按钮，执行连线操作。连接好的电路原理图如图 11.33 所示。

**Step 10** 单击 Wiring(连线)工具栏中的 ⏚(接地符号)按钮，进入接地放置状态。单击 Wiring (连线)工具栏中的 ⊽(电源符号)按钮，进入电源放置状态，如图 11.34 所示。

Step **11** 放置网络标签。单击工具栏中的 Net 按钮，光标变成十字形，此时按 Tab 键，打开 Net Label(网络标签)对话框，在对话框的 Net(网络)文本框中输入网络标签名称"OPTO:C"，如图 11.35 所示。然后单击 OK(确定)按钮。这样，光标上便带着一个 OPTO:C 的网络标签虚影，移动光标到目标位置，单击鼠标左键，就可以将网络标签放置到图纸中。用同样的方法设置其他网络标签。

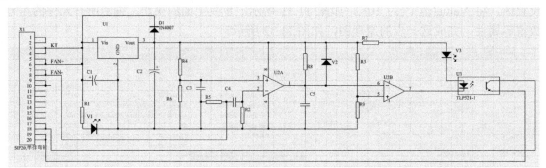

图 11.33

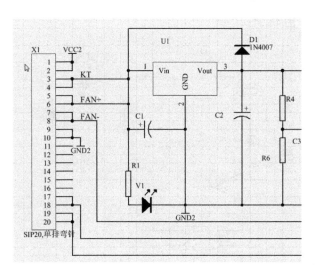

图 11.34

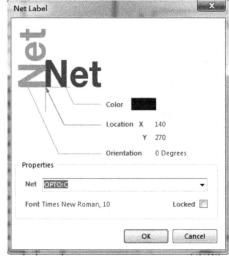

图 11.35

Step **12** 完成后如图 11.36 所示。保存所完成的文件即可。

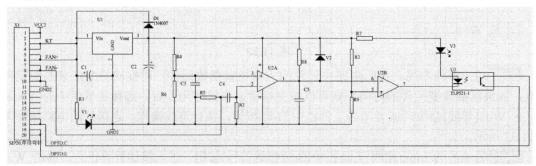

图 11.36

## 11.5.2 实例——风扇电路 PCB 的设计

风扇电路 PCB 的设计步骤如下。

**Step 1** 打开风扇电路原理图。选择菜单栏中的 File(文件) → New(新建) → PCB(PCB 文件)命令，新建 PCB 文件。在 PCB 文件上单击鼠标右键，在弹出的快捷菜单中选择 Save As(另存为)命令，在弹出的保存文件对话框中输入"风扇电路"文件名，并保存在指定位置。

**Step 2** 选择菜单栏中的 Design(设计) → Board Options(板选项)命令，打开 Board Options(板选项)对话框，在对话框中设置 PCB 设计的工作环境，包括尺寸、各种栅格等，如图 11.37 所示。完成设置后，单击 OK(确定)按钮，退出对话框。

**Step 3** 规定电路板的电气边界。选择菜单栏中的 Place(放置) → Line(线)命令，此时光标变成十字形，用与绘制导线相同的方法，在图纸绘制一个矩形区域，然后双击所绘制的线，打开 Track 对话框，如图 11.38 所示。在该对话框中，设置直线的起始点坐标，设定该区域长为 3600mil，宽为 1100mil。得到的矩形区域如图 11.39 所示。

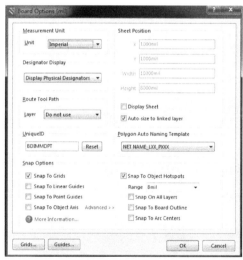

图 11.37

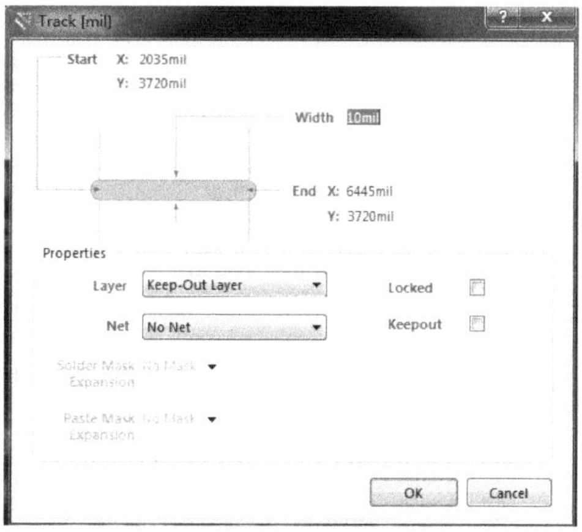

图 11.38

图 11.39

**Step 4** 选择菜单栏中的 Project(项目) → Compile PCB Project 风扇电路.PrjPCB(编译 PCB 项目风扇电路.PrjPCB)命令，系统编译设计项目。编译结束后，打开 Messages(信息)面板，查看有无错误信息，若有，则修改电路原路图。

**Step 5** 选择菜单栏中的 Design(设计) → Update PCB Document 风扇电路.PcbDoc(更新 PCB 文档风扇电路.PcbDoc)命令，系统将对原理图和 PCB 图的网络报表进行比较，并弹出一个 Engineering Change Order(工程变更规则)对话框，单击 Validate Changes(确认变更)按钮，系统将扫描所有的改变，看能否在 PCB 上执行这些改变。随后在每一项所对应的 Check(检查)栏中将显示 ✓ 标记。说明这些改变都是合法的，如图 11.40 所示。反之说明此改变是不可执行的，需要回到以前的步骤中进行修改，然后重新进行更新。

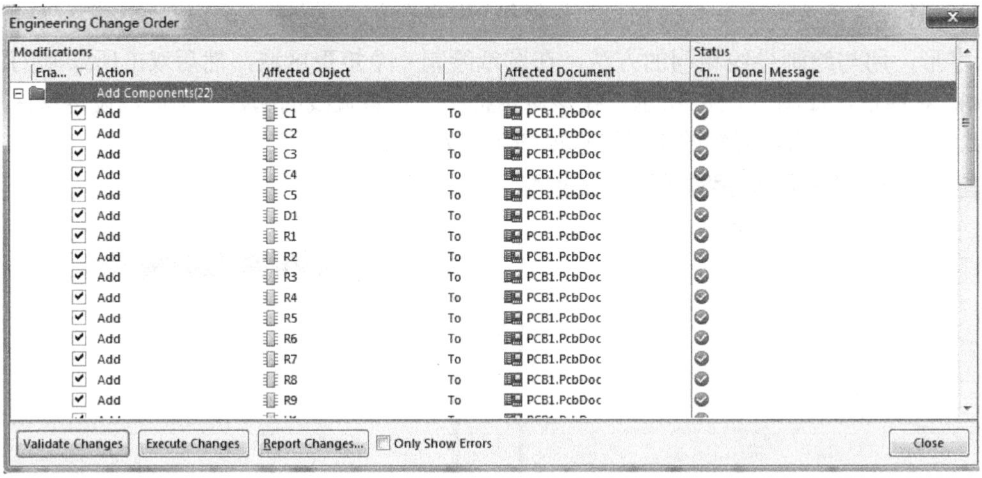

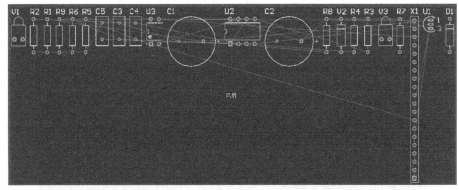

图 11.40

**Step 6** 进行合法性校验后，单击 Execute Changes(执行变更)按钮，系统将完成网络表的导入，如图 11.41 所示。

图 11.41

**Step 7** 元器件布局。在编辑窗口中显示整个 PCB 和所有元器件，将 Room 空间整体拖至 PCB 板的上面。手工调整所有的元器件，用拖动的方法来移动元件的位置，PCB 布局完成的效果如图 11.42 所示。

**Step 8** 设置布线规则，设置完成后，选择菜单栏中的 Auto Route(自动布线) → Setup(设置)命令，然后在弹出的对话框中设置布线策略，选择 Default 2 Layer Board(默认双层板)，具体如图 11.43 所示。设置完成后，选择 Auto Route(自动布线) → All(全部)菜单命令，系统开始自动布线，并同时出现一个 Messages(信息)布线信息对话框，布线完成后如图 11.44 所示。

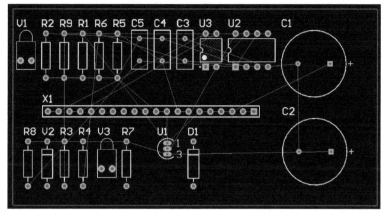

图 11.42

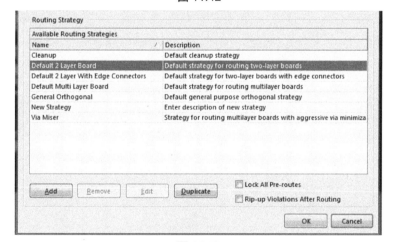

图 11.43

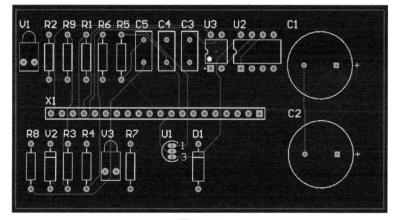

图 11.44

Step 9 选择菜单栏中的 Tool(工具) → Legacy Tools(遗留工具) → Legacy 3D View(3D 显示)命令，查看 3D 效果图，检查布局是否合理，效果如图 11.45 所示。

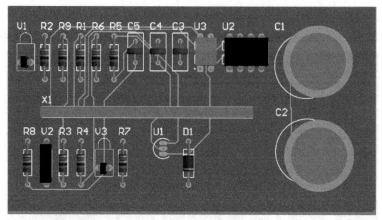

**图 11.45**

Step 10 对布线不合理的地方进行手工调整,完成后保存文件。

# 第12章

## PCB 的后续处理

在 PCB 设计的最后阶段，要通过设计规则检查，来进一步确认 PCB 设计的正确性。完成了 PCB 项目的设计后，就可以进行各种文件的整理和汇总了。

本章将介绍不同类型文件的生成和输出操作方法，包括报表文件、PCB 文件和 PCB 制造文件等。

读者通过本章内容的学习，会对 Altium Designer 16.0 形成更加系统的认识。

### 12.1 电路板的测量

Altium Designer 16.0 提供了电路板上的测量工具，以方便设计电路时的检查。测量功能在 Reports(报告)菜单中，该菜单具体如图 12.1 所示。

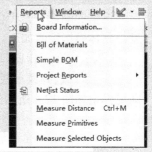

图 12.1

### 12.1.1 测量电路板上两点间的距离

电路板上两点之间的距离是通过 Reports(报告)菜单下的 Measure Distance(测量距离)命令进行测量的，它测量的是 PCB 板上任意两点之间的距离。具体操作步骤如下。

Step **1** 选择菜单栏中的 Reports(报告) → Measure Distance(测量距离)命令，此时，光标变成十字形状出现在工作窗口中。

Step **2** 移动光标到某个坐标点上，单击鼠标左键确定测量起点。如果光标移动到了某个对象上，则系统将自动捕捉该对象的中心点。

Step ③ 此时光标仍为十字形状,重复 Step2 确定测量终点。此时将弹出如图 12.2 所示的对话框,在对话框中给出了测量的结果。测量结果包含总距离、X 方向上的距离和 Y 方向上的距离三项。

Step ④ 此时光标仍为十字形状,重复 Step2、Step3,继续其他测量,完成测量后,单击鼠标右键或按 Esc 键,即可退出该操作。

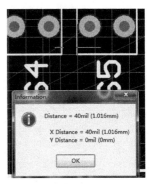

图 12.2

## 12.1.2 测量电路板上对象间的距离

测量电路板上对象间的距离是专门针对电路板上的对象进行的。在测量过程中,鼠标将自动捕捉对象的中心位置。具体操作步骤如下。

Step ① 选择菜单栏中的 Reports(报告) → Measure Primitives(原始距离)命令,此时,光标变成十字形状出现在工作窗口中。

Step ② 移动光标到某个对象(如焊盘元件、导线、过孔等)上,单击鼠标左键确定测量的起点。

Step ③ 此时,光标仍为十字形状,重复 Step2 确定测量终点。此时将弹出如图 12.3 所示的对话框,在对话框中给出了对象的层属性、坐标和整个的测量结果。

Step ④ 此时,光标仍为十字形状,重复 Step2、Step3,继续其他测量。完成测量后,单击鼠标右键或按 Esc 键,即可退出该操作。

图 12.3

## 12.1.3 测量电路板上导线的长度

这里的测量,是专门针对电路板上的导线进行的,在测量完成后,将给出选中导线的总长度。具体操作步骤如下。

Step ① 在工作窗口中选择想要测量的导线。

Step ② 选择菜单栏中的 Reports(报告) → Measure Selected Objects(测量所选对象)命令,即可弹出如图 12.4 所示的对话框,在该对话框中给出了测量结果。

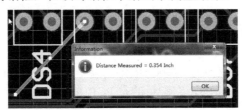

图 12.4

## 12.2 设计规则检查(DRC)

电路板布线完毕,在输出设计文件之前,还要进行一次完整的设计规则检查。设计规则检查(Design Rule Check，DRC)是采用 Altium Designer 16.0 进行 PCB 设计时的重要检查工具。系统会根据用户设计规则的设置，对 PCB 设计的各个方面进行检查校验，如导线宽度、安全距离、元件间距、过孔类型等。DRC 是 PCB 板设计正确性和完整性的重要保证。灵活运用 DRC，可以保障 PCB 设计的顺利进行和最终生成正确的输出文件。

选择菜单栏中的 Tools(工具) → Design Rule Check(设计规则检查)命令，将弹出如图 12.5 所示的 Design Rule Checker(设计规则检查器)对话框。对话框由两部分内容构成，即 DRC 报表选项和 DRC 规则列表。该对话框的左侧是该检查器的内容列表，右侧是其对应的具体内容。

图 12.5

### 1. DRC 报表选项

在 Design Rule Checker(设计规则检查器)对话框左侧的列表中单击 Report Options(报表选项)选项卡，即显示 DRC 报表选项的具体内容。这里的选项主要用于对 DRC 报表的内容和方式进行设置，通常，保持默认设置即可。其中各选项的功能介绍如下。

(1) Create Report File(创建报表文件)复选框：运行批处理 DRC 后，会自动生成报表文件(设计名.DRC)，包含本次 DRC 运行中使用的规则、违例数量和细节描述。

(2) Create Violations(创建违例)复选框：能在违例对象和违例消息之间直接建立链接，使用户可以直接通过 Messages(信息)面板中的违例消息进行错误定位，找到违例对象。

(3) Sub-Net Details(子网络详细描述)复选框：对网络连接关系进行检查并生成报告。

(4) Verify Shorting Copper(检验短路铜)复选框：对覆铜或非网络连接造成的短路做检查。

### 2. DRC 规则列表

在 Design Rule Checker(设计规则检查器)对话框左侧的列表中，单击 Rules To Check(检查规则)选项卡，即可显示所有可进行检查的设计规则，其中包括了 PCB 制作中常见的规则，也包括了高速电路板设计规则，如图 12.6 所示。例如线宽设定、引线间距、过孔大小、网络拓扑结构、元件安全距离、高速电路设计的引线长度、等距引线等，可以根据规则的名称进行具体的设置。在规则栏中，通过 Online(在线)和 Batch(批处理)两个选项，用户可以选择在线 DRC 或者批处理 DRC。

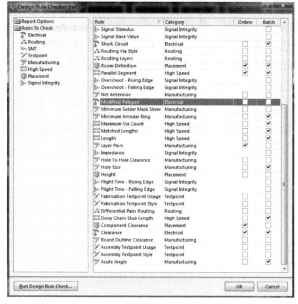

图 12.6

单击 Run Design Rule Check(运行设计规则检查)按钮，即可运行批处理 DRC。

## 12.2.1　在线设计规则检查

DRC 分为两种类型：在线 DRC 和批处理 DRC。

在线 DRC 在后台运行，设计者在设计过程中，系统随时进行规则检查，对违反规则的对象做出警示或自动限制违规操作的执行。在 Preferences(参考选择)对话框中展开 PCB Editor(PCB 编辑器)的 General(常规)选项，在其中可以设置是否选择在线 DRC，如图 12.7 所示。

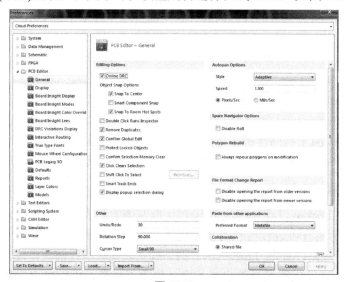

图 12.7

## 12.2.2 批处理设计规则检查

批处理 DRC 使用户可以在设计过程中的任何时候手动运行一次规则检查，不同的规则有着不同的 DRC 运行方式。有的规则只用于在线 DRC，有的只用于批处理 DRC，当然，大部分的规则都是可以在两种检查方式下运行的。

需要注意是，在不同阶段运行批处理 DRC，对其规则选项要进行不同的选择。例如，在未布线阶段，如果要运行批处理 DRC，就要将部分布线规则禁止，否则会导致过多的错误提示而使 DRC 失去意义。在 PCB 设计结束时，也要运行一次批处理 DRC，这时，就要选中所有 PCB 相关的设计规则，使规则检查尽量全面。

## 12.2.3 对未布线的 PCB 文件执行批处理设计规则检查

要求在 PCB 文件"实用门铃电路.PcbDoc"未布线的情况下，运行批处理 DRC。此时，要适当配置 DRC 选项，以得到有参考价值的错误列表。具体的操作步骤如下。

**Step 1** 打开本书下载资源中的源文件"\ch12\12.2.3\实用门铃电路.PrjPcb"，选择 PCB 文件，选择菜单栏中的 Tools(工具) → Design Rule Check(设计规则检查)命令，系统将弹出 Design Rule Checker(设计规则检查器)对话框，如图 12.8 所示。暂不进行规则启用和禁止的设置，直接使用系统的默认设置。

图 12.8

**Step 2** 单击 Run Design Rule Check(运行设计规则检查)按钮，运行批处理 DRC。

**Step 3** 系统执行批处理 DRC，运行结果在 Messages(信息)面板中显示出来，如图 12.9 所示。生成了多项 DRC 警告，其中大部分是未布线警告，这是因为我们未在 DRC 运行前禁止该规则的检查。这种 DRC 警告信息对我们并没有帮助，反而使 Messages(信息)面板变得杂乱。

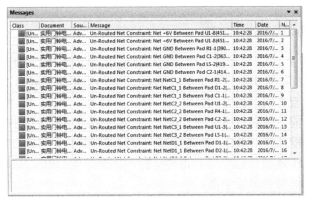

图 12.9

Step 4 选择菜单栏中的 Tools(工具) → Design Rule Check(设计规则检查)命令，重新配置 DRC 规则。在 Design Rule Checker(设计规则检查器)对话框中单击左侧列表中的 Rules To Check (检查规则)选项。

Step 5 在如图 12.10 所示的规则列表中，禁止其中部分规则的 Batch(批处理)选项，禁止项包括 Un-RoutedNet(未布线网络)和 Width(宽度)。

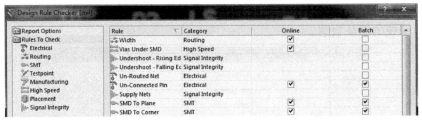

图 12.10

Step 6 单击 Run Design Rule Check(运行设计规则检查)按钮，运行批处理 DRC。执行批处理 DRC 后，运行结果在 Messages(信息)面板中显示出来，如图 12.11 所示。从中可以看出，重新配置检查规则后，批处理 DRC 检查得到了 12 项 DRC 违例信息。检查原理图，确定这些引脚连接的正确性。

| Class | Document | Sour... | Message | Time | Date | N... |
|-------|----------|---------|---------|------|------|------|
| [Silk... | 实用门铃电... | Adva... | Silk To Solder Mask Clearance Constraint: (9.419mil < 10mil) Be... | 10:44:21 | 2016/7/17 | 1 |
| [Silk... | 实用门铃电... | Adva... | Silk To Solder Mask Clearance Constraint: (9.419mil < 10mil) Be... | 10:44:21 | 2016/7/17 | 2 |
| [Silk... | 实用门铃电... | Adva... | Silk To Solder Mask Clearance Constraint: (9.419mil < 10mil) Be... | 10:44:21 | 2016/7/17 | 3 |
| [Silk... | 实用门铃电... | Adva... | Silk To Solder Mask Clearance Constraint: (9.419mil < 10mil) Be... | 10:44:21 | 2016/7/17 | 4 |
| [Silk... | 实用门铃电... | Adva... | Silk To Solder Mask Clearance Constraint: (9.419mil < 10mil) Be... | 10:44:21 | 2016/7/17 | 5 |
| [Silk... | 实用门铃电... | Adva... | Silk To Solder Mask Clearance Constraint: (9.419mil < 10mil) Be... | 10:44:21 | 2016/7/17 | 6 |
| [Silk... | 实用门铃电... | Adva... | Silk To Solder Mask Clearance Constraint: (9.419mil < 10mil) Be... | 10:44:21 | 2016/7/17 | 7 |
| [Silk... | 实用门铃电... | Adva... | Silk To Solder Mask Clearance Constraint: (9.419mil < 10mil) Be... | 10:44:21 | 2016/7/17 | 8 |
| [Silk... | 实用门铃电... | Adva... | Silk To Solder Mask Clearance Constraint: (9.533mil < 10mil) Be... | 10:44:21 | 2016/7/17 | 9 |
| [Silk... | 实用门铃电... | Adva... | Silk To Solder Mask Clearance Constraint: (9.533mil < 10mil) Be... | 10:44:21 | 2016/7/17 | 10 |
| [Silk... | 实用门铃电... | Adva... | Silk To Solder Mask Clearance Constraint: (9.646mil < 10mil) Be... | 10:44:21 | 2016/7/17 | 11 |
| [Silk... | 实用门铃电... | Adva... | Silk To Solder Mask Clearance Constraint: (9.646mil < 10mil) Be... | 10:44:21 | 2016/7/17 | 12 |

图 12.11

## 12.2.4 对已布线完毕的 PCB 文件执行批处理设计规则检查

对布线完毕的 PCB 文件"实用门铃电路.PcbDoc"运行 DRC，检查所有涉及的设计规则。

**Step 1** 打开本书下载资源中的源文件"\ch12\12.2.4\实用门铃电路.PrjPcb"，选择 PCB 文件，选择菜单栏中的 Tools(工具) → Design Rule Check(设计规则检查)命令。

**Step 2** 系统弹出 Design Rule Checker(设计规则检查器)对话框，单击左侧列表中的 Rules To Check(规则检查)选项，配置检查规则。

**Step 3** 在规则列表中将部分 Batch(批处理)选项被禁止的规则选中，允许进行该规则检查。选择项必须包括 Clearance(安全距离)、Width(宽度)、Short-Circuit(短路)、Un-Routed Net(未布线网络)、Component Clearance(元件安全距离)等项，其他项使用系统默认设置即可。

**Step 4** 单击 Run Design Rule Check(运行设计规则检查)按钮，运行批处理 DRC。

**Step 5** 系统执行批处理 DRC，运行结果在 Messages(信息框)内显示出来。对于批处理 DRC 中检查到的违规项，可以通过错误定位进行修改，如图 12.12 所示。

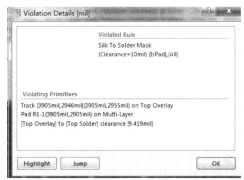

图 12.12

## 12.3 电路板的报表输出

PCB 绘制完毕后，可以利用 Altium Designer 提供的报表功能，生成一系列的报表文件。这些报表文件有着不同的功能和用途，为 PCB 设计的后期制作、元件采购、文件交流等提供了极大的方便。

### 12.3.1 PCB 图的网络表文件

在 PCB 图绘制的过程中，连接关系有所调整，这时 PCB 的真正网络逻辑与原理图的网络表有所差异。这时，我们可以从 PCB 图中生成一份网络表文件。

下面通过从 PCB 文件"实用门铃电路.PcbDoc"中生成网络表，来详细介绍从 PCB 图生成网络表文件的具体步骤。

**Step 1** 打开本书下载资源中的源文件"\ch12\12.3.1\实用门铃电路.PrjPcb"，选择 PCB 文件，选择菜单栏中的 Design(设计) → Netlist(网络清单) → Create Netlist From Connected Copper(从连接覆铜创建网络清单)命令，系统弹出确认对话框，如图 12.13 所示。

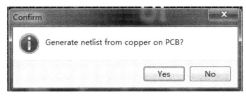

图 12.13

Step **2** 单击 Yes(是)按钮确认，系统生成 PCB 网络表文件"实用门铃电路.Net"，并自动打开，该网络表文件作为自由文档加入 Projects(项目)面板中，如图 12.14 所示。

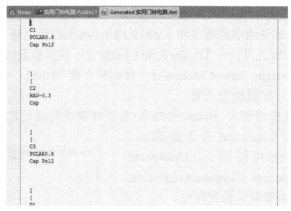

图 12.14

## 12.3.2　PCB 板信息总报表

选择菜单栏中的 Reports(报告) → Board Information(板信息)命令，弹出 PCB Information(PCB 信息)对话框，如图 12.15 所示的 PCB 板信息总报表对 PCB 板的元件网络和一般细节信息进行汇总报告。

其中，General(常规)报告页汇总了 PCB 板上的各类图元(如导线、过孔、焊盘等)的数据，报告了电路板的尺寸信息和 DRC 违规数量。

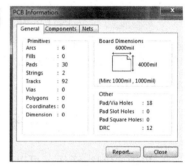

图 12.15

## 12.3.3　元件报表

选择菜单栏中的 Reports(报告) → Bill of Materials(材料清单)命令，系统弹出相应的元件报表对话框，如图 12.16 所示。

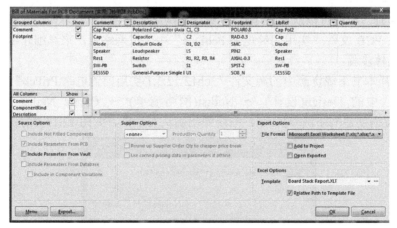

图 12.16

在该对话框中，可以对要创建的元件报表进行选项设置。左边有两个列表框，它们的含义各有不同。

- Grouped Columns(归类标准)：该列表框用于设置元件的归类标准。可以将 All Columns (所有信息)列表框中的某一属性信息拖到该列表框中，则系统将以该属性信息为标准对元件进行归类，显示在元件报表中。
- All Columns(所有信息)：该列表框列出系统提供的所有元件属性信息，如 Description (元件描述信息)、Component Kind(元件类型)等。对于需要查看的有用信息，选中右边与之对应的复选框，即可在元件报表中显示出来。

要生成并保存报告文件，单击对话框中的 Export(导出)按钮，弹出 Export For(导出于)对话框。选择保存类型和保存路径，保存文件即可，如图 12.17 所示。

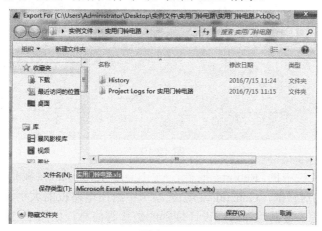

图 12.17

## 12.3.4 网络表状态报表

该报表列出了当前 PCB 文件中的网络，并说明了它们所在的层面和网络中导线的总长度。选择菜单栏中的 Reports(报告) → Netlist Status(网络表状态)命令，即生成名为"设计名.html"的网络表状态报表，其格式如图 12.18 所示。

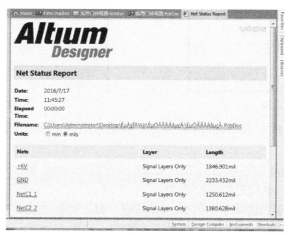

图 12.18

### 12.3.5 实例——电路板元件清单报表

创建电路板元件清单报表的步骤如下。

**Step 1** 打开本书下载资源中的源文件"\ch12\12.3.5\彩灯控制器.PrjPcb"，选择 PCB 文件，使其处于当前的工作窗口中，如图 12.19 所示。

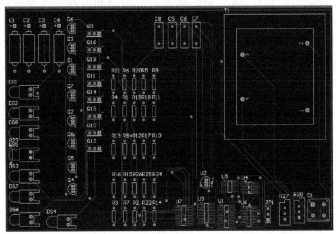

图 12.19

**Step 2** 选择菜单栏中的 Reports(报告) → Board Information(板信息)命令，弹出 PCB Information(PCB 信息)对话框，General(常规)选项卡中给出电路板的大小、各个元件的数量、导线数、焊点数、导孔数、覆铜数和违反设计规则的数量等信息，如图 12.20 所示。

**Step 3** 单击该对话框中的 Components(元件)标签，显示当前电路板上使用的元件序号及元件所在的板层等信息，如图 12.21 所示。

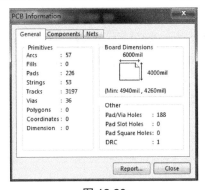

图 12.20

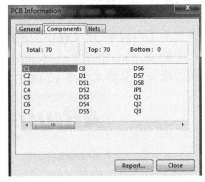

图 12.21

**Step 4** 单击该对话框中的 Nets(网络)标签，将显示当前电路板中的网络信息，如图 12.22 所示。

**Step 5** 单击 Pwr/Gnd 按钮，显示如图 12.23 所示的 Internal Plane Information(内部平面信息)对话框。对于双面板，该信息框是空白的。

**Step 6** 单击 Nets(网络)选项卡中的 Report 按钮，显示如图 12.24 所示的 Board Report(板报告)对话框。单击 All On(所有打开)按钮选中所有选项。再单击 Report(报告)按钮生成以.html 为扩展名的报表文件，内容形式如图 12.25 所示。

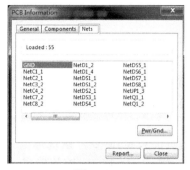

图 12.22

图 12.23

图 12.24

图 12.25

Step 7 选择菜单栏中的 Reports(报告) → Netlist Status(网络表状态)命令，即生成名为
"设计名.html"的网络表状态报表，其格式如图 12.26 所示。

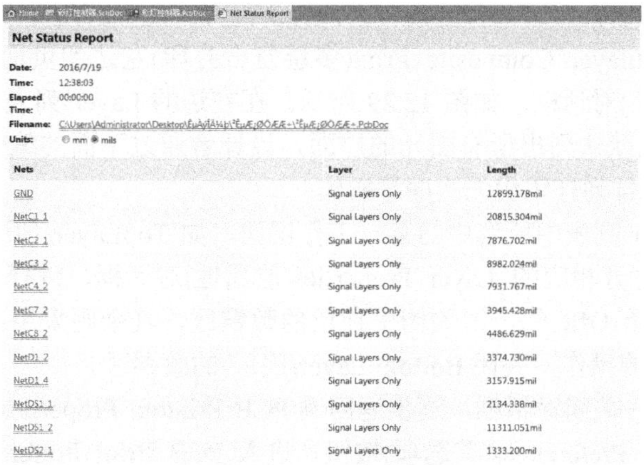

图 12.26

## 12.4　电路板的打印输出

Altium Designer 16.0 为设计者提供综合的打印支持，设计者可以方便地创建个性化印件，
所有打印都可以预览，以确保生成需要的精确设计视图。特别是对于 PCB 图的打印，由于 PCB

图是由很多图层组合而成，打印前，设计者可准确定义需要打印的 PCB 层组合，设置比例、方向和打印模式，以获得完美的打印效果。

## 12.4.1 打印 PCB 文件

本节以打印"彩灯控制器.PchDoc"为例来说明，具体步骤如下。

**Step 1** 打开本书下载资源中的源文件"\ch12\12.4.1\彩灯控制器.PrjPcb"，选择"彩灯控制器.PchDoc"文件。

**Step 2** 选择菜单栏中的 File(文件) → Page Setup(页面设定)命令，系统弹出 Composite Properties(综合性能)对话框，如图 12.27 所示，在这里，将 Scale Mode(缩放模式)设定为 Fit Document On Page(适合页面文档)，不留页边距，使打印图形位于图纸的中心。

**Step 3** 单击对话框下方的 Advanced(高级)按钮，进入 PCB Printout Properties(PCB 打印输出属性)对话框，如图 12.28 所示，该对话框用于设置要打印的 PCB 图的图层属性。

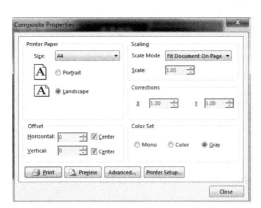

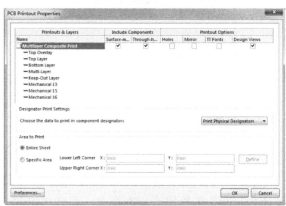

图 12.27                                                图 12.28

**Step 4** 双击 Multilayer Composite Print(多层复合打印)左边的页面图标，进入 Printout Properties(打印输出属性)对话框，如图 12.29 所示。在右边的 Layer 列表中列出的，即为将要打印的工作层面，系统已默认列出所有图元的层面，设计者通过下面的编辑按钮组，可以对打印层面进行添加、删除或排列打印优先次序等操作。

**Step 5** 双击 Layer 列表中所选中的某一工作层面，如 TopLayer(顶层)，或者选中后，单击 Edit(编辑)按钮，即可打开相应的 Layer Properties(层属性)对话框，进行图层属性的设置。在这里，Polygons(敷铜)选择 Off(关)，即关闭了顶层的敷铜区，其余则采用系统中的默认设置，如图 12.30 所示。用同样的操作，关闭 Bottom Layer(底层)的敷铜区。

**Step 6** 设置完毕，关闭对话框，逐步返回到 PCB Printout Properties(PCB 打印输出属性)对话框中。单击左下方的 Preferences(首选项)按钮，进入 PCB Print Preferences(PCB 打印首选项)对话框，如图 12.31 所示。在这里，设计者可以分别设定黑白打印和彩色打印时各个图层的打印灰度和色彩。

**Step 7** 设置完毕，单击 OK(确定)按钮，返回 PCB 编辑窗口。执行 File(文件) → Print Preview(打印预览)命令，系统打开预览对话框，设计者可以预览打印效果，如图 12.32 所示。

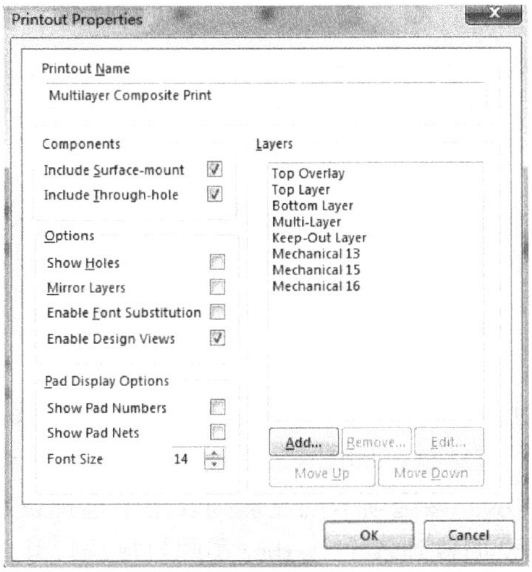

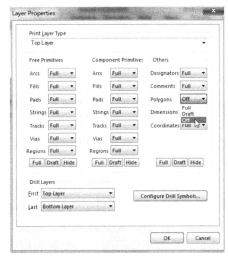

图 12.29

图 12.30

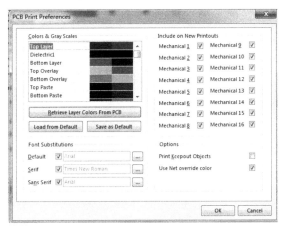

图 12.31

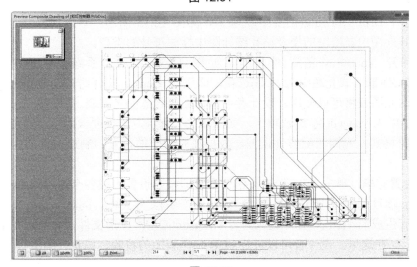

图 12.32

**Step 8** 单击 Print(打印)按钮，在对打印机属性进行相关的设置后，即可打印输出上面的 PCB 图了。

## 12.4.2 生成 Gerber 文件

Gerber 文件是一种用来把 PCB 图中的布线数据转换为胶片的光绘数据，从而可以被光绘图机处理的文件格式。

**Step 1** 打开本书下载资源中的源文件"\ch12\12.4.2\彩灯控制器.PrjPcb"，选择"彩灯控制器.PchDoc"文件。

**Step 2** 选择菜单栏中的 File(文件) → Fabrication Outputs(制作输出) → GerberFiles (Gerber 文件)命令，则打开 Gerber Setup(Gerber 设置)对话框，如图 12.33 所示。

**Step 3** 打开 Layers(层)选项卡，如图 12.34 所示。该选项卡的左侧列表用于选择设定需要生成 Gerber 文件的工作层面，右侧列表则用于选择要加载到各个 Gerber 层的机械层尺寸信息。

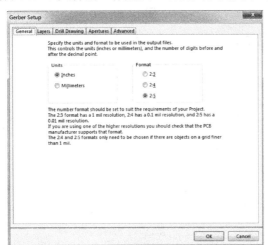

图 12.33

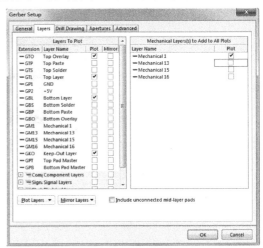

图 12.34

**Step 4** 打开 Drill Drawing(钻绘图)选项卡，如图 12.35 所示。该选项卡用于选择设定钻孔统计图和钻孔导向图中要绘制的层及钻孔统计图中标注符号的类型。

**Step 5** 打开 Apertures(光圈)选项卡，如图 12.36 所示。系统默认选中了 Embedded Apertures(RS274X)(嵌入式光圈(RS274X))选项，即生成 Gerber 文件时自动建立光圈。若禁止该选项，则右侧的光圈表将可以使用，设计者可自行加载合适的光圈表。

**Step 6** 打开 Advanced(高级)选项卡，如图 12.37 所示。该选项卡用于设置胶片尺寸及其边框大小、零字符格式、光圈匹配容许误差、板层在胶片上的位置、制造文件的生成模式及绘图器类型等。

**Step 7** 设置完毕，单击 OK(确定)按钮，系统即按照设置生成各个图层的 Gerber 文件，并加入到 Projects(项目)面板中当前项目的 Generated(产生)文件夹中。同时，系统启动 CAMtasticl 编辑器，将所有生成的 Gerber 文件集成为 CAMtasticl.CAM 图形文件，并显示在编辑窗口中，如图 12.38 所示。在这里，设计者可以进行 PCB 制作版图的校验、修正、编辑等工作。

图 12.35

图 12.36

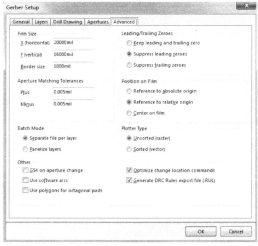

图 12.37

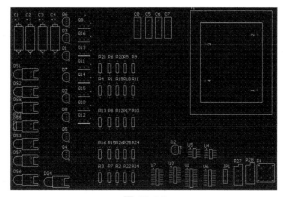

图 12.38

# 12.5 综合实例

PCB 的后续处理对于处理 PCB 文件十分重要，本节通过两个综合实例，来说明 PCB 的后续处理步骤和方法。

## 12.5.1 实例——PCB 图纸的打印输出

PCB 图纸的打印输出具体步骤如下。

Step 1 打开本书下载资源中的源文件"\ch12\12.5.1\USB 鼠标电路.PrjPcb"，选择 PCB 文件，使其处于当前的工作窗口中，如图 12.39 所示。

Step 2 选择菜单栏中的 File(文件) → Page Setup(页面设定)命令，在 Printer Paper(打印纸)选项组中设置 A4 型号的纸张，打印方式设置为 Portrait(纵向)，如图 12.40 所示。

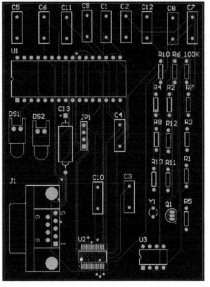

图 12.39

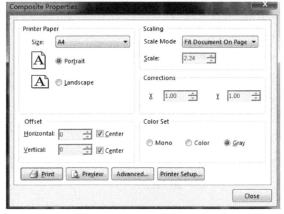

图 12.40

**Step 3** 在 Color Set(颜色设置)选项组中将输出颜色设置成 Gray(灰度)，在 Scale Mode(比例模式)下拉列表框中选择 Fit Document On Page(缩放到适合图纸大小)选项，默认其余各项。

**Step 4** 单击 Advanced(高级)按钮，打开如图 12.41 所示的打印层面设置对话框。在该对话框中，会显示 PCB 电路板图中所用到的板层。单击需要的板层，单击鼠标右键，在弹出的快捷菜单中选择相应的命令，即可在进行打印时添加或者删除一个板层，如图 12.42 所示。

**Step 5** 单击图 12.41 所示对话框中的 Preferences(首选项)按钮，即可打开如图 12.43 所示的首选项设置对话框。在该对话框中可设置打印颜色、字体。

**Step 6** 单击图 12.40 所示的 Composite Properties(综合性能)对话框中的 Preview(预览)按钮，预览显示图纸和打印设置后的打印效果，如图 12.44 所示。

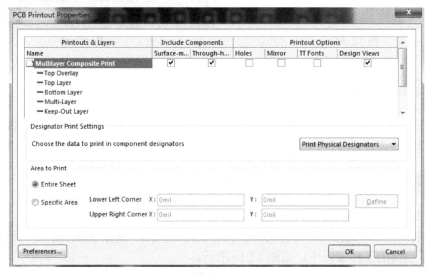

图 12.41

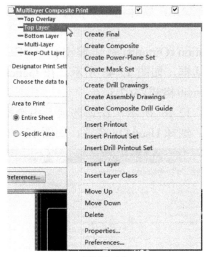

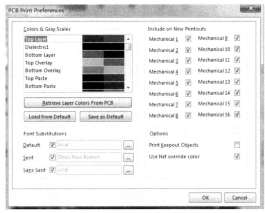

图 12.42 图 12.43

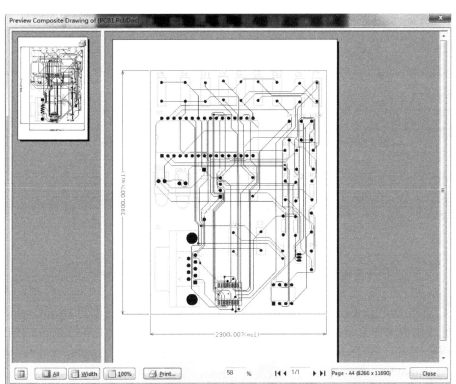

图 12.44

**Step 7** 设置完成后，单击 Print(打印)按钮开始打印。

## 12.5.2 实例——生产加工文件输出

PCB 设计就是向 PCB 生产过程提供相关的数据文件，作为 PCB 设计的最后步骤就是产生 PCB 加工文件，具体步骤如下。

Step ❶ 打开本书下载资源中的源文件 "\ch12\12.5.2\USB 鼠标电路.PrjPcb",选择 PCB 文件,使其处于当前的工作窗口中。

Step ❷ 选择菜单栏中的 File(文件) → Fabrication Outputs(制作输出) → GerberFiles (Gerber 文件)命令,弹出 Gerber Setup(Gerber 设置)对话框,如图 12.45 所示。在 General(常规)选项卡中设置 Units 为英制单位 Inches(英寸),设置 Format(格式)为 2:3。

Step ❸ 在对话框中单击 Layers(图层)标签,如图 12.46 所示,在该选项卡中选择输出的层,选中需要输出的所有层。单击 Plot Layers(打印层),选择 Used On 选项,如图 12.47 所示。

图 12.45

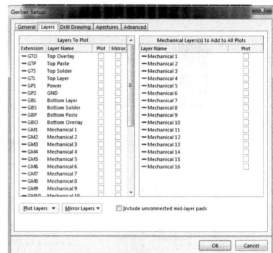

图 12.46

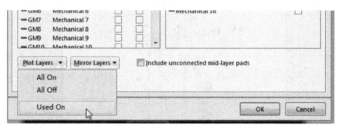

图 12.47

Step ❹ 单击 Drill Drawing(钻孔图)标签,如图 12.48 所示。在其中的 Drill Drawing Plots(钻孔图打印)选项组内选择 Bottom Layer - Top Layer(底层 - 顶层),单击 Configure Drill Symbols (配置钻孔符号)按钮,在 Drawing Symbols(钻孔图符号)对话框中将 Graphic Symbols(图形符号)选项组中的 Symbol Size(图形符号大小)设置为 40mil,如图 12.49 所示。

Step ❺ 选择 Apertures(孔径)选项卡,如图 12.50 所示。选中 Embedded Apertures(RS274X) (嵌入式孔径(RS274X))选项,生成 Gerber 文件时自动建立孔径。

Step ❻ 打开 Advanced(高级)选项卡,如图 12.51 所示,选择默认设置。

Step ❼ 设置完毕,单击 OK(确定)按钮,系统即按照设置生成各个图层的 Gerber 文件。

Step ❽ 选择菜单栏中的 File(文件) → Export(输出) → Gerber 命令,弹出如图 12.52 所示的 Export Gerber(输出 Gerber)对话框。单击 RS-274-X 按钮,再单击 Settings(设置)按钮,出现如图 12.53 所示的对话框。

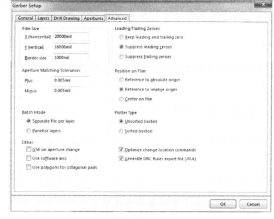

图 12.48　　　　　　　　　　　　　图 12.49

图 12.50　　　　　　　　　　　　　图 12.51

图 12.52　　　　　　　　　　　　　图 12.53

**Step 9** 在 Gerber Export Settings(Gerber 文件输出设置)对话框中，采用系统的默认设置，单击 OK(确定)按钮。在弹出的对话框中，可以对需要输出的 Gerber 文件进行选择。继续单击 OK(确定)按钮，系统将输出所有选中的 Gerber 文件。

Step **10** 在 PCB 编辑界面，执行菜单栏中的 File(文件) → Fabrication Outputs(发布) → NC Drill Files(NC 钻孔文件)命令，输出 NC 钻孔图形文件，如图 12.54 所示。

图 12.54

# 第13章

## PCB 的高级设计

Altium Designer 提供了许多提高 PCB 设计效率的功能模块，掌握这些功能的使用，将会在今后的电路板设计中设计出更加完美的产品。本章将介绍一些 PCB 高级设计的方法和技巧，同时，结合实例巩固所学的知识。

### 13.1 布局布线空间

Aitium Designer 的 Room(空间)是一种高效的布局、布线工具，默认状态下，每个子图定义一个 Room(空间)。可以拖动这个 Room(空间)，把上面所有的元件放置到 PCB 中，然后调整 Room(空间)中的元件布局。另外一个非常实用的功能是，在多通道电路设计中，一块电路板上包含多个完全相同的模块，则可以利用 Room(空间)的复制功能实现快速布局布线。即做好一个 Room(空间)的布局和布线。

选择菜单栏中的 Design(设计) → Room(空间) → Copy Room Formats(复制空间格式)命令，来完成其他 Room(空间)的布局和布线。Room(空间)的形状可以是矩形或多边形，只能放置在顶层(Top)或底层(Bottom)，如果在其他层放置，系统会自动将放置的 Room(空间)转移到顶层默认 Room(空间)放置层。

有关 Room(空间)的操作命令，集中在 Design(设计) → Room(空间)子菜单栏中，如图 13.1 所示。

(1) Place Rectangular Room：矩形 Room(空间)放置命令。

(2) Place Polygonal Room：多边形 Room(空间)放置命令。

(3) Move Room：移动 Room 时执行的命令。也可以直接用鼠标左键按住 Room(空间)进行移动。

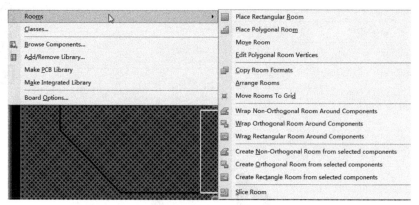

图 13.1

(4) Edit Polygonal Room Vertices：编辑 Room(空间)的顶点。执行命令后，单击 Room(空间)可激活 Room(空间)的顶点，然后可以用光标调解顶点的位置，达到修改 Room(空间)形状的目的。

(5) Wrap Non-Orthogonal Room Around Components：非正交环绕。执行该命令，出现十字光标。单击 Room(空间)，Room(空间)边框以其中的元件布局为基础收缩成正交形状。

(6) Wrap Orthogonal Room Around Components：正交环绕。执行该命令后，出现十字光标。单击 Room(空间)，则 Room(空间)边框以其中的元件布局为基础收缩成正交形状。

(7) Wrap Rectangular Room Around Components：矩形环绕。执形该命令后，出现十字光标。单击 Room(空间)，Room(空间)边框以其中的元件布局为基础，收缩成矩形形状。

(8) Create No-Orthogonal Room from selected components：为选中的元件建立非正交 Room(空间)。执行该命令后，选中的元件被新建的非正交 Room(空间)包围。

(9) Create Orthogonal Room from selected components：为选中的元件建立正交 Room(空间)。执行该命令，选中的元件被新建的正交 Room(空间)包围。

(10) Create Rectangle Room from selected components：为选中的元件建立矩形 Room(空间)。执行该命令，选中的元件被新建的矩形 Room(空间)包围。

(11) Slice Room：切割 Room(空间)，在 Room(空间)中画切割线。

## 13.2  对象分类管理器

多个相同属性的对象为了设计需要结合在一起，即为所谓的类(Classes)。例如有 10 个网络的安全间距规则需要设置成一样的，这时，就可以将这些网络定义成一个类。

而 PCB 中的任意对象，如元件、走线或焊盘(独立的)，根据需要结合在一起，即为组合(Unions)。可以在需要同时移动多个 PCB 对象时，先将它们定义成一个组合。

### 13.2.1  类

选择菜单栏中的 Design(设计) → Classes(类)命令，出现 Object Class Explorer(对象类浏览器)对话框，即对象类资源管理器，如图 13.2 所示。

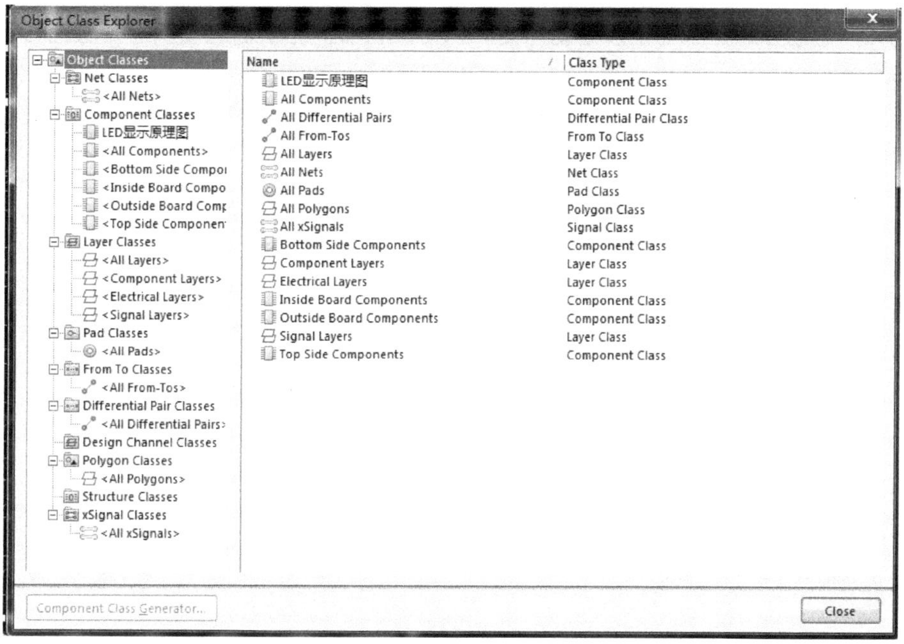

图 13.2

可以看到所有大类，主要有以下几个。

- Net Classes：网络类。
- Component Classes：元件类。
- Layer Classes：层类。
- Pad Classes：焊盘类。
- Differential Pair Classes：差分对类。
- Polygon Classes：敷铜类。

所有的类均可以添加子类，方法是在类名上单击鼠标右键，然后在弹出的快捷菜单中选择 Add Class(添加类)命令，如图 13.3 所示。而 Delete Class 与 Rename Class 分别是删除与重命名类的命令。

读者可以通过按钮 移动所有非成员目录(Non-Members)里的对象到成员目录(Members)，按钮 的作用是移动选中的对象到成员目录，按钮 作用是移动选中的对象到非成员目录，按钮 的作用是移动所有成员目录里的对象到非成员目录。

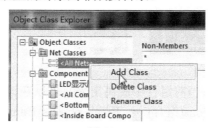

图 13.3

如图 13.4 所示的是移动了 5 个网络到成员目录的状态。

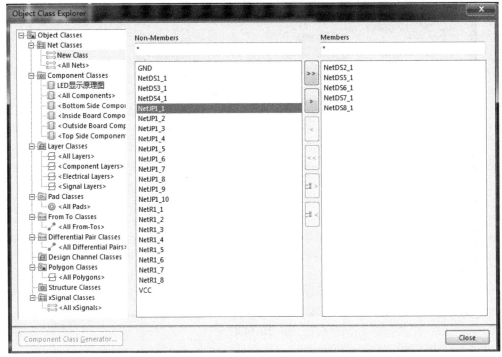

图 13.4

## 13.2.2 组合

PCB 组合对象的具体步骤如下。

Step **1** 选取要组合的 PCB 对象，如图 13.5 所示。

Step **2** 在任意一个 PCB 对象上单击鼠标右键，选择 Unions(组合) → Create Union from selected objects(从选定的对象创建组合)菜单命令，如图 13.6 所示，这样，就将选中的对象结合为一个整体，可以像移动单个对象一样，同时移动该组合中的所有对象了。

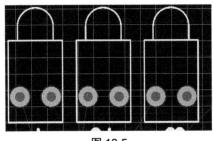

图 13.5

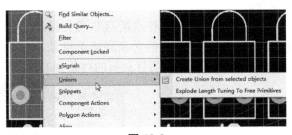

图 13.6

Step **3** 如果要将某成员从当前组合中脱离出来，可以在该组合中任意一个对象上单击鼠标右键，从快捷菜单中选择 Unions(组合) → Break objects from Union(摆脱组合对象)命令，此时，会出现如图 13.7 所示的对话框，将组合中对象右侧的复选框取消选中，然后单击 OK(确定)按钮，就可以将对象从组合中脱离出来。

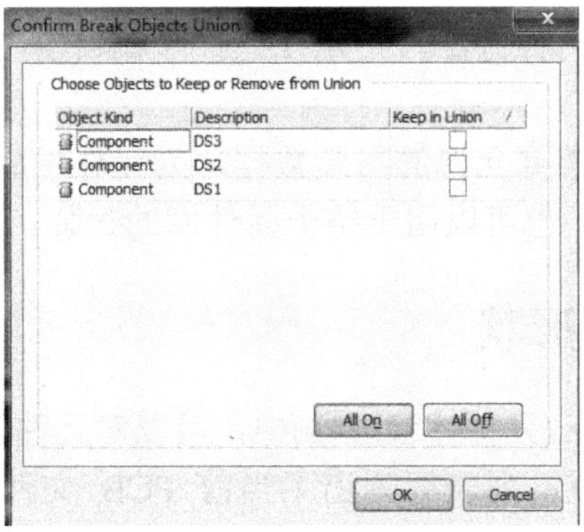

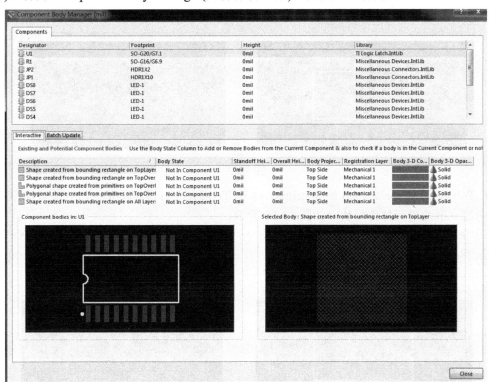

图 13.7

## 13.3 元件体管理器

选择菜单栏中的 Tools(工具) → Manage 3D Bodies for Component on Board(管理板上的 3D 体元件)，打开 Component Body Manager(元件体管理器)，如图 13.8 所示。

图 13.8

元件体(Component Body)是一个在任意机械层的多边形对象，能够添加到封装上。为元件封装添加一个或多个元件体，以水平或垂直面来定义元件的尺寸和形状。它能够为电路板中元件间隙的规则检查提供依据，以防止元件安装时发生碰撞，同时，也为元件的三维立体图形提供着色数据，元件体实际上就是我们使用三维模拟命令时，所看到的元件形状。

把元件体添加到封装中有两种方法，一是在元件库编辑器中编辑元件时手工添加，二是用元件体管理器中添加。

元件体管理器能够自动地根据元件的封装数据，为元件生成元件体数据。元件体管理器不仅能够用于当前电路板的封装，也可以用于整个元件库的封装。

### 13.3.1 选择元件体的形状

在 Component Body Manager(元件体管理器)中，可以对元件体形状进行选择，说明如下。

(1) Components(元件)区域：列表框列出了当前 PCB 文件的元件信息，包括标识符、封装、高度和元件库。我们选择 U1。

(2) Interactive(交互)区域：人机交互标签区域。通过设置各栏的参数，为元件封装添加或移除元件体。Description(描述)栏列出了元件体形状的参考源，括号内为面积。

(3) Shape created from bounding rectangle on TopLayer：以 TopLayer(顶层)的符号为参考建立矩形元件体形状，如图 13.9 所示。

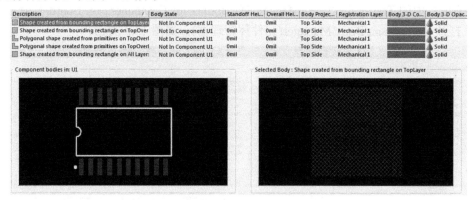

图 13.9

(4) Polygonal shape created from primitives on TopOverlay：以 TopOverlay(顶层丝印层)的符号为参考建立多边形元件体形状，如图 13.10 所示。

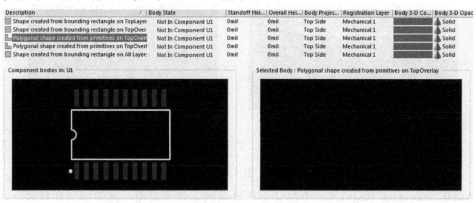

图 13.10

(5) Shape created from bounding rectangle on All Layers：以所有层的符号为参考建立矩形元件体形状，如图 13.11 所示。

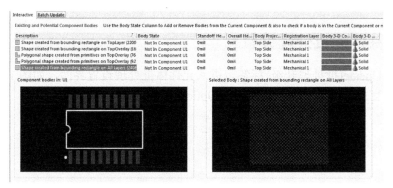

图 13.11

## 13.3.2　添加元件体到封装

添加元件体到封装是在元件体管理器中的 Not In Component C1 栏生成元件体形状按钮，例如，选中 Shape created from bounding rectangle on TopOverlay(以顶层丝印层的符号为参考建立多边形元件体形状)中对应的 Not In Component U1，元件体即被添加到元件封装中，如图 13.12 所示。

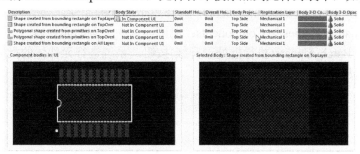

图 13.12

## 13.3.3　设置元件体参数

元件体参数主要包括以下几项。

(1) Standoff Height：元件托起高度参数，即元件安装时底面与电路板之间的间隙距离，单击对应行，可激活文本框，直接输入数值即可。

(2) Overall Height：元件全高参数，也称为元件总高，即元件顶面与电路板的距离。单击对应行，可激活文本框，直接输入数值即可。

(3) Body Projection：元件体突出面参数，即元件安装面。单击对应行，激活下拉按钮，再单击下拉按钮，可打开下拉框，下拉框中有两个选项——顶层或底层，如图 13.13 所示。

(4) Registration Layer：定位层参数。单击对应行激活下拉按钮，单击下拉按钮，打开下拉框，其中有当前电路板可用的定位层(Mechanical 机械层)。一般使用默认值，如图 13.14 所示。

图 13.13　　　　　　　　　　　　　　图 13.14

### 13.3.4 元件体的批处理设置

单击 Batch Update(批处理升级)标签，进入元件体批处理设置界面，如图 13.15 所示，批处理参数设置与交互式参数设置基本相同，在 Options(选择)区域有两个选项。

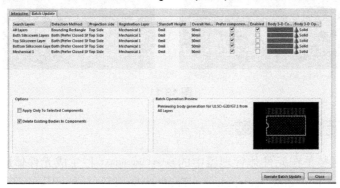

图 13.15

- Apply Only To Selected Components：仅作用于选择的元件。
- Delete Existing Bodies In Components：删除元件中原有的元件体。

单击 Execute Batch Update(执行批处理升级)按钮，系统进行元件体的批处理，弹出更新信息框，提示更新信息，如图 13.16 所示。

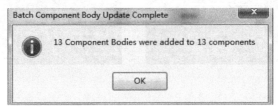

图 13.16

## 13.4 PCB 布线进阶

在实际的 PCB 设计过程中，如果只是掌握前面所学知识，还是不够的。要使设计变得简单，还必须借助于其他更好用的设计工具。

### 13.4.1 阻抗决定的线宽

导线阻抗、走线间距、信号反射、路径长度、关键走线宽度——所有这些因素都需要监控，以便能够获得成功的 PCB 设计。阻抗决定的线宽可以使 PCB 上的电信号完整性问题最小化。与为线宽度指定一个数字值一样，在 Altium Designer 中，也允许指定所需的阻抗，即把PCB 布线需求定义为阻抗，而不是绝对宽度。在交互式布线过程中，系统依照定义的板层堆叠和材料相应地计算当前层上所需的宽度，以达到指定的阻抗要求。

为了确保按照可行的规格计算阻抗，系统允许设计者自定义计算微带线和带状线配置中走线的特性阻抗和走线宽度的算法。

如上所述，要进行以阻抗控制线宽的布线，需要定义如下两项。

### 1. 激活规则

选择菜单栏中的 Design(设计) → Rules(规则)命令，打开 PCB Rules and Constraints Editor (PCB 规则和约束编辑器)对话框，在布线线宽规则的 Constraints(约束)区域中，选中 Characteristic Impedance Driven Width(特性阻抗决定的线宽)一项，如图 13.17 所示。该选项用来激活特性阻抗决定的线宽功能，可以定义 Preferred Impedance(首选阻抗)、Min Impedance(最小阻抗)、Max Impedance(最大阻抗)，系统会根据设定值决定布线的线宽。

图 13.17

### 2. 编辑阻抗计算公式

选择菜单栏中的 Design(设计) → Layer Stack Manager(层栈管理器)命令，出现 Layer Stack Manager(层堆栈管理器)对话框，如图 13.18 所示，然后单击 Impedance Calculation(阻抗计算)按钮，出现 Impedance Formula Editor(阻抗公式编辑器)对话框，如图 13.19 所示，用于定义微带 (Microstrip)与带状线(Stripline)的阻抗计算公式(Calculated Impedance)和导线宽度计算公式 (Calculated Trace Width)。

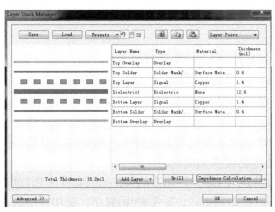

图 13.18

图 13.19

### 13.4.2  PCB 走线切割

有一个工具可以提高 PCB 手工布线的能力，这就是新的导线切割器 Track Slicer(走线切割)。导线切割器是一条或多条线段一分为二的简易工具，在当前层或所有层上使用。

选择菜单栏中的 Edit(编辑) → Slice Track(走线切割)命令，选择线所在层(例如 Top Layer(顶层))，就可以对指定的导线进行切割，而且刀口宽度可以任意调整，如图 13.20 所示。按下空格键，可以将切割器锁定在 45 度或任意角度，然后移动鼠标进行调整。在切割时，按下 Tab键，会出现 Slicer Properties(切割性质)对话框，如图 13.21 所示，可以对该工具的刀口宽度等相关属性进行设置。

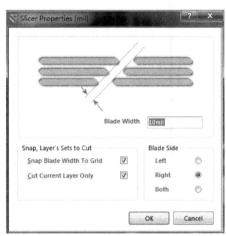

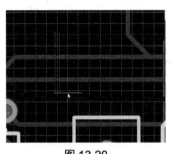

图 13.20                                          图 13.21

Slicer Properties(切割性质)对话框主要包含以下几项设置。

(1)  Blade Width——刀口宽度。

(2)  Snap, Layers Sets to Cut——切割选项。

●  Snap Blade Width To Grid：调整刀口宽度至栅格。

●  Cut Current Layer Only：只对当前层切割。

(3)  BladeSide——刀口面选项。

●  Left：在刀口左侧切割。

●  Right：在刀口右侧切割。

●  Both：在刀口左右两侧切割。

### 13.4.3  拖动时保持导线角度

在 PCB 设计过程中，通常会移动现有布线，例如对于常见的总线网络，拖动线段时要保持相邻线段的角度，跟踪所有设计规则。现在这个过程已经大大简化。

选择菜单栏中的 Tools(工具) → Preferences(首选项)命令，出现 Preferences(首选项)对话框，如图 13.22 所示，在 PCB Editor 中的 Interactive Routing(交互式布线)界面，选中 Preserve Angle When Dragging(拖动时保持导线角度)选项，可以激活拖动时保持导线角度的功能。

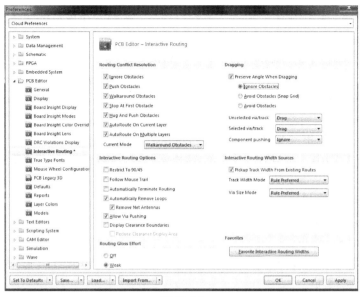

图 13.22

如果被操作线段在拖动之前即被选中，那么可以立即拖动该线段，任一端仍保持与其他线段连接。也可以采用新的快捷方法，按下 Ctrl 键不松开，然后再拖动，这样不需要先选中，如图 13.23 所示，为未拖动选中导线的情形。将其拖动后，如图 13.24 所示，可以看到，保留了原来走线的角度。

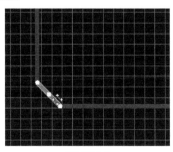

图 13.23

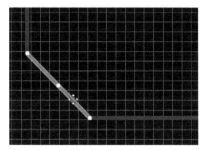

图 13.24

启动该功能后，拖动线段上的端点，可以加入新的线并会保持水平、45 度或垂直特性。为防止拖动时发生违规现象，即被拖动的导线置于其他导线或焊盘之上，造成安全间距违例，所以，在进行拖动操作时，可以按下 Alt 键，当发生违规情况时，系统会自动将导线移至不发生违规的位置，这样，移动导线维持紧凑的布局将变得很容易。

新的拖动方法遵循 Ignore Obstacle(忽略障碍)和 Avoid Obstacle(避开障碍)布线模式，使用快捷方式 Shift+R 键，可在两者之间进行切换，此功能可以精确定位走线，以充分利用 PCB 上的可用空间。

## 13.4.4　蛇形线

所谓蛇形线(等长)，是对至少两根以上的走线而言，根据设计中可使用的空间、规则和障碍物，系统自动生成线段，插入到较短的那一根网络走线中，使两根走线的长度控制在允许的误差范围内。布置等长线操作比较简单，一般做法是，先将两个或以上网络组成一个类，并定义约束条件，然后就可以启动相关的命令。具体步骤如下。

Step 1 选择菜单栏中的 Design(设计) → Classes(类)命令，打开对象类浏览器，选择两个网络组成一个类，具体的方法见 13.2.2 小节，注意这两个网络必须已经完成布线。

Step 2 选择菜单栏中的 Design(设计) → Rules(规则)命令，打开 PCB Rules and Constraints Editor(PCB 规则和约束编辑器)对话框，选择其中的 High Speed(高速)规则类。第一次使用时，所有的规则都是空的，这里需要给 Matched Lengths(匹配长度)规则添加子规则。如图 13.25 所示，在新添加的子规则中，可以定义允许的等长误差值，例如 2mm，而匹配对象可以选择为 Net Class(网络类)，即第一步创建的网络类。

MatchedLengths 各选项的意义如下。

①　Where The First Object Matches——第一匹配对象。

②　Constraints——约束。

● 　Tolerance：允许的长度误差。可以直接输入数值，一般允许的误差越大，布置等长线的成功率就越高。

● 　Group Matched Lengths：组合匹配的长度。

● 　Within Differential Pairs Length：在差分对长度内。

Step 3 选择菜单栏中的 Tools(工具) → Equalize Net Lengths(等距网络长度)命令，打开 Equalize Nets(等距网络)对话框，如图 13.26 所示，可以定义等长线的类型、开口尺寸以及振幅尺寸。

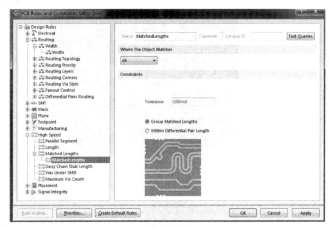

图 13.25　　　　　　　　　　　　　　图 13.26

①　Style：类型。单击右侧的 按钮，有三种类型可以选择，分别是 90 Degrees(90 度)、45 Degrees(45 度)和 Rounded(圆形的)。

②　Gap：开口尺寸。

③　Amplitude：振幅尺寸。

Step 4 相应的约束条件和等长条件定义完成后，单击 Equalize Nets(等距网络)对话框中的 OK(确定)按钮，就可以执行等长线布置。在操作完成后，会出现一个检查报告，如果当中有问题出现，在信息窗口中会有相关的提示。

## 13.4.5　交互式长度调整

交互式长度调整的步骤如下。选择菜单栏中的 Tools(工具) → Interactive Length Tuning(交互式长度调整)命令，选择要调整长度的走线，例如图 13.27 中的任意一根，单击鼠标左键后移动鼠标，可以发现，随着鼠标的移动，线段的长度也随之调整，如图 13.28 所示。

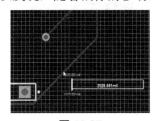
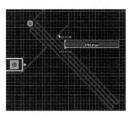

图 13.27　　　　　　　　　　　　　　　图 13.28

需要注意，蛇形线的振幅和开口尺寸要根据 PCB 中可用空间的大小来定义，如果设置不合理，交互式长度调整将不能成功。

## 13.4.6　撤消布线

撤消布线命令集中在 Tools(工具) → Un-Route(未布线)的子菜单栏中，如图 13.29 所示。

图 13.29

(1) 选择菜单栏中的 Tools(工具) → Un-Route(未布线) → All(全局)命令，撤消当前电路板中的所有布线。

(2) 选择菜单栏中的 Tools(工具) → Un-Route(未布线) → Net(网格)命令，撤消当前电路板中指定网络的布线。这与指定网络布线的操作相反。

(3) 选择菜单栏中的 Tools(工具) → Un-Route(未布线) → Connection(连接)命令，撤消当前电路板中指定连接的布线。这与指定连接布线的操作相反。

(4) 选择菜单栏中的 Tools(工具) → Un-Route(未布线) → Component(元件)命令，撤消当前电路板中指定元件的布线。这与指定元件布线的操作相反。

(5) 选择菜单栏中的 Tools(工具) → Un-Route(未布线) → Room(空间)命令，撤消当前电路板中指定 Room(空间)的布线。这与指定元件 Room(空间)的操作相反。

## 13.4.7　屏蔽导线

屏蔽导线是为了防止相互干扰，而将某些导线用接地线包住，称为包地。一般来说，容易干扰其他线路的线路，或容易受其他线路干扰的线路都要屏蔽起来。

Step 1 选择菜单栏中的 Edit(编辑) → Select(选择) → Net(网络)命令或 Connected Copper(连接铜)命令，将光标指向要屏蔽的网络或连接导线，单击鼠标左键选中，如图 13.30 所示。

Step 2 选择菜单栏中的 Tools(工具) → Outline Selected Objects(屏蔽选定对象)命令，选中的网络将被包络线包围，如图 13.31 所示。

Step 3 包络线的默认宽度为 8mil。

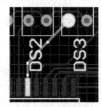

图 13.30

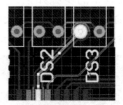

图 13.31

## 13.4.8 实例——恒电位仪控制电路 PCB 设计

恒电位仪控制电路 PCB 设计的步骤如下。

Step 1 打开本书下载资源中的源文件"\ch13\13.4.9\控制电路.PrjPcb"，使其处于当前的工作窗口中。

Step 2 选择菜单栏中的 Project(项目) → Compile PCB Project 控制电路.PrjPCB(编译 PCB 项目控制电路.PrjPCB)命令，系统将编译设计项目。编译结束后，打开 Messages(信息)面板，查看有无错误信息，若有，则修改电路原理图。

Step 3 选择菜单栏中的 Design(设计) → Update PCB Document 控制电路.PcbDoc(更新 PCB 控制电路.PcbDoc)命令，系统将对原理图和 PCB 图的网络报表进行比较，并弹出一个 Engineering Change Order(工程变更规则)对话框，单击 Validate Changes(确认变更)按钮，系统将扫描所有的改变，看能否在 PCB 上执行所有的改变。随后在每一项所对应的 Check(检查)栏中显示✅标记。说明这些改变都是合法的，如图 13.32 所示。反之，则说明此改变是不可执行的，需要回到以前的步骤中进行修改，然后重新进行更新。

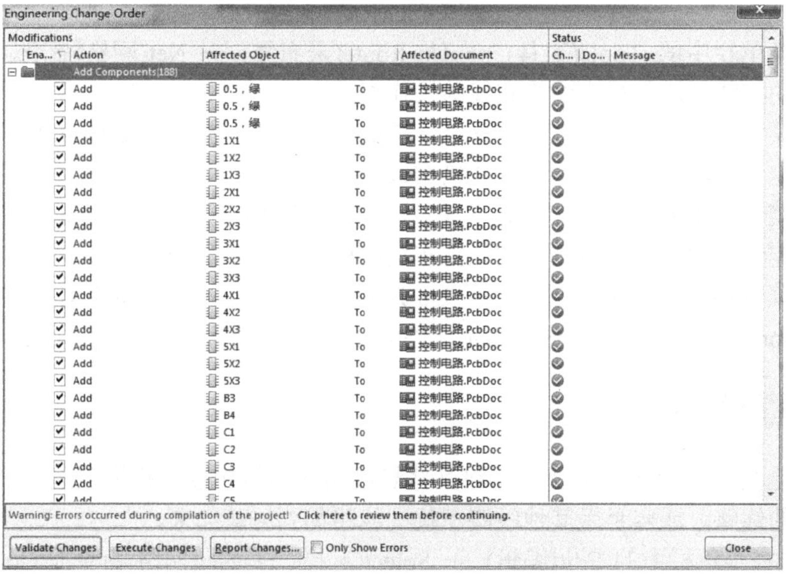

图 13.32

**Step 4** 进行合法性校验后，单击 Execute Changes(执行变更)按钮，系统将完成网络表的导入，同时，在每一项的 Done(完成)栏中显示标记，提示导入成功，如图 13.33 所示。

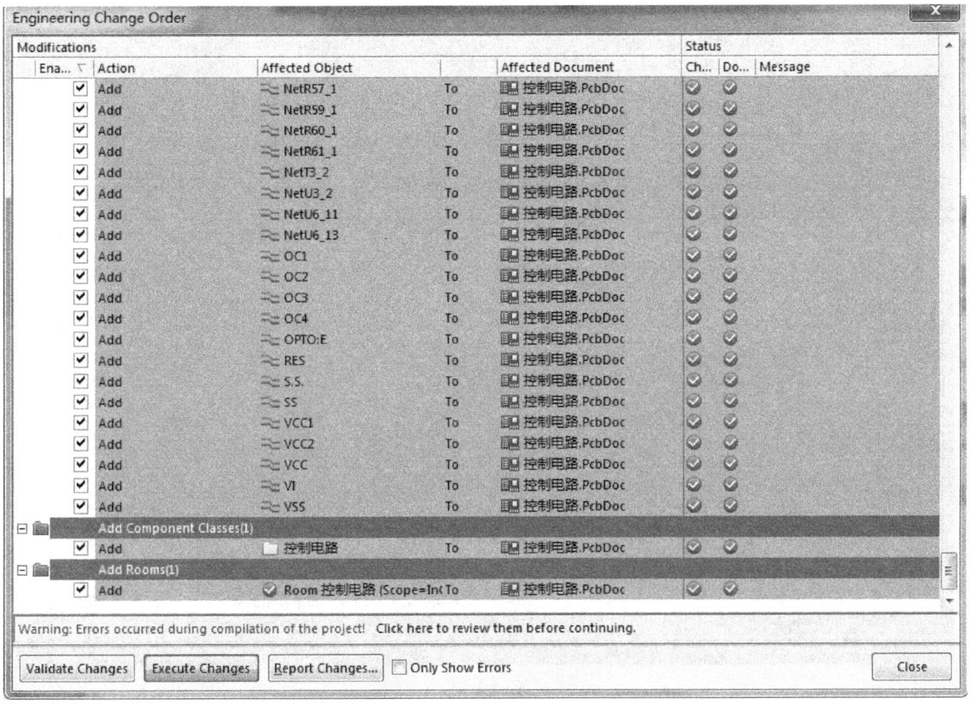

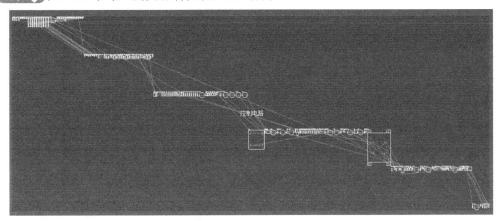

图 13.33

**Step 5** 在 PCB 中导入的元器件如图 13.34 所示。

图 13.34

**Step 6** 元器件布局。在编辑窗口中显示整个 PCB 和所有元器件，将 Room 空间整体拖至 PCB 板的上面。手工调整所有元器件，用拖动的方法来移动元件的位置，PCB 布局完成的效果如图 13.35 所示。

**Step 7** PCB 布线。选择菜单栏中的 Auto Route(自动布线) → All(全局)命令，即可打开布线策略对话框，在该对话框中，可以设置自动布线策略，如图 13.36 所示。

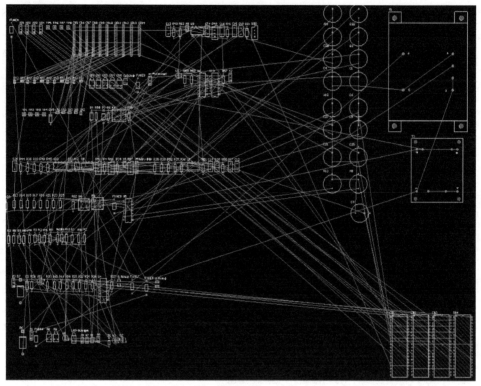

图 13.35

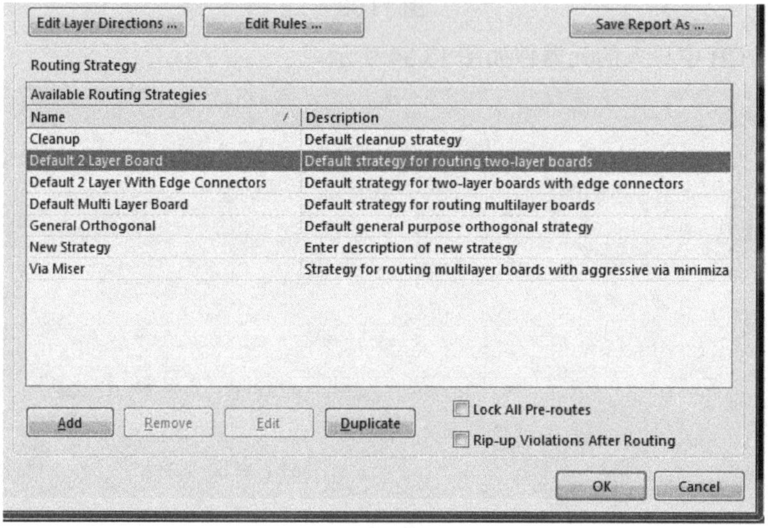

Edit Layer Directions ...　Edit Rules ...　Save Report As ...

Routing Strategy

Available Routing Strategies

| Name | / | Description |
|---|---|---|
| Cleanup | | Default cleanup strategy |
| Default 2 Layer Board | | Default strategy for routing two-layer boards |
| Default 2 Layer With Edge Connectors | | Default strategy for two-layer boards with edge connectors |
| Default Multi Layer Board | | Default strategy for routing multilayer boards |
| General Orthogonal | | Default general purpose orthogonal strategy |
| New Strategy | | Enter description of new strategy |
| Via Miser | | Strategy for routing multilayer boards with aggressive via minimiza |

Add　Remove　Edit　Duplicate

☐ Lock All Pre-routes

☐ Rip-up Violations After Routing

OK　Cancel

图 13.36

**Step 8** 选择一项布线策略，然后单击 OK(确定)按钮，即可进入自动布线状态。这里选择系统默认的 Default 2 Layer Board(默认的 2 层板)策略。布线过程中，将自动弹出 Messages(信息)面板，提供自动布线的状态信息，如图 13.37 所示。

**Step 9** 全局布线后的 PCB 如图 13.38 所示。

**Step 10** 查看 3D 效果。完成自动布线后，可以通过 3D 效果图，直观地查看视觉效果，以检查元件布局是否合理。选择菜单栏中的 Tool(工具) → Legacy Tools(遗留工具) → Legacy 3D View(遗留 3D 显示)命令，则系统生成该 PCB 的 3D 效果图，加入到该项目生成的 PCB 3D Views(PCB 3D 察看)文件夹中，并自动打开，如图 13.39 所示。

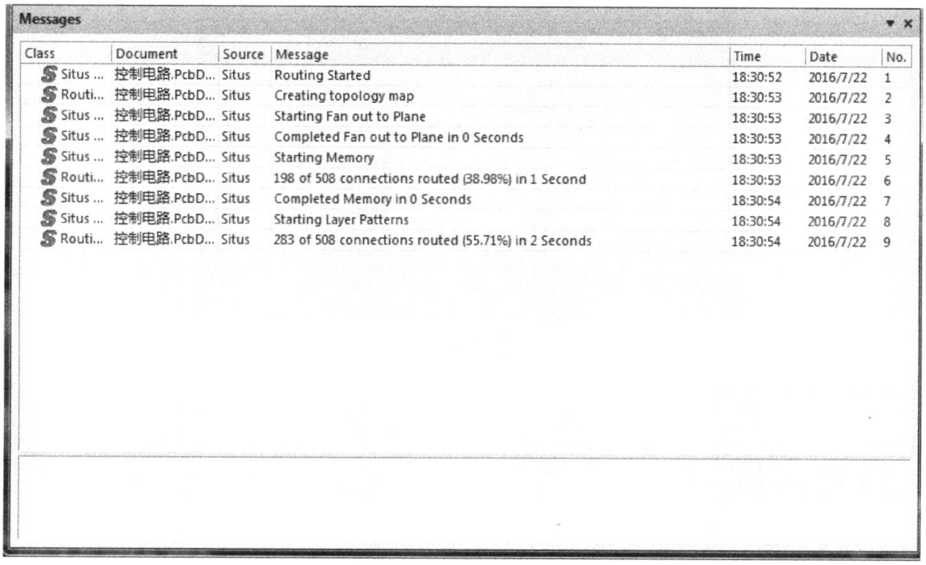

| Class | Document | Source | Message | Time | Date | No. |
|---|---|---|---|---|---|---|
| Situs ... | 控制电路.PcbD... | Situs | Routing Started | 18:30:52 | 2016/7/22 | 1 |
| Routi... | 控制电路.PcbD... | Situs | Creating topology map | 18:30:53 | 2016/7/22 | 2 |
| Situs ... | 控制电路.PcbD... | Situs | Starting Fan out to Plane | 18:30:53 | 2016/7/22 | 3 |
| Situs ... | 控制电路.PcbD... | Situs | Completed Fan out to Plane in 0 Seconds | 18:30:53 | 2016/7/22 | 4 |
| Situs ... | 控制电路.PcbD... | Situs | Starting Memory | 18:30:53 | 2016/7/22 | 5 |
| Routi... | 控制电路.PcbD... | Situs | 198 of 508 connections routed (38.98%) in 1 Second | 18:30:53 | 2016/7/22 | 6 |
| Situs ... | 控制电路.PcbD... | Situs | Completed Memory in 0 Seconds | 18:30:54 | 2016/7/22 | 7 |
| Situs ... | 控制电路.PcbD... | Situs | Starting Layer Patterns | 18:30:54 | 2016/7/22 | 8 |
| Routi... | 控制电路.PcbD... | Situs | 283 of 508 connections routed (55.71%) in 2 Seconds | 18:30:54 | 2016/7/22 | 9 |

图 13.37

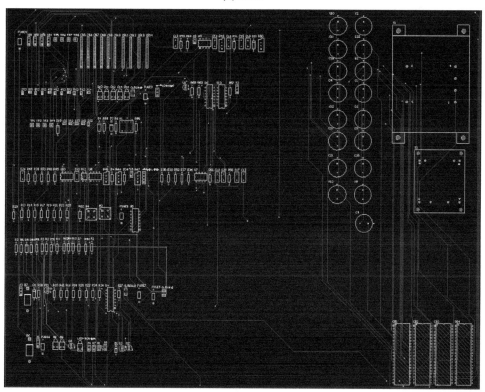

图 13.38

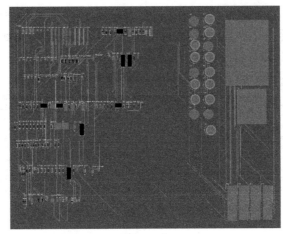

图 13.39

**Step 11** 保存文件即可。

# 13.5 综合实例

本节通过两个实例，来说明 PCB 板的具体设计步骤。

## 13.5.1 实例——读卡器 PCB 设计

读卡器 PCB 设计的步骤如下。

**Step 1** 打开本书下载资源中的源文件"\ch13\13.5.1\读卡器电路.PrjPcb"，使其处于当前的工作窗口中。电路如图 13.40 所示。

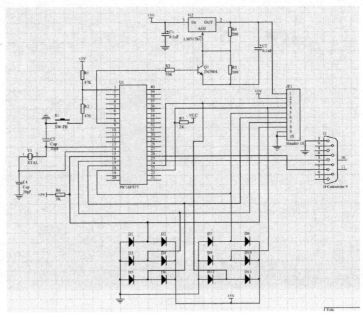

图 13.40

Step 2 选择菜单栏中的 Project(项目) → Compile PCB Project 读卡器电路.PrjPCB(编译 PCB 项目读卡器电路.PrjPCB)命令，系统编译设计项目。编译结束后，打开 Messages 面板，查看有无错误信息，若有，则修改电路原理图。

Step 3 选择菜单栏中的 Design(设计) → Update PCB Document 读卡器电路.PcbDoc(更新 PCB 文件读卡器电路.PcbDoc)命令，系统将对原理图和 PCB 图的网络报表进行比较，并弹出一个 Engineering Change Order(工程变更规则)对话框，单击 Validate Changes(确认变更)按钮，系统将扫描所有的改变，看能否在 PCB 上执行所有的改变，如图 13.41 所示。

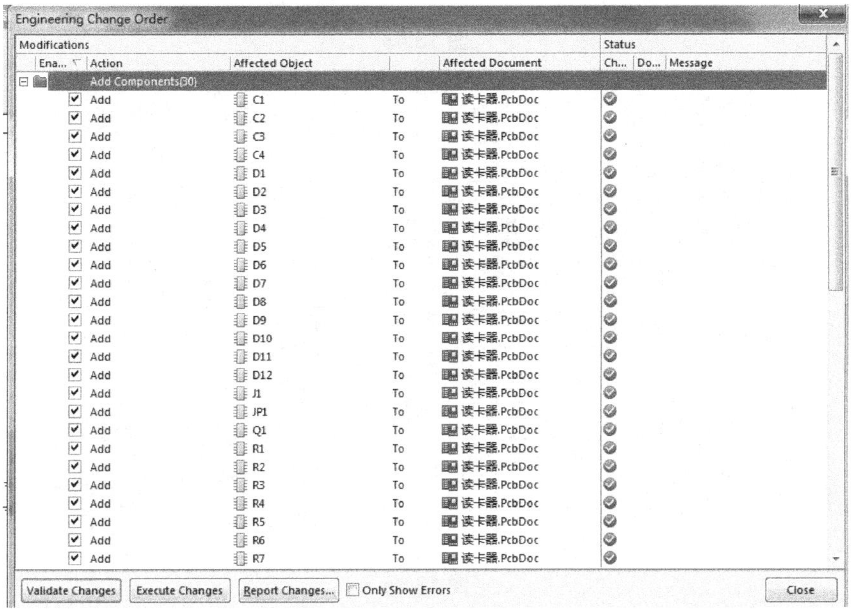

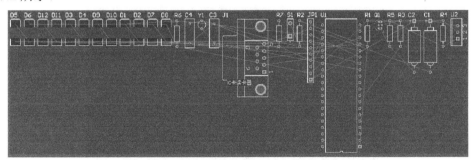

图 13.41

Step 4 进行合法性校验后，单击 Execute Changes(执行变更)按钮，系统将完成网络表的导入，同时，在每一项的 Done(完成)栏中，将显示标记，提示导入成功。在 PCB 中导入的元器件如图 13.42 所示。

图 13.42

Step 5 选中 Room(空间)，按 Delete(删除)键删除，如图 13.43 所示。

Step 6 元器件布局。在编辑窗口中显示整个 PCB 和所有元器件，将 Room(空间)整体拖至 PCB 板的上面。手工调整所有元器件，用拖动的方法来移动元件的位置，PCB 布局完成的效果如图 13.44 所示。

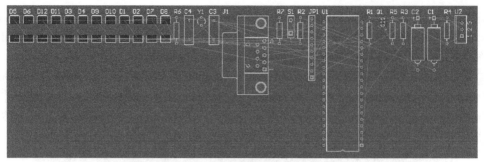

图 13.43

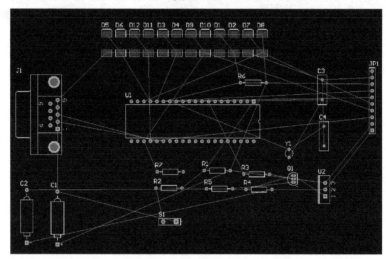

图 13.44

Step 7 PCB 布线。选择菜单栏中的 Auto Route(自动布线) → All(全局)命令，即可打开布线策略对话框，在该对话框中可以设置自动布线策略。选择一项布线策略，然后单击 OK 按钮，即可进入自动布线状态。这里选择系统默认的 Default 2 Layer Board(默认的 2 层板)策略。布线过程中自动弹出 Messages(信息)面板，提供自动布线的状态信息。完成后如图 13.45 所示。

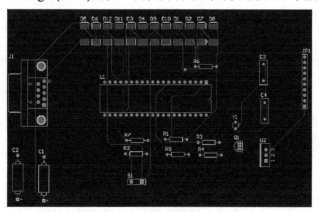

图 13.45

Step 8 选择菜单栏中的 Place(放置) → Line(线)命令，此时，光标变成十字形，在图纸上面绘制一个矩形区域，使其将所有元器件包围，如图 13.46 所示。

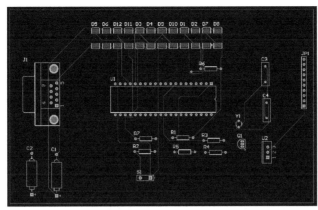

图 13.46

Step ⑨ 选中矩形及所有元器件，选择菜单栏中的 Design(设计) → Board Shape(板形状) → Define from selected objects(从选定的对象定义)命令，此时，弹出 Confirm(确认)对话框，如图 13.47 所示。

图 13.47

Step ⑩ 单击 Yes(是)按钮，完成电路板区域设置，结果如图 13.48 所示。

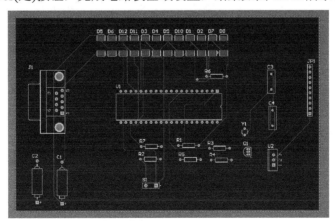

图 13.48

Step ⑪ 保存文件到指定位置。

## 13.5.2　实例——带弱电的电路板 PCB 设计

带弱电的电路板 PCB 的设计步骤如下。

Step ① 打开本书下载资源中的源文件"\ch13\13.5.2\带弱电的电路.PrjPcb"，使其处于当前的工作窗口中，电路如图 13.49 所示。

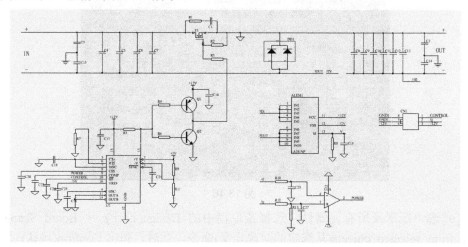

图 13.49

Step **2** 选择菜单栏中的 Project(项目) → Compile PCB Project 带弱电的电路.PrjPCB(编译 PCB 项目带弱电的电路.PrjPCB)命令，系统编译设计项目。编译结束后，打开 Messages(信息) 面板，查看有无错误信息，若有，则修改电路原理图。

Step **3** 选择菜单栏中的 Design(设计) → Update PCB Document 带弱电的电路.PcbDoc" (更新 PCB 文件带弱电的电路.PcbDoc)命令，系统将对原理图和 PCB 图的网络报表进行比较并 弹出一个 Engineering Change Order(工程变更规则)对话框，单击 Validate Changes(确认变更)按 钮，系统将扫描所有的改变，看能否在 PCB 上执行所有的改变。随后，在每一项所对应的 Check(检查)栏中，将显示 ✔ 标记。说明这些改变都是合法的，如图 13.50 所示。反之，说明此 改变是不可执行的，需要回到以前的步骤中进行修改，然后重新进行更新。

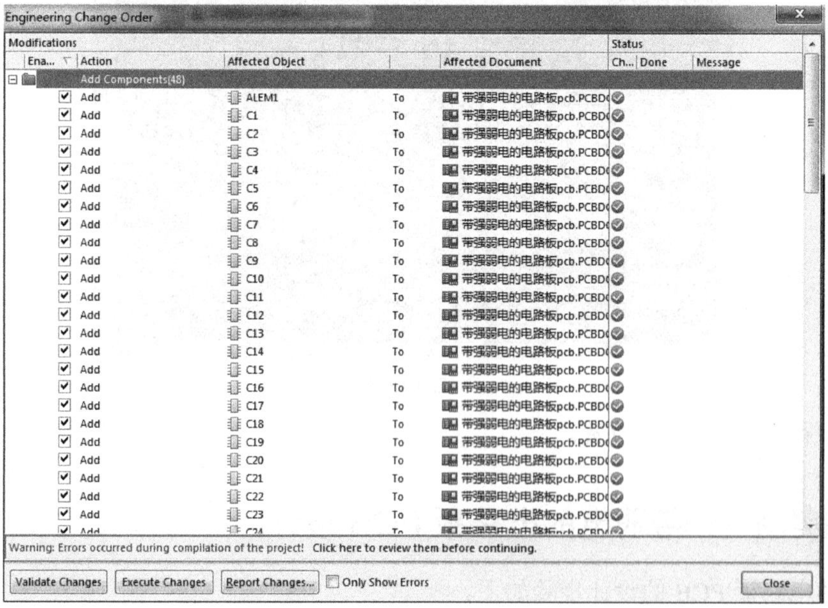

图 13.50

Step 4 进行合法性校验后，单击 Execute Changes(执行变更)按钮，系统将完成网络表的导入，同时，在每一项的 Done(完成)栏中显示标记，提示导入成功，如图 13.51 所示。

图 13.51

Step 5 在 PCB 中导入的元器件如图 13.52 所示。

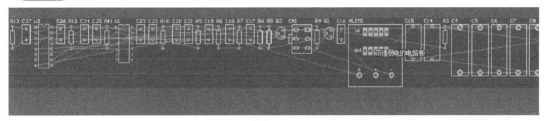

图 13.52

Step 6 元器件布局。在编辑窗口中显示整个 PCB 和所有元器件，将 Room(空间)整体拖至 PCB 板的上面。手工调整所有元器件，以拖动的方法来移动元件的位置，PCB 布局完成的效果如图 13.53 所示。

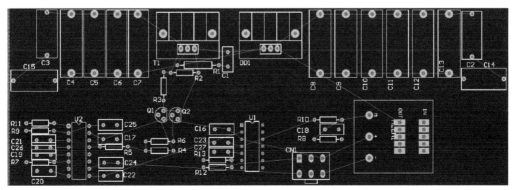

图 13.53

**Step 7** 选择菜单栏中的 Design(设计) → Board Options(板选项)命令，打开 Board Options (板选项)对话框，在对话框中设置 PCB 设计的工作环境，包括尺寸、各种栅格等，如图 15.54 所示。将 Unit(单位)设置为 Metric(米制)，完成设置后，单击 OK(确定)按钮退出对话框。

**Step 8** 选择菜单栏中的 Place(放置) → Pad(焊盘)命令，进入放置焊盘的状态，按 Tab 键，弹出 Pad 对话框，如图 13.55 所示。这里，Designator 编辑框中的引脚名称为 1，在 Location 中设置坐标为(104，240)，Rotation 为 90，在 Size and Shape(尺寸和形状) 中设置 Shape 为 Round，X-Size 为 4mm、Y-Size 为 4mm，其他设置如图 13.55 所示。

**Step 9** 用同样的方法设置其他焊盘，坐标分别为(280，240)，(280，296)，(104，296)，如图 13.56 所示。

**图 13.54**

**Step 10** 选中 Keep-Out Layer(层外)，选择菜单栏中的 Place(放置) → Line(线)命令，此时，光标变成十字形，在图纸上面绘制一个矩形区域，使其将所有元器件包围，选中矩形及所有元器件，选择 Design(设计) → Board Shape(板形状) → Define from selected objects(从选定的对象定义)菜单命令，此时弹出 Confirm(确认)对话框，单击 Yes(是)按钮，完成电路板区域的设置，结果如图 13.57 所示。

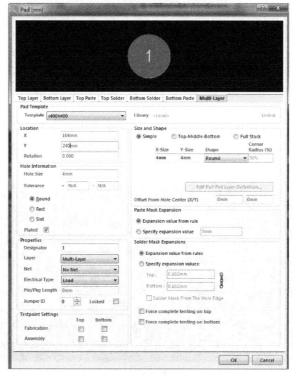

**图 13.55**

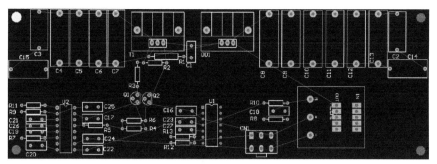

图 13.56

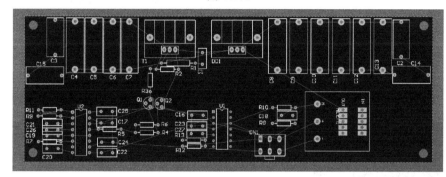

图 13.57

**Step 11** PCB 布线。选择菜单栏中的 Auto Route(自动布线) → All(全局)命令，即可打开布线策略对话框，在该对话框中，可以设置自动布线策略，如图 13.58 所示。

**Step 12** 选择一项布线策略，然后单击 OK(确定)按钮，即可进入自动布线状态。这里选择系统默认的 Default 2 Layer Board(默认的 2 层板)策略。布线过程中将自动弹出 Messages(信息)面板，提供自动布线的状态信息，如图 13.59 所示。

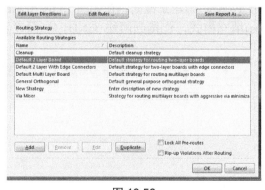

图 13.58

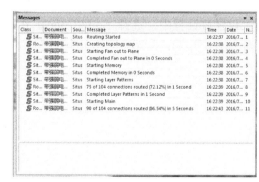

图 13.59

**Step 13** 全局布线后的 PCB 如图 13.60 所示。

**Step 14** 如图 13.61 所示，由于仍有电路接地线未布置完成，采用敷铜的方法来连接。

**Step 15** 选择菜单栏中的 Place(放置) → Polygon Plane(敷铜)命令，也可以用组件放置工具栏中的 Place Polygon Plane 按钮 。进入敷铜的状态后，系统将会弹出 Polygon Pour(敷铜属性)设置对话框，如图 13.62 所示。在覆铜属性设置对话框中，选择 Solid(Copper Regions)填充模式，连接到网络 GND，层面设置为 Top Layer(顶层)，且选中删除死铜复选框。

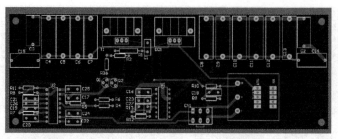

图 13.60

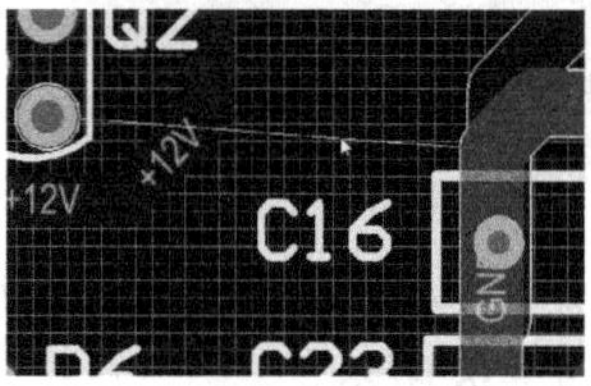

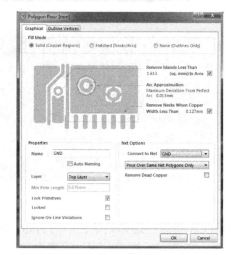

图 13.61

图 13.62

**Step 16** 设置完成后，单击 OK(确定)按钮，光标变成十字形。用光标沿 PCB 板的电气边界线，绘制出一个封闭的矩形，系统将在矩形框中自动建立顶层的覆铜，如图 13.63 所示。

**Step 17** 采用同样的方式为 PCB 板的 Bottom Layer(底层)建立覆铜。在如图 13.64 所示的覆铜属性设置对话框中，选择 Solid(Copper Regions)填充模式，连接到网络 GND，层面设置为 Bottom Layer(底层)，且选中删除死铜复选框。

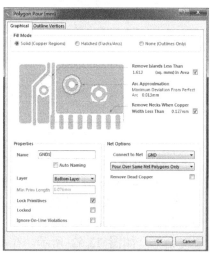

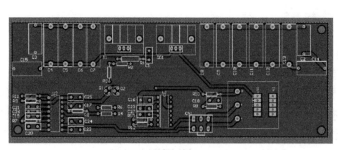

图 13.63

图 13.64

Step 18 覆铜后的 PCB 板如图 13.65 所示。保存文件即可。

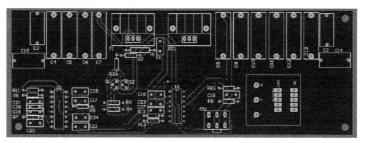

图 13.65

# 第14章

## 电路仿真设计

所谓电路仿真，就是用户直接利用 EDA 软件自身所提供的功能和环境，对所设计电路的实际运行情况进行模拟的一个过程。如果在制作 PCB 印制板之前，能够进行对原理图的仿真，明确把握系统的性能指标并据此对各项参数进行适当的调整，将能节省大量的人力和物力。

由于整个过程是在计算机上运行的，所以操作相当简便，免去了构建实际电路系统的不便，只需要输入不同的参数，就能得到不同情况下电路系统的性能，而且仿真结果真实、直观，便于用户查看和比较。

### 14.1 电路仿真的基本概念

电路仿真技术就是通过软件来实现并且检验所设计的电路功能的过程，Altium Designer 16.0 中内置了完善的电路仿真软件，能使用户方便地进行电路仿真。通过仿真，可以及早发现电路设计的隐患和不完善的地方，不仅节省了电路设计成本，还节省了宝贵的设计时间，可以缩短产品开发周期。仿真中涉及的几个基本概念如下。

- 仿真元器件：用户进行电路仿真时使用的元器件，要求具有仿真属性。
- 仿真原理图：用户根据具体电路的设计要求，使用原理图编辑器及具有仿真属性的元器件所绘制成的电路原理图。
- 仿真激励源：用于模拟实际电路中的激励信号。
- 节点网络标签：对电路中要测试的多个节点，应该分别放置一个有意义的网络标签名，便于明确查看每个节点的仿真结果(电压或电流波形)。
- 仿真方式：仿真方式有多种，不同的仿真方式下，相应地有不同的参数设定。用户应根据具体的电路要求，来选择设置仿真的方式。

- 仿真结果：仿真结果一般以波形的形式给出，不仅仅局限于电压信号，每个元件的电流及功耗波形都可以在仿真结果中观察到。

## 14.2 放置电源及仿真激励源

Altium Designer 16.0 提供了多种电源和仿真激励源，存放在 Altium Designer 16\Library\ Simulation\Simulation Sources.Lntlib 集成库中，供用户选择。在使用时，均被默认为理想的激励源，即电压源的内阻为零，而电流源的内阻为无穷大。

仿真激励源就是仿真时输入到仿真电路中的测试信号，观察这些测试信号通过仿真电路后的输出波形，用户就可以判断仿真电路中的参数设置是否合理。

常用的电源和仿真激励源有直流电压/电流源、正弦信号激励源、周期脉冲源、分段线性激励源、指数激励源及单频调频激励源。

### 14.2.1 直流电压/电流源

VSRC(直流电压源)与 ISRC(直流电流源)分别用来为仿真电路提供一个不变的电压信号或不变的电流信号，符号形式如图 14.1 所示。

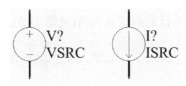

图 14.1

这两种电源通常在仿真电路上电时，或者需要为仿真电路输入一个阶跃激励信号时使用，以便用户观测电路中某一节点的瞬态响应波形。

需要设置的仿真参数是相同的，双击新添加的仿真直流电压源，在出现的元件属性对话框中设置其属性参数，如图 14.2 所示。

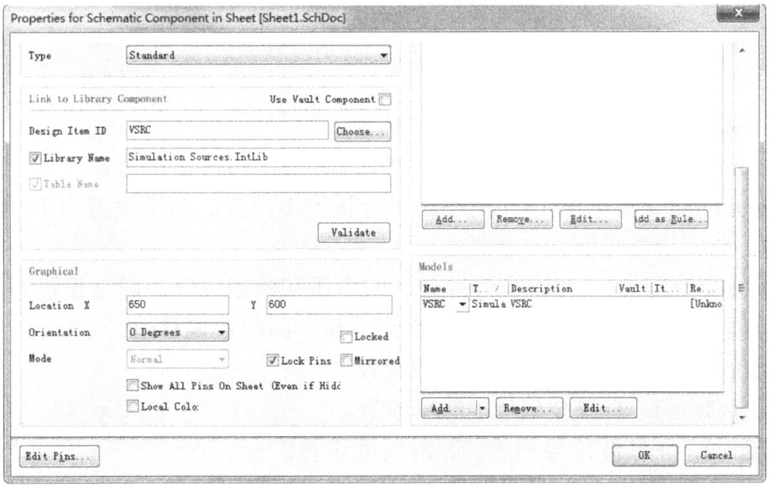

图 14.2

在 Models 选项区中双击 Type(类)栏下的 Edit(编辑)选项，即可出现 Sim Model - Voltage Source / DC Source(激励模型-交流/直流电源)对话框，通过该对话框可以查看并修改仿真模型，如图 14.3 所示。

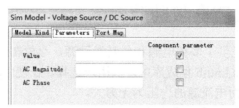

图 14.3

其中，Parameters(参数)选项卡中，各项参数的具体含义如下。

- Value(值)：直流电源值。
- AC Magnitude(交流电压)：交流小信号分析的电压值。
- AC Phase(交流相位)：交流小信号分析的相位值。

## 14.2.2　正弦信号激励源

正弦信号激励源包括 VSIN(正弦电压源)与 ISIN(正弦电流源)，用来为仿真电路提供正弦激励信号，如图 14.4 所示。并且需要设置的仿真参数(见图 14.5)是相同的。

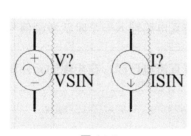

图 14.4

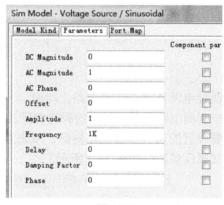

图 14.5

Parameters(参数)选项卡中，各项参数的具体含义如下。

- DC Magnitude(直流电压)：正弦信号的直流参数，通常设置为 0。
- AC Magnitude(交流电压)：交流小信号分析的电压值。通常设置为 1，如果不进行交流小信号分析，可以设置为任意值。
- AC Phase(交流相位)：交流小信号分析的电压初始相位值，通常设置为 0。
- Offset(偏移)：正弦波信号上叠加的直流分量，即幅值偏移值。
- Amplitude(幅值)：正弦波信号的幅值设置。
- Frequency(频率)：正弦波信号的频率设置。
- Delay(延时)：正弦波信号初始的延时时间设置。
- Damping Factor(阻尼因子)：正弦波信号的阻尼因子设置，影响正弦波信号幅值的变化。设置为正值时，正弦波的幅值将随时间的增长而衰减。设置为负值时，正弦波的幅值随时间的增长而增长。若设置为 0，则意味着正弦波的幅值不随时间而变化。

- Phase(相位)：正弦波信号的初始相位设置。

## 14.2.3　周期脉冲源

周期脉冲源包括 VPULSE(脉冲电压激励源)与 IPULSE(脉冲电流激励源)，可以为仿真电路提供周期性的连续脉冲激励，其中 VPULSE(脉冲电压激励源)在电路的瞬态特性分析中用得比较多。两种激励源的符号形式如图 14.6 所示。相应地，要设置的仿真参数也相同。在 Models(模型)窗口中双击 Type(类)栏下的 Edit(编辑)选项，则出现的 Parameters(参数)选项卡如图 14.7所示，各项参数的具体含义如下。

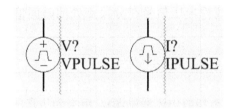

图 14.6

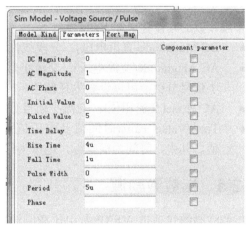

图 14.7

- DC Magnitude(直流电压)：脉冲信号的直流参数，通常设置为 0。
- AC Magnitude(交流电压)：交流小信号分析的电压值，通常设置为 1，如果不进行交流小信号分析，可以设置为任意值。
- AC Phase(交流相位)：交流小信号分析的电压初始相位值，通常设置为 0。
- Initial Value(初始值)：脉冲信号的初始电压值。
- Pulsed Value(跳变电压值)：脉冲信号的电压幅值。
- Time Delay(时间延迟)：初始时刻的延迟时间。
- Rise Time(上升时间)：脉冲信号的上升时间。
- Fall Time(下降时间)：脉冲信号的下降时间。
- Pulse Width(脉冲宽度)：脉冲信号的高电平宽度。
- Period(周期)：脉冲信号的周期。
- Phase(相位)：脉冲信号的初始相位。

## 14.2.4　分段线性激励源

分段线性激励源所提供的激励信号由若干条相连的直线组成，是一种不规则的信号激励源，包括 VPWL(分段线性电压源)与 IPWL(分段线性电流源)两种，如图 14.8 所示。这两种分段线性激励源的仿真参数设置是相同的，同样是在 Parameters(参数)选项卡中，如图 14.9 所示。

图 14.8

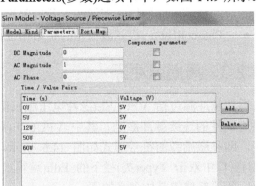

图 14.9

各项参数的具体含义如下。

- DC Magnitude(直流电压)：分段线性电压信号的直流参数，通常设置为 0。
- AC Magnitude(交流电压)：交流小信号分析的电压值，通常设置为 1，如果不进行交流小信号分析，可以设置为任意值。
- AC Phase(交流相位)：交流小信号分析的电压初始相位值，通常设置为 0。
- Time/Value Pairs(时间值及电压值)：分段线性电压信号在分段点处的时间值及电压值。其中，时间为横坐标，电压为纵坐标。

## 14.2.5 指数激励源

指数激励源包括指 VEXP(数电压激励源)与 IEXP(指数电流激励源)，用来为仿真电路提供带有指数上升沿或下降沿的脉冲激励信号，通常用于高频电路的仿真分析。两者所产生的波形形式是一样的，如图 14.10 所示。相应的仿参数设置也相同，Parameters(参数)选项卡如图 14.11所示。

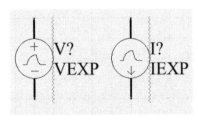

图 14.10

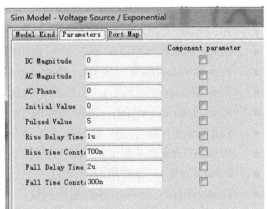

图 14.11

各项参数的具体含义如下。

- DC Magnitude(直流电压)：分段线性电压信号的直流参数，通常设置为 0。
- AC Magnitude(交流电压)：交流小信号分析的电压值，通常设置为 1，如果不进行交流小信号分析，可以设置为任意值。

- AC Phase(交流相位)：交流小信号分析的电压初始相位值，通常设置为 0。
- Initial Value(初始值)：指数电压信号的初始电压值。
- Pulsed Value(跳变电压值)：指数电压信号的跳变电压值。
- Rise Delay Time(上升延迟时间)：指数电压信号的上升延迟时间。
- Rise Time Constant(上升时间常量)：指数电压信号的上升时间。
- Fall Delay Time(下降延迟时间)：指数电压信号的下降延迟时间。
- Fall Time Constant(下降时间常量)：指数电压信号的下降时间。

## 14.2.6　单频调频激励源

单频调频激励源用来为仿真电路提供一个单频调频的激励波形，包括 VSFFM(单频调频电压源)与 ISFFM(单频调频电流源)两种，如图 14.12 所示。相应地，需要设置仿真参数。

Parameters(参数)选项卡如图 14.13 所示。

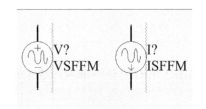

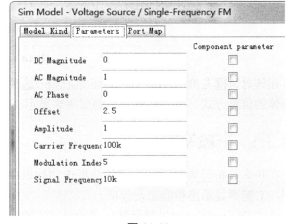

图 14.12　　　　　　　　　　　　　　　　图 14.13

各项参数的具体含义如下。

- DC Magnitude(直流电压)：分段线性电压信号的直流参数，通常设置为 0。
- AC Magnitude(交流电压)：交流小信号分析的电压值，通常设置为 1，如果不进行交流小信号分析，可以设置为任意值。
- AC Phase(交流相位)：交流小信号分析的电压初始相位值，通常设置为 0。
- Offset(偏移量)：调频电压信号上叠加的直流分量，即幅值偏移量。
- Amplitude(幅度)：调频电压信号的载波幅值。
- Carrier Frequency(载波频率)：调频电压信号的载波频率。
- Modulation Index(调制系数)：调频电压信号的调制系数。
- Signal Frequency(信号频率)：调制信号的频率。

# 14.3　仿真分析的参数设置

完成电路的编辑后，在仿真之前，要选择对电路进行哪种分析，设置收集的变量数据，以及设置显示哪些变量的波形。常见的仿真分析有静态工作点分析(Operating Point Analysis)、瞬态分析(Transient Analysis)、直流扫描分析(DC Sweep Analysis)、交流小信号分析(AC Small Signal Analysis)、噪声分析(Noise Analysis)、极点/零点分析(Pole-Zero Analysis)、传递函数分析(Transfer Function Analysis)、温度扫描分析(Temperature Sweep Analysis)、参数扫描分析(Parameter Sweep Analysis)、蒙特卡洛分析(Monte Carlo Analysis)等。

选择菜单栏中的 Design(设计) → Simulate(仿真) → Mixed Sim(混合仿真命令),将会弹出如图 14.14 所示的电路仿真分析设置对话框。

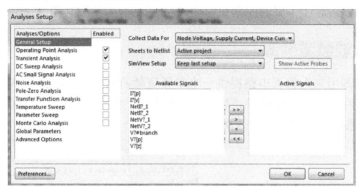

图 14.14

在该对话框左侧的 Analyses/Options(分析/选项)栏中,列出了若干选项供用户选择,包括各种具体的仿真方式。而对话框的右侧则用来显示与选项相对应的具体设置。

## 14.3.1  一般设置

在仿真分析设置对话框左侧的分析选项列表中,列写出了所有的分析选项,选中每个分析选项,右侧即显示出相应的设置项。

选中 General Setup(常规设置),即可在右侧的选项中进行一般设置。

在 Available Signals(现有信号)列表中显示的是可以进行仿真分析的信号,Active Signals(激活信号)列表框中显示的是激活的信号,是需要进行仿真的信号,单击 > 和 < 按钮,可完成添加或删除激活信号的操作,如图 14.15 所示。

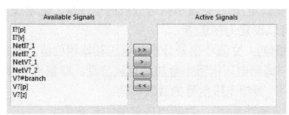

图 14.15

## 14.3.2  静态工作点分析

静态工作点分析(Operating Point Analysis)通常用于对放大电路进行分析,当放大器处于输入信号为零的状态的时候,电路中各点的状态就是电路的静态工作点。最典型的是放大器的直流偏置参数。进行静态工作点分析的时候，不需要设置参数。

在该分析方式中，所有的电容都将被看作开路，所有的电感都被看作短路，之后计算各个节点的对地电压，以及流过各元器件的电流。由于方式比较固定，因此，不需要用户再进行特定参数的设置。使用该方式时，只需要选中即可运行，如图 14.16 所示。

通常来说，在进行瞬态特性分析和交流小信号分析时，仿真程序都会先执行工作点分析，以确定电路中非线性元件的线性化参数初始值。因此，通常情况下应选中该项。

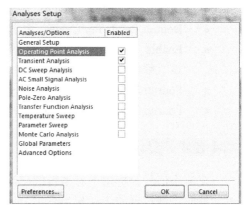

图 14.16

## 14.3.3 瞬态分析

瞬态分析(Transient Analysis)用于分析仿真电路中工作点信号随时间变化的情况。

进行瞬态分析之前，设计者要设置瞬态分析的起始和终止时间、仿真时间的步长等参数。在电路仿真分析设置对话框中，激活 Transient 选项，在如图 14.17 所示的瞬态分析参数设置对话框中进行设置。

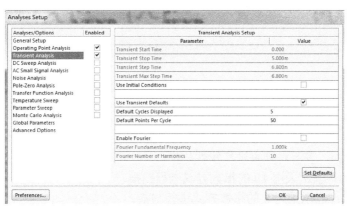

图 14.17

在 Transient Analysis Setup 列表中，共用 11 个参数设置选项，这些参数的含义分别如下。

- Transient Start Time：用于设置瞬态分析的起始时间。瞬态分析通常从时间零开始，在时间零和开始时间，瞬态分析照样进行，但并不保存结果。而开始时间和终止时间的间隔将保存，并用于显示。
- Transient Stop Time：用于设置瞬态分析的终止时间。
- Transient Step Time：用于设置瞬态分析的时间步长，该步长不是固定不变的。
- Transient Max Step Time：用于设置瞬态分析的最大时间步长。
- Use Initial Conditions：用于设置电路仿真的初始状态。勾选该项后，仿真开始时将调用设置的电路初始参数。
- Use Transient Defaults：用于设置使用默认的瞬态分析设置。选中该项后，列表中的前四项参数将处于不可修改状态。

- Default Cycles Displayed：用于设置默认的显示周期数。
- Default Points Per Cycle：用于设置默认的每周期仿真点数。
- Enable Fourier：项用于设置进行傅立叶分析。勾选该项后，系统将进行傅立叶分析，显示频域参数。
- Fourier Fundamental Frequency：用于设置进行傅立叶分析的基频。
- Fourier Number of Harmonics：用于设置进行傅立叶分析的谐波次数。

### 14.3.4 交流小信号分析

交流小信号分析用于对系统的交流特性进行分析，在频域响应方面显示系统的性能，该分析功能对于滤波器的设计相当有用，通过设置交流信号分析的频率范围，系统将显示该频率范围内的增益。在电路仿真分析设置对话框中，激活 AC Small Signal Analysis 选项，在如图 14.18 所示的交流小信号分析参数设置界面中进行设置。

(1) Start Frequency(起始频率)：用于设置进行交流小信号分析的起始频率。

(2) Stop Frequency(终止频率)：用于设置进行交流小信号分析的终止频率。

(3) Sweep Type(扫描类型)：用于设置交流小信号分析的频率扫描方式，系统提供了三种频率扫描方式，如图 14.19 所示。

图 14.18

图 14.19

- Linear(线性)：表示对频率进行线性扫描。
- Decade(十)：表示采用 10 的指数方式进行扫描。
- Octave(八)：表示采用 8 的指数方式进行扫描。

(4) Test Points(测试点)：表示进行测试的点数。

(5) Total Test Points(测试点数)：表示总的测试点数。

## 14.4 特殊仿真元器件的参数设置

在仿真过程中，有时还会用到一些专用于仿真的特殊元器件，它们存放在系统提供的 Simulation Sources.Lib 集成库中。

### 14.4.1 节点电压初值

节点电压初值.IC(Initial Condition)主要用于为电路中的某一节点提供电压初始值，与电容中的 Initial Voltage(初始电压)作用类似。设置方法很简单，只要把该元件放在需要设置电压初值的节点上，通过设置该元件的仿真参数，即可为相应的节点提供电压初值。

放置的.IC 元件如图 14.20 所示。

需要设置的.IC 元件仿真参数只有一个，即节点电压初始值。双击节点电压初始值元件，系统将弹出 Properties for Schematic Component in Sheet(电路图中的元件属性)对话框。双击 Model for IC(IC 模型)栏 Type(类型)列中的 Simulation(仿真)选项，系统将弹出如图 14.21 所示的对话框来设置.IC 元件的仿真参数。

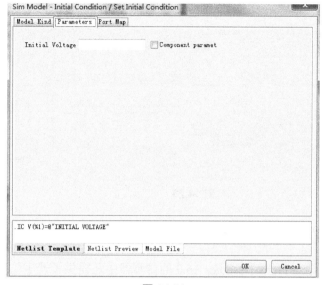

图 14.20　　　　　　　　　　　　　　　　图 14.21

在 Parameters(参数)选项卡中，只有一项仿真参数 Initial Voltage(初始电压)，用于设定相应节点的电压初值，这里设置为 0。使用.IC 元件为电路中的一些节点设置电压初始值后，用户采用瞬态特性分析的仿真方式时，若勾选了 Use Initial Conditions(使用初始条件)复选框，则仿真程序将直接使用.IC 元件所设置的初始值作为瞬态特性分析的初始条件。

当电路中有储能元件(如电容)时，如果在电容两端设置了电压初始值，而同时在与该电容连接的导线上也放置了.IC 元件，并设置了参数值，那么此时进行瞬态特性分析时，系统将使用电容两端的电压初始值，而不会使用.IC 元件的设置值，即一般元件的优先级高于.IC 元件。

## 14.4.2　节点电压

在对双稳态或单稳态电路进行瞬态特性分析时，节点电压.NS 用来设定某个节点的电压预收敛值。如果仿真程序计算出该节点的电压小于预设的收敛值，则去掉.NS 元件所设置的收敛值，继续计算，直到算出真正的收敛值为止。即.NS 元件是求节点电压收敛值的一个辅助手段。

设置方法很简单，只要把该元件放在需要设置电压预收敛值的节点上，通过设置该元件的仿真参数，即可为相应的节点设置电压预收敛值。放置的.NS 元件如图 14.22 所示。需要设置的.NS 元件仿真参数只有一个，即节点的电压预收敛值。双击节点电压元件，系统将弹出如图 14.23 所示的对话框来设置.NS 元件的属性。

图 14.22

在 Models 的窗口中双击 Type(类)栏下的 Edit(编辑)选项，系统将弹出如图 14.24 所示的对话框来设置.NS 元件的仿真参数。在 Parameters(参数)选项卡中，只有一项仿真参数 Initial Voltage(初始电压)，用于设定相应节点的电压预收敛值。

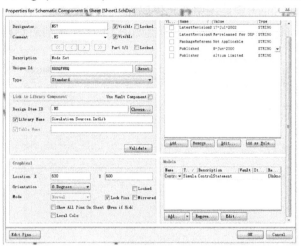
图 14.23

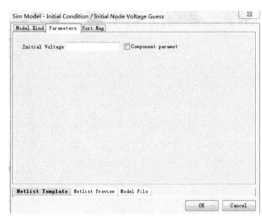
图 14.24

## 14.4.3　仿真数学函数

在 Altium Designer 16.0 的仿真器中还提供了若干仿真数学函数，它们同样作为一种特殊的仿真元件，可以放置在电路仿真原理图中使用。主要用于对仿真原理图中的两个节点信号进行各种合成运算，以达到一定的仿真目的，包括节点电压的加、减、乘、除，以及支路电流的加、减、乘、除等运算，也可以用于对一个节点信号进行各种变换，如正弦变换、余弦变换、双曲线变换等。

仿真数学函数存放在 Simulation Math Function.IntLib 仿真库中，只需要把相应的函数功能模块放到仿真原理图中需要进行信号处理的地方即可，仿真参数不需要用户自行设置。

如图 14.25 所示是对两个节点电压信号进行相加运算的 ADDV (仿真数学函数)。

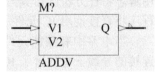
图 14.25

## 14.4.4　实例——电源电路的仿真分析

具体的设计步骤如下。

**Step 1** 新建项目。启动 Altium Designer 16.0，选择菜单栏中的 File(文件) → New(新建) → Project(项目)命令，创建一个 PCB 项目文件，此时弹出 New Project(新建项目)对话框，在 Project Types(项目类型)中选择 PCB Project(PCB 项目)，在 Project Templates(项目模板)中选择图纸为 Default(默认)，在 Name(名称)文本框中填写"电源电路"，单击 OK(确定)按钮完成。

**Step 2** 选择菜单栏中的 File(文件) → New(新建) → Schematic(原理图)命令。在 Projects (项目)面板的 Sheet1.SchDoc 项目文件上右击，在弹出的右键快捷菜单中，用与保存项目文件同样的方法，将该原理图文件另存为"电源电路.SchDoc"。保存后，Projects(项目)面板中将显示出用户设置的名称。

**Step 3** 设置图纸参数。选择菜单栏中的 Design(设计) → Document Options(文档选项)命令，或者在编辑窗口内单击鼠标右键，从弹出的快捷菜单中选择 Options(选项) → Document Options(文档选项)命令或 Sheet(图纸)命令，弹出 Document Options(文档选项)对话框，在此对话框中，对图纸参数进行设置。这里，我们图纸的尺寸设置为 A4，放置方向设置为 Landscape(横向)，图纸标题栏设为 Standard(标准)，其他采用默认设置，单击 OK(确定)按钮，完成图纸属性的设置。

**Step 4** 查找元器件，并加载其所在的库。打开 Libraries(元件库)面板，单击 Libraries(元件库)按钮，在弹出的查找元器件对话框中输入"VSIN"，单击 Search(查找)按钮后，系统开始查找此元器件。查找到的元器件将显示在 Libraries(元件库)面板中。单击 Place VSIN(放置 VSIN)按钮，然后将光标移动到工作窗口。

**Step 5** 用同样的方法查找其他元件。在其他的元件库中找出需要的另外一些元件，然后将它们都放置到原理图中，再对这些元件进行布局，布局的结果如图 14.26 所示。

**Step 6** 连接线路。布局好元件后，下一步的工作就是连接线路。从菜单栏中选择 Place(放置) → Wire(导线)命令或者单击工具栏中的 ≈ 按钮，执行连线操作，单击 Wiring(连线)工具栏中的 ⏚(接地符号)按钮，进入接地放置状态，同样绘制网络标签标号 IN 和 OUT。连接好的电路原理图如图 14.27 所示。

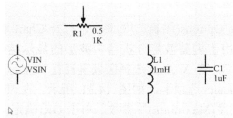

图 14.26                                    图 14.27

**Step 7** 设置元件的仿真参数。信号源为正弦信号源，它的频率为 60Hz，选择菜单栏中的 Design(设计) → Simulate(仿真) → Mixed Sim(混合仿真)命令，打开 Analyses Setup(分析设置)对话框，然后在其中对仿真原理图进行瞬态分析，其仿真参数的设置如图 14.28 所示。单击 OK(确定)按钮进行仿真，生成瞬态仿真分析波形，如图 14.29 所示。

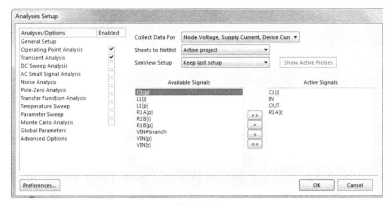

图 14.28

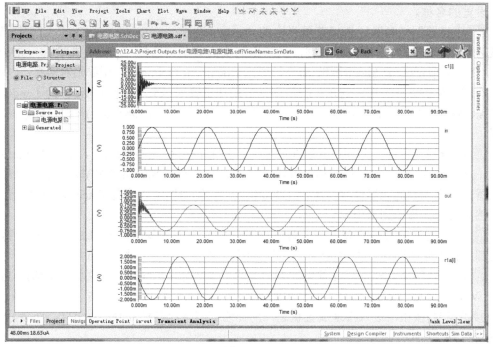

图 14.29

**Step 8** 选择菜单栏中的 Chart(图表) → Chart Options(图表选项)命令，打开 Chart Options (图表选项)对话框，如图 14.30 所示。该对话框用于调整波形分析器中波形的显示结果。在 Chart 选择区域里的文本框中输入要修改的曲线名称，在 X Axis 选择区域里设置 X 坐标轴的标志(Label)和单位(Units)，单击 Scale 标签切换到 Scale 选项卡，如图 14.31 所示。在该选项卡中，设置 X 坐标轴的最小刻度(Minimum)和最大刻度(Maximum)等参数。单击 OK(确定)按钮，退出对话框。

图 14.30

图 14.31

**Step 9** 波形的运算。可以根据需要，对生成的波形进行各种与或等逻辑运算。选择 Plot(绘制) → New Plot(新绘制)命令，打开 Plot Wizard - Step 1 of 3 - Plot Title(绘制向导-步骤 1-绘制主题)对话框，在该对话框中输入新建波形的名称，如图 14.32 所示，单击 Next(下一步)按钮，进入波形的显示方式设置步骤，如图 14.33 所示。在这一步中，设置波形的显示方式。

图 14.32

图 14.33

**Step 10** 添加要进行运算的波形。继续单击 Next(下一步)按钮进入下一步设置。在这一步中，如图 14.34 所示，单击 Add(添加)按钮，打开 Add Wave To Plot(添加波形以绘制)对话框，如图 14.35 所示。在该对话框左侧的列表框中，选择要进行运算的波形，然后在对话框右侧的列表框中选择运算的方法，这样就可以在 Expression(表达式)文本框中列出所编辑的算术公式。

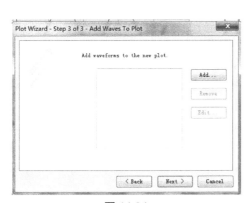

图 14.34

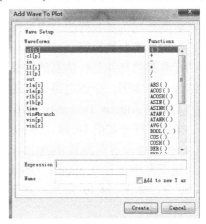

图 14.35

**Step 11** 在 Waveforms(波形)中选择 c1[p]，单击 Create(创作)按钮返回第三步设置界面，如图 14.36 所示，单击 Next(下一步)按钮，进入到最后一个步骤，如图 14.37 所示。单击 Finish(完成)按钮，可以创建一个新的波形。

图 14.36

图 14.37

**Step 12** 新建的波形如图 14.38 所示。

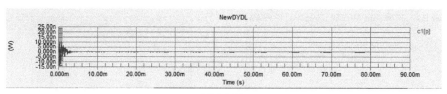

图 14.38

Step 13 保存文件(快捷键 Ctrl+S)。

# 14.5 电路仿真的基本方法

在学习前面关于电路仿真的基本知识后，对多谐振荡器电路进行仿真。电路仿真的一般步骤如下。

(1) 找到仿真原理图中所有需要的仿真元件，如果仿真元件库中没有所用的元件，必须事先建立其仿真库文件，并添加仿真模型。

(2) 进行仿真元件的放置和电路的连接，并且添加激励源。

(3) 在需要绘制仿真数据的节点处添加网络标号。

(4) 进行仿真器参数设置。

(5) 进行电路仿真并分析仿真的结果。

下面结合一个实例，介绍电路仿真的基本方法和操作步骤。

Step 1 启动 Altium Designer 16.0，打开本书下载资源中的"\ch14\14.5\自激多谐振荡器.PrjPcb"文件，打开如图 14.39 所示的电路原理图。

Step 2 在电路原理图编辑环境中，激活 Projects(项目)面板，右击面板中的电路原理图，在弹出的快捷菜单中选择 Compile Document 自激多谐振荡器.SchDoc(编译文件自激多谐振荡器.SchDoc)命令，如图 14.40 所示。选择该命令后，将自动检查原理图文件是否有错，如有错误，应该予以纠正。

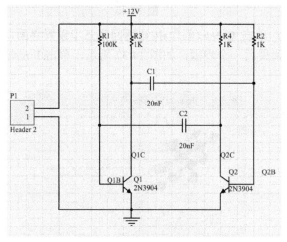

图 14.39

图 14.40

Step 3 激活 Libraries(元件库)面板，单击其中的 Libraries(元件库)按钮，系统将会弹出 Available Libraries(可用元件库)对话框。单击 Install(安装)按钮，在弹出的"打开"对话框中，选择安装目录 D:\Users\Public\Documents\Altium\AD16\Library\Simulation 中所有的仿真库，具体如图 14.41 所示，单击"打开"按钮，完成仿真库的添加。

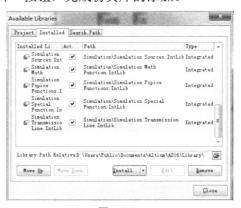

图 14.41

 注意

　　如果没有激励源，可以在 Libraries(元件库)面板中选择 Simulation Sources.IntLib 集成库，该仿真库包含了各种仿真电源和激励源。选择名为 VSIN 的激励源，然后将其拖到原理图编辑区中，选择放置导线工具，将激励源和电路连接起来，并接上电源地。

Step 4 添加一个+12V 的电压源 V1。单击 Utility 工具栏中的工具按钮，打开如图 14.42 所示的仿真电源工具栏，在工具栏中单击+12V 电压源工具按钮，在工作区放置一个+12V 的电压源，完成后如图 14.43 所示，连接电路，并放置网络标号：Q1B、Q1C、Q2B、Q2C。

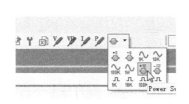

图 14.42

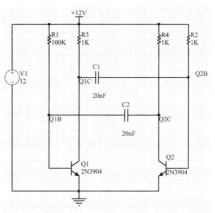

图 14.43

Step 5 选择菜单栏中的 Design(设计) → Simulate(仿真) → Mixed Sim(混合仿真)命令，打开 Analyses Setup(分析设置)对话框，在 Collect Data For(收集数据)栏，从列表中选择 Node Voltage，SupplyCurrent，Device Current and Power(节点电压，电源电流，设备电流和电源)。双击 Q1B、Q1C、Q2B、Q2C，把它们添加到 Active Signals 内，勾选 Operating Point Analysis(工作点分析)和 Transient Analysis(瞬态分析)，其仿真参数的设置如图 14.44 所示。单击 OK(确定)按钮进行仿真，生成瞬态仿真分析波形，如图 14.45 所示。

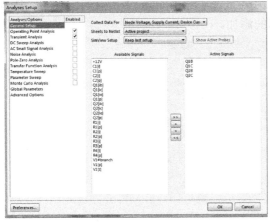

图 14.44

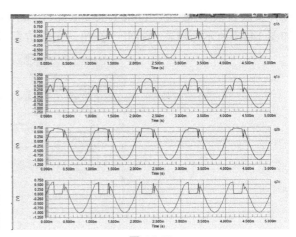

图 14.45

Step ⑥ 保存文件(快捷键 Ctrl+S)。

# 14.6 综合实例

本节通过两个实例,来说明电路仿真的具体步骤,包括混合信号仿真、数字信号仿真。

## 14.6.1 实例——混合信号仿真

混合信号仿真是在原理图的环境下进行功能仿真的,具体步骤如下。

Step ① 打开本书下载资源中的源文件"\ch14\14.6.1\混合信号仿真电路.PrjPcb",选择原理图文件,使其处于当前的工作窗口中,如图 14.46 所示。

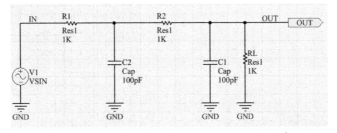

图 14.46

Step ② 选择菜单栏中的 Project(项目) → Compile PCB Project 混合信号仿真电路.PrjPCB (编译 PCB 项目混合信号仿真电路.PrjPCB)命令,系统编译设计项目。编译结束后打开 Messages (信息)面板,查看有无错误信息,若有,则修改电路原路图。

Step ③ 选择菜单栏中的 Design(设计) → Simulate(仿真) → Mixed Sim(混合仿真)命令,打开 Analyses Setup(分析设置)对话框,在 Collect Data For 栏从下拉列表中选择 Node Voltage,Supply Current,Device Current and Power(节点电压,电源电流,设备电流和电源)。双击 IN、OUT,把它们添加到 Active Signals(激活信号)内,如图 14.47 所示。勾选 Operating Point Analysis(工作点分析)和 Transient Analysis(瞬态分析),Transient Analysis(瞬态分析)仿真参数的设置如图 14.48 所示。

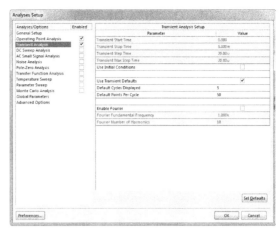

图 14.47　　　　　　　　　　　　　　　图 14.48

**Step 4** 单击 OK(确定)按钮进行仿真，生成瞬态仿真分析波形，如图 14.49 所示。

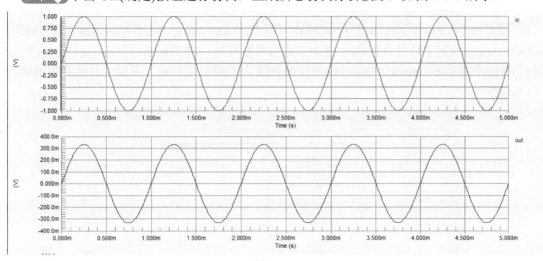

图 14.49

**Step 5** 保存文件。

## 14.6.2　实例——数字电路仿真

数字电路仿真的具体步骤如下。

**Step 1** 打开本书下载资源中的源文件"\ch14\14.6.2\数字电路仿真电路.PrjPcb"，选择原理图文件，使之处于当前的工作窗口中，如图 14.50 所示。

**Step 2** 选择菜单栏中的 Project(项目) → Compile PCB Project 混合信号仿真电路.PrjPCB (编译 PCB 项目混合信号仿真电路.PrjPCB)命令，系统编译设计项目。编译结束后打开 Message(信息)面板，查看有无错误信息。

**Step 3** 选择菜单栏中的 Design(设计) → Simulate(仿真) → Mixed Sim(混合仿真)命令，打开 Analyses Setup(分析设置)对话框，在 Collect Data For(收集数据)栏从下拉列表中选择 Node Voltage，Supply Current，Device Current and Power(节点电压，电源电流，设备电流和电源)。

双击 CLK、Q1、Q2、Q3、Q4，把它们添加到 Active Signals 内，如图 14.51 所示。

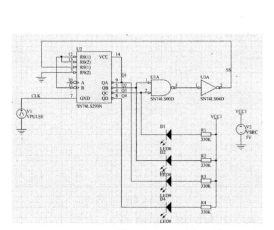

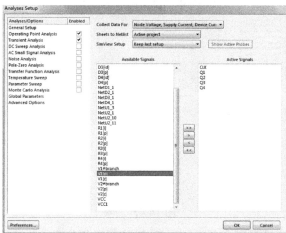

图 14.50                     图 14.51

**Step 4** 在 Analyses/Options(分析/选项)栏中，选择 Operating Point Analysis(工作点分析)、Transient Analysis(瞬态特性分析)项，并对其进行参数设置。将 Transient Analysis Setup(瞬态分析设置)界面中的 Use Transient Defaults(使用瞬态默认值)项取消勾选，并默认其他参数设置，如图 14.52 所示。

图 14.52

**Step 5** 设置完毕后，单击 OK(确定)按钮进行仿真，结果如图 14.53 所示。从流过电源 V2、二极管和电阻的电流波形可以看出很多尖峰，由于实际电源具有内阻，所以这些电流尖峰会引起尖峰电压，尖峰电压会干扰弱电信号，当频率很高时，还会出现向外发射的电磁波，引起电磁兼容性的问题。

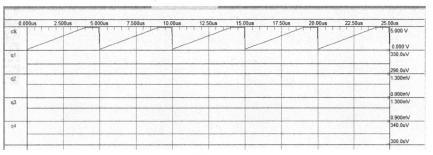

图 14.53

Step 6 保存文件(快捷键 Ctrl+S)。

# 第15章

## 单片机实验板电路图的设计

单片机实验板是学习单片机时必备的工具之一，本章介绍实验板电路，以供读者学习，如图 15.1 所示。

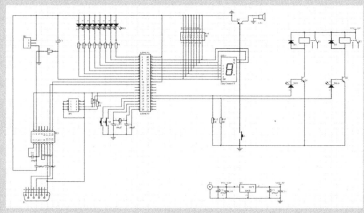

图 15.1

本章的设计主要内容包括原理图绘制、PCB 电路板的设计、生成 PCB 报表文件以及修改元件的方法等。

## 15.1 新建工程

Step ① 新建项目。启动 Altium Designer 16.0，选择菜单栏中的 File(文件) → New(新建) → Project(项目)命令，创建一个 PCB 项目文件，如图 15.2 所示，此时弹出 New Project(新建项

目)对话框，如图 15.3 所示。在 Project Types(项目类型)中选择 PCB Project(PCB 项目)，在 Project Templates(项目模板)中选择图纸为 Default(默认)，在 Name(名称)文本框中填写"单片机实验板"，单击 OK (确定)按钮完成。

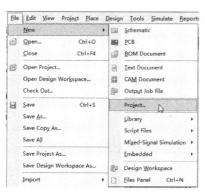

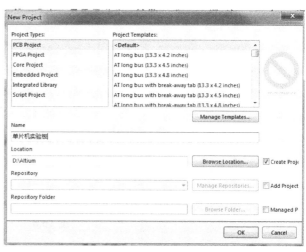

图 15.2            图 15.3

**Step 2** 选择菜单栏中的 File(文件) → New(新建) → Schematic(原理图)命令，如图 15.4 所示。在 Projects(项目)面板的 Sheet1.SchDoc 项目文件上右击，从弹出的右键快捷菜单中保存项目文件，将该原理图文件另存为"单片机实验板.SchDoc"。保存后，Projects(项目)面板中将显示出用户设置的名称，如图 15.5 所示。

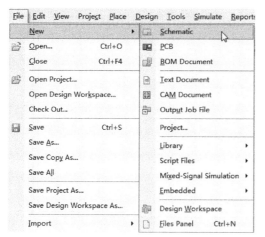

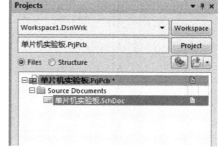

图 15.4            图 15.5

**Step 3** 原理图图纸设置，选择菜单栏中的 Design(设计) → Document Options(文档选项)命令，或者在编辑区内单击鼠标右键，在弹出的快捷菜单中选择 Options(选项) → Document Options(文档选项)命令，弹出如图 15.6 所示的 Document Options(文档选项)对话框。在该对话框中，可以对图纸进行设置，在 Standard styles(标准风格)下拉列表框中选择 A4 图纸选项，放置方向设置为 Landscape(横向)，图纸标题栏设为 Standard(标准)，其他采用默认设置，单击 OK(确定)按钮，完成图纸属性的设置，图纸如图 15.7 所示。

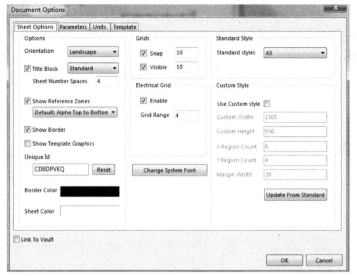

图 15.6

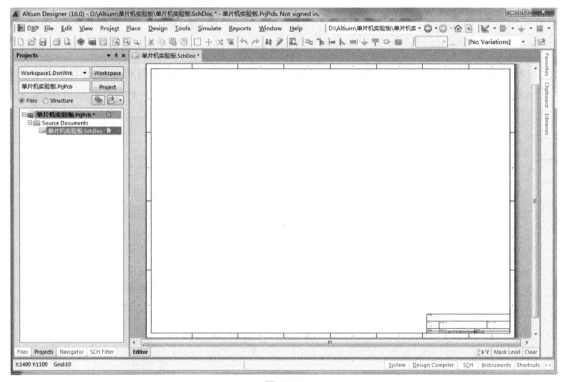

图 15.7

## 15.2 载入元器件

　　原理图上面的元件要从添加的元件库中选定和设置，先要添加元件库或是查找元器件。系统默认地已经装入了两个常用库，分别是常用插接元件库(Miscellaneous Connectors.IntLib)、常用电气元件库(Miscellaneous Devices.IntLib)，如果还需要其余的元件库，则需要提前装入。

**Step 1** 载入/查找元器件。加载元件库时选择 Design(设计) → Add/Remove Library(添加/移去库)菜单命令，打开 Available Libraries(现有库)对话框，然后在其中加载需要的元件库，如图 15.8 所示。或者打开 Libraries(元件库)面板，在当前元器件库名称栏中选择 Miscellaneous Connectors.IntLib，然后在元件过滤栏的文本框中输入"Header 3"，在元件列表中查找插头，并将查找所得电阻放入原理图中，元器件将会显示在 Libraries 面板中，具体如图 15.9 所示。在元器件列表中选择一个 Header 3(插头)进行放置，单击 Place Header 3(放置 Header 3)按钮，然后将光标移动到工作窗口，如图 15.10 所示。

**Step 2** 采用同样的方法，选择 Miscellaneous Devices.IntLib 元件库，放置发光二极管 LED3、电阻 Res2、排阻 Res Pack3、晶振 XTAL、电解电容 CapP013、无极性电容 Cap，以及 PNP 和 NPN 晶体管、多路开关 SW-PB、蜂鸣器 Speaker、继电器 Relay-SPDT 和按键 SW-PB 等，如图 15.11 所示。

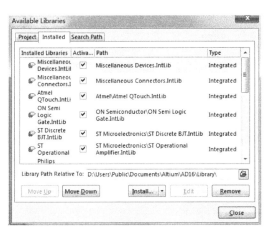

图 15.8

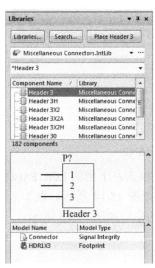

图 15.9

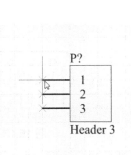

图 15.10

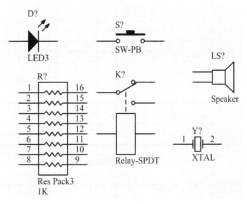

图 15.11

**Step 3** 采用同样的方法，选择 Miscellaneous Connectors.IntLib 元件库，放置 Header 3 插头、8 针双排插头 Header 8×2、4 针双排插头 Header 4×2、串口接头 D Connector 9 和 BNC 接头，如图 15.12 所示。

**Step 4** 由于选择的 D Connector 9(串口接头)为 11 针，而本例中只需要 9 针，所以需要稍加修改。双击串口接头，弹出如图 15.13 所示的 Properties for Schematic Component in Sheet(元件属性)对话框。

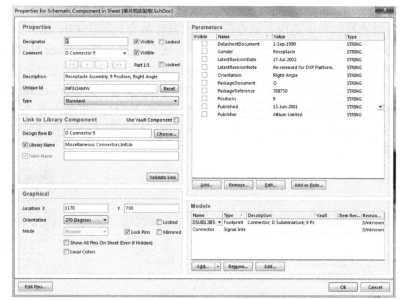

图 15.12          图 15.13

**Step 5** 单击左下角的 Edit Pins(编辑引脚)按钮，弹出 Component Pin Editor(元件引脚编辑器)对话框，如图 15.14 所示。取消选中第 10 和 11 管脚的 Show(显示)属性，单击 OK(确定)按钮，修改后的串口如图 15.15 所示。

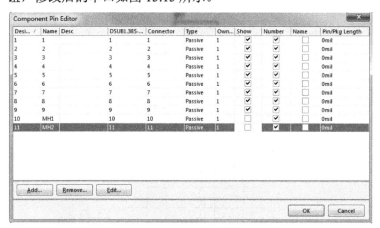

图 15.14

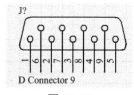

图 15.15

**Step 6** 对 Header 8×2(8 针双排插头)进行修改。双击元件，弹出如图 15.16 所示的对话框，再单击其中的 Edit Pins(编辑引脚)按钮，将会弹出 Component Pin Editor(元件引脚编辑器)对话框，如图 15.17 所示。将光标停在第一管脚处，表示选中此脚，然后单击 Edit(编辑)按钮，弹出 Pin Properties(管脚属性)对话框，如图 15.18 所示。单击 Outside Edge(外边缘)下拉列表，选择 Dot(节点)，单击 OK(确定)按钮保存修改。以同样的过程修改其他管脚。

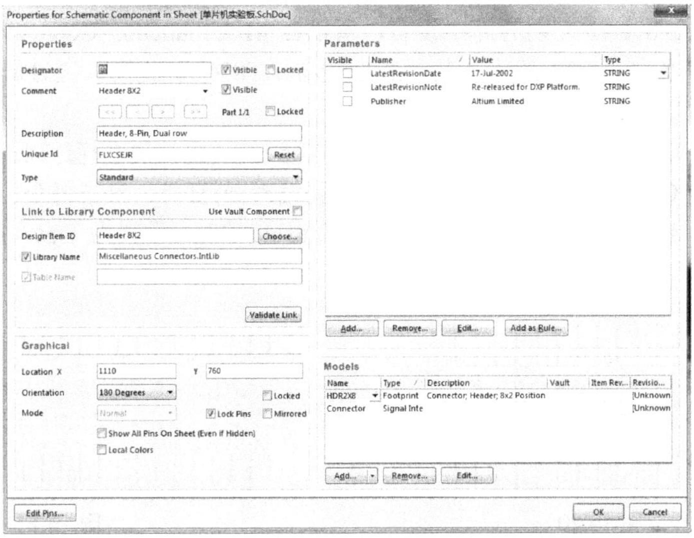

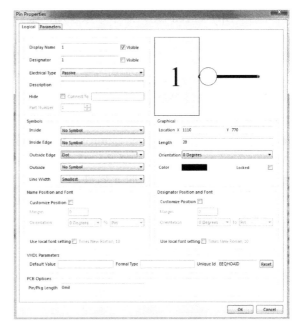

图 15.16

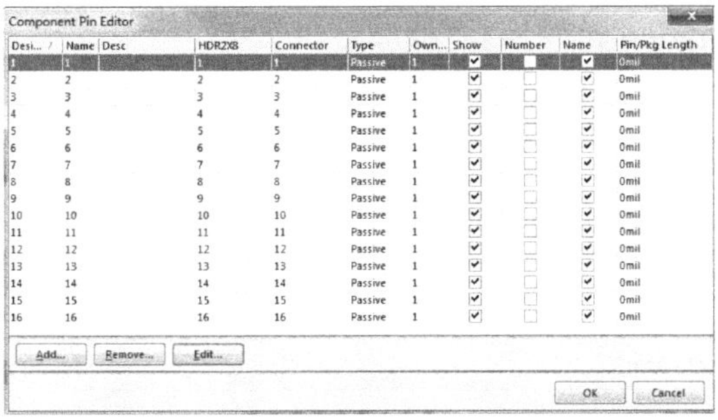

图 15.17　　　　　　　　　　　　　　图 15.18

Step 7 修改后的 Header 4×2(4 针双排插头)和 Header 8×2(8 针双排插头)如图 15.19 所示。

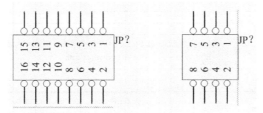

图 15.19

**Step 8** 由于 AT89C51 在现有库中没有，所以在 Miscellaneous Connectors.IntLib 元件库中选择 MHDR2X20，如图 15.20 所示。其封装形式与 AT89C51 相同，通过属性编辑，可以设计成所需要的 AT89C51 芯片，修改方法如下。

**Step 9** 双击 MHDR2X20，出现 Component Properties(元件属性)窗口后，单击 Edit Pins(编辑引脚)按钮，弹出 Component Pin Editor(元件引脚编辑器)窗口，单击每个引脚的 Name 属性，把引脚顺序改成与 AT89C51 一致，并且将引脚 Outside Edge 设置为 Dot。修改后的 AT89C51 如图 15.21 所示。

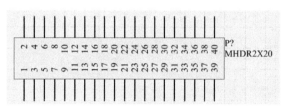

图 15.20

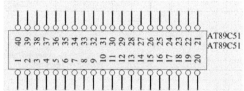

图 15.21

**Step 10** 在 Miscellaneous Devices.IntLib 元件库中选择七段数码管，选择 Dpy Green-CC，对于本原理图，数码管上的 GND(接地)和 NC 引脚不必显示出来。双击元件，在"引脚属性"窗口中取消 9 脚和 10 脚的 Show(显示)属性的选择，修改后的数码管如图 15.22 所示。修改后，把数码管放置到原理图中，共两个。

**Step 11** 已知 L7805CV 元器件在 ST Power Mgt Voltage Regulator. IntLib 库中。或者打开 Libraries 面板，如图 15.23 所示，然后单击 Search(查找)按钮，在弹出的 Libraries Search(库查找)对话框中，输入 "L7805CV"，如图 15.24 所示。单击 Search(查找)按钮后，系统开始查找此元器件。查找到的元器件将显示在 Libraries(元件库)面板中，如图 15.25 所示。单击右上角的 Place L7805CV(放置 L7805CV)按钮，然后将光标移动到工作窗口，将其放置到原理图中，如图 15.26 所示。

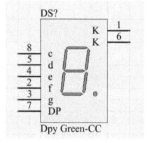

图 15.22

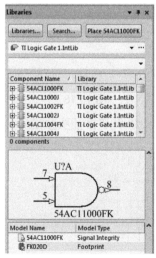

图 15.23

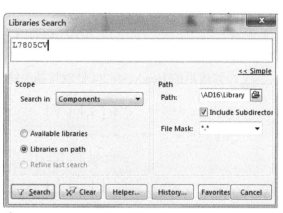

图 15.24

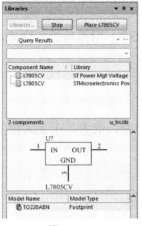

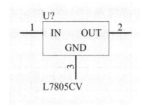

图 15.25　　　　　　　　　　　　　　　　　　　图 15.26

## 15.3　原理图输入

将所需的元件库装入工程后，进行原理图的输入。原理图的输入部分首先要进行元件的放置和元件布局。在放置过程中，选择一个电阻，按 Tab 键，在弹出的 Properties for Schematic Component in Sheet(原理图元件属性)对话框中修改元件属性。将 Designator(指示符)设为 R1，选择 Value (值)，单击 Remove(移除)按钮移除，参数设置如图 15.27 所示。

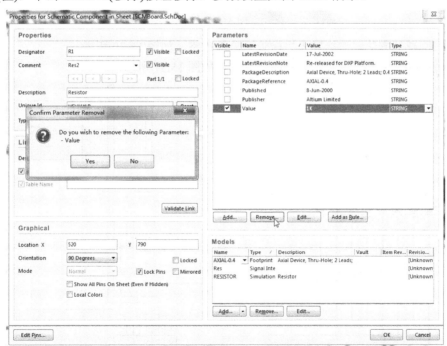

图 15.27

用同样的方法设置其他元器件。

### 15.3.1 元件布局

进行元器件布局。按照电路中元件的大概位置摆放元件。用拖动的方法来改变元件的位置，如果需要改变元件的方向，则可以按空格键。

### 15.3.2 元件手工布线

**Step 1** 选择菜单栏中的 Place(放置) → Wire(导线)命令，或者单击工具栏中的 ≈ 按钮，执行连线操作。连接好的电源电路原理图如图 15.28 所示。

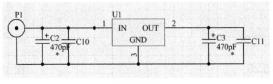

**图 15.28**

**Step 2** 单击 Wiring(连线)工具栏中的 ⏚(接地符号)和 ⏀ (电源符号)按钮，放置接地和电源，如图 15.29 所示。

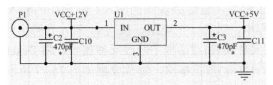

**图 15.29**

**Step 3** 同样的方法，连接发光二极管部分的电路，如图 15.30 所示。

**Step 4** 连接与发光二极管相邻的串口部分，如图 15.31 所示。

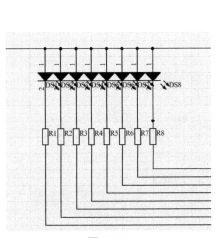

**图 15.30**

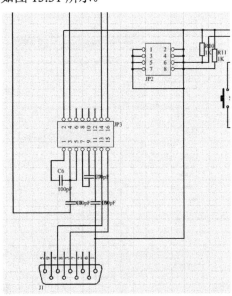

**图 15.31**

Step 5 连接与串口和发光二极管都有电气连接关系的红外接口部分，如图 15.32 所示。

Step 6 连接晶振和开关电路，如图 15.33 所示。

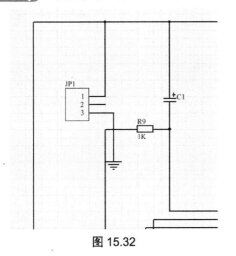

图 15.32

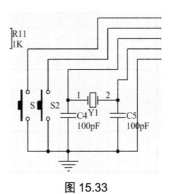

图 15.33

Step 7 连接蜂鸣器和数码管部分电路，如图 15.34 所示。

Step 8 连接继电器部分电路，如图 15.35 所示。

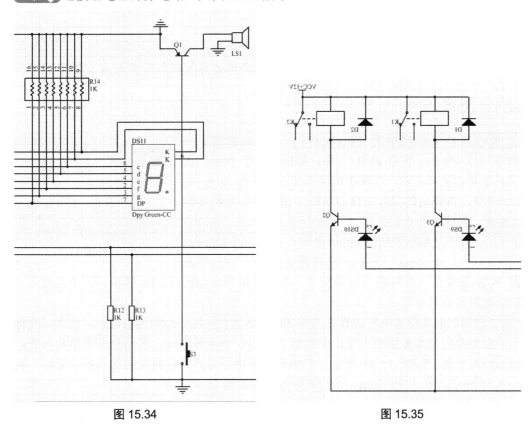

图 15.34

图 15.35

Step 9 完成其他部分电路。把各分部分电路按照要求组合起来，如图 15.36 所示。

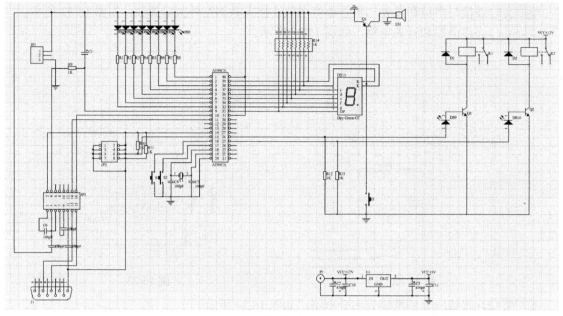

**图 15.36**

# 15.4 PCB 设计

本节主要进行网络表的导入工作，将原理图的网络表导入到当前的 PCB 文件中。

## 15.4.1 准备工作

**Step 1** 选择菜单栏中的 File(文件) → New(新建) → PCB(PCB 文件)命令，新建 PCB 文件，如图 15.37 所示。在 PCB 文件上单击鼠标右键，在弹出的快捷菜单中选择 Save As (另存为)命令，在弹出的保存文件对话框中输入"单片机实验板"文件名，并保存在指定位置。

**Step 2** 选择菜单栏中的 Design(设计) → Board Options (板选项)命令，打开 Board Options(板选项)对话框，在对话框

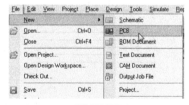

**图 15.37**

中设置 PCB 设计的工作环境，包括尺寸、各种栅格等，如图 15.38 所示。完成设置后，单击 OK(确定)按钮退出对话框。

**Step 3** 规定电路板的电气边界。选择 Place(放置) → Line(线)菜单命令，此时，光标变成十字形，用与绘制导线相同的方法，在图纸上绘制一个矩形区域，然后双击所绘制的线，打开 Track(轨迹)对话框，如图 15.39 所示。在该对话框中，通过其设置直线的起始点坐标，设定该区域长为 6500mil，宽为 3000mil。得到的矩形区域如图 15.40 所示。

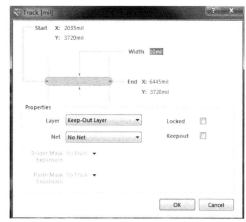

图 15.38                              图 15.39

图 15.40

## 15.4.2 资料转移

**Step 1** 选择菜单栏中的 Project(项目) → Compile PCB Project 单片机实验板.PrjPCB(编译 PCB 项目单片机实验板.PrjPCB)命令，系统编译设计项目，如图 15.41 所示。编译结束后，打开 Messages 面板，查看有无错误信息，若有，则修改电路原路图。

**Step 2** 选择菜单栏中的 Design(设计) → Update PCB Document 单片机实验板.PcbDoc(更新 PCB 文件单片机实验板.PcbDoc)命令，如图 16.42 所示。系统将对原理图和 PCB 图的网络报表进行比较，并弹出 Engineering Change Order(工程变更规则)对话框，单击 Validate Changes(确认变更)按钮，系统将扫描所有的改变，看能否在 PCB 上执行所有的改变。随后，在每一项所对应的 Check(检查)栏中将显示 ⊘(正确)标记，说明这些改变都是合法的，如图 15.43 所示。反之说明此改变是不可执行的，需要回到以前的步骤中进行修改，然后重新进行更新。

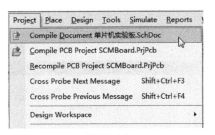

图 15.41

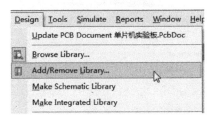

图 15.42

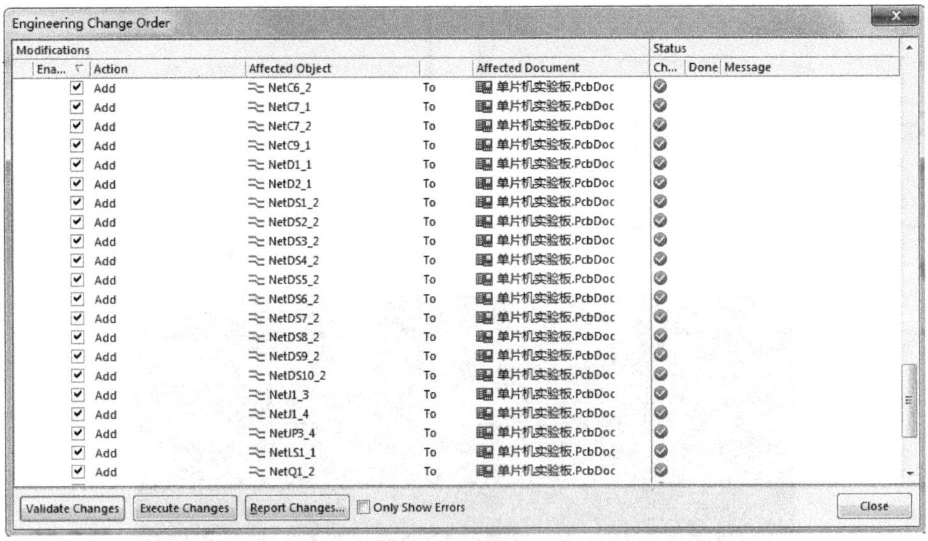

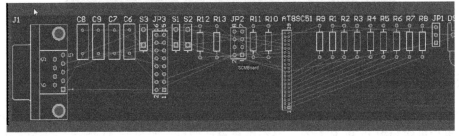

图 15.43

**Step 3** 进行合法性校验后，单击 Execute Changes(执行变更)按钮，系统将完成网络表的导入，同时，在每一项的 Done(完成)栏中显示标记，提示导入成功，结果如图 15.44 所示。

图 15.44

## 15.4.3　零件布置

元器件布局。在编辑窗口中显示整个 PCB 和所有元器件，将 Room(空间)整体拖至 PCB 板的上面。手工调整所有元器件，用拖动的方法来移动元件的位置，为了使多个电阻摆放整齐，可以将需要对齐的封装全部选中，然后单击 Align(对齐)按钮，使元件对齐。PCB 布局完成后的效果如图 15.45 所示。

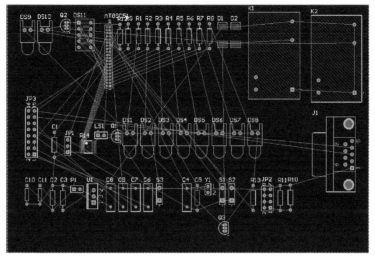

图 15.45

## 15.4.4 网络分类

采用单层板布线，步骤如下。

**Step 1** 选择菜单栏中的 Design(设计) → Rules(规则)命令，在弹出的对话框中从左侧选取 Routing(布线)下的 Routing Layers(布线层)项，再选取 RoutingLayers(布线层)子项，则对话框右边列出该设计规则的属性，如图 15.46 所示。

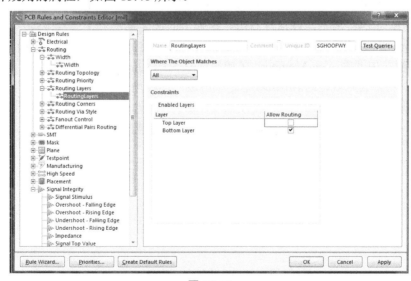

图 15.46

**Step 2** 单层板只在底层布线，而顶层不走线。取消选中 Top Layer(顶层)右边的选项以禁止顶层走线，单击 OK(确定)按钮关闭该对话框。

**Step 3** 选择菜单栏中的 Design(设计) → Classes(类)命令，弹出如图 15.47 所示的 Object Class Explorer(目标类浏览器)对话框。

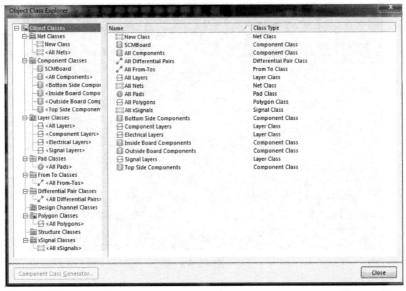

图 15.47

Step ④ 在 Net Classes(网络类)里只有<All Nets>(全部网络)一项,表示目前没有任何网络分类。以光标指向 Net Classes(网络类)项并右击,弹出快捷菜单,如图 15.48 所示,从中选取 Add Class(添加类)命令,则在此类里将新增一项分类 New Class(新增类),同时进入其属性界面,如图 15.49 所示。

Step ⑤ 如图 15.48 所示,以鼠标右击,在弹出的快捷菜单中选取 Rename Class(重命名类)命令,即可输入新的分类名称(Power)。紧接着在中间的 Non-Members 区域里选取 GND(接地)

图 15.48

项,再按 ▷ 按钮将它放入右边的 Members(成员)区域;同样地,在中间的区域里选取 VCC(电源)项,再按 ▷ 按钮将它放入右边的区域中,单击 Close(关闭)按钮关闭对话框,如图 15.50 所示。

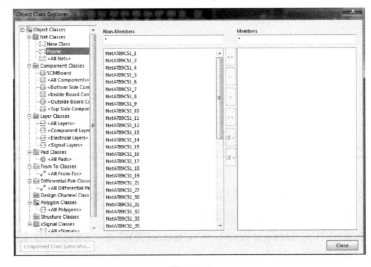

图 15.49

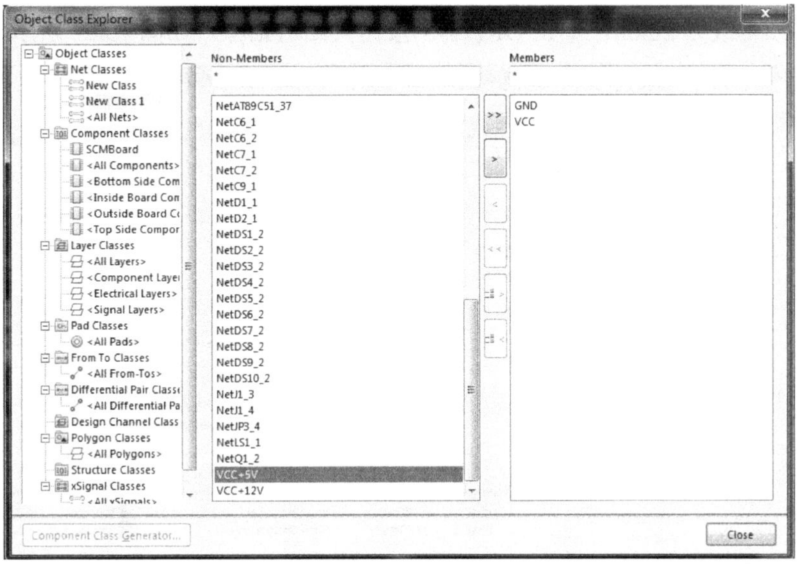

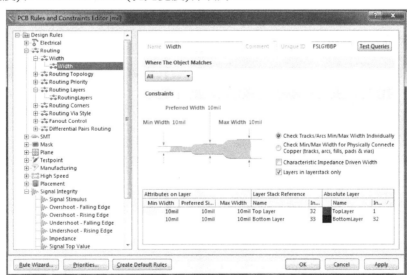

图 15.50

## 15.4.5 布线

**Step 1** 选择菜单栏中的 Design(设计) → Rules(规则)命令，在随后出现的对话框中切换到 Routing(布线)部分，选取 Width(宽度)项里的 Width(宽度)设计规则，如图 15.51 所示。将 Max Width(最大宽度)和 Preferred Width(优先宽度)都改为 16mil。

图 15.51

**Step 2** 选择 Width(宽度)项，单击鼠标右键，在弹出的快捷菜单中选择 New Rule(新建规则)命令，即可产生 Width_1，选取这一项。

**Step 3** 在 Name(名称)字段里，将此设计规则的名称改为"电源线线宽"，选取 Net Class (网络类)选项，在字段里指定适用对象为 Power 网络分类；将 Max Width(最大宽度)与 Preferred

Size(优先尺寸)项都改为 20mil，单击 OK(确定)按钮关闭对话框，如图 15.52 所示。

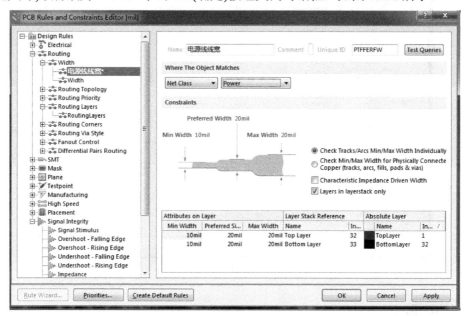

图 15.52

Step 4 选择前面的单片机电路，选择菜单栏中的 Auto Route(自动布线) → All(全局)命令，即可打开布线策略对话框，在该对话框中，可以设置自动布线策略，如图 15.53 所示。

Step 5 选择一项布线策略，然后单击 OK(确定)按钮，即可进入自动布线状态。这里选择系统默认的 Default 2 Layer Board(默认的 2 层板)策略。布线过程中将自动弹出 Messages(信息)面板，提供自动布线的状态信息，如图 15.54 所示。

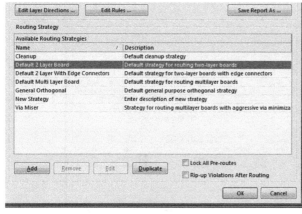

图 15.53                                         图 15.54

Step 6 全局布线后的 PCB 如图 15.55 所示。

Step 7 选择菜单栏中的 Tool(工具) → Legacy Tools(遗留工具) → Legacy 3D View(遗留 3D 显示)命令，查看 3D 效果图，检查布局是否合理，如图 15.56 所示。

Step 8 对布线不合理的地方进行手工调整。

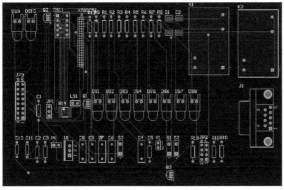

图 15.55

图 15.56

## 15.5 生成报表文件

**Step 1** 选择菜单栏中的 Reports(报告) → Bill of Materials(材料清单)命令，系统弹出相应的元件报表对话框，如图 15.57 所示。在该对话框中，可以对要创建的元件报表进行选项设置。左边有两个列表框，它们的含义不同。

图 15.57

**Step 2** 单击对话框中的 Export(输出)按钮，弹出 Export For(输出于)对话框。选择保存类型和保存路径，保存文件即可，如图 15.58 所示。

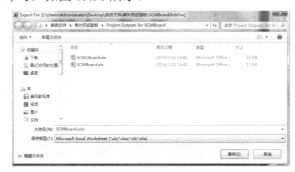

图 15.58

**Step 3** 生成的报表文件如图 15.59 所示。

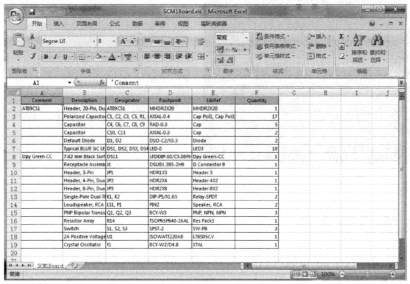

图 15.59

# 第16章

## 报警器电路的设计

本设计为停电报警器，又称为断电拨号报警器、停电拨号报警器、断电自动拨号报警器。该设备与被监测的电力线电源连接，当电源断电(停电)时，通过停电报警器内置的手机卡发送短信和拨号给值班人员，接警人员接到电话和短信后，可确定何处断电(停电)，实现设备的电源一有故障就立即通知有关人员的目的，以便及时处理。

本章主要设计停电报警器，包括停电报警器原理图的绘制方法、如何查找元器件、导入报表、PCB布局、三维显示等。

### 16.1 电路分析

本例中要设计的是一个无源型停电报警器电路。本报警器需要备用电池，当220V交流电网停电时，它就会发出报警声。在本例中，将完成电路原理图和PCB电路板的设计。

### 16.2 报警器电路原理图的设计

停电报警器电路原理图具体的设计步骤如下。

Step 1 新建项目。启动Altium Designer 16.0，选择菜单栏中的File(文件) → New(新建) → Project(项目)命令，创建一个PCB项目文件，此时弹出New Project(新建项目)对话框，在Project Types(项目类型)中选择PCB Project(PCB项目)，在Project Templates(项目模板)中选择图纸为Default(默认)，在Name(名称)文本框中填写"停电报警器"，如图16.1所示，单击OK(确定)按钮完成。

**Step 2** 选择菜单栏中的 File(文件) → New(新建) → Schematic(原理图)命令，在 Projects (项目)面板的 Sheet1.SchDoc 项目文件上右击，从弹出的右键快捷菜单中保存项目文件，将该原理图文件另存为"停电报警器.SchDoc"。保存后，Projects(项目)面板中将显示出用户设置的名称，如图 16.2 所示。

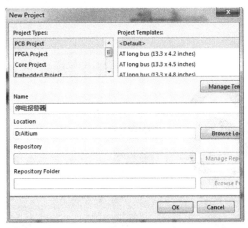

图 16.1           图 16.2

**Step 3** 原理图图纸的设置。选择菜单栏中的 Design(设计) → Document Options(文档选项)命令，或者在编辑区内单击鼠标右键，在弹出的快捷菜单中选择 Options(选项) → Document Options(文档选项)命令，弹出如图 16.3 所示的 Document Options(文档选项)对话框，在该对话框中，可以对图纸进行设置。在 Standard styles(标准风格)中选择 A4 图纸，放置方向设置为 Landscape(横向)，图纸标题栏设为 Standard(标准)，其他采用默认设置，单击 OK(确定)按钮，完成图纸属性的设置。

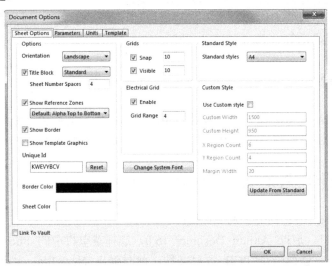

图 16.3

**Step 4** 查找元器件。加载元件库，选择菜单栏中的 Design(设计) → Add/Remove Library (添加/移去库)命令，打开 Available Libraries(现有的库)对话框，然后在其中加载需要的元件库。本实例中，54AC11000FK 元器件在 TI Logic Gate1 库中。或者打开 Libraries(元件库)面板，如图 16.4 所示。然后单击 Search(查找)按钮，在弹出的查找元器件对话框中输入"54AC11000FK"，如图 16.5 所示。单击 Search(查找)按钮后，系统开始查找此元器件。查找到的元器件将显示在 Libraries(元件库)面板中。单击 Place 54AC11000FK(放置 54AC11000FK)按钮，然后将光标移动到工作窗口。

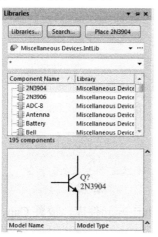

图 16.4

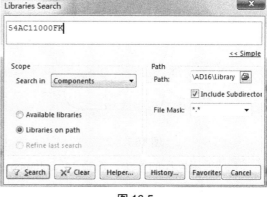

图 16.5

Step 5 在放置元件的过程中，按 Tab 键，在弹出的 Properties for Schematic Component in Sheet(原理图元件属性)对话框中修改元件属性。将 Designator(指示符)设为 U2，其他各项参数设置如图 16.6 所示。

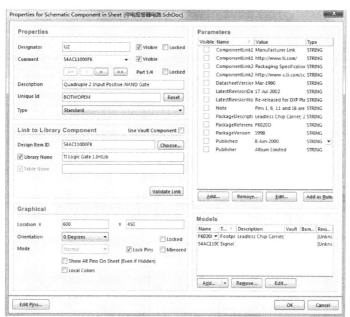

图 16.6

Step 6 本例中需要 4 个 54AC11000FK 元器件，按 Space(空格)键，翻转至如图 16.7 所示的角度。

Step 7 同样，在原理图设计页面打开 Libraries(元件库)面板，在当前元件库下拉列表中选择 Miscellaneous Devices.IntLib 元件库，然后在元件过滤栏的文本框中输入"*res1"，在元件列表中查找电阻，并将查找所得电阻放入原理图中，元器件将显示在 Libraries(元件库)面板中，如图 16.8 所示，单击 Place Res1(放置 Res1)按钮，然后将光标移动到工作窗口。

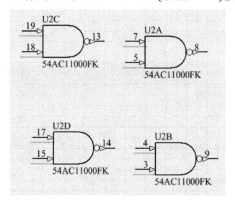

图 16.7　　　　　　　　　　　　　　　　　图 16.8

**Step 8** 采用同样的方法，选择 Miscellaneous Devices.IntLib 元件库，放置 Cap、Speaker、Optoisolator1、Diode、LED0、Bridge1。

**Step 9** 采用同样的方法，选择 Miscellaneous Connectors.IntLib 元件库，放置 Header 3(插头)，同时编辑元件属性。双击一个电阻元件，打开 Component Properties(元件属性)对话框，在 Designator(标示)文本框中输入元件的编号，并选中其后的 Visible(可视)复选框。在右边的参数设置区，将 Value(值)改为 2K，如图 16.9 所示。重复上面的操作，编辑所有元件的编号、参数值等属性，完成这一步的原理图如图 16.10 所示。

图 16.9

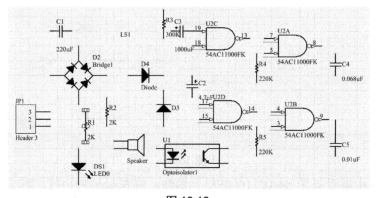

图 16.10

**Step 10** 元器件布局。按照电路中元件的大概位置摆放元件。用拖动的方法来改变元件的位置，如果需要改变元件的方向，则可以按空格键。布局的结果如图16.11所示。

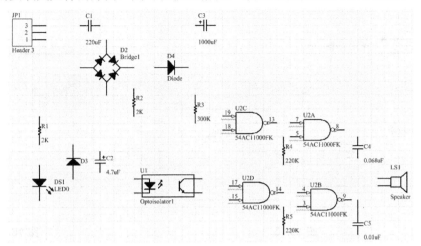

图 16.11

Step 11 连接线路。布局好元件后，下一步的工作就是连接线路。选择菜单栏中的 Place(放置) → Wire(导线)命令，或者单击工具栏中的 ⚞ 按钮，执行连线操作。连接好的电路原理图如图16.12所示。

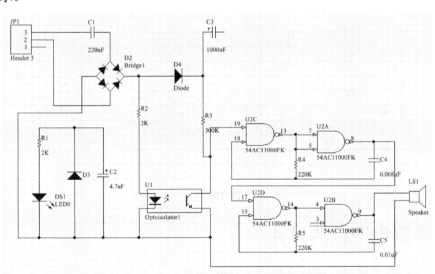

图 16.12

Step 12 单击 Wiring(连线)工具栏中的 ⏚(接地符号)按钮，进入接地放置状态，如图 16.13 所示。

Step 13 放置网络标签。单击工具栏中的 Net 按钮，光标变成十字形，此时按 Tab(切换)键，打开 Net Label(网络标签)对话框，在对话框的 Net(网络)文本框中输入网络标签名称"220V"，如图 16.14 所示。然后单击 OK(确定)按钮，这样，光标上便带着一个 220V 的网络标签虚影，移动光标到目标位置，单击鼠标左键，就可以将网络标签放置到图纸上。

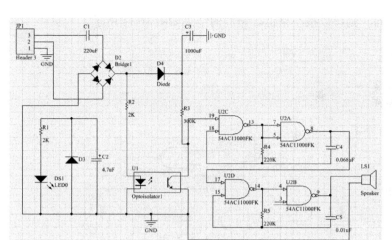

图 16.13                                                                  图 16.14

Step **14** 保存所完成的文件，整个停电报警器的原理图设计便完成了，如图 16.15 所示。

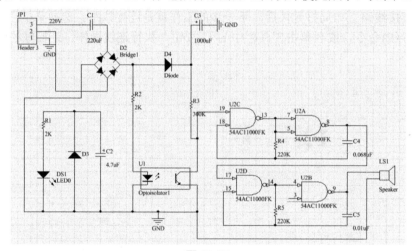

图 16.15

## 16.3 印制电路板的设计

Step **1** 选择菜单栏中的 File(文件) → New(新建) → PCB(PCB 文件)命令，新建 PCB 文件，如图 16.16 所示。在 PCB 文件上点击鼠标右键，然后执行菜单命令 Save As(保存)，在弹出的保存文件对话框中输入"停电报警器"文件名，并保存在指定位置。

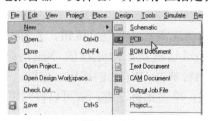

图 16.16

Step 2 选择菜单栏中的 Design(设计) → Board Options(板选项)命令，打开 Board Options (板选项)对话框，在对话框中设置 PCB 设计的工作环境，包括尺寸、各种栅格等，如图 16.17 所示。完成设置后，单击 OK(确定)按钮退出对话框。

Step 3 规定电路板的电气边界。选择菜单栏中的 Place(放置) → Line(线)命令，此时，光标变成十字形，用与绘制导线相同的方法，在图纸上绘制一个矩形区域，然后双击所绘制的线，打开 Track(轨迹)对话框，如图 16.18 所示。在该对话框中，通过设置直线的起始点坐标，设定该区域长为 3600mil，宽为 1100mil。得到的矩形区域如图 16.19 所示。

图 16.17

图 16.18

图 16.19

Step 4 选择菜单栏中的 Project(项目) → Compile PCB Project 停电报警器.PrjPCB(编译 PCB 项目停电报警器.PrjPCB)命令，系统编译设计项目。编译结束后，打开 Messages(信息)面板，查看有无错误信息，若有，则修改电路原路图。

Step 5 选择菜单栏中的 Design(设计) → Update PCB Document 停电报警器.PcbDoc(更新 PCB 文件停电报警器.PcbDoc)命令，系统将对原理图和 PCB 图的网络报表进行比较，并弹出一个 Engineering Change Order(工程变更规则)对话框，单击 Validate Changes(确认变更)按钮，系统将扫描所有的改变，看能否在 PCB 上执行所有的改变。随后在每一项所对应的 Check(检查)栏中将显示 ✓ 标记。说明这些改变都是合法的，如图 16.20 所示。反之，说明此改变是不可执行的，需要回到以前的步骤中进行修改，然后重新进行更新。

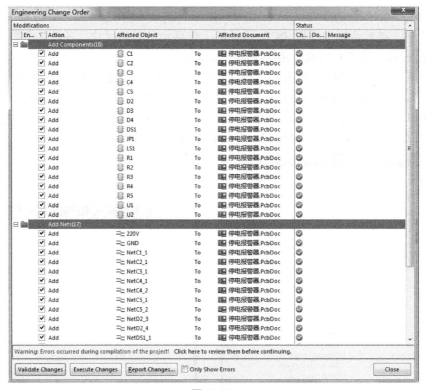

图 16.20

**Step 6** 进行合法性校验后，单击 Execute Changes(执行变更)按钮，系统将完成网络表的导入，同时，在每一项的 Done(完成)栏中显示标记，提示导入成功。结果如图 16.21 所示。

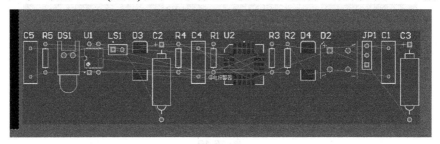

图 16.21

**Step 7** 元器件布局。在编辑窗口中显示整个 PCB 和所有元器件，将 Room(空间)整体拖至 PCB 板的上面。手工调整所有元器件，用拖动的方法来移动元件的位置，为了使多个电阻摆放整齐，可以将 5 个电阻的封装全部选中，然后单击 Align(对齐)按钮，将 5 个电阻元件对齐。PCB 布局完成的效果如图 16.22 所示。

**Step 8** 原理图布线。单击主窗口工作区左下角的 Top Layer(顶层)标签，切换到顶层，选择菜单栏中的 Place(放置) → Interactive Routing(交互式布线)命令，如图 16.23 所示，鼠标变成十字形，移动光标到 C1 的一个焊盘上，单击确定导线的起点，接着拖动鼠标画出一条直线，直到导线的另一端，即元件 JP1 的焊盘处，先单击一次确定导线的转折点，再次单击确定导线的终点，如图 16.24 所示。

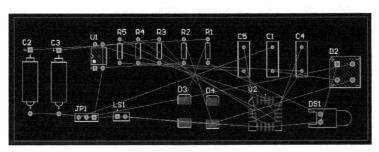

图 16.22　　　　　　　　　　　　　　　　图 16.23

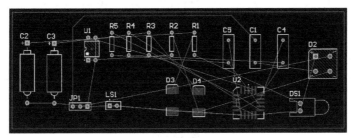

图 16.24

**Step 9** 双击绘制的导线，打开 Track(轨迹)对话框。在该对话框中，将导线的线宽设置为 30mil。选中 Locked(锁定)复选框，然后确定导线所在的板层为 Top Layer(顶层)，如图 16.25 所示。最后单击 OK(确定)按钮，退出对话框。用同样的方法，手动绘制电源线和地线，并将已经绘制的导线都锁定。

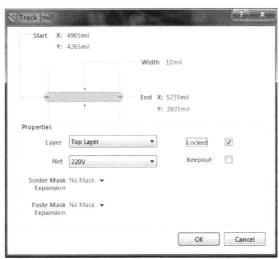

图 16.25

**Step 10** 设置布线规则，设置完成后，选择菜单栏中的 Auto Route(自动布线) → Setup(设置)命令，在弹出的对话框中设置布线策略。设置完成后，执行菜单栏中的 Auto Route(自动布线)

→ All(全局)命令，系统开始自动布线，同时，出现一个 Messages(信息)布线信息对话框，布线完成后如图 16.26 所示。

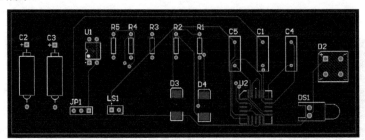

图 16.26

Step 11 选择菜单栏中的 Tool(工具) → Legacy Tools(遗留工具) → Legacy 3D View(遗留 3D 显示)命令，查看 3D 效果图，检查布局是否合理，如图 16.27 所示。

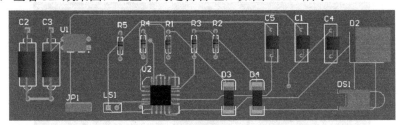

图 16.27

Step 12 对布线不合理的地方进行手工调整，完成后保存文件。

# 第17章

## 数码管显示电路的设计

通过该电路板的设计，掌握从原理图到 PCB 板的制作过程，并介绍多层板中元件的放置。通过本章的学习，将让读者更加深入地理解电路板的设计过程，并能熟练使用各种操作方法绘制电路原理图和 PCB 板。

**学习要点：**

- 原理图设计。
- 库文件设计
- PCB 板设计。
- 覆铜制作。

## 17.1 建立文件夹

在硬盘上建立一个"数码管显示电路"文件夹，用来存放电路文件。

## 17.2 原理图绘制前的准备

**Step 1** 新建项目。启动 Altium Designer 16.0，选择菜单栏中的 File(文件) → New(新建) → Project(项目)命令，创建一个 PCB 项目文件，如图 17.1 所示，此时弹出 New Project(新建项目)对话框，在 Project Types(项目类型)中选择 PCB Project(PCB 项目)，在 Project Templates(项目模板)中选择图纸为 Default(默认)，在 Name(名称)选项中填写"数码管显示电路"，如图 17.2 所示，单击 OK(确定)按钮完成。

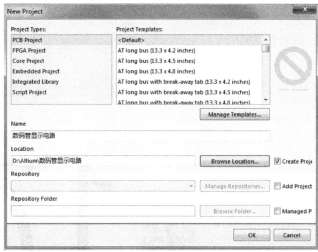

图 17.1                                    图 17.2

**Step 2** 选择菜单栏中的 File(文件) → New(新建) → Schematic(原理图)命令。在 Projects (项目)面板的 Sheet1.SchDoc 项目文件上右击，从弹出的快捷菜单中保存项目文件，将该原理图文件另存为"数码管显示电路.SchDoc"。保存后，Projects(项目)面板中将显示出用户设置的名称，如图 17.3 所示。

**Step 3** 原理图图纸的设置。选择菜单栏中的 Design(设计) → Document Options(文档选项)命令，或者在编辑区内单击鼠标右键，在弹出的快捷菜单中选择 Options(选项) → Document Options(文档选项)命令，弹出如图 17.4 所示的 Document Options(文档选项)对话框，在该对话框中可以对图纸进行设置，在 Standard styles(标准风格)中选择 A4 图纸，放置方向设置为 Landscape(横向)，图纸标题栏设为 Standard(标准)，其他采用默认设置，单击 OK(确定)按钮，完成图纸属性的设置。

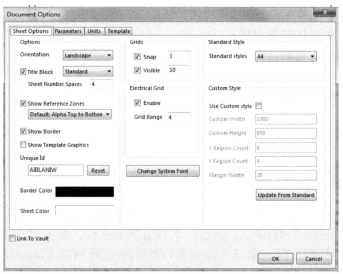

图 17.3                                    图 17.4

**Step 4** 选择菜单栏中的 File(文件) → Save(保存)命令保存文件。

## 17.3　建立库文件

本节建立 AT89C2051 元件和 DpyBule-CC 元件，并演示创建元器件库的方法。

### 17.3.1　建立 AT89C2051 元件

**Step 1** 新建项目。启动 Altium Designer 16.0，选择菜单栏中的 File(文件) → New(新建) → Project(项目)命令，弹出 New Project(新建项目)对话框。在 Project Types(项目类型)中选择 Integrated Library(集成库)，在 Name(名称)文本框中填写"SMXI Integrated_Library"，在 Location(位置)选择合适的存储位置，如图 17.5 所示，然后单击 OK(确定)按钮完成。

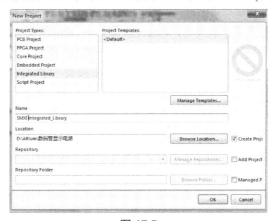

图 17.5

**Step 2** 完成上面的操作后，即可看到新建的一个空的集成库，如图 17.6 所示。

**Step 3** 创建工作环境。选择菜单栏中的 File(文件) → New(新建) → Library(库) → Schematic Library(原理图库)命令，启动原理图库文件编辑器，并创建一个新的原理图库文件。在 Projects(项目)面板的 SchLib1.SchLib 项目文件上右击，在弹出的右键快捷菜单中，保存项目文件，将该原理图文件另存为 AT89C2051.SchLib。保存后，Projects(项目)面板中将显示出用户设置的名称，如图 17.7 所示。

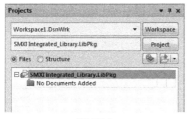

图 17.6

图 17.7

**Step 4** 绘制元件的外形。选择菜单栏中的 Place(放置) → Rectangle(矩形)命令，或者单击工具栏中的□按钮，这时，鼠标变成十字形状，并且带有一个矩形图形。在图纸上绘制一个如图 17.8 所示的矩形。

**Step 5** 双击所绘制的矩形，打开 Rectangle(矩形)对话框，如图 17.9 所示。在该对话框中，单击取消对 Draw Solid(绘制实体)复选框的选取，再将矩形的边框颜色设置为黑色，(X1，Y1)为(0，−140)，(X2，Y2)为(100, 0)。

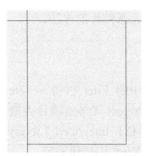

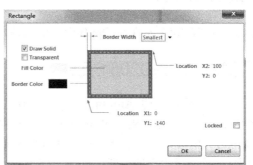

图 17.8             图 17.9

**Step 6** 放置引脚。选择菜单栏中的 Place(放置) → Pin(引脚)命令，光标变成十字形状，并附有一个引脚符号，如图 17.10 所示。移动该引脚到矩形边框处，单击完成放置，可以通过在放置引脚时按 Space(空格)键来实现旋转。

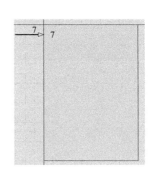

**Step 7** 在放置引脚时按 Tab 键，或者双击已放置的引脚，系统将弹出 Pin Properties(引脚属性)对话框，在该对话框中可以对引脚的各项属性进行设置，在 Display Name(显示名称)中输入"P3.0(RXD)"，Designator(标示)输入"2"，Electrical Type(电气类型)中选择 I/O，其他选项设置如图 17.11 所示。

图 17.10

**Step 8** 用同样的方法设置其他引脚属性，如图 17.12 所示。

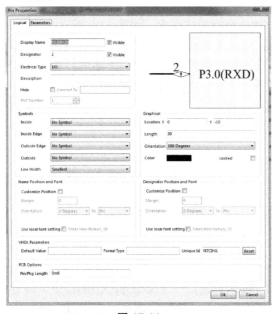

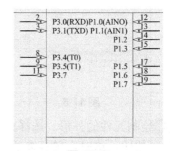

图 17.11             图 17.12

**Step 9** 选择菜单栏中的 Place(放置) → Pin(放置引脚)命令，光标变成十字形状，并附有一个引脚符号。双击已放置的引脚，系统将弹出 Pin Properties(引脚属性)对话框。在 Display

Name(显示名称)中输入"P3.2(I\N\T\0\)"，在 Designator(标示)中输入"6"，Electrical Type(电气类型)选择 I/O，Outside Edge(外边缘)选择 Dot(节点)，其他选项设置如图 17.13 所示。

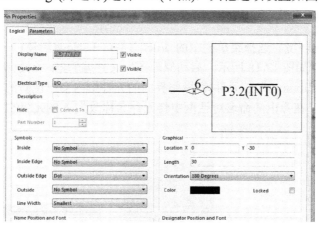

图 17.13

**Step 10** 单击 Pin Properties(引脚属性)对话框的 OK(确定)按钮，完成后如图 17.14 所示。用同样的方法设置另外一个引脚，如图 17.15 所示。

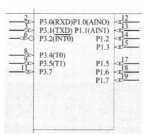

图 17.14

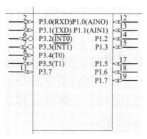

图 17.15

**Step 11** 继续绘制引脚。在 Display Name(显示名称)中输入"RST"，在 Designator(标示)中输入"1"，Electrical Type(电气类型)选择 Passive(中性的)，其他选项设置如图 17.16 所示。

**Step 12** 用同样的方法设置另外一个引脚，完成后如图 17.17 所示。

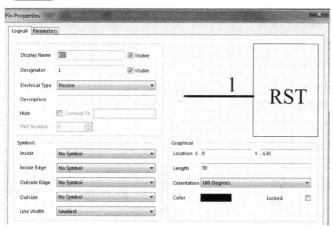

图 17.16

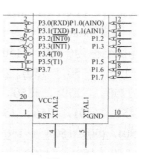

图 17.17

Step **13** 保存文件。

## 17.3.2 建立 AT89C2051 元件封装

Step **1** 创建工作环境。选择菜单栏中的 File(文件) → New(新建) → Library(库) → PCB Library(PCB 库)命令，如图 17.18 所示，启动原理图库文件编辑器，创建新的 PCB 库文件。

Step **2** 在 PCB Library(PCB 元件库)操作界面的元件框内会出现新的 PCBCOMPONENT_1 空文件，双击该文件，在弹出的命名对话框中将元件名称改为 AT89C2051，如图 17.19 所示。

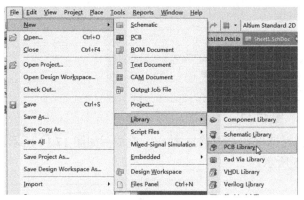

图 17.18

图 17.19

Step **3** 放置焊盘。在 TopLayer(顶层)选择 Place(放置) → Pad(焊盘)菜单命令，鼠标箭头上悬浮一个十字光标和一个焊盘，移动鼠标，单击左键确定焊盘的位置。

Step **4** 编辑焊盘属性。双击焊盘，即可进入设置焊盘属性对话框。这里，Designator(标示)编辑框中的引脚名称为 1，在 Location(位置)中设置坐标为(-450，-150)，Rotation(角度)为 90，在 Size and Shape(尺寸和形状)中设置 Shape(形状)为 Rectangular(矩形)，X-Size(X-尺寸)为 60、Y-Size(Y-尺寸)为 60，其他设置如图 17.20 所示。

Step **5** 用同样方法，单击工具栏中的布置焊盘工具按钮，但是，在 Size and Shape(尺寸和形状)中，设置 Shape(形状)为 Round(圆形)，并依次在工作区坐标为(-350，-150)，(-250，-150)，(-150，-150)，(-50，-150)，(50，-150)，(150，-150)，(250，-150)，(350，-150)，(450，-150)，(450，150)，(350，150)，(250，150)，(150，150)，(50，150)，(-150，150)，(-250，150)，(-350，150)，(-450，150)处放置，共 20 个，完成后如图 17.21 所示。

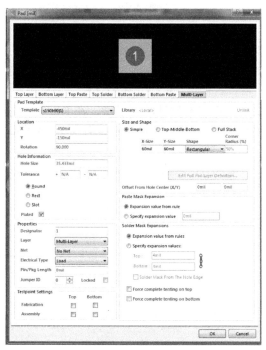

图 17.20

**Step 6** 单击工作区下部的 Top Overlay(顶层丝印层)标签,在主菜单中选择 Place(放置) → Line(线)命令,启动绘制直线功能。依次在工作区坐标分别为(-492,25),(-492,104),(492,104),(492,-104),(-492,-104),(-492,-25)的点上单击鼠标,绘制如图 17.22 所示的线框,然后单击鼠标右键,结束直线的绘制。

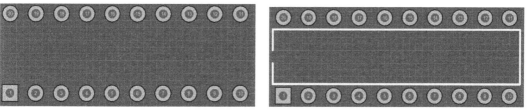

图 17.21          图 17.22

**Step 7** 绘制圆弧。选择菜单栏中的 Place(放置) → Arc(Edge)(弧)命令,光标变为十字形状,将鼠标移至直线的任一个端点,单击鼠标左键,在直线两个端点分别单击鼠标左键,确定该弧线。

**Step 8** 双击圆弧,弹出 Arc(圆弧)属性对话框,设置 Width(宽度)为 7.874mil,设置 Start Angle(起始角度)为 270,设置 End Angle(终止角度)为 90,设置 Radius(半径)为 25mil,其他设置如图 17.23 所示。

**Step 9** 完成后如图 17.24 所示。选择 File(文件) → Save(保存)命令保存元件。

图 17.23

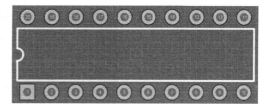

图 17.24

## 17.3.3 创建 AT89C2051 集成元器件库

**Step 1** 在原理图库中,单击工具栏中的 Model Manager(模式管理器)按钮,如图 17.25 所示。选择 Component_1,单击 Add Footprint(添加封装)按钮,此时弹出 PCB Model(PCB 模型)对话框,如图 17.26 所示。

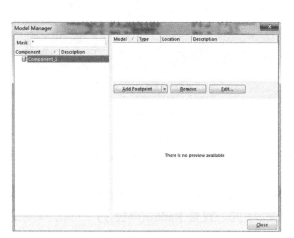

图 17.25                                                    图 17.26

Step 2 单击 Browse(浏览)按钮。在弹出的对话框中选择 AT89C2051 的封装，如图 17.27 所示。单击 OK(确定)按钮将 AT89C2051 封装添加到 PCB Model(PCB 模型)，如图 17.28 所示。

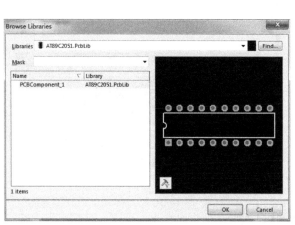

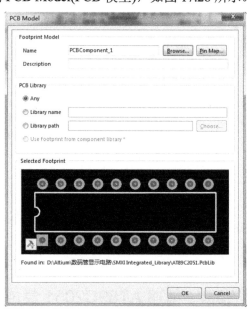

图 17.27                                                    图 17.28

Step 3 最后，单击 PCB Model(PCB 模型)对话框中的 OK(确定)按钮，则集成元件库制作完成，如图 17.29 所示。

Step 4 选择菜单栏中的 File(文件) → Save(保存)命令保存。

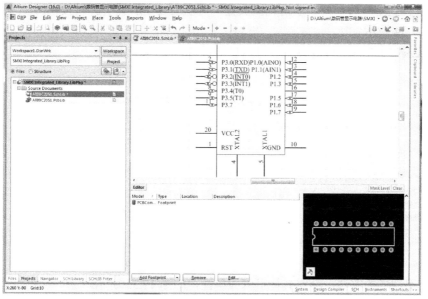

图 17.29

## 17.3.4 建立 DpyBule-CC 元件

新建原理图库，绘制 DpyBule-CC 元件。

**Step 1** 创建工作环境。选择菜单栏中的 File(文件) → New(新建) → Library(库) → Schematic Library(原理图库)命令，启动原理图库文件编辑器，将该原理图文件另存为 DpyBule-CC.SchLib。保存后，Projects(项目)面板中将显示出用户设置的名称，如图 17.30 所示。

**Step 2** 绘制元件的外形。选择菜单栏中的 Place(放置) → Rectangle(矩形)命令，或者单击工具栏中的□按钮，这时鼠标变成十字形状，并带有一个矩形图形。在图纸上绘制一个矩形。

**Step 3** 双击所绘制的矩形，打开 Rectangle(矩形)对话框，如图 17.31 所示。

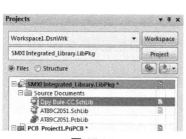

图 17.30

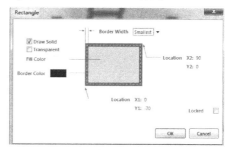

图 17.31

**Step 4** 在 Rectangle(矩形)对话框中，单击取消对 Draw Solid(绘制实体)复选框的选取，再将矩形的边框颜色设置为黑色，设置(X1，Y1)为(0，−70)，设置(X2，Y2)为(90，0)，完成后如图 17.32 所示。

**Step 5** 放置引脚。选择菜单栏中的 Place(放置) → Pin(引脚)按钮，光标变成十字形状，并附有一个引脚符号，如图 17.33 所

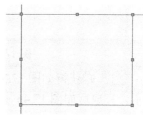

图 17.32

示。移动该引脚到矩形边框处，单击完成放置，可以通过在放置引脚时按 Space(空格)键来实现旋转，如图 17.34 所示。

图 17.33　　　　　　　　　　　　　　　　　　　图 17.34

**Step 6** 用同样的方法，设置其他引脚的属性，如图 17.35 所示。

**Step 7** 绘制数字。选择菜单栏中的 Place(放置) → Ploygon(多边形)命令，或者单击工具栏中的 按钮，这时鼠标变成十字形状。在图纸上绘制一个多边形，如图 17.36 所示。

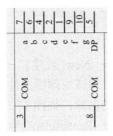

图 17.35

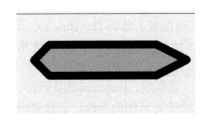

图 17.36

**Step 8** 双击所绘制的多边形，打开 Ploygon(多边形)对话框，如图 17.37 所示。在该对话框中，选取 Border Width(边界宽度)中的 Smallest(最小)，再将多边形的边框颜色设置为黑色。打开 Vertices (顶点)选项卡，设置坐标，如图 17.38 所示。

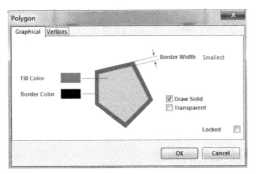

图 17.37

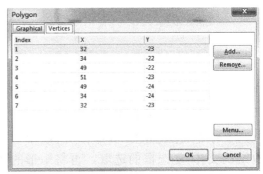

图 17.38

**Step 9** 获得如图 17.39 所示的图形。用同样的方法绘制其他图形，坐标如图 17.40 ~ 17.45 所示，完成后如图 17.46 所示。

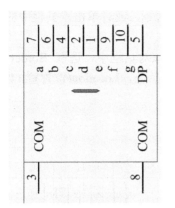

图 17.39

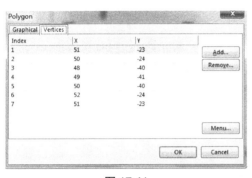

图 17.40

图 17.41

图 17.42

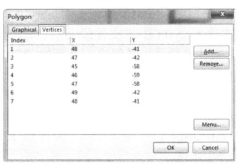

图 17.43

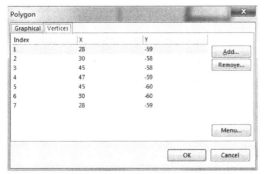

图 17.44

图 17.45

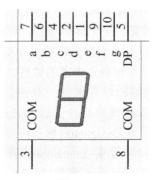

图 17.46

Step ⑩ 选择菜单栏中的 Place(放置) → Ellipse(椭圆)命令，或者单击工具栏中的◯按钮，这时鼠标变成十字形状。在图纸上绘制一个椭圆。

Step ⑪ 双击所绘制的多边形，打开多边形对话框。在该对话框中，选取 Border Width(边界宽度)中的 Smallest(最小)，再将多边形的边框颜色设置为黑色，Location(位置)为(49，-65)，如图 17.47 所示。

Step ⑫ 完成后的图形如图 17.48 所示，保存文件。

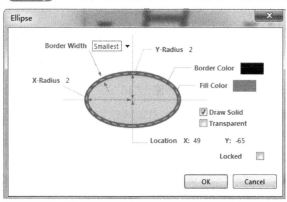

图 17.47

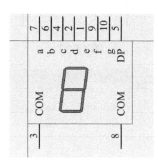

图 17.48

## 17.3.5  建立 DpyBule-CC 元件封装

Step ① 创建工作环境。选择菜单栏中的 File(文件) → New(新建) → Library(库) → PCB Library(PCB 库文件)命令。启动原理图库文件编辑器，并创建一个新的 PCB 库文件。

Step ② 在 PCB Library(PCB 库文件)操作界面的元件框内，会出现一个新的 PCBCOMPONENT_1 空文件。双击该文件，在弹出的命名对话框中，将元件名称改为 DpyBule-CC。

Step ③ 放置焊盘。在 TopLayer(顶层)执行 Place(放置) → Pad(焊盘)菜单命令，鼠标箭头上悬浮一个十字光标和一个焊盘，移动鼠标，单击左键确定焊盘的位置。

Step ④ 编辑焊盘属性。双击焊盘，即可进入设置焊盘属性的对话框，如图 17.49 所示。这里设置 Designator(标示)编辑框中的引脚名称为 1，设置 Location(位置)设置为(-200，-300)，Rotation(角度)为 90，在 Size and Shape(尺寸和形状)中设置 Shape(形状)为

图 17.49

Rectangular(矩形)，X-Size(X-尺寸)为 60、Y-Size (Y-尺寸)为 100，并默认其他设置。

Step 5 用同样的方法，单击工具栏中的布置焊盘工具按钮，但是在 Size and Shape(尺寸和形状) 中设置 Shape(形状)为 Round(圆形)，依次在工作区坐标为(-100，-300)，(0，-300)，(100，-300)，(200，-300)，(200，300)，(100，300)，(0，300)，(100，300)，(200，300)的位置布置焊盘，共 10 个。

Step 6 单击工作区下部的 Top Overlay(顶层丝印层)标签，在主菜单中选择 Place(放置) → Line(线)命令，启动绘制直线命令。依次在工作区坐标分别为(-251，-372)，(-251，372)，(251，372)，(251，-372)，(-251，-372)的点上单击鼠标，绘制如图 17.50 所示的线框，然后单击鼠标右键，结束直线的绘制。

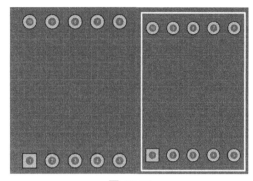

图 17.50

Step 7 单击工作区下部的 Mechanical1(机械层 1)标签，选择菜单栏中的 Place(放置) → Line(线)命令，启动绘制直线命令。在工作区坐标分别为(-27，252)，(116，252)的点上单击鼠标，绘制如图 17.51 所示的直线，然后单击鼠标右键，结束直线的绘制。

Step 8 用同样的方法绘制其他直线，如图 17.52 所示。选择线宽为 54mil，坐标分别为(-117，53)，(-90，206)；(135，46)，(162，200)；(-72，0)，(72，0)；(-162，200)，(-135，46)；(90，-206)，(117，-54)；(-116，-253)，(27，-253)。

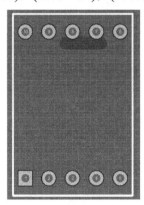

图 17.51

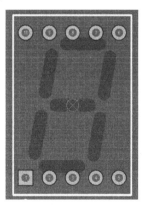

图 17.52

Step 9 绘制圆弧。选择菜单栏中的 Place(放置) → Arc(Edge)(圆弧)命令，光标变为十字形状，将鼠标移至底部，单击鼠标左键，绘制弧线。

Step 10 双击圆弧，弹出 Arc(圆弧)属性对话框，设置 Center(弧心)的 X、Y 坐标分别为 190.63mil，-248.661mil，Width(宽度)为 40mil，Start Angle(起始角度)为 0，End Angle(终止角度)为 360，Radius(半径)为 11.653mil，其他设置如图 17.53 所示。单击 OK 按钮，完成后，效果如图 17.54 所示。

Step 11 用同样的方法，在 Top Overlay(顶层丝印层)绘制圆弧。双击圆弧，弹出 Arc(圆弧)属性设置对话框，设置 Width(宽度)为 10mil，Start Angle(起始角度)为 0，End Angle(终止角度)

为 360，Radius(半径)为 5mil，其他设置如图 17.55 所示。单击 OK(确定)按钮，完成后的效果如图 17.56 所示。

图 17.53

图 17.54

图 17.55

图 17.56

Step 12 选择菜单栏中的 File(文件) → Save(保存)命令，保存元件。

## 17.3.6 创建 DpyBule-CC 集成元器件库

用前面介绍过的方法，新建 Integrated Library(集成库)，在 Name 文本框中输入"SMXI2 Integrated_ Library.LibPkg"，在 Location(位置)选择合适的存储位置。如图 17.57 所示，打开 DpyBule-CC 元件与元件封装，将其拖动到 SMXI2 Integrated_Library.LibPkg 下面。

用同样的方法，单击工具栏中 Model Manager(模式管理器)按钮 🗔。选择 Component_1，单击 Add Footprint(添加封装)按钮。

Step 1 单击 Browse(浏览)按钮。在弹出的对话框中选择 DpyBule-CC 的封装，如图 17.58 所示。单击 OK(确定)按钮，将 DpyBule-CC 封装添加到 PCB Model(PCB 模型)中，如图 17.59 所示。

Step 2 最后在单击 PCB Model(PCB 模型)对话框中的 OK(确定)按钮，则计时器集成库制作完成，如图 17.60 所示。

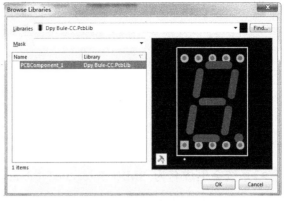

图 17.57                          图 17.58

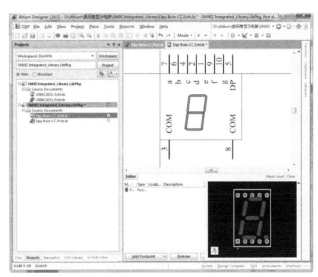

图 17.59                          图 17.60

**Step 3** 选择菜单栏中的 File(文件) → Save(保存)命令，保存元件。

## 17.3.7 编译库文件

**Step 1** 选择菜单栏中的 Project(项目) → Compile Integrated Library SMXI Integrated_Library.LibPkg(编译集成库文件)命令，如图 17.61 所示，将库文件包中的源库文件和模型文件编译成一个集成库文件。

**Step 2** 选择菜单栏中的 View(察看) → Workspace Panels(工作区面板) → System(系统) → Messages(信息)命令，系统将在 Messages(信息)面板中显示编译过程中的所有错误信息，如图 17.62 所示。在 Messages(信息)面板中双击错误信息，可以查看更详细的描述，直接跳转到对应的元器件，设计者可在修正错误后重新进行编译。

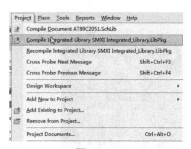

图 17.61                                                              图 17.62

**Step 3** 系统会生成名为 SMXI Integrated_Library1.IntLib 的集成库文件，并将其保存于 Project Outputs for SMXI Integrated_Library1(SMXI Integrated_Library1 的项目输出)文件夹下，如图 17.63 所示。同时，新生成的集成库会自动添加到当前安装库列表中，以供使用，如图 17.64 所示。

图 17.63

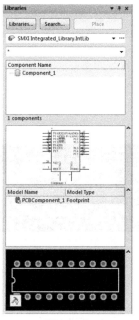

图 17.64

**Step 4** 用同样的方法，编译 SMXI2 Integrated_Library.LibPkg 库文件。

# 17.4  原理图的绘制

本节将进行数码管显示电路的原理图绘制。

## 17.4.1  查找元件

打开前面新建的"数码管显示电路 PrjPCB"，打开原理图空白文件。

**Step 1** 载入/查找元器件。由于 MAX1487EPA 元器件在 Maxim Communication Transceiver. IntLib 库中，可以将其直接加载。或者打开 Libraries(元件库)面板，如图 17.65 所示。单击

Search(查找)按钮，在弹出的查找元器件对话框中输入"MAX1487EPA"，如图 17.66 所示。单击 Search(查找)按钮后，系统开始查找此元器件。查找到的元器件将显示在 Libraries(元件库)面板中，如图 17.67 所示。单击右上角的 Place MAX1487EPA(放置 MAX1487EPA)按钮。

**Step 2** 用同样的方法，查找 SN74LS49D 元件，查找后选中，单击鼠标右键，从弹出的快捷菜单中选择 Install Current Library(安装当前元件库)命令对库进行加载，如图 17.68 所示(SN74LS49D 元器件在 TI Interface Display Driver.IntLib 库中)。

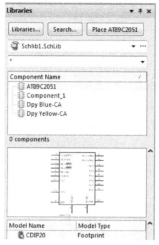

图 17.65

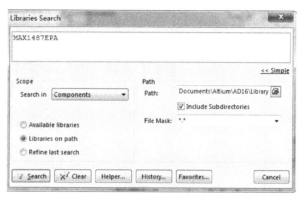

图 17.66

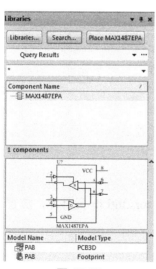

图 17.67

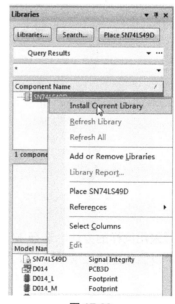

图 17.68

**Step 3** 采用同样的方法，选择 SMXI Integrated_Library.IntLib 元件库，放置 AT89C2051 元件。选择 SMXI2 Integrated_Library.IntLib 放置 Dpy Blue-CC 元件，如图 17.69 所示。

**Step 4** 采用同样的方法，选择 Miscellaneous Devices.IntLib 元件库，放置电阻 Res2、晶振 XTAL、电容 Cap Pol2，以及 9013 晶体管等，并设置其属性，如图 17.70 所示。

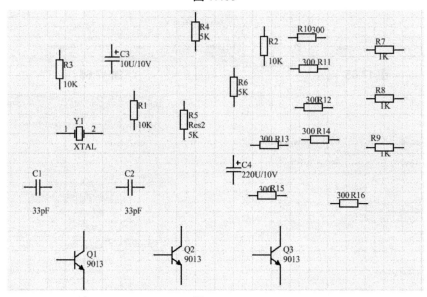

图 17.69

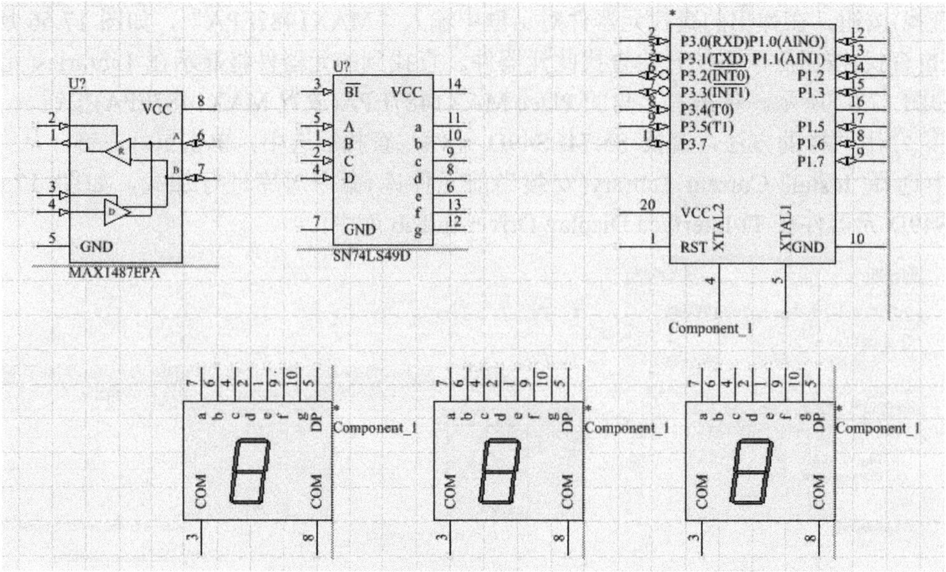

图 17.70

Step 5 采用同样的方法，选择 Miscellaneous Connectors.IntLib 元件库，放置 Header 6(插头)与 Header 2(插头)接头，如图 17.71 所示。

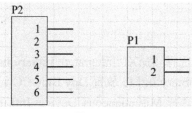

图 17.71

## 17.4.2　元件布局

元器件布局。按照电路中元件的大概位置摆放元件。用拖动的方法来改变元件的位置。如果需要改变元件的方向，则可以按空格键，完成后如图 17.72 所示。

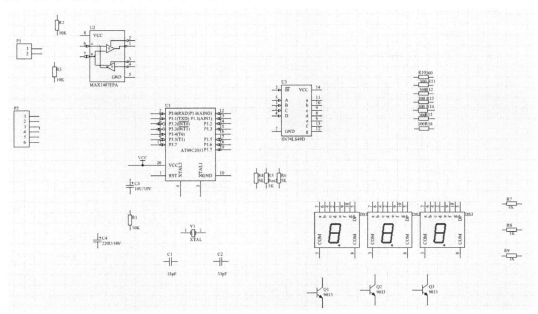

图 17.72

## 17.4.3　元件手工布线

Step 1 选择菜单栏中的 Place(放置) → Wire(导线)命令，或者单击工具栏中的 ≈ 按钮，执行连线操作。连接好的电源电路原理图如图 17.73 所示。

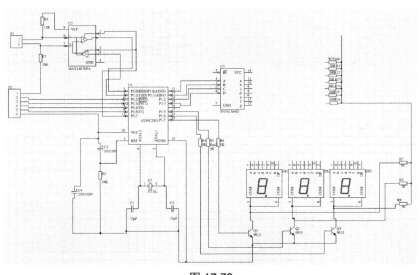

图 17.73

**Step 2** 单击 Wiring(连线)工具栏中的 ⏚ 接地符号与 ⊤ 电源符号按钮，放置接地与电源，如图 17.74 所示。

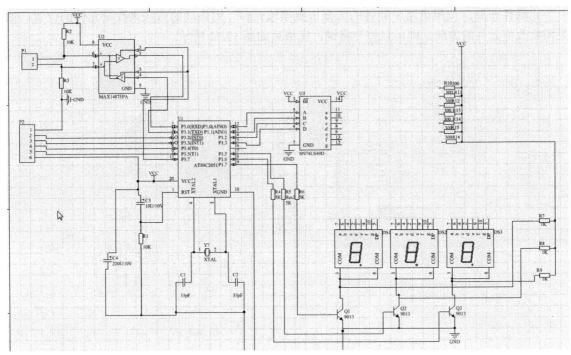

图 17.74

**Step 3** 选择菜单栏中的 Place(放置) → Net Label(网络标签)命令，在原理图中放置网络标签，如图 17.75 所示。

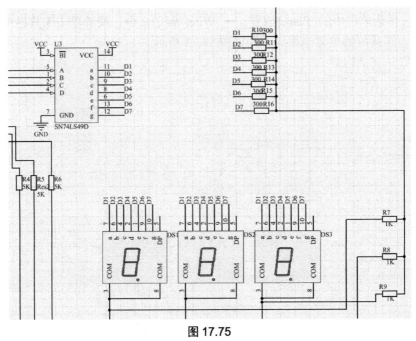

图 17.75

## 17.5 PCB 的绘制

本节将介绍数码显示电路的 PCB 绘制的具体方法。

### 17.5.1 新建 PCB 文档

**Step 1** 选择菜单栏中的 File(文件) → New(新建) → PCB(PCB 文件)命令，新建 PCB 文件，如图 15.76 所示。在 PCB 文件上单击鼠标右键，在弹出的快捷菜单中选择 Save As(另存为)命令，在弹出的保存文件对话框中输入"数码显示管电路"文件名，并保存在指定位置。

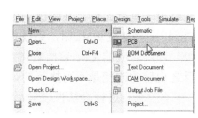

图 17.76

**Step 2** 选择菜单栏中的 Design(设计) → Board Options (板选项)命令，打开 Board Options(板选项)对话框，在对话框中设置 PCB 设计的工作环境，包括尺寸、各种栅格等，如图 17.77 所示。完成设置后，单击 OK 按钮退出对话框。

**Step 3** 规定电路板的电气边界。选择菜单栏中的 Place(放置) → Line(线)命令，此时，光标变成十字形，用与绘制导线相同的方法，在图纸绘制一个矩形区域，然后双击所绘制的线，打开 Track(轨迹)对话框，如图 17.78 所示。在该对话框中，通过其设置直线的起始点坐标，设定该区域长为 6000mil，宽为 3000mil。得到的矩形区域如图 17.79 所示。

图 17.77

图 17.78

图 17.79

## 17.5.2 PCB 板布局

**Step ①** 选择菜单栏中的 Project(项目) → Compile PCB Project 数码管显示电路.PrjPCB(编译 PCB 项目数码管显示电路.PrjPCB)命令，如图 17.80 所示，系统编译设计项目。编译结束后，打开 Messages(信息)面板，查看有无错误信息，若有，则修改电路原路图。

**Step ②** 选择菜单栏中的 Design(设计) → Update PCB Document 数码管显示电路.PcbDoc (更新 PCB 文件数码管显示电路.PcbDoc)命令，如图 17.81 所示。系统将对原理图和 PCB 图的网络报表进行比较，并弹出一个 Engineering Change Order(工程变更规则)对话框，单击 Validate Changes(确认变更)按钮，系统将扫描所有的改变，看能否在 PCB 上执行所有的改变。随后，在每一项所对应的 Check(检查)栏中将显示✅标记。说明这些改变都是合法的，如图 17.82 所示。反之说明此改变是不可执行的，需要回到以前的步骤中进行修改，然后重新进行更新。

**Step ③** 进行合法性校验后，单击 Execute Changes(执行变更)按钮，系统将完成网络表的导入，同时，在每一项的 Done(完成)栏中显示标记，提示导入成功。结果如图 17.83 所示。

**Step ④** 元器件布局。在编辑窗口中显示整个 PCB 和所有元器件，将 Room(空间)整体拖至 PCB 板的上面。手工调整所有元器件，用拖动的方法来移动元件的位置，为了使多个电阻摆放整齐，可以将需要对齐的封装全部选中，然后单击 Align(对齐)按钮使元件对齐。PCB 布局完成的效果如图 17.84 所示。

图 17.80

图 17.81

| Modifications | | | | | Status | | |
|---|---|---|---|---|---|---|---|
| Ena... ▽ | Action | Affected Object | | Affected Document | Che... | Done | Message |
| | Add Components(32) | | | | | | |
| ✔ | Add | ▪ * | To | 📃 数码管显示电路.PcbDoc | ✅ | | |
| ✔ | Add | ▪ * | To | 📃 数码管显示电路.PcbDoc | ✅ | | |
| ✔ | Add | ▪ * | To | 📃 数码管显示电路.PcbDoc | ✅ | | |
| ✔ | Add | ▪ * | To | 📃 数码管显示电路.PcbDoc | ✅ | | |
| ✔ | Add | ▪ C1 | To | 📃 数码管显示电路.PcbDoc | ✅ | | |
| ✔ | Add | ▪ C2 | To | 📃 数码管显示电路.PcbDoc | ✅ | | |
| ✔ | Add | ▪ C3 | To | 📃 数码管显示电路.PcbDoc | ✅ | | |
| ✔ | Add | ▪ C4 | To | 📃 数码管显示电路.PcbDoc | ✅ | | |
| ✔ | Add | ▪ P1 | To | 📃 数码管显示电路.PcbDoc | ✅ | | |
| ✔ | Add | ▪ P2 | To | 📃 数码管显示电路.PcbDoc | ✅ | | |
| ✔ | Add | ▪ Q? | To | 📃 数码管显示电路.PcbDoc | ✅ | | |
| ✔ | Add | ▪ Q? | To | 📃 数码管显示电路.PcbDoc | ✅ | | |
| ✔ | Add | ▪ Q? | To | 📃 数码管显示电路.PcbDoc | ✅ | | |
| ✔ | Add | ▪ R1 | To | 📃 数码管显示电路.PcbDoc | ✅ | | |
| ✔ | Add | ▪ R2 | To | 📃 数码管显示电路.PcbDoc | ✅ | | |
| ✔ | Add | ▪ R3 | To | 📃 数码管显示电路.PcbDoc | ✅ | | |
| ✔ | Add | ▪ R4 | To | 📃 数码管显示电路.PcbDoc | ✅ | | |
| ✔ | Add | ▪ R5 | To | 📃 数码管显示电路.PcbDoc | ✅ | | |
| ✔ | Add | ▪ R6 | To | 📃 数码管显示电路.PcbDoc | ✅ | | |
| ✔ | Add | ▪ R7 | To | 📃 数码管显示电路.PcbDoc | ✅ | | |
| ✔ | Add | ▪ R8 | To | 📃 数码管显示电路.PcbDoc | ✅ | | |

Warning: Errors occurred during compilation of the project! Click here to review them before continuing.

| Validate Changes | Execute Changes | Report Changes... | ☐ Only Show Errors | Close |

图 17.82

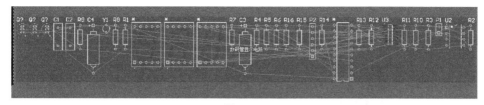

图 17.83

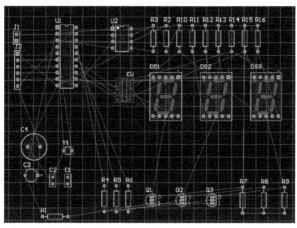

图 17.84

## 17.5.3 PCB 板布线

Step 1 选择菜单栏中的 Auto Route(自动布线) → Net(网络)命令，光标变成十字线形状，选中需要布线的网络，即完成所选网络的布线，先布电源线，然后布其他线。先布的电源线 VCC 的电路如图 17.85 所示。

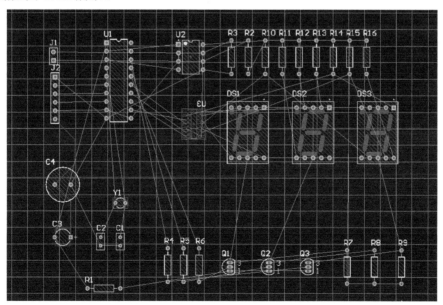

图 17.85

**Step 2** PCB 布线，选择菜单栏中的 Auto Route(自动布线) → All(全局)命令，即可打开布线策略对话框，在该对话框中，可以设置自动布线策略，如图 17.86 所示。

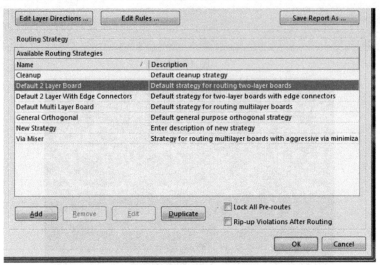

图 17.86

**Step 3** 选择一项布线策略，然后单击 OK(确定)按钮，即可进入自动布线状态。这里选择系统默认的 Default 2 Layer Board(默认的 2 层板)策略。布线过程中将自动弹出 Messages(信息)面板，提供自动布线的状态信息，如图 17.87 所示。

| Class | Document | Source | Message | Time | Date | No. |
|---|---|---|---|---|---|---|
| Situs ... | PCB1.PcbDoc | Situs | Routing Started | 15:35:07 | 2016/7/22 | 1 |
| Routi... | PCB1.PcbDoc | Situs | Creating topology map | 15:35:07 | 2016/7/22 | 2 |
| Situs ... | PCB1.PcbDoc | Situs | Starting Fan out to Plane | 15:35:07 | 2016/7/22 | 3 |
| Situs ... | PCB1.PcbDoc | Situs | Completed Fan out to Plane in 0 Seconds | 15:35:07 | 2016/7/22 | 4 |
| Situs ... | PCB1.PcbDoc | Situs | Starting Memory | 15:35:07 | 2016/7/22 | 5 |
| Situs ... | PCB1.PcbDoc | Situs | Completed Memory in 0 Seconds | 15:35:07 | 2016/7/22 | 6 |
| Situs ... | PCB1.PcbDoc | Situs | Starting Layer Patterns | 15:35:07 | 2016/7/22 | 7 |
| Routi... | PCB1.PcbDoc | Situs | 56 of 84 connections routed (66.67%) in 1 Second | 15:35:08 | 2016/7/22 | 8 |
| Situs ... | PCB1.PcbDoc | Situs | Completed Layer Patterns in 0 Seconds | 15:35:08 | 2016/7/22 | 9 |
| Situs ... | PCB1.PcbDoc | Situs | Starting Main | 15:35:08 | 2016/7/22 | 10 |
| Routi... | PCB1.PcbDoc | Situs | 81 of 84 connections routed (96.43%) in 3 Seconds | 15:35:10 | 2016/7/22 | 11 |
| Situs ... | PCB1.PcbDoc | Situs | Completed Main in 2 Seconds | 15:35:10 | 2016/7/22 | 12 |
| Situs ... | PCB1.PcbDoc | Situs | Starting Completion | 15:35:10 | 2016/7/22 | 13 |
| Situs ... | PCB1.PcbDoc | Situs | Completed Completion in 0 Seconds | 15:35:10 | 2016/7/22 | 14 |
| Situs ... | PCB1.PcbDoc | Situs | Starting Straighten | 15:35:10 | 2016/7/22 | 15 |
| Situs ... | PCB1.PcbDoc | Situs | Completed Straighten in 0 Seconds | 15:35:11 | 2016/7/22 | 16 |
| Routi... | PCB1.PcbDoc | Situs | 84 of 84 connections routed (100.00%) in 4 Seconds | 15:35:11 | 2016/7/22 | 17 |
| Situs ... | PCB1.PcbDoc | Situs | Routing finished with 0 contentions(s). Failed to complete 0 connection(... | 15:35:11 | 2016/7/22 | 18 |

图 17.87

**Step 4** 全局布线后的 PCB 如图 17.88 所示。

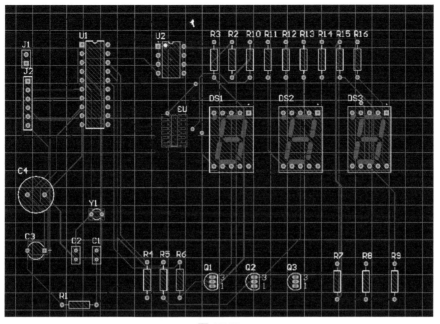

图 17.88

## 17.5.4　放置安装孔

Step **1** 在低频电路中，可以放置过孔或焊盘作为安装孔。选择菜单栏中的 Place(放置) → Via(过孔)命令，进入放置过孔的状态，按 Tab(切换)键，弹出 Via(过孔)对话框，如图 17.89 所示。将过孔直径(Diameter)改为 300mil，其他设置如图 17.89 所示。

Step **2** 把 4 个过孔放在 PCB 板后，如图 17.90 所示。

图 17.89

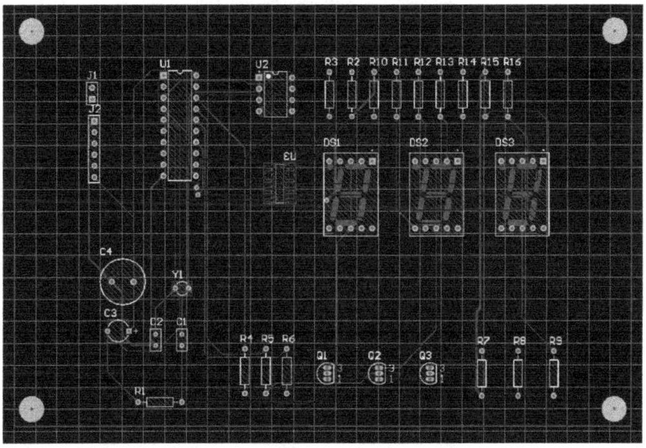

图 17.90

## 17.5.5 覆铜制作

**Step 1** 选择菜单栏中的 Place(放置) → Polygon Plane(敷铜)命令，也可以单击组件放置工具栏中的 Place Polygon Plane(敷铜)按钮 。进入敷铜的状态后，系统将会弹出 Polygon Pour(敷铜属性)设置对话框，在覆铜属性设置对话框中，选择影线化填充，45°填充模式，连接到网络 GND(接地)，层面设置为 Bottom Layer(底层)，其设置如图 17.91 所示。

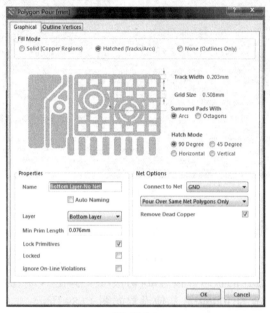

图 17.91

**Step 2** 设置完成后，单击 OK(确定)按钮，光标变成十字形。用光标沿 PCB 板的电气边界线，绘制出一个封闭的矩形，系统将在矩形框中自动建立顶层的覆铜。采用同样的方式，为 PCB 板的 Bottom Layer(底层)建立覆铜。覆铜后的 PCB 板如图 17.92 所示。

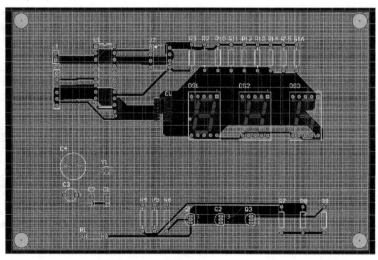

图 17.92